飞行器动力工程专业系列教材

计算流体力学基础理论与实践

周正贵　王卫星　编著

江苏高校品牌专业建设工程资助项目

科学出版社

北　京

内 容 简 介

本书由基础理论和商用软件使用方法两部分组成。第一部分基础理论主要包括以下内容：流场计算基本概念；模型流场及可压缩、不可压缩流场的数值计算方法；流场网格生成方法；流场计算多重网格法加速方法。第二部分商用软件使用方法，是以广泛应用的商用软件 Fluent 为载体，通过多个实例介绍商用软件各模块的使用方法。这部分主要包括以下内容：流场网格生成模块使用方法；流场数值计算设置方法；计算结果后处理方法。

本书可作为高等院校流体力学及相关专业本科高年级学生教材，也可供工程技术人员参考使用。

图书在版编目（CIP）数据

计算流体力学基础理论与实践/周正贵，王卫星编著. —北京：科学出版社，2017.6

飞行器动力工程专业系列教材

ISBN 978-7-03-053095-0

Ⅰ. ①计… Ⅱ. ①周… ②王… Ⅲ. ①计算流体力学–教材 Ⅳ. ①O35

中国版本图书馆 CIP 数据核字（2017）第 125420 号

责任编辑：胡 凯 李涪汁 丁丽丽／责任校对：李 影
责任印制：赵 博／封面设计：许 瑞

科学出版社 出版
北京东黄城根北街 16 号
邮政编码：100717
http://www.sciencep.com

北京科印技术咨询服务有限公司数码印刷分部印刷
科学出版社发行 各地新华书店经销
*
2017 年 6 月第 一 版 开本: 787 × 1092 1/16
2025 年 1 月第七次印刷 印张: 23 1/2
字数: 550 000

定价：69.00 元

(如有印装质量问题，我社负责调换)

《飞行器动力工程专业系列教材》编委会

丛书序

作为飞行器的“心脏”，航空发动机是技术高度集成和高附加值的科技产品，集中体现了一个国家的工业技术水平，被誉为现代工业皇冠上的明珠。经过几代航空人艰苦卓越的奋斗，我国航空发动机工业取得了一系列令人瞩目的成就，为我国国防事业发展和国民经济建设做出了重要的贡献。2015 年，李克强总理在《政府工作报告》中明确提出了要实施航空发动机和燃气轮机国家重大专项，自主研制和发展高水平的航空发动机已成为国家战略。2016 年，国家《第十三个五年规划纲要》中也明确指出：中国计划实施 100 个重大工程及项目，其中“航空发动机及燃气轮机”位列首位。可以预计，未来相当长的一段时间内，航空发动机技术领域高素质创新人才的培养将是服务国家重大战略需求和国防建设的核心工作之一。

南京航空航天大学是我国航空发动机高层次人才培养和科学研究的重要基地，为国家培养了近万名航空发动机专门人才。在江苏省高校品牌专业一期建设工程的资助下，南京航空航天大学于 2016 年启动了飞行器动力工程专业系列教材的建设工作，旨在使教材内容能够更好地反映当前科学技术水平和适应现代教育教学理念。教材内容涉及航空发动机的学科基础、部件/系统工作原理与设计、整机工作原理与设计、航空发动机工程研制与测试等方面，汇聚了高等院校和航空发动机厂所的理论基础及研发经验，注重设计方法和体系介绍，突出工程应用及能力培养。

希望本系列教材的出版能够起到服务国家重大需求、服务国防、服务行业的积极作用，为我国航空发动机领域的创新性人才培养和技术进步贡献力量。

南京航空航天大学

2017 年 5 月

前　言

计算流体力学是在流体力学、计算数学、计算机科学与技术的基础上发展而形成的一门新兴学科。运用计算流体力学理论，通过计算机编程，可实现流场计算机模拟 (流场数值模拟)。流场计算机模拟耗费小、时间短、省人力，且能对实验难以测量的流动进行模拟。随着计算流体力学理论进展、方法改进和计算机技术迅速发展，计算流体力学已在流体力学相关工业领域中得到越来越广泛的应用，比如航空航天、热能工程、天气预报、海浪和风暴潮预报等。

本书是一本计算流体力学入门教材，由基础理论和商用软件使用方法两部分组成。第一部分基础理论着重阐述计算流体力学的基本概念和基本方法，为商用软件学习提供理论支持，为进一步深造提供基础。这部分主要包括以下内容：①流场计算基本概念；②模型流场及可压缩、不可压缩流场计算方法；③网格生成方法；④多重网格法加速方法。第二部分商用软件使用方法，是以广泛应用的商用软件 Fluent 为载体，通过多个实例介绍商用软件各模块的使用方法。这部分主要包括以下内容：①流场网格生成模块使用方法；②流场数值计算设置方法；③计算结果后处理方法。

本书第 1 章至第 9 章由周正贵编著；第 10 章至第 13 章由王卫星编著。受作者水平所限，书中难免有不妥之处，敬请读者批评指正。

本书既可作为高等院校流体力学及相关专业本科高年级学生教材，也可供工程技术人员参考使用。

作　者

2016 年 10 月

目　录

第 1 章 概 述

计算流体力学 (computational fluid dynamics，CFD) 又称流场数值模拟，是研究流体力学的一种方法。研究流体力学主要有三种方法，即实验研究、基础理论研究和流场数值模拟。实验研究结果真实可靠，是发现流动规律、检验理论和为流体机械设计提供数据的基本手段，但实验也有其局限性，对于大尺寸的研究对象 (比如飞机)，必须制作缩尺模型，严格来说模型流场所有无量纲参数应与真实流动相同，但实际上很难办到，通常只能满足主要而忽略次要。实验还要受测量技术的制约，比如：航空发动机压气机、燃烧室、涡轮内部流动涉及高温、复杂几何造型、转静子相互影响，很难进行流场细节测量。此外，实验还需要进行模型加工、测量仪器设备准备等，因而周期长、费用高。基础理论研究建立了各种类型流动控制方程，奠定了计算流体力学基础；并借助实验和流场数值计算结果，进一步探索流体运动规律。

自 1946 年第一台电子计算机问世以来，计算机技术迅速发展。计算流体力学作为流体力学研究的另一分支应运而生，并借助于计算机技术而快速发展。20 世纪 70 年代至 80 年代，由于受计算机内存和速度的限制，计算流体力学仅能对无黏流场和一些简单的二维黏性流场进行数值计算。80 年代后，随着数值模拟实用价值在工程实际中的展示以及计算机技术的进一步发展，吸引了大批研究人员投身于计算流体力学中，构造出很多适合于各种流动情况的数值计算方法。现在工程中的大部分流动问题都可以用计算机进行数值模拟。在航空上比较复杂的流动，比如飞机全机身绕流 (外流问题)、航空发动机各零部件的三维黏性流场 (内流问题) 等都可以采用数值计算比较准确地模拟。对于那些复杂而实验测量较困难的流动问题 (比如航空发动机各部件内部复杂流动)，数值模拟还可用来部分代替实验探索流动规律。

以下给出几个 CFD 方法在航空航天及民用领域的应用实例，有助于大家加深对其感性认识。图 1.1 为采用 CFD 方法模拟的航天飞机表面温度分布；图 1.2 为涡轮叶片通道三维流场计算结果，由图 1.2(b) 可以看出，计算得到的叶片表面等熵马赫数与实验值吻合很好；图 1.3 为美国 NASA 公司设计的用于涡轮风扇发动机的风扇转子实物以及计算性能特性与实测值的比较，两种结果的一致性也很好；图 1.4 为汽车在行驶中空气绕流流线；图 1.5 为翼型绕流流线。

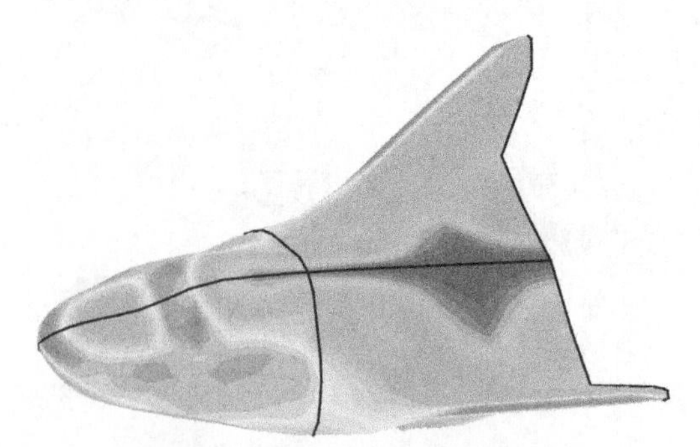

图 1.1　航天飞机表面温度分布

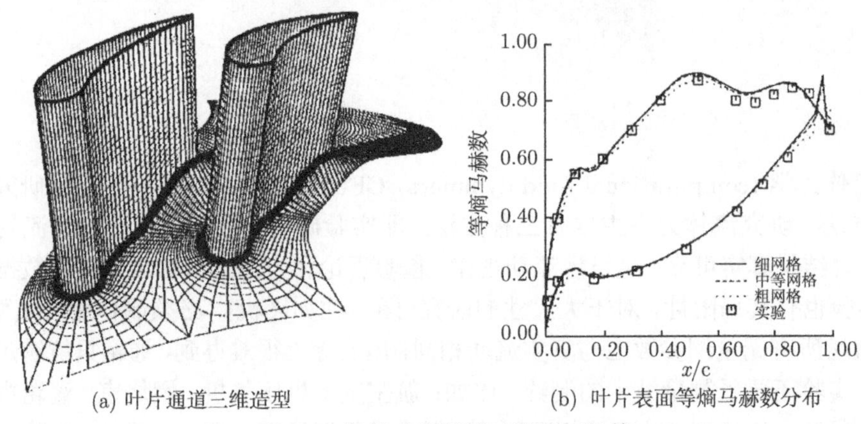

(a) 叶片通道三维造型　　(b) 叶片表面等熵马赫数分布

图 1.2　涡轮叶片通道三维流场计算

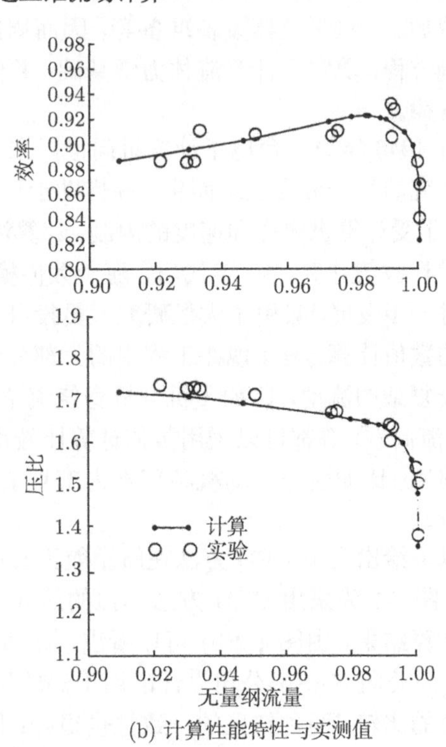

(a) 风扇转子实物照片　　(b) 计算性能特性与实测值

图 1.3　NASA Rotor67 型风扇转子相关参数

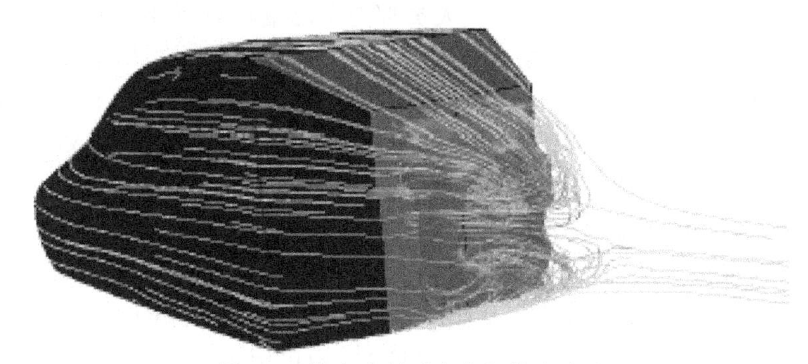

图 1.4 汽车在行驶中空气绕流流线

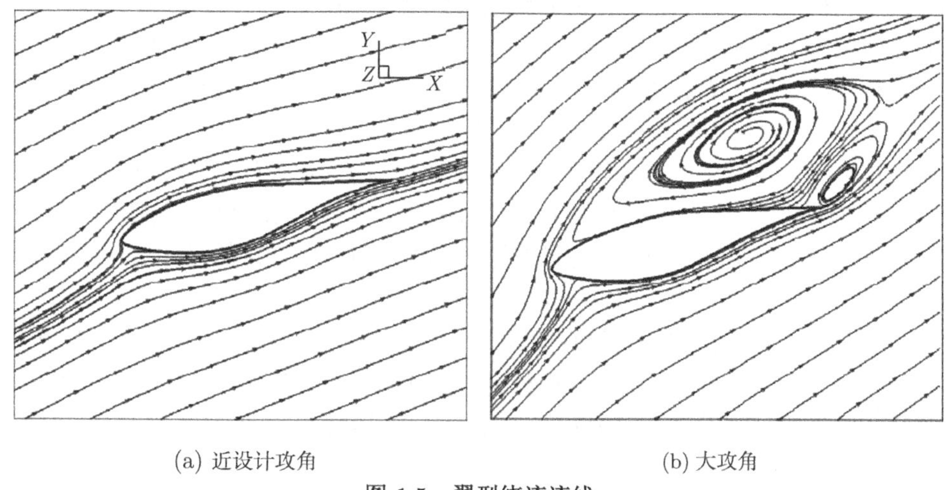

(a) 近设计攻角 (b) 大攻角

图 1.5 翼型绕流流线

计算流体力学具有耗费小、时间短、省人力等优点，以及还能对实验难以测量的流动进行模拟；并且对于多数工程实际中的流动问题，流场数值计算具有较高精度。因而，计算流体力学已在工业领域中得到越来越广泛的应用，比如航空航天、核工业、热能工程、天气预报、海浪和风暴潮预报等。

工程实际中的流动大多数为较高雷诺数流动问题，附面层层流和紊流区域共存，并且以紊流区域为主。紊流流场计算大都采用雷诺平均 Navier-Stokes 方程方法，即 RANS(Reynolds-averaged Navier–Stokes) 方程方法。采用 RANS 方程方法计算引入的紊流模型属经验或半经验关系式，因此会影响计算精度，特别是大分离流动的计算精度。为此近几年发展出大涡模拟 (large-eddy simulation，LES) 和分离涡模拟 (detached-eddy simulation，DES) 方法。这两种方法可有效提高分离流计算精度，但与 RANS 方法比较，计算时间大幅度增加。对于紊流运动，描述其运动的控制方程为经典的 Navier-Stokes 方程，也可直接进行离散求解，即 DNS(direct Navier-Stokes) 方法。但由于紊流流动是三维非定常流，且各种涡的尺度变化较大，要数值模拟这种流动，需要有足够密的网格节点分布。限于计算机速度，目前这种方法在工程实际中还未能得到应用，但已有相关研究人员采用这种方法对一些简单流动的数值计算，研究该方法对大分离预测精度、紊流附面层流动机理、附面层转捩以及对紊流模型的应用价值。

在商用流场计算软件出现以前，研究人员都是自己编程对所要研究的流场进行数值模拟。由于 Fortran 语言语法简单，且易于实现结构化、模块化程序设计，因此被广泛采用。但研究人员自己独立编程既低效又难以实现程序的高性能 (适用范围广、计算精度高、使用便捷)。十来年前，欧美国家陆续推出了商用流场计算软件，而在航空航天领域应用较广泛的有 Fluent 软件、Numeca 软件等。

Fluent 软件由于其网格生成模块灵活性强、包含的功能模块多，因此具有较好的通用性，广泛适用于各种流体流动的模拟。Numeca 软件是在国际著名叶轮机械气体动力学及 CFD 专家、比利时布鲁塞尔自由大学 Charles Hirsch 教授的倡导下研制的。该软件进入市场之初主要用于叶轮机械流场计算，近年来不断改进扩充，也可用于非叶轮机流场计算，但其主要特色仍然是叶轮机流场计算。对于叶轮机流场计算，Numeca 软件可方便地生成高质量网格，并且具有丰富的计算结果处理选择性。通过使用 Fluent 软件和 Numeca 软件对多个叶轮机流动问题进行计算比较，结果差别很小。当然这也是可以理解的，因为不管何种商用流场计算软件，其内核——流动控制方程是完全相同的。

随着商用流场计算软件的推广应用，流体力学研究得到很大促进，高校和研究所更多采用 CFD 仿真取代实验，大幅度缩短研究周期与成本。当然，流场数值模拟和实验研究、理论研究三者互相促进，任何一种研究方法都不可偏废。但可以肯定的是，数值模拟较实验研究和理论分析所占的分量将越来越大，这一趋势是确定的。

采用 CFD 方法进行流场数值模拟是以计算机为基础，通过数值计算以数据和图像显示，再现研究对象及其内在规律。流场数值模拟也可以理解为用计算机来做实验。比如一个机翼绕流，通过计算可得到其升力、阻力数值，由图形显示可看到流场的各种细节：绕流流线，激波的位置、强度，流动分离，涡的生成与传播等。

实际上作为连续介质的流体运动是一个无限的信息系统，而计算机的内存以及对数值所能表示的数位都是有限的。流场数值模拟需要在流场中按一定规律排列有限个点 (这些点叫网格节点)，用这些离散点上的信息近似表示整个连续流场，在流场中分布点即为网格生成；然后将流动控制方程 (如 N-S 方程) 运用于这些由网格线划分成的微小单元体 (二维流动对应的单元体为面)，求出其流动参数，此过程称为流场控制方程求解；最后根据这些网格节点上的流动参数值处理出各种所需的信息，比如：上所述的机翼绕流的升力、阻力、流线等。此过程称为计算结果后处理。由此可知，流场数值模拟由网格生成、流场计算、计算结果后处理 3 个步骤组成。

计算流体力学涉及流体力学、计算数学、计算机语言、计算机图形学以及计算机技术，是多学科综合形成的新兴学科，由此体现出这门学科的复杂性与难度。其复杂性和难度还体现在以下几个方面。

计算流体力学求解流体力学控制方程通常为多个非线性方程组成的方程组，比如三维 N-S 方程是由连续方程、3 个动量方程、能量方程等 5 个基本方程构成的方程组，方程包含的项数很多，此外还涉及补充方程，比如气体状态方程、紊流模型方程等。这些方程的推导、离散、求解难度很大，主要涉及流体力学和计算数学等。

工程实际中流场边界通常不规则而且复杂，比如：飞机绕流流场计算中飞机外形、航空发动机压气机转静子多排叶片、燃烧室和带冷却气孔涡轮叶片等。在流场中合理分布网格以及计算结果后的处理涉及较复杂的计算机图形学。因此，具有较好的工程实用价值、通用性和良好用户界面的流场计算软件编写和调试是非常耗费人力的。

随着商用流场计算软件功能不断拓展，性能不断提高，极大地促进了商用软件在流体力学相关研究中的应用。本教材力图采用浅显易懂的方式阐述计算流体力学基础理论和实际应用，以帮助读者获得商用流场计算软件应用的基本知识和基本技能。

练 习 题

1. 什么是计算流体力学？
2. 计算流体力学主要有哪些重要特点？
3. 流场数值计算由哪几个步骤组成？并说明每一步功能。

第2章 流场数值模拟数学模型及定解条件

流场数值模拟数学模型包括流体力学基本方程和用于理论研究的简化模型方程。它们是流场数值模拟的理论基础。在前面所学的流体力学课程中对流体力学基本方程已作了详细论述，其基本出发点是：质量守恒、动量守恒和能量守恒定律。在此着重从数值计算角度对常用的一些基本方程作简单介绍。

2.1 可压缩非定常黏性流数学模型

可压缩非定常黏性流数学模型是流体力学数值计算中具有普遍意义的数学模型，其守恒型微分形式如下。

连续方程：

$$\frac{\partial \rho}{\partial t}+\nabla\cdot(\rho \boldsymbol{V})=0 \tag{2.1}$$

运动方程：

$$\rho\frac{\mathrm{D}\boldsymbol{V}}{\mathrm{D}t}=\rho\boldsymbol{F}-\nabla p+\frac{\partial}{\partial x_j}\left[\mu\left(\frac{\partial u_i}{\partial x_j}+\frac{\partial u_j}{\partial x_i}\right)+\delta_{ij}\lambda\nabla\cdot\boldsymbol{V}\right] \tag{2.2}$$

能量方程：

$$\rho\frac{\mathrm{D}}{\mathrm{D}t}\left(e+\frac{V^2}{2}\right)=\rho\boldsymbol{F}\cdot\boldsymbol{V}+\nabla\cdot(\tau_{ij}\cdot\boldsymbol{V})+\nabla\cdot(k\nabla T)+\rho q \tag{2.3}$$

上述基本方程构成了 Navier-Stokes(以下简称 N-S) 方程，它可转化成矢量形式；在三维直角坐标系下可表示如下：

$$\frac{\partial \boldsymbol{U}}{\partial t}+\frac{\partial \boldsymbol{E}}{\partial x}+\frac{\partial \boldsymbol{F}}{\partial y}+\frac{\partial \boldsymbol{G}}{\partial z}=\frac{\partial \boldsymbol{E}_v}{\partial x}+\frac{\partial \boldsymbol{F}_v}{\partial y}+\frac{\partial \boldsymbol{G}_v}{\partial z} \tag{2.4}$$

式中，$\boldsymbol{E}$、$\boldsymbol{F}$ 和 $\boldsymbol{G}$ 为无黏流项；$\boldsymbol{E}_v$、$\boldsymbol{F}_v$ 和 $\boldsymbol{G}_v$ 为黏性流项。式 (2.4) 中的 $\boldsymbol{U}$、$\boldsymbol{E}$、$\boldsymbol{F}$ 和 $\boldsymbol{G}$

等都是五维向量，其表达式分别为

$$\boldsymbol{U}=\begin{bmatrix}\rho\\ \rho u\\ \rho v\\ \rho w\\ E_t\end{bmatrix},\quad \boldsymbol{E}=\begin{bmatrix}\rho u\\ \rho u^2+p\\ \rho uv\\ \rho uw\\ (E_t+p)u\end{bmatrix},\quad \boldsymbol{F}=\begin{bmatrix}\rho v\\ \rho uv\\ \rho v^2+p\\ \rho vw\\ (E_t+p)v\end{bmatrix},$$

$$\boldsymbol{G}=\begin{bmatrix}\rho w\\ \rho uw\\ \rho vw\\ \rho w^2\\ (E_t+p)w\end{bmatrix},\quad \boldsymbol{E}_v=\begin{bmatrix}0\\ \tau_{xx}\\ \tau_{xy}\\ \tau_{xz}\\ u\tau_{xx}+v\tau_{xy}+w\tau_{xz}+k\dfrac{\partial T}{\partial x}\end{bmatrix},$$

$$\boldsymbol{F}_v=\begin{bmatrix}0\\ \tau_{xy}\\ \tau_{yy}\\ \tau_{yz}\\ u\tau_{xy}+v\tau_{yy}+w\tau_{yz}+k\dfrac{\partial T}{\partial y}\end{bmatrix},\quad \boldsymbol{G}_v=\begin{bmatrix}0\\ \tau_{xz}\\ \tau_{yz}\\ \tau_{zz}\\ u\tau_{xz}+v\tau_{yz}+w\tau_{zz}+k\dfrac{\partial T}{\partial z}\end{bmatrix} \tag{2.5}$$

$$E_t=\rho\left(e+\frac{u^2+v^2+w^2}{2}\right) \tag{2.6}$$

式中，e 为内能；$\tau_{ij}(i,j=x、y、z)$ 为黏性应力张量，在直角坐标系下的表达式为

$$\tau_{xx}=\frac{\mu}{3}\left[4\frac{\partial u}{\partial x}-2\left(\frac{\partial v}{\partial y}+\frac{\partial w}{\partial z}\right)\right],\quad \tau_{yy}=\frac{\mu}{3}\left[4\frac{\partial v}{\partial y}-2\left(\frac{\partial w}{\partial z}+\frac{\partial u}{\partial x}\right)\right],$$

$$\tau_{zz}=\frac{\mu}{3}\left[4\frac{\partial w}{\partial z}-2\left(\frac{\partial u}{\partial x}+\frac{\partial v}{\partial y}\right)\right],\quad \tau_{xy}=\tau_{yx}=\mu\left[\frac{\partial u}{\partial y}+\frac{\partial v}{\partial x}\right],$$

$$\tau_{xz}=\tau_{zx}=\mu\left[\frac{\partial u}{\partial z}+\frac{\partial w}{\partial x}\right],\qquad \tau_{yz}=\tau_{zy}=\mu\left[\frac{\partial v}{\partial z}+\frac{\partial w}{\partial y}\right]$$

由于方程组本身不封闭 (未知数个数多于方程个数)，还需要补充数学如下关系式。

状态方程：

$$e=e(\rho,T)$$

对于完全气体有

$$e=\frac{p}{(\gamma-1)\rho}=\frac{RT}{(\gamma-1)}$$

物性系数与状态参数的关系式：$\mu=\mu(\rho,T)$ 和 $k=k(\rho,T)$，对于层流流动，μ 和 k 通常由苏士兰 (Sutherland) 公式确定。

与微分形式 (2.3) 相比，矢量形式方程组 (2.4) 表达更加直观，应用更加广泛。如果将矢量 $\boldsymbol{E}$、$\boldsymbol{F}$、$\boldsymbol{G}$ 和 $\boldsymbol{E}_v$、$\boldsymbol{F}_v$、$\boldsymbol{G}_v$ 中第一个元素代入式 (2.4) 中即得到连续方程，如下：

$$\frac{\partial \rho}{\partial t}+\frac{\partial \rho u}{\partial x}+\frac{\partial \rho v}{\partial y}+\frac{\partial \rho w}{\partial z}=0$$

如果将上述矢量中第 2~5 个元素分别代入式 (2.4) 中即可得到对应的 x、y、z 方向运动方程和能量方程。

2.2　不可压缩非定常黏性流数学模型

当流动马赫数小于 0.2 时，可认为流体不可压，密度为常数。这时微分形式基本方程式 (2.1)、式 (2.2) 和式 (2.3) 可作一些简化。

连续方程：

$$\nabla \cdot \boldsymbol{V}=0 \tag{2.7}$$

运动方程：

$$\rho \frac{\mathrm{D} \boldsymbol{V}}{\mathrm{D} t}=\rho \boldsymbol{F}-\nabla p+\mu \Delta \boldsymbol{V} \tag{2.8}$$

能量方程：

$$\rho \frac{\mathrm{D} e}{\mathrm{D} t}=k \nabla^{2} T+\rho q+\phi \tag{2.9}$$

式中，ϕ 为耗散函数，具体表达式可见参见相关气体力学书籍。上述方程组为不可压黏性流 N-S 方程组，类似地也可得到矢量形式的不可压缩流 N-S 方程组。

在大多数流动实例中，不可压缩流场中的温度变化较小，而黏性系数 μ 仅是温度和密度的函数，因而可近似认为不可压缩流场中 μ 为常数。对于三维流动，运动方程式 (2.8) 包含 3 个方向分方程，加上连续方程式 (2.7) 共 4 个方程，这 4 个方程所包含的未知数个数为 u、v、w 和 p，也是 4 个，它们构成了封闭方程组。能量方程与运动方程、连续方程不耦合，因此采用连续方程和运动方程即可求出速度和压力分布。如果要求流场中的温度分布，可再进一步单独求解能量方程。这样求解过程简便，且计算效率较高。

由于连续方程中不出现密度项，会给方程的数值求解带来困难。为此也有采用流函数涡量法进行求解。对于平面二维流动，引入流函数 ψ 和涡量 ξ，可将不可压 N-S 方程转化成：

$$\frac{\partial \xi}{\partial t}+\frac{\partial \psi}{\partial y} \frac{\partial \xi}{\partial x}-\frac{\partial \psi}{\partial x} \frac{\partial \xi}{\partial y}=\frac{\partial F_{y}}{\partial x}-\frac{\partial F_{x}}{\partial y}+\frac{\mu}{\rho} \Delta \xi \tag{2.10}$$

$$\Delta \psi=-\xi \tag{2.11}$$

式中，F_x、F_y 分别是重力在 x、y 方向的投影项，对于气体流动通常可忽略。引入流函数涡量，进行上述变换消除了压力项，使三个方程组成的不可压 N-S 方程组转化成两个方程求解，可降低求解难度，缩短计算时间。但由于 ξ 边界条件较难处理，流函数涡量法不适合三维流场计算，因此目前已很少采用该方法。

2.3　无黏流数学模型

对于气体流动，在远离固体壁面处，流体的黏性作用很小，可以忽略不计，于是可得到无黏流基本方程。对式 (2.4) 忽略掉方程右边黏性项，得

$$\frac{\partial \boldsymbol{U}}{\partial t}+\frac{\partial \boldsymbol{E}}{\partial x}+\frac{\partial \boldsymbol{F}}{\partial y}+\frac{\partial \boldsymbol{G}}{\partial z}=0 \tag{2.12}$$

式中，$\boldsymbol{U}$、$\boldsymbol{E}$、$\boldsymbol{F}$ 和 $\boldsymbol{G}$ 各自表达式同式 (2.5)。

当进口流场均匀，且流场中没有产生很强的激波时，流动可以视作无旋，引入速度势 φ，有

$$\boldsymbol{V}=\nabla\varphi \tag{2.13}$$

速度势满足以下方程：

$$\begin{aligned}&(a^2-u^2)\frac{\partial^2\varphi}{\partial x^2}+(a^2-v^2)\frac{\partial^2\varphi}{\partial y^2}+(a^2-w^2)\frac{\partial^2\varphi}{\partial z^2}\\&+2uv\frac{\partial^2\varphi}{\partial x\partial y}+2uw\frac{\partial^2\varphi}{\partial x\partial z}+2vw\frac{\partial^2\varphi}{\partial y\partial z}=0\end{aligned} \tag{2.14}$$

这就是全位势方程。对不可压缩流，u、v、w 远远小于音速 a，全位势方程可简化成

$$\frac{\partial^2\varphi}{\partial x^2}+\frac{\partial^2\varphi}{\partial y^2}+\frac{\partial^2\varphi}{\partial z^2}=0 \quad 或 \quad \Delta\varphi=0 \tag{2.15}$$

这是一个典型的椭圆型方程，即著名的拉普拉斯 (Laplace) 方程。

2.4　常用的模型方程

根据上述介绍，流体力学基本方程是较复杂的非线性偏微分方程组 (如果偏微分方程中偏导数项的系数为常数，则为线性偏微分方程；否则为非线性偏微分方程)。从数值计算角度对其进行分析、研究比较困难，并且迄今为止还没有形成成熟的理论。为了认识这些基本方程的数学性质，常用一些简单的线性数学方程 (模型方程) 作为替代进行研究；这些模型方程具有流体力学基本方程的某些特征。下面介绍几个典型的模型方程。

$$\frac{\partial\xi}{\partial t}+\alpha\frac{\partial\xi}{\partial x}=0 \tag{2.16}$$

$\xi(x,t)$ 为待求解函数，以下同。此方程形式类似于一维欧拉方程，因此称为对流模型方程。方程中 α 相当于对流速度，为研究简便起见，常视为常数。

$$\frac{\partial\xi}{\partial t}+\xi\frac{\partial\xi}{\partial x}=\beta\frac{\partial^2\xi}{\partial x^2} \tag{2.17}$$

上式为伯格斯 (Burgers) 方程。这是一个非线性方程，具有 N-S 方程类似的性态，且有一些现成的解析解可供参考，式中系数 β 相当于流体的黏性系数。但因系数 β 是变量，为非线性方程。较常用来模拟 N-S 方程的是对流–扩散方程：

$$\frac{\partial \xi}{\partial t} + \alpha \frac{\partial \xi}{\partial x} = \beta \frac{\partial^2 \xi}{\partial x^2} \tag{2.18}$$

这个方程和伯格斯方程同属双曲–抛物型方程，但它是线性的，比较简单。当 β=0 时，退化成对流方程式 (2.16)；当 α=0 时，则变成抛物型方程：

$$\frac{\partial \xi}{\partial t} = \beta \frac{\partial^2 \xi}{\partial x^2} \tag{2.19}$$

此外还有模型方程：

$$\nabla \xi = f \tag{2.20}$$

该方程称为泊松方程。若 $f=0$，方程变为拉普拉斯方程式 (2.15)。

2.5 偏微分方程的数学性质及其与流体运动的关系

2.5.1 拟线性偏微分方程组的分类方法

流体力学基本方程及模型方程属偏微分方程 (组)，由于方程的复杂性通常无法采用积分方法求精确解，但可将其离散进行数值求解。流体力学方程 (组) 的数值求解以及边界条件的给定要遵循流动的物理规律。本小节首先介绍此类方程的数学性质，并进一步分析方程数学性质与流体运动之间的关系，为后续的方程求解奠定基础。

流体力学控制方程所包含的最高阶偏导数项前仅有一个系数项，系数项是变量的函数，没有最高阶偏导数与偏导数项的乘积。这类方程 (组) 称为拟线性或准线性方程 (组)。基于此，以下着重于研究拟线性方程 (组) 的数学性质。

首先考察以下相对简单的拟线性方程组：

$$a_1 \frac{\partial u}{\partial x} + b_1 \frac{\partial u}{\partial y} + c_1 \frac{\partial v}{\partial x} + d_1 \frac{\partial v}{\partial y} = f_1 \tag{2.21a}$$

$$a_2 \frac{\partial u}{\partial x} + b_2 \frac{\partial u}{\partial y} + c_2 \frac{\partial v}{\partial x} + d_2 \frac{\partial v}{\partial y} = f_2 \tag{2.21b}$$

式中，系数项 a_1，b_1，c_1，d_1，f_1 以及 a_2，b_2，c_2，d_2，f_2 都是 x，y，u，v 的函数。u，v 是因变量，为独立变量 x，y 的函数，并且 u，v 是 x，y 的连续函数。可认为 u，v 为二维流场中两个方向的速度分量，x，y 为空间坐标，因此 $\frac{\partial u}{\partial x}$，$\frac{\partial u}{\partial y}$，$\frac{\partial v}{\partial x}$，$\frac{\partial v}{\partial y}$ 是有界的。虽然该方程组不是流体运动方程组，但它们之间在某些方面是类似的。借助于该方程组研究可明确流体力学方程组数学性质分析方法。

将

$$\mathrm{d}u = \frac{\partial u}{\partial x}\mathrm{d}x + \frac{\partial u}{\partial y}\mathrm{d}y \tag{2.22a}$$

$$\mathrm{d}v = \frac{\partial v}{\partial x}\mathrm{d}x + \frac{\partial v}{\partial y}\mathrm{d}y \tag{2.22b}$$

与式 (2.21) 组合在一起并写成矩阵形式可得

$$\begin{bmatrix} a_1 & b_1 & c_1 & d_1 \\ a_2 & b_2 & c_2 & d_2 \\ \mathrm{d}x & \mathrm{d}y & 0 & 0 \\ 0 & 0 & \mathrm{d}x & \mathrm{d}y \end{bmatrix} \begin{bmatrix} \dfrac{\partial u}{\partial x} \\ \dfrac{\partial u}{\partial y} \\ \dfrac{\partial v}{\partial x} \\ \dfrac{\partial v}{\partial y} \end{bmatrix} = \begin{bmatrix} f_1 \\ f_2 \\ \mathrm{d}u \\ \mathrm{d}v \end{bmatrix} \tag{2.23}$$

令矩阵 $\boldsymbol{A}$ 为式 (2.23) 的系数矩阵，即

$$\boldsymbol{A} = \begin{bmatrix} a_1 & b_1 & c_1 & d_1 \\ a_2 & b_2 & c_2 & d_2 \\ \mathrm{d}x & \mathrm{d}y & 0 & 0 \\ 0 & 0 & \mathrm{d}x & \mathrm{d}y \end{bmatrix}$$

并将 $\boldsymbol{A}$ 矩阵的第一列用式 (2.23) 右侧矢量替代构成矩阵 $\boldsymbol{B}$:

$$\boldsymbol{B} = \begin{bmatrix} f_1 & b_1 & c_1 & d_1 \\ f_2 & b_2 & c_2 & d_2 \\ \mathrm{d}u & \mathrm{d}y & 0 & 0 \\ \mathrm{d}v & 0 & \mathrm{d}x & \mathrm{d}y \end{bmatrix}$$

根据矩阵运算的 Cramer 法则，有

$$\frac{\partial u}{\partial x} = \frac{|\boldsymbol{B}|}{|\boldsymbol{A}|} \tag{2.24}$$

用同样方法可求出 $\dfrac{\partial u}{\partial y}$，$\dfrac{\partial v}{\partial x}$，$\dfrac{\partial v}{\partial y}$，比如：将 $\boldsymbol{A}$ 矩阵的第二列用式 (2.23) 右侧矢量替代构成矩阵 $\boldsymbol{B}$，则 $\dfrac{\partial u}{\partial y} = \dfrac{|\boldsymbol{B}|}{|\boldsymbol{A}|}$。在求解式 (2.24) 时需知道 $\mathrm{d}u$，$\mathrm{d}v$，$\mathrm{d}x$，$\mathrm{d}y$，这些量可采用以下方法求出。如图 2.1 所示，在 xy 平面内任一点 P，过 P 点作一曲线 ab，如果点 2 无限接近于 P 点，则 $\mathrm{d}x = x_2 - x_p$、$\mathrm{d}y = y_2 - y_p$、$\mathrm{d}u = u_2 - u_p$、$\mathrm{d}v = v_2 - v_p$，代入矩阵 $\boldsymbol{A}$、$\boldsymbol{B}$，运用式 (2.24) 即可求得 $\dfrac{\partial u}{\partial x}$。

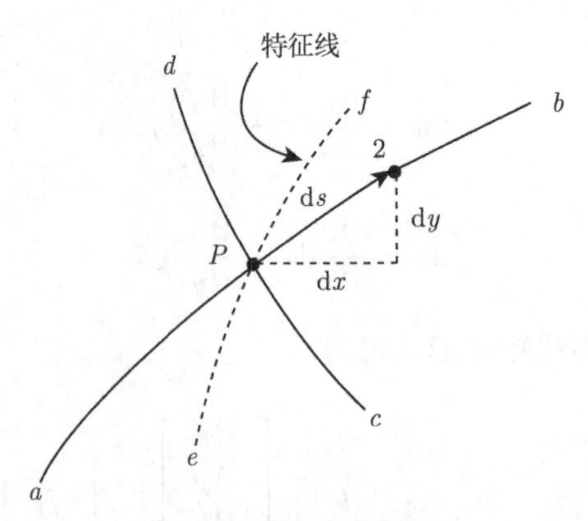

图 2.1　特征线示意图

曲线 ab 是任意选定的，其选择不影响 $\dfrac{\partial u}{\partial x}$ 的计算结果。但如果曲线选择的方向使 $|\boldsymbol{A}|=0$，如图 2.1 中 ef 方向，则无法采用式 (2.24) 计算 $\dfrac{\partial u}{\partial x}$ 值，ef 称为通过 P 点的特征线。因此可通过求解

$$|\boldsymbol{A}|=0 \tag{2.25}$$

确定特征线。注意到对 $\dfrac{\partial u}{\partial x}$，$\dfrac{\partial u}{\partial y}$，$\dfrac{\partial v}{\partial x}$，$\dfrac{\partial v}{\partial y}$ 求解时，对应式 (2.24) 分母行列式都相同，为 $|\boldsymbol{A}|$。由

$$|\boldsymbol{A}|=\begin{vmatrix} a_1 & b_1 & c_1 & d_1 \\ a_2 & b_2 & c_2 & d_2 \\ \mathrm{d}x & \mathrm{d}y & 0 & 0 \\ 0 & 0 & \mathrm{d}x & \mathrm{d}y \end{vmatrix}=0$$

展开得

$$\begin{aligned}&(a_1c_2-a_2c_1)(\mathrm{d}y)^2-(a_1d_2-a_2d_1+b_1c_2-b_2c_1)\mathrm{d}x\mathrm{d}y\\&+(b_1d_2-b_2d_1)(\mathrm{d}x)^2=0\end{aligned}$$

进一步可得

$$\begin{aligned}&(a_1c_2-a_2c_1)(\mathrm{d}y/\mathrm{d}x)^2-(a_1d_2-a_2d_1+b_1c_2-b_2c_1)\mathrm{d}y/\mathrm{d}x\\&+(b_1d_2-b_2d_1)=0\end{aligned} \tag{2.26}$$

由上式可确定 xy 平面内每一点的特征线斜率 $\mathrm{d}y/\mathrm{d}x$，从而确定特征线。如果令

$$\begin{aligned}a&=(a_1c_2-a_2c_1)\\b&=-(a_1d_2-a_2d_1+b_1c_2-b_2c_1)\\c&=(b_1d_2-b_2d_1)\end{aligned}$$

则式 (2.26) 可写成：

$$a(\mathrm{d}y/\mathrm{d}x)^2+b(\mathrm{d}y/\mathrm{d}x)+c=0 \tag{2.27}$$

因此有

$$\mathrm{d}y/\mathrm{d}x=\frac{-b\pm\sqrt{b^2-4ac}}{2a} \tag{2.28}$$

令 $D = b^2 - 4ac$，如果在 xy 平面内某一点有：

(1) $D > 0$，则偏微分方程组 (2.21) 有两条各不相同的特征线，称方程为双曲型；

(2) $D = 0$，则偏微分方程组 (2.21) 只有一条特征线，称方程为抛物型；

(3) $D < 0$，偏微分方程组 (2.21) 没有特征线，称方程为椭圆型。

偏微分方程以上 3 种分型 (双曲型、抛物型和椭圆型) 实际上是借用二次曲线形状。对于二次曲线：

$$ax^2 + bxy + cy^2 + dx + ey + f = 0$$

如果 $b^2 - 4ac > 0$，曲线形状为双曲线；$b^2 - 4ac = 0$，曲线形状为抛物线；$b^2 - 4ac < 0$，曲线形状为椭圆。

2.5.2　偏微分方程组分类的通用方法

以上根据 Cramer 法则给出了拟线性方程组类型的确定方法。下面介绍另一种采用特征值方法确定方程组类型。为简单起见，假设方程组 (2.21) 右端项为 0，即

$$a_1\frac{\partial u}{\partial x} + b_1\frac{\partial u}{\partial y} + c_1\frac{\partial v}{\partial x} + d_1\frac{\partial v}{\partial y} = 0 \tag{2.29a}$$

$$a_2\frac{\partial u}{\partial x} + b_2\frac{\partial u}{\partial y} + c_2\frac{\partial v}{\partial x} + d_2\frac{\partial v}{\partial y} = 0 \tag{2.29b}$$

定义矢量：

$$\boldsymbol{W} = \begin{Bmatrix} u \\ v \end{Bmatrix}$$

这样式 (2.29) 可写成矢量形式：

$$\begin{bmatrix} a_1 & c_1 \\ a_2 & c_2 \end{bmatrix}\frac{\partial \boldsymbol{W}}{\partial x} + \begin{bmatrix} b_1 & d_1 \\ b_2 & d_2 \end{bmatrix}\frac{\partial \boldsymbol{W}}{\partial y} = 0 \tag{2.30}$$

或者

$$\boldsymbol{K}\frac{\partial \boldsymbol{W}}{\partial x} + \boldsymbol{M}\frac{\partial \boldsymbol{W}}{\partial y} = 0 \tag{2.31}$$

上式可变成：

$$\frac{\partial \boldsymbol{W}}{\partial x} + \boldsymbol{K}^{-1}\boldsymbol{M}\frac{\partial \boldsymbol{W}}{\partial y} = 0 \tag{2.32}$$

令上式中矩阵 $\boldsymbol{K}^{-1}\boldsymbol{M} = \boldsymbol{N}$，其特征值决定偏微分方程组类型。如果特征值全是实数，方程组为双曲型；如果特征值全为复数，方程组为椭圆型。以下通过实例说明根据特征值确定方程组类型的方法。

【例】　二维无旋、无黏定常可压缩流，流场中有一细长体，如机翼翼型。如果在上游有一小扰动，扰动速度分量为 u'、v'。根据连续方程、运动方程和能量方程可推得小扰动方程组：

$$(1 - Ma_\infty^2)\frac{\partial u'}{\partial x} + \frac{\partial v'}{\partial y} = 0 \tag{2.33}$$

$$\frac{\partial u'}{\partial x} - \frac{\partial v'}{\partial y} = 0 \tag{2.34}$$

式中，Ma_∞ 为自由来流马赫数。确定以上流动的类型。

方法一：采用 Cramer 法则。

对照式 (2.21) 有

$$a_1 = 1 - Ma_\infty^2, \quad b_1 = 0, \quad c_1 = 0, \quad d_1 = 1,$$
$$a_2 = 0, \quad c_2 = -1, \quad d_2 = 0, \quad b_2 = 1$$

因此，有 $a = -(1 - Ma_\infty^2)$, $b = 0$, $c = -1$。

代入式 (2.27) 得

$$\frac{\mathrm{d}y}{\mathrm{d}x} = \pm\frac{1}{\sqrt{Ma_\infty^2 - 1}} \tag{2.35}$$

因此，当流动超音 ($Ma_\infty > 1$) 时，方程组为双曲型；当流动亚音 ($Ma_\infty < 1$) 时，方程组为椭圆型。

方法二：采用特征矩阵方法。

式 (2.33) 和式 (2.34) 可写成以下矢量形式：

$$\begin{bmatrix} 1 - Ma_\infty^2 & 0 \\ 0 & -1 \end{bmatrix} \frac{\partial \boldsymbol{W}}{\partial x} + \begin{bmatrix} 0 & 1 \\ 1 & 0 \end{bmatrix} \frac{\partial \boldsymbol{W}}{\partial y} = 0$$

$$\boldsymbol{K} = \begin{bmatrix} 1 - Ma_\infty^2 & 0 \\ 0 & -1 \end{bmatrix}, \ \boldsymbol{M} = \begin{bmatrix} 0 & 1 \\ 1 & 0 \end{bmatrix}$$

所以，

$$\boldsymbol{N} = \boldsymbol{K}^{-1}\boldsymbol{M} = \begin{bmatrix} 0 & \dfrac{1}{1 - Ma_\infty^2} \\ -1 & 0 \end{bmatrix}$$

$$|\boldsymbol{N} - \lambda \boldsymbol{I}| = 0 \tag{2.36}$$

式中，$\boldsymbol{I}$ 为单位矩阵，λ 为矩阵 $\boldsymbol{N}$ 的特征值。可求得

$$\lambda = \pm\frac{1}{\sqrt{Ma_\infty^2 - 1}} \tag{2.37}$$

因此，采用方法二的计算结果与方法一相同。由这两个结果比较可看出式 (2.37) 中的矩阵特征值 λ 即为特征线在某一点的斜率。

2.5.3 流体力学控制方程类型分析

采用以上两种方法也可对流体力学控制方程组进行分类，将其分为双曲型、抛物型和椭圆型。

1. **双曲型方程**

在二维空间坐标 $(x,\ y)$ 下有一点 P，对于双曲型方程组有两条特征线通过该点。如图 2.2，分别称为左特征和右特征。站在 P 点，面向 x 方向，左手方向的特征线为左特征，右手方向的特征线为右特征。P 点的影响区域仅局限于两条特征线之间下游区域，也就是说，P 点产生的扰动影响在此区域可感受到，同时也只有在此区域可感受到扰动影响。影响 P 点区域仅限于二条特征线之间的上游区域，就是说此区域并且也只有此区域的扰动会影响 P 点。

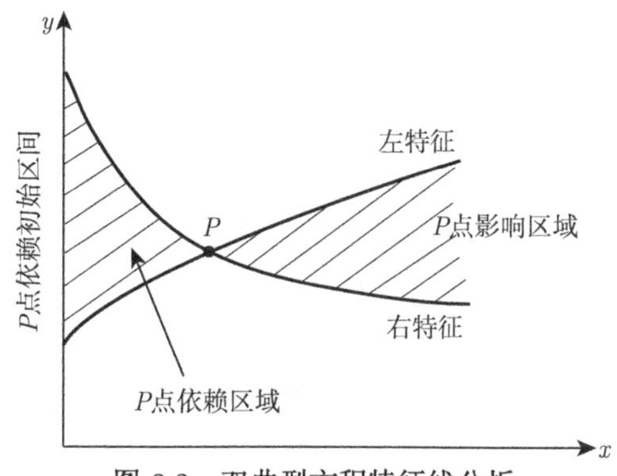

图 2.2　双曲型方程特征线分析

对于控制方程为双曲型方程的流动问题，由于下游参数完全由上游决定，因此如已知上游流场参数数值可推定下游参数数值，即可采用空间推进方法进行流场求解。如图 2.2，可给定 y 轴上的流动参数作为初始条件，然后沿着 x 轴方向一步一步推进求得整个流场。以下几种流体力学控制方程组属于双曲型控制方程组。

1) 定常无黏超音速流

如图 2.3，假设超音速气流流过一双圆弧机翼，在翼型前缘产生弓形激波，激波后气流仍为超音速。可以证明这种流动控制方程组为双曲型 (流动可近似采用小扰动式 (2.33) 和式 (2.34) 描述)。对于此流动可在翼型上游设初始边界 ab，边界上流动参数取自由流参数，沿 x 方向向下游推进即可求得整个流场。

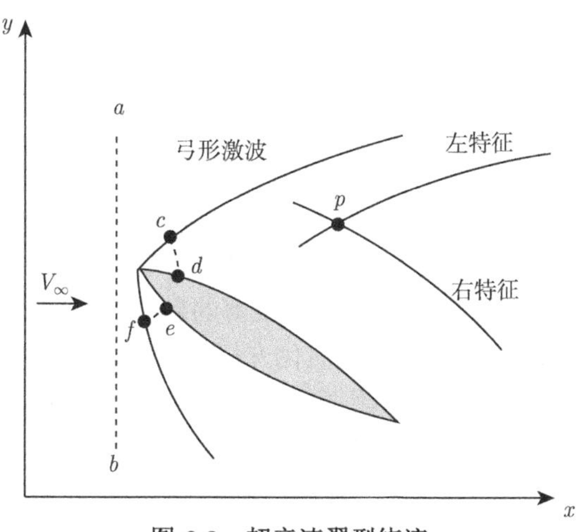

图 2.3　超音速翼型绕流

2) 非定常无黏流

对于非定常的欧拉方程组，无论流动是否超音都是双曲型，或者准确说关于时间是双曲型的。如图 2.4，对于一维非定常流 (管道内一维波运动为典型的一维非定常无黏流例子)，在 x-t 坐标系中，阴影部分为 P 点的影响区域；P 点解由在 x 轴上 (即初始时刻，$t=0$)，以及区间 ab 数值确定。

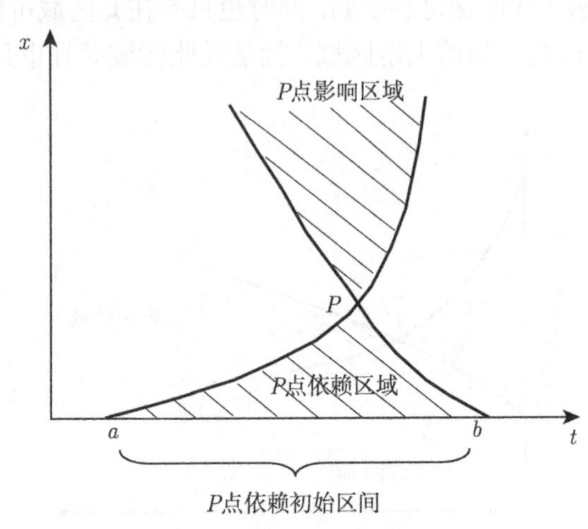

图 2.4　一维非定常双曲型方程特征线分析

工程实际中遇到的大多数流动问题属于定常流，即流动参数不随时间变化。通常在此类流场数值计算中更多采用非定常方程时间推进求定常解。当计算推进时间足够长时，流动趋于定常、流动参数不再随时间变化，这时得到的解即为定常解。

采用非定常方法求定常解的求解过程似乎绕了弯道。实际上对于工程中的有些定常流动问题，采用定常流控制方程无法求解。比如，超音速流动问题属于超音和亚音混合流动问题。超音区域流动属双曲型；亚音区域流动属椭圆型。在流场计算出以前无法确定超音区和亚音区的分界线，同时目前还没有对于不同类型的流动都适用的求解方法。将此类定常流动控制方程加入非定常项变成非定常流控制方程，而非定常流动方程无论在亚音区还是超音区都属于双曲型方程 (关于时间)，因此解决了此类流动不能求解的问题。

2. 抛物型方程

根据前面分析，对于抛物型方程通过任一点只有一条特征线。如图 2.5，假设过 P 点有一条垂直于 x 轴方向的特征线，则 P 点的扰动将影响特征线右边的阴影区域。抛物型方程与双曲型方程一样可采用空间推进方法求解。首先给定初始边界 ac 上数据，沿 x 方向推进即可求得边界 ab 和 cd 间的解 (边界ab和 cd上参数为已知)。

由于流体流过固体壁面表面形成一层厚度很薄的黏性层 (即附面层)，通过对 N-S 方程进行简化处理得到适用于附面层内流动的简化方程组，即附面层方程组，此方程组为抛物型。如图 2.6 所示的附面层流动，给定附面层进口边界 ab 和 ef 上数值，采用沿壁面方向空间推进即可求出整个附面层内流动。壁面采用无滑移边界条件，bc 和 fg 两个外边界采用无黏流计算结果。采用附面层方程计算附面层内流动，需先给定附面层外边界流动参数。附面层外边界流动参数决定附面层厚度发展，附面层厚度又影响附面层外势流区流动。因此附面层与势流区流动相互影响，需采用迭代方法进行流场计算，计算方法复杂，目前已少有人采用。

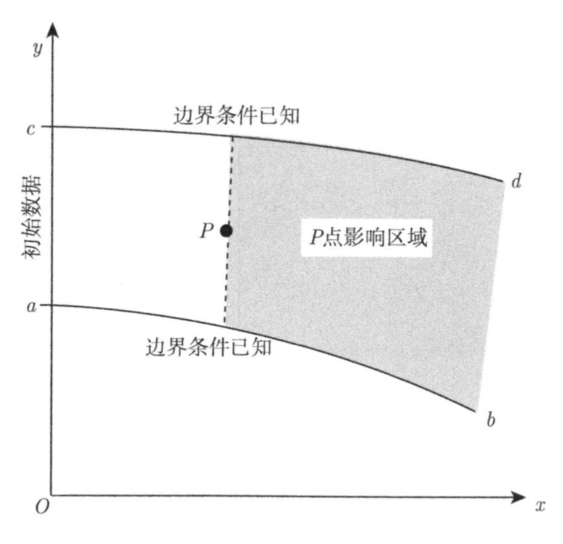

图 2.5　抛物型方程特征线分析

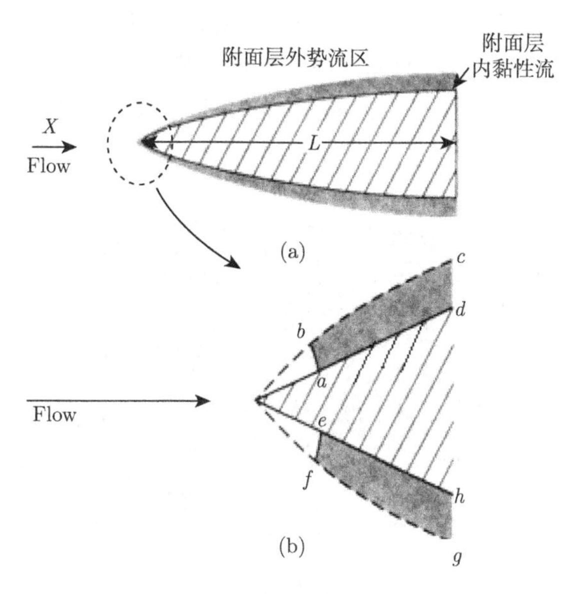

图 2.6　附面层流动分析

3. 椭圆型方程

对于椭圆型方程，无特征线或特征方程是虚根。如图 2.7，流场中任意一点 P 的扰动会向周边任意方向传递，因此边界点的数值同样影响流场中任意一点的解。与双曲型方程和抛物型方程不同的是，椭圆型方程是在所有边界上都要给出边界条件。通常边界条件有以下 3 种类型：

(1) 给定变量 u，v 数值，此类边界条件称为 Dirichlet 边界条件；

(2) 给定变量 u，v 的导数值，此类边界条件称为 von Neumann 边界条件；

(3) 部分边界给定变量 u，v 数值，部分边界给定变量 u，v 的导数值，称为混合边界条件。

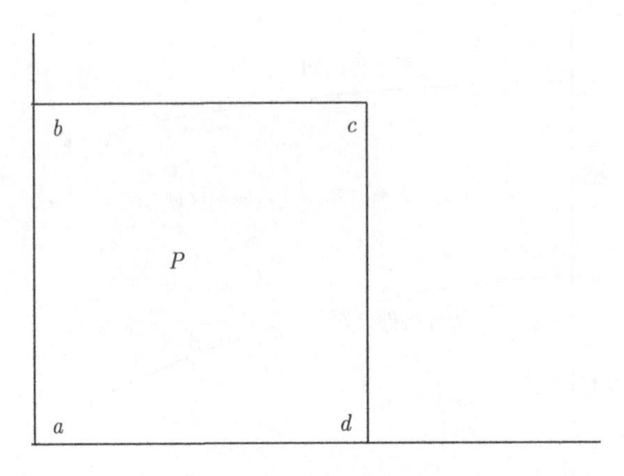

图 2.7　椭圆型方程影响区域

定常无黏亚音流动控制方程属椭圆型方程。关键是流动亚音，因为对于亚音流，流场中一点的扰动，在理论上可向各个方向传递到无穷远处。如图 2.8 所示的亚音速翼型绕流，翼型上游的流线向上折转，翼型下游的流线向下折转。翼型产生的扰动引起整个流场的变化(理论上可传递直至无穷远处)。不可压无黏流，属于亚音流的一个特例，流动控制方程也属于椭圆型方程。

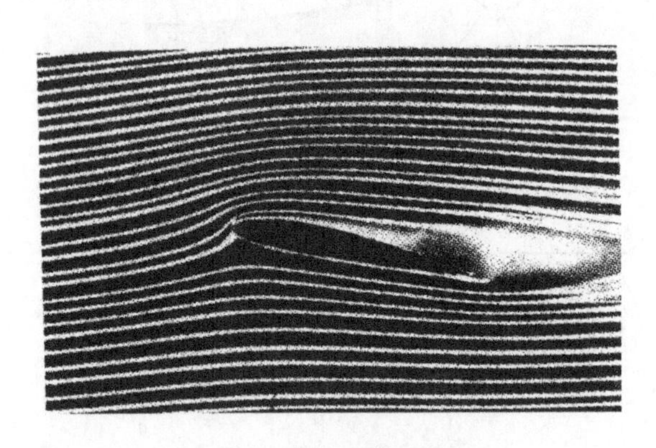

图 2.8　亚音速翼型绕流

2.6　流体力学问题的定解条件

流体力学基本方程为偏微分方程组，为使方程具有确定解必须给出定解条件。定解条件包括初始条件和边界条件。初始条件就是在某一起始时刻给出流场中速度、压力、密度和温度等参数分布。对于定常问题理论上并不需要初始条件，但实际流场计算中，如果采用时间推进法求解，这一过程相当于非定常问题的渐近过程，因此需要初始条件作为迭代计算的初值。初始条件给定不影响最后结果，但初始条件的合理性会影响迭代计算收敛速度 (表示计算的快慢)，甚至于影响收敛性 (能不能得到计算结果)。关于收敛性，可见本教材后面的内容。举一个极限的例子，如果给定的初场就是定常解，则一步迭代即得到最后结果。总之，对于采用时间推进方法求定常流场，初始条件的给定具有任意性，但应具有合理性。

不论是何种流动问题采用何种求解方法，首先要确定计算区域，此计算区域相当于流体力学中的控制体。因此边界条件是必不可少的。根据方程组类型分析可知，不同类型流动控制方程，需要给定的边界条件也不相同。但关于各种流动边界上要给多少个边界条件、给出哪些边界条件，目前还没有一个完善的理论。所幸的是，对于绝大多数工程实际中的流动问题，研究人员根据理论分析结合经验都能给出合适的边界条件。下面介绍一些常见的流动边界及边界条件。

1. 来流边界 (进口边界)

对于航空航天领域流体流动问题，通常可分为外流流动和内流流动。外流流动为无约束边界的流动，如飞行器或其组成部件 (机翼、机身) 绕流流动；内流流动为有约束边界的流动，如航空发动机或其部件 (进气道、压气机、燃烧室、涡轮、尾喷管) 内部流动。对于外流流动，流场上游边界称来流边界；对于内流流动，上游边界称为进口边界。来流边界理论上应在绕流体上游无穷远处，在那里流动未受扰动易于给出边界条件。但在实际计算时无法做到，通常取在离物面较远且扰动可忽略的前方。如果此边界上某点速度为亚音速，并给出总压、总温、气流角等参数；如果某点速度超音，需给出该点所有参数。进口边界给定方法与来流边界相同。

2. 下游边界 (出口边界)

对于外流流动，流场下游边界称为下游边界；对于内流流动，流场下游边界称为出口边界。此边界应设定在绕流体的远下游，在那里流动通过充分掺混比较均匀，有利于边界条件的给定。对于亚音速流，通常给出该边界上静压 (又叫出口反压)；对超音速流，由于下游扰动对上游流动没有影响，因而不能给定出口反压。其他未确定参数，如速度、密度、温度以及超音速流的静压等，则采用计算区域内部的数值外插求得。

3. 固体壁面边界

固体壁面边界条件给定方法如下。

(1) 速度的给定。对于黏性流，流体在壁面边界上的速度等于壁面的运动速度，如果壁面静止，则流体速度为零，即无滑移边界条件；对于无黏流，流体在边界处的法向速度为零，而切向速度则由计算求得 (不等于零)，即滑移边界条件。

(2) 温度的给定。一种是给出壁面温度，并假设壁面处流体的温度与壁面温度相同；也可以给出壁面热流量，由于壁面处某点热流量 $q = k(\partial T/\partial n)$，即等同于给出壁面处法向温度梯度 $\partial T/\partial n$。最常见的是绝热条件，即 $\partial T/\partial n=0$。

(3) 压力的给定。根据附面层理论在固体壁面处法向压力梯度 $\partial P/\partial n=0$，因此固体壁面处压力采用 $\partial P/\partial n=0$，其中，n 为壁面法向坐标。

此外还有周期性边界、自由流面边界、对称边界等，由于这些边界的处理涉及本教材中后续讲述的知识，因此在后面章节的计算实例中介绍。

练　习　题

1. 流体力学控制方程有哪些主要类型？说明各自特点。
2. 什么是流体力学控制方程的定解条件？
3. 当前工程实际中有哪些主要边界条件？给出壁面速度、压力、温度边界条件。

第3章 有限差分近似及其数学性质

流体力学控制方程是由多个偏微分方程构成的方程组。这些方程无法用计算机语言描述，当然更谈不上直接求解。计算流体力学的任务就是将描述流体运动的偏微分方程转化成计算机语言可表达的形式，然后在计算机上求出这些方程的解。将偏微分方程转化成计算机可表达的形式，即方程离散，得到的方程即为离散方程。离散方程是一种近似方程，因此从这个角度来看，流场数值计算方法是一种求近似解的方法。

流体力学控制方程的离散有多种方法，常用的有：有限差分法、有限元法、有限体积法等。这些离散方法都是将流场划分成若干个微小的单元体，通过数学转换建立微小单元体的控制方程。这些离散方法在本质上都是相同的，因此这些方法具有相似性，掌握一种方法即容易理解和掌握其他方法。而有限差分法是目前应用广泛的方法之一，本教材只对此方法作介绍。

3.1 差分格式和精度分析

流场计算控制方程属偏微分方程组，其中包含多个一阶和二阶偏导数项。这些偏导数项无法采用计算机语言描述，造成偏微分方程组无法用计算机语言描述。有限差分法采用差分近似方法描述这些偏导数项，实现偏微分方程的计算机语言描述。将偏微分方程采用有限差分法转化成计算机语言可表达的形式，即为微分方程的差分离散。

介绍偏微分方程差分离散方法。首先对差分方法中的一些基本符号进行约定。对于一个二维定常问题，在直角坐标系下，某一流动参数 (如压力、温度、速度、密度) 以 U 表示，且是空间坐标 x 和 y 的函数，表示为 $U(x,y)$。要采用数值方法求解 $U(x,y)$，首先要确定求解域，然后在求解域内进行网格划分 (关于网格划分后面章节将作详细阐述)。假设图 3.1 的求解域已作出划分，x 方向和 y 方向各有 m 和 n 条网格线，纵横网格线交点称为网格节点。流场中任一网格节点表示为 (i,j)，i 是从 1 到 m,j 是从 1 到 n，表示为 $i=1,\cdots,m$; $j=1,\cdots,n$。网格点 (i,j) 上差分计算值表示为 U_{ij}，它是对函数值 $U(x_i,y_j)$ 的近似。同理，对于一维和三维定常问题分别有：$U=U(x)$ 和 $U=U(x,y,z)$，差分计算值 U_i 和 U_{ijk} 分别为函

数值 $U(x_i)$ 和 $U(x_i,y_j,z_k)$ 的近似。x 方向相邻节点之间距离称为 x 方向空间步长，记作 $\Delta x_i(\Delta x_i = x_{i+1} - x_i)$；同理，$y$ 方向空间步长为 $\Delta y_j(\Delta y_j = y_{j+1} - y_j)$。

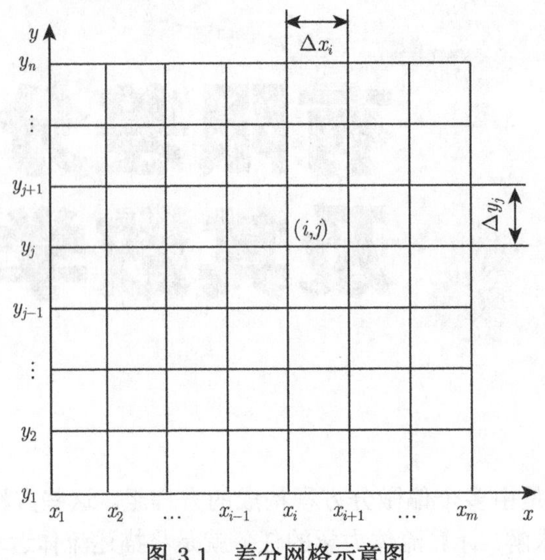

图 3.1 差分网格示意图

对于二维非定常问题，某一流动参数 $U = U(x,y,t)$，t 为时间坐标。某一时刻 t_n 网格节点 (i,j) 记为 (i,j,n)，而在网格节点 (i,j,n) 上的差分计算值记为 U_{ij}^n，近似表示函数值 $U(x_i,y_j,t_n)$。而相邻时刻的时间差 $\Delta t(\Delta t = t_{n+1} - t_n)$ 称为时间步长。同样道理，对于一维和三维非定常问题，节点标记分别为 (i,n) 和 (i,j,k,n)，对应节点上的差分计算值分别为 U_i^n 和 U_{ijk}^n。

3.1.1 一阶偏导数差分格式

流体力学控制方程中一阶偏导数通常有 $\partial U/\partial x$、$\partial U/\partial y$ 和 $\partial U/\partial t$ 等。以 $\partial U/\partial x$(可简写成U_x) 为例，如果已知各网格节点函数值 $U_i(i=1,\cdots,m)$，为了采用计算机语言推算出各网格节点的偏导数 $(U_x)_i$ 可采用以下方法。如图 3.2 可将 $(U_x)_i$ 近似表示成：

$$(U_x)_i \approx \frac{U_{i+1} - U_{i-1}}{2\Delta x} \tag{3.1}$$

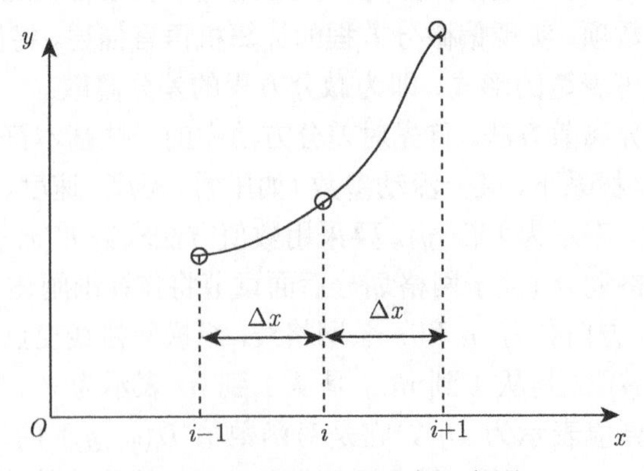

图 3.2 微商表示成差商示意图

只要空间步长 Δx 足够小，则近似造成的误差也会很小。在计算机语言中设置一个一维数组即可对式 (3.1) 右边的表达式进行描述，从而实现微分项的计算机表达。这种采用相邻节点数值差近似表达偏导数项的方法即为有限差分方法，$(U_x)_i$ 称为微商，$\dfrac{U_{i+1}-U_{i-1}}{2\Delta x}$ 称为差商。通常一个偏导数项可能有多种差分表达方法，以下介绍对一阶偏导数项的几种常用差分表达方法。

1. $\partial U/\partial x$ 向前差分格式

由泰勒级数：

$$U(x_{i+1})=U(x_i+\Delta x)=U(x_i)+\frac{\Delta x_i}{1!}\left(\frac{\partial U}{\partial x}\right)_i+\frac{\Delta x_i^2}{2!}\left(\frac{\partial^2 U}{\partial x^2}\right)_i+\frac{\Delta x_i^3}{3!}\left(\frac{\partial^3 U}{\partial x^3}\right)_i+\cdots$$

即

$$U_{i+1}=U_i+\frac{\Delta x_i}{1!}(U_x)_i+\frac{\Delta x_i^2}{2!}(U_{xx})_i+\frac{\Delta x_i^3}{3!}(U_{3x})_i+\cdots \tag{3.2}$$

因 $\Delta x_i=x_{i+1}-x_i$，于是有

$$(U_x)_i=\frac{U_{i+1}-U_i}{\Delta x_i}+R_i \tag{3.3}$$

式中，$R_i=-\left[\dfrac{\Delta x_i}{2}(U_{xx})_i+\dfrac{\Delta x_i^2}{6}(U_{3x})_i+\cdots\right]$，$\dfrac{U_{i+1}-U_i}{\Delta x_i}$ 为差商。可见微商 $(U_x)_i$ 为差商加上余项 R_i，亦即用差商代替微商的误差为 R_i。R_i 为来自泰勒级数后面被截去的余项，故称为截断误差 (又称为离散误差)。

上式中 R_i 是步长 Δx_i 的一次方，称此差分格式为一阶精度，记作

$$R=\mathrm{O}(\Delta x) \tag{3.4}$$

O 是数量级 “Order” 的缩写。由于 $\mathrm{O}(\Delta x)$ 代表数量级，故只取绝对值。又若某一差分格式的截断误差 $R=\mathrm{O}(\Delta x^2)$，则称为二阶精度，以此类推。

忽略式 (3.3) 中截断误差项 R_i，则可得

$$(U_x)_i=\frac{U_{i+1}-U_i}{\Delta x_i}\quad 或\quad U_x=\frac{U_{i+1}-U_i}{\Delta x_i} \tag{3.5}$$

式中，$(U_x)_i$ 的差商为所在节点 i 与其前面节点 $(i+1)$ 之差，因此称之为向前差分格式。

在数值计算过程中，时间和空间步长取值都很小，因而截断误差 R 数值也很小，这样确保用差商替代微商有足够的精度。由此也可看出，对于给定的求解域 (流场计算控制体)，网格越密集、空间步长越小，离散误差就越小。但是网格越密集、网格节点数越多，计算工作量越大，对计算机内存需求也越大。因此考虑到计算精度与计算时间、计算机内存之间的平衡，在实际工程计算中，网格节点数选取不能太少也不能太多。具体网格数量取决于所求解的流场，根据计算人员的经验，采用商用 CFD 软件进行流场计算，可通过网格检验查看其合理性。

2. $\partial U/\partial x$ 的向后差分格式

同理，由泰勒级数可得

$$U_x = \frac{U_i - U_{i-1}}{\Delta x_i} \tag{3.6}$$

上式即为 U_x 的向后差分格式，截断误差 $R = O(\Delta x)$，仍为一阶精度。

3. $\partial U/\partial x$ 中心差分格式

$$U_x = \frac{U_{i+1} - U_{i-1}}{\Delta x_i + \Delta x_{i-1}} \tag{3.7a}$$

如果网格节点均匀分布，$\Delta x_i = \Delta x_{i-1} = \Delta x$，则有

$$U_x = \frac{U_{i+1} - U_{i-1}}{2\Delta x} \tag{3.7b}$$

式 (3.7a) 和式 (3.7b) 即为中心差分，由泰勒级数可以证明其为二阶精度，即 $R = O(\Delta x^2)$。

以上为一阶偏导数的常用差分格式。显然中心差分要比向前和向后差分离散精度高，那么向前和向后差分格式是否就失去使用价值呢？回答是否定的。这里涉及差分格式的稳定性问题，也就是说在有些情况下，采用中心差分会得不到计算结果，这时必须牺牲精度来换取格式的稳定性。此外，在边界上中心差分格式往往也不适用。这些问题留待后面章节专门讨论。

3.1.2 二阶偏导数差分格式

二阶偏导数分为二阶普通偏导数，如 $\partial^2 U/\partial x^2$、$\partial^2 U/\partial y^2$ 等，以及二阶混合偏导数，如 $\dfrac{\partial^2 U}{\partial x \partial y}$ 等。为了书写简单起见，在此假设网格均布，网格空间步长为 Δx。非均匀网格所对应的公式由泰勒级数也容易推得。首先考察二阶普通偏导数 $\partial^2 U/\partial x^2$(即$U_{xx}$) 的差分离散。

1. $\partial^2 U/\partial x^2$ 中心差分格式

将 $\partial^2 U/\partial x^2$ 改写成 $\partial(U_x)/\partial x$，于是由一阶偏导数中心、向前和向后差分格式式 (3.7b)、式 (3.5) 和式 (3.6) 得

$$\partial^2 U/\partial x^2 = [(U_x)_{i+1} - (U_x)_i]\frac{1}{\Delta x} = \left(\frac{U_{i+1} - U_i}{\Delta x} - \frac{U_i - U_{i-1}}{\Delta x}\right)\frac{1}{\Delta x}$$

最后整理得

$$U_{xx} = \frac{U_{i+1} - 2U_i + U_{i-1}}{\Delta x^2} \tag{3.8}$$

式 (3.8) 为二阶偏导数 $\partial^2 U/\partial x^2$ 的中心差分。上式同样可以由泰勒级数推得，并且可得精度等级为二阶精度。这种差分格式由于精度等级较高，在实际中较为常用。但对于中心差分，涉及左右两个网格节点上的参数值，在流动边界上这种格式则无法使用。比如要求 $i = 1$ 点 (左边界) 上的 $\partial^2 U/\partial x^2$，涉及 $i = 2$、1 和 0 三个网格节点上的 U 数值，而节点 0 在求解域外面不存在。这时要求边界上的二阶偏导数，必须采用一侧差分格式。

2. $\partial^2 U/\partial x^2$ 一侧差分格式

由泰勒级数可得

$$U_{xx} = \frac{U_{i+2} - 2U_{i+1} + U_i}{\Delta x^2} \tag{3.9a}$$

此差分格式为向前差分，一阶精度，适用于左边界。同样可构造适用于右边界的向后差分格式：

$$U_{xx} = \frac{U_i - 2U_{i-1} + U_{i-2}}{\Delta x^2} \tag{3.9b}$$

此格式也是一阶精度。根据需要还可以设计更高精度的一侧差分格式。此外，对于像 $\dfrac{\partial^2 U}{\partial x \partial y}$ 这样的二阶混合偏导数项通常采用中心差分，其差分格式为

$$U_{xy} = \frac{U_{i+1,j+1} - U_{i+1,j-1} - U_{i-1,j+1} + U_{i-1,j-1}}{4\Delta x \Delta y} \tag{3.10}$$

式 (3.10) 的截断误差为 $R = \mathrm{O}\left[\dfrac{(\Delta x + \Delta y)^4}{\Delta x \Delta y}\right]$，而通常情况下，$\Delta x$ 与 Δy 为同一数量级，因此有 $R = \mathrm{O}(\Delta x^2) = \mathrm{O}(\Delta y^2)$，故为二阶精度。对于 $\dfrac{\partial^2 U}{\partial x \partial y}$ 在边界上也可构造一侧差分格式。

3.1.3　差分方程

将微分方程中的所有偏导数项采用差商代替，所得到的方程即为差分方程。下面推导出对流模型方程 (2.16) 的差分方程。

$$\frac{\partial \xi}{\partial t} + \alpha \frac{\partial \xi}{\partial x} = 0$$

要将上式中偏导数项用差分表达式替代，首先须进行网格划分。图 3.3 为关于时间 t 与空间 x 的网格示意图。网格的时间步长为 Δt，空间步长为 Δx，则有

$$x_i = x_1 + (i-1)\Delta x, \quad i = 1, \cdots, m$$

$$t_n = (n-1)\Delta t, \quad n = 1, 2, 3, 4, \cdots$$

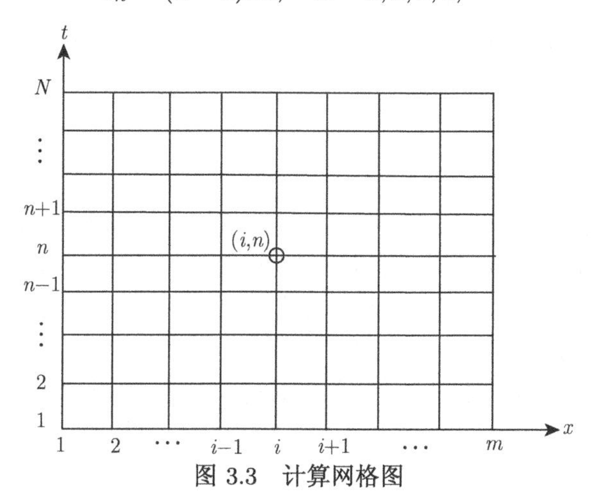

图 3.3　计算网格图

网格划分后，对于流场中任一网格节点 (i,n)，描述该点流动的偏微分方程为

$$\left(\frac{\partial \xi}{\partial t}+\alpha\frac{\partial \xi}{\partial x}\right)_i^n=\left(\frac{\partial \xi}{\partial t}\right)_i^n+\alpha\left(\frac{\partial \xi}{\partial x}\right)_i^n=0 \tag{3.11}$$

时间偏导数采用向前差分：

$$\left(\frac{\partial \xi}{\partial t}\right)_i^n=\frac{\xi_i^{n+1}-\xi_i^n}{\Delta t} \tag{3.12}$$

其时间截断误差为 $R=\mathrm{O}(\Delta t)$，即时间精度为一阶。空间偏导数采用中心差分：

$$\left(\frac{\partial \xi}{\partial x}\right)_i^n=\frac{\xi_{i+1}^n-\xi_{i-1}^n}{2\Delta x} \tag{3.13}$$

此差分格式的空间截断误差 $R=\mathrm{O}(\Delta x^2)$，为二阶空间精度格式。因而在 (i,n) 点对应的差分方程为

$$\frac{\xi_i^{n+1}-\xi_i^n}{\Delta t}+\alpha\frac{\xi_{i+1}^n-\xi_{i-1}^n}{2\Delta x}=0 \tag{3.14a}$$

或写成：

$$\xi_i^{n+1}=\xi_i^n-\alpha\frac{\Delta t}{2\Delta x}(\xi_{i+1}^n-\xi_{i-1}^n) \tag{3.14b}$$

差分方程与微分方程之间存在一个误差，即差分方程的截断误差 (也用R表示)：

$$R=\mathrm{O}(\Delta t)+\mathrm{O}(\Delta x^2)=\mathrm{O}(\Delta t,\Delta x^2)$$

因此我们说，这个差分方程具有一阶时间精度和二阶空间精度。

将偏微分方程离散成差分方程后，还要将定解条件进行相应转化。对于模型方程 (2.16) 首先要给出初始条件：$\xi(x,0)=\bar{\xi}(x), x_1<x<x_m$。其离散形式为

$$\xi_i^1=\bar{\xi}(x_i)\quad i=1,\cdots,m \tag{3.15a}$$

如果 $\alpha>0$，要给出求解域左边界的边界条件：$\xi(x_1,t)=\bar{\xi}_1(t), t>0$。其离散形式为

$$\xi_1^n=\bar{\xi}_1(t_n)\quad n=1,2,3,4,\cdots \tag{3.15b}$$

这样就完成了整个离散过程。

由式 (3.15a) 给出初始时刻 $t=0(n=1)$ 网格节点上的函数值，由式 (3.15b) 给出边界节点上函数值后，然后用式 (3.15b)，采用时间向前推进可求出 $n=$2，3，4，$\cdots$ 各时间层上内部节点上的函数值，这个求解过程很容易由计算机编程实现。虽然这是一个很简单的模型方程数值求解，却体现了计算流体力学 (CFD) 的实质。

上述对式 (2.16) 的离散，时间偏导数采用向前差分 (forward time，FT)；空间差分采用空间中心差分 (center space，CS)。因此用 FTCS 表示时间向前、空间中心的差分格式。同理，FTFS(forward time forward space) 表示时间向前、空间向前的差分格式，FTBS(forward time backward space) 表示时间向前、空间向后的差分格式。

式 (2.16) 的 FTFS 格式为

$$\frac{\xi_i^{n+1}-\xi_i^n}{\Delta t}+\alpha\frac{\xi_{i+1}^n-\xi_i^n}{\Delta x}=0$$

可改写成:

$$\xi_i^{n+1}=\xi_i^n-\alpha\frac{\Delta t}{\Delta x}(\xi_{i+1}^n-\xi_i^n) \tag{3.16}$$

式 (2.16) 的 FTBS 格式为

$$\frac{\xi_i^{n+1}-\xi_i^n}{\Delta t}+\alpha\frac{\xi_i^n-\xi_{i-1}^n}{\Delta x}=0$$

可改写成

$$\xi_i^{n+1}=\xi_i^n-\alpha\frac{\Delta t}{\Delta x}(\xi_i^n-\xi_{i-1}^n) \tag{3.17}$$

FTFS 和 FTBS 格式的截断误差均为 $R=\mathrm{O}(\Delta t,\Delta x)$，即一阶时间和一阶空间精度。

3.2 差分方程的数学性质

上节采用有限差分方法构建了对流模型方程的差分方程，对于其他模型方程以及流体力学控制方程可采用完全相同的方法进行差分离散构建对应的差分方程。通过对差分方程计算机编程求出的解称为数值解。由于差分方程是对微分方程的近似，因此数值解实际为对应的微分方程解的近似。差分方程能否求出解、求出的解能否逼近微分方程的解以及解的精度如何，将在这一节中通过对差分方程的数学性质分析说明。差分方程的数学性质包括相容性、收敛性和稳定性。首先介绍差分方程的相容性。

若微分方程表达成一般形式:

$$\mathrm{D}(\xi)=f$$

式中，D 为微分算子，f 为已知函数，而对应的差分方程表示为

$$\mathrm{D}_\Delta(\xi)=f \tag{3.18}$$

式中，D_Δ 为差分算子，则差分方程的截断误差为

$$R=\mathrm{D}_\Delta(\xi)-\mathrm{D}(\xi) \tag{3.19}$$

如果当 $\Delta x\to 0,\Delta t\to 0$ 时，差分方程的截断误差的某种范数 $\|R\|$(可理解成所有网格节点中截断误差最大值) 也趋近于零，即

$$\lim_{\substack{\Delta x\to 0\\ \Delta t\to 0}}\|R\|=0 \tag{3.20}$$

则表明从截断误差的角度来看，此差分方程是能用来逼近微分方程的。通常称这样的差分方程和对应的微分方程相容。反之则两个方程不相容，这种差分方程就不能用来逼近微分方程。很容易看出，只要截断误差 (包括时间和空间误差) 是一阶以上精度，差分方程和对应的

微分方程就相容，因此相容性是比较容易满足的。前面所述对流方程的 FTCS、FTFS、FTBS 格式都相容。

由相容性可知差分格式能否用来逼近微分问题，差分格式的解 (数值解) 能否逼近微分问题的解 (精确解)，则是差分格式的另一个数学性质。当步长趋于零时，差分方程的解能否趋近于微分问题的解称为差分格式的收敛性。对于任一网格节点 (i,n)，设差分方程在此点的解为 ξ_i^n；由于该点也是微分问题求解域上的对应点，设相应的微分问题解为 $\xi(x_i,t_n)$，二者之差为

$$e_i^n=\xi_i^n-\xi(x_i,t_n)$$

式中，e_i^n 称为离散误差。如果当 $\Delta x\to 0,\Delta t\to 0$ 时，离散误差的某种范数 $\|e\|$ 趋近于零，即

$$\lim_{\substack{\Delta x\to 0\\ \Delta t\to 0}}\|e\|=0 \tag{3.21}$$

则说明此差分格式是收敛的，即差分格式的解收敛于对应微分问题的解；否则不收敛。收敛又分为有条件收敛和无条件收敛。有条件收敛就是差分格式在一定的约束条件范围内是收敛的，无条件收敛则是指差分格式在任何条件下都收敛。

粗看起来，似乎只要差分方程逼近微分方程，其解就应该一致，其实并不一定如此。显然若没有相容性肯定不能得到二者一致的解，故相容性是收敛性的必要条件；但不是充分条件，也就是说相容性不能保证收敛性。有人形象地称相容性是差分格式对微分问题的形式上逼近。下面仍以对流方程式 (2.16) 为例说明：

$$\frac{\partial\xi}{\partial t}+\alpha\frac{\partial\xi}{\partial x}=0$$

其 FTBS 格式为

$$\frac{\xi_i^{n+1}-\xi_i^n}{\Delta t}+\alpha\frac{\xi_i^n-\xi_{i-1}^n}{\Delta x}=0 \tag{3.22}$$

在任一网格节点 (i,n)，微分问题的解为 $\xi(x_i,t_n)$，差分格式的解为 ξ_i^n，则离散误差为

$$e_i^n=\xi_i^n-\xi(x_i,t_n) \tag{3.23}$$

根据泰勒展开式进行截断误差分析可得偏微分方程的解满足

$$\frac{\xi(x_i,t_n+\Delta t)-\xi(x_i,t_n)}{\Delta t}+\alpha\frac{\xi(x_i,t_n)-\xi(x_i-\Delta x,t_n)}{\Delta x}=\mathrm{O}(\Delta x,\Delta t) \tag{3.24}$$

联立式 (3.22)、式 (3.23)、式 (3.24) 得

$$\frac{e_i^{n+1}-e_i^n}{\Delta t}+\alpha\frac{e_i^n-e_{i-1}^n}{\Delta x}=\mathrm{O}(\Delta x,\Delta t) \tag{3.25}$$

改写成

$$e_i^{n+1}=\left(1-\alpha\frac{\Delta t}{\Delta x}\right)e_i^n+\alpha\frac{\Delta t}{\Delta x}e_{i-1}^n+\Delta t\cdot\mathrm{O}(\Delta x,\Delta t)$$

若条件 $\alpha>0$ 和 $\alpha\dfrac{\Delta t}{\Delta x}\leqslant 1$ 成立，即 $0<\alpha\dfrac{\Delta t}{\Delta x}\leqslant 1$，则

$$\left|e_i^{n+1}\right|\leqslant\left(1-\alpha\frac{\Delta t}{\Delta x}\right)\left|e_i^n\right|+\alpha\frac{\Delta t}{\Delta x}\left|e_{i-1}^n\right|+\Delta t\cdot\mathrm{O}(\Delta x,\Delta t)$$

$$\leqslant\left(1-\alpha\frac{\Delta t}{\Delta x}\right)\max_i\left|e_i^n\right|+\alpha\frac{\Delta t}{\Delta x}\max_i\left|e_i^n\right|+\Delta t\cdot \mathrm{O}(\Delta x,\Delta t)$$
$$=\max_i\left|e_i^n\right|+\Delta t\cdot \mathrm{O}(\Delta x,\Delta t)$$

式中，$\max\limits_i\left|e_i^n\right|$ 表示在第 n 时间层中所有空间节点上 $|e|$ 的最大值。由于上式不等号左边项 $\left|e_i^{n+1}\right|$ 角标 i 为任意值，因而对于最大值 $\max\limits_i\left|e_i^n\right|$ 上式也成立，即有

$$\max\left|e_i^{n+1}\right|\leqslant\max\left|e_i^n\right|+\Delta t\cdot \mathrm{O}(\Delta x,\Delta t)$$

于是

$$\max\left|e_i^2\right|\leqslant\max\left|e_i^1\right|+\Delta t\cdot \mathrm{O}(\Delta x,\Delta t)$$
$$\max\left|e_i^3\right|\leqslant\max\left|e_i^2\right|+\Delta t\cdot \mathrm{O}(\Delta x,\Delta t)$$
$$\cdots$$
$$\max\left|e_i^n\right|\leqslant\max\left|e_i^{n-1}\right|+\Delta t\cdot \mathrm{O}(\Delta x,\Delta t)$$

将上面 $(n-1)$ 个不等式相加得

$$\max\left|e_i^n\right|\leqslant\max\left|e_i^1\right|+(n-1)\Delta t\cdot \mathrm{O}(\Delta x,\Delta t)$$

由于初始条件通常为给定函数 ξ 值，因而初始离散误差 $e_i^1=0,i=1,\cdots,n+1$；并且 $(n-1)\Delta t=t_n$ 是有界值，因而：

$$\max\left|e_i^n\right|\leqslant \mathrm{O}(\Delta x,\Delta t)$$

最后根据收敛性的数学定义，得到

$$\lim_{\substack{\Delta x\to 0\\ \Delta t\to 0}}\|e\|=\lim_{\substack{\Delta x\to 0\\ \Delta t\to 0}}\left(\max\left|e_i^n\right|\right)=0$$

这样就证明了当 $0<\alpha\dfrac{\Delta t}{\Delta x}\leqslant 1$ 时，对流方程的 FTBS 格式收敛。对于这种简单的模型方程问题可采用这种不等式方法证明差分格式的收敛性。但即便是简单问题采用这种方法有时也不一定奏效。比如，将对流方程用 FTCS 格式离散，采用不等式方法无法证明其收敛性。而对于流体力学问题由于是多个方程组成的非线性方程组，差分格式收敛性证明就更困难了。实际上差分格式收敛性的证明目前还是比较棘手的数学问题。应用比较广泛的是采用冯 · 诺伊曼 (von Neumann) 方法——通过差分格式稳定性分析来证明收敛性。

在采用有限差分法的计算过程中，计算误差总是不可避免的 (如计算机舍入误差)，并且这些误差还要在计算过程中进行传播。有些情况下，误差在传播过程中逐渐衰减；而另一些情况下，误差在传播过程中会逐渐递增、积累。若计算中在某处产生了误差，在一定条件下如果这个误差对以后影响越来越小，或是这个影响保持在某个限度内，那么就称这个差分格式在给定的条件下稳定，这个条件就是它的稳定准则。如果这一误差对以后的影响越来越大，使计算的结果随时间层 n 的增加越来越偏离偏微分方程的真实解，而毫无实用价值，那么这种情况下差分格式就是不稳定的。

为了给出稳定性的数学定义，将差分解的误差 ε^n 扩展成连续函数 $Z(x,t)$，这样稳定性可定义为

$$\|Z(x,t)\| \leqslant K\,\|Z(x,0)\| \tag{3.26}$$

这里 K 是有限常数，不随 $\Delta x \to 0, \Delta t \to 0$ 而变；$\|Z(x,t)\|$ 和 $\|Z(x,0)\|$ 分别为 $Z(x,t), Z(x,0)$ 的范数。当上述不等式成立时，只要差分问题在初始时刻或某任一时刻引入的误差为小量(指与Δx、Δt同等量级或高阶量级)，此后的解与差分问题的精确解的误差也一定为小量，对应的差分格式为稳定格式。

为了进一步说明稳定性概念， 给出一个典型的误差传递例子。 对于对流–扩散方程：

$$\frac{\partial \xi}{\partial t}+\alpha\frac{\partial \xi}{\partial x}=\beta\frac{\partial^2 \xi}{\partial x^2} \tag{3.27}$$

并用 FTCS 格式进行离散：

$$\frac{\xi_i^{n+1}-\xi_i^n}{\Delta t}+\alpha\frac{\xi_{i+1}^n-\xi_{i-1}^n}{2\Delta x}=\beta\frac{\xi_{i+1}^n-2\xi_i^n+\xi_{i-1}^n}{\Delta x^2} \tag{3.28}$$

为了分析简单明了，不妨假设，在 t_n 时刻以前的运算中不产生任何计算误差，在 t_n 时刻以后的运算中也不产生新的计算误差，只在 t_n 时刻产生了误差 ε^n。考察这个误差对以后的影响，即误差有传递情况。由于 ε^n 的加入，t_n 时刻 i、$(i+1)$ 和 $(i-1)$ 节点函数值成为

$$(\xi_i^n)'=\xi_i^n+\varepsilon_i^n$$

$$(\xi_{i\pm1}^n)'=\xi_{i\pm1}^n+\varepsilon_{i\pm1}^n$$

由于受 ε^n 的影响，由式 (3.27) 计算出第 $(n+1)$ 时间层上的 ξ 值不再是原先的数值 ξ_i^{n+1}，而成为 $(\xi_i^{n+1})'$，可以将其写成

$$(\xi_i^{n+1})'=\xi_i^{n+1}+\varepsilon_i^{n+1}$$

这里的 ε_i^{n+1} 不是新产生的计算误差，而是 ε^n 的传播。所有带 “′” 的量应满足式 (3.28)，因而有

$$\begin{aligned}&\frac{(\xi_i^{n+1}+\varepsilon_i^{n+1})-(\xi_i^n+\varepsilon_i^n)}{\Delta t}+\alpha\frac{(\xi_{i+1}^n+\varepsilon_{i+1}^n)-(\xi_{i-1}^n+\varepsilon_{i-1}^n)}{2\Delta x}\\=&\beta\frac{(\xi_{i+1}^n+\varepsilon_{i+1}^n)-2(\xi_i^n+\varepsilon_i^n)+(\xi_{i-1}^n+\varepsilon_{i-1}^n)}{\Delta x^2}\end{aligned} \tag{3.29}$$

由式 (3.29)–式 (3.28) 得

$$\frac{\varepsilon_i^{n+1}-\varepsilon_i^n}{\Delta t}+\alpha\frac{\varepsilon_{i+1}^n-\varepsilon_{i-1}^n}{2\Delta x}=\beta\frac{\varepsilon_{i+1}^n-2\varepsilon_i^n+\varepsilon_{i-1}^n}{\Delta x^2} \tag{3.30a}$$

这就是误差传递方程。与式 (3.28) 比较可见，误差传递方程与原差分方程形式相同，只需将函数 ξ 换成误差 ε 即可。由误差传递方程的推导过程可看出，只有当微分方程为线性齐次时 (对于上述方程 α 和 β 为常数)，才能直接将差分方程中的函数用误差替换得到对应的误差传递方程。式 (3.30a) 可改写成：

$$\varepsilon_i^{n+1}-\varepsilon_i^n=-\alpha\frac{\Delta t}{2\Delta x}(\varepsilon_{i+1}^n-\varepsilon_{i-1}^n)+\beta\frac{\Delta t}{\Delta x^2}(\varepsilon_{i+1}^n-2\varepsilon_i^n+\varepsilon_{i-1}^n) \tag{3.30b}$$

因为 t_n 时刻产生的计算误差为 ε_i^n，传到 t_{n+1}(即 $t_n+\Delta t$) 时刻，计算误差变成 ε^{n+1}，所以 $\varepsilon_i^{n+1}-\varepsilon_i^n$ 是误差的增长，记为 $\Delta\varepsilon_i^{n+1}$，于是有

$$\Delta\varepsilon_i^{n+1}=-\alpha\frac{\Delta t}{2\Delta x}(\varepsilon_{i+1}^n-\varepsilon_{i-1}^n)+\beta\frac{\Delta t}{\Delta x^2}(\varepsilon_{i+1}^n-2\varepsilon_i^n+\varepsilon_{i-1}^n) \tag{3.30c}$$

上式右边第一项是因对流项而产生的误差增长，第二项为因扩散项而产生的误差增长。下面分别讨论这两项引起的误差增长情况。

在流场数值计算过程中，误差沿节点分布具有随机性，因此可以是各种各样的。但无论误差分布呈何种形态，随着计算由 n 时间层向前推进，稳定格式误差应逐渐减小，而不稳定格式误差将逐渐增大。为了形象化，假设 t_n 时刻产生的误差 ε^n 沿节点是振荡的，并且振幅沿节点增加，如图 3.4(a) 所示。

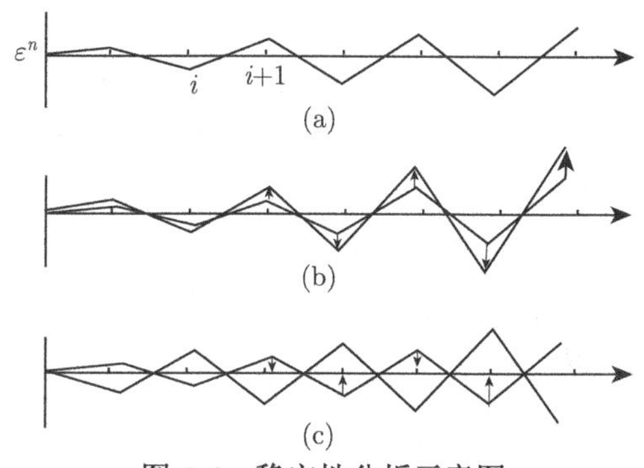

图 3.4　稳定性分析示意图

(1) 不考虑黏性，即无扩散项，$\beta=0$。

首先假设 $\alpha>0$。当在某节点 i，有 $\varepsilon_i^n<0$，则根据图 3.4(a)，这时必有

$$\Delta\varepsilon_i^{n+1}=-\alpha\frac{\Delta t}{2\Delta x}(\varepsilon_{i+1}^n-\varepsilon_{i-1}^n)<0$$

当在某节点 i，有 $\varepsilon_i^n>0$，则有：

$$\varepsilon_{i-1}^n<0,\ \varepsilon_{i+1}^n<0\text{以及}\varepsilon_{i+1}^n<\varepsilon_{i-1}^n,$$

因而有

$$\Delta\varepsilon_i^{n+1}=-\alpha\frac{\Delta t}{2\Delta x}(\varepsilon_{i+1}^n-\varepsilon_{i-1}^n)>0$$

可见在无扩散项时，$\Delta\varepsilon_i^{n+1}$ 与 ε_i^n 符号一致，结果使误差振幅随时间 n 单调增加，如图 3.4(b) 所示。因而此种格式是不稳定的。这种单调增长型的不稳定称为静力不稳定，除非改变差分格式，否则这种不稳定是无法消除的。

再假设 $\alpha<0$。当在某节点 i，有 $\varepsilon_i^n<0$，则采用与上面相同的分析方法得：$\Delta\varepsilon_i^{n+1}>0$；若 $\varepsilon_i^n>0$，则 $\Delta\varepsilon_i^{n+1}<0$，这时 $\Delta\varepsilon_i^{n+1}$ 与 ε_i^n 符号相反。因此 $\Delta\varepsilon_i^{n+1}$ 是对 ε^n 的一个校正，使误差随着 n 的增大逐步减小，这便是稳定状态。但如果 $\alpha\dfrac{\Delta t}{\Delta x}$ 过大 (比如在空间步长 Δx 很小的情况下，取较大的时间步长Δt)，校正会过头，ε_i^{n+1} 幅度比 ε_i^n 还要大，称之为“过冲”，如图 3.4(c) 所示。这种过冲型振荡不稳定称为动力不稳定。显然这种不稳定可以通过限制

$\alpha\dfrac{\Delta t}{\Delta x}$ 数值来消除。对应的稳定状态称为条件稳定，对 $\alpha\dfrac{\Delta t}{\Delta x}$ 的限制条件为稳定条件或稳定准则。

(2) 不考虑对流项，$\alpha=0$。

这时

$$\Delta\varepsilon_i^{n+1}=\beta\frac{\Delta t}{\Delta x^2}(\varepsilon_{i+1}^n-2\varepsilon_i^n+\varepsilon_{i-1}^n)$$

由于 β 相当于黏性，总是正值，当在某节点 i，有 $\varepsilon_i^n<0$，则根据图 3.4(a)，由于

$$\varepsilon_{i-1}^n>0,\quad \varepsilon_{i+1}^n>0$$

因而

$$\varepsilon_{i+1}^n-2\varepsilon_i^n+\varepsilon_{i-1}^n>0$$

则 $\Delta\varepsilon_i^{n+1}>0$。反之，若 $\varepsilon_i^n>0$，则 $\Delta\varepsilon_i^{n+1}<0$。可见纯扩散问题，$\Delta\varepsilon_i^{n+1}$ 与 ε_i^n 符号相反。随着计算的推进，误差会逐渐减小，因而是稳定的。当然与前述仅有对流项一样，当 $\beta\dfrac{\Delta t}{\Delta x^2}$ 太大，也会产生“过冲”，即动力不稳定。

当对流项和扩散项同时存在时，它们各自所产生的误差在传递过程中将会相互影响，难以采用一种直观方法分析差分方程的稳定性。下面介绍 von Neumann 的稳定性分析方法，又称傅里叶 (Fourier) 级数方法。

考察对流模型方程：

$$\frac{\partial\xi}{\partial t}+\alpha\frac{\partial\xi}{\partial x}=0$$

对应的 FTBS 格式为

$$\xi_i^{n+1}=\xi_i^n-\frac{\Delta t}{\Delta x}(\xi_i^n-\xi_{i-1}^n)\tag{3.31}$$

不妨假设在初始时间层 ($n=1$) 的初值中有舍入误差 ε_i^1，则初值成为 $\xi_i^1+\varepsilon_i^1$。由于上述方程是线性齐次方程，直接用误差 ε 取代式 (3.31) 中的 ξ，得到误差传播方程：

$$\varepsilon_i^{n+1}=\varepsilon_i^n-\alpha\frac{\Delta t}{\Delta x}(\varepsilon_i^n-\varepsilon_{i-1}^n)\tag{3.32}$$

误差 ε 是节点上的离散量，现将其扩展成空间连续量并采用傅里叶级数展开，于是 ε^{n+1} 与 ε^n 为

$$\begin{cases}\varepsilon^n(x)=\displaystyle\sum_{k=-\infty}^{\infty}C_k^n\mathrm{e}^{\mathrm{i}kx}\\ \varepsilon^{n+1}(x)=\displaystyle\sum_{k=-\infty}^{\infty}C_k^{n+1}\mathrm{e}^{\mathrm{i}kx}\\ \varepsilon^n(x\pm\Delta x)=\displaystyle\sum_{k=-\infty}^{\infty}C_k^n\mathrm{e}^{\mathrm{i}k(x\pm\Delta x)}\end{cases}\tag{3.33}$$

式中，$\mathrm{i}=\sqrt{-1}$ 是虚数单位。将 $\varepsilon^{n+1},\varepsilon^n$ 代入式 (3.32) 并整理得

$$\sum_{k=-\infty}^{\infty}\left\{C_k^{n+1}-\left[\left(1-\alpha\frac{\Delta t}{\Delta x}\right)C_k^n+\alpha\frac{\Delta t}{\Delta x}C_k^n\mathrm{e}^{\mathrm{i}k\Delta x}\right]\right\}\mathrm{e}^{\mathrm{i}kx}=0,$$

方程右边的 0 也可以展开成傅里叶级数，{} 内的系数项为 0，即

$$0=\sum_{k=-\infty}^{\infty}\{0\}\mathrm{e}^{\mathrm{i}kx}$$

比较上面两式，对于所有 k 值应有

$$C_k^{n+1}-\left[\left(1-\alpha\frac{\Delta t}{\Delta x}\right)C_k^n+\alpha\frac{\Delta t}{\Delta x}C_k^n\mathrm{e}^{\mathrm{i}k\Delta x}\right]=0 \tag{3.34}$$

这样，

$$C_k^{n+1}=\left[\left(1-\alpha\frac{\Delta t}{\Delta x}\right)+\alpha\frac{\Delta t}{\Delta x}\mathrm{e}^{\mathrm{i}k\Delta x}\right]C_k^n=GC_k^n \tag{3.35}$$

式中，G 为放大因子。

$$G(k,\Delta x,\Delta t)=\left(1-\alpha\frac{\Delta t}{\Delta x}\right)+\alpha\frac{\Delta t}{\Delta x}e^{\mathrm{i}\Delta x} \tag{3.36}$$

由式 (3.35)，当 $n=1$ 时：

$$C_k^2=GC_k^1$$

式中，C_k^1 为初始误差 $\varepsilon^1(x)$ 的傅里叶系数。

当 $n=2$ 时，

$$C_k^3=GC_k^2=G^2C_k^1$$

递推得

$$C_k^{n+1}=G^nC_k^1 \tag{3.37}$$

定义

$$\left\|\varepsilon^{n+1}(x)\right\|^2=\sum_{k=-\infty}^{\infty}\left|C_k^{n+1}\right|^2$$

即误差的范数为所有误差分量模的均方根。则有

$$\left\|\varepsilon^{n+1}(x)\right\|^2=\sum_{k=-\infty}^{\infty}\left|C_k^{n+1}\right|^2=\sum_{k=-\infty}^{\infty}|G|^{2n}\left|C_k^1\right|^2=|G|^{2n}\left\|\varepsilon^1(x)\right\|^2$$

如果 $|G|^n$ 对于任意 n 和 k 都有界，即

$$|G|^n\leqslant M \tag{3.38}$$

式中，M 是一正有限量，则有

$$\left\|\varepsilon^{n+1}(x)\right\|^2\leqslant M^2\left\|\varepsilon^1(x)\right\|^2$$

$$\left\|\varepsilon^{n+1}(x)\right\|\leqslant M\left\|\varepsilon^1(x)\right\| \tag{3.39}$$

因此只要 M 有界，式 (3.39) 符合稳定性条件式 (3.26)，则差分方程稳定。

若要 n 为任意值，式 (3.38) 都成立，则必须有

$$|G| \leqslant 1 \tag{3.40}$$

式 (3.40) 即为 von Neumann 稳定性条件。

由上可知，von Neumann 稳定性分析方法由以下几步组成：

(1) 根据差分方程求得误差传播方程；

(2) 求出放大因子 G 的表达式；

(3) 求出满足式 (3.40) 条件，即稳定性条件。

在实际采用 von Neumann 稳定性分析方法时，可把式 (3.33) 略写成

$$\begin{cases} \varepsilon^n = C_k^n \mathrm{e}^{\mathrm{i}kx} \\ \varepsilon^{n+1} = C_k^{n+1} \mathrm{e}^{\mathrm{i}kx} \\ \varepsilon_{i\pm1}^n = C_k^n \mathrm{e}^{\mathrm{i}k(x\pm\Delta x)} \end{cases} \tag{3.41}$$

代入差分方程可得到相同的误差传播方程和误差放大因子 G 表达式。

下面通过对 G 表达式 (3.36) 分析，考察对应的差分方程稳定性。

由于 $\mathrm{e}^{\mathrm{i}k\Delta x} = \cos(k\Delta x) - \mathrm{i}\sin(k\Delta x)$，因此式 (3.36) 可改写成

$$\begin{aligned} G =& 1 - \alpha\frac{\Delta t}{\Delta x}[1-\cos(k\Delta x)] - \mathrm{i}\alpha\frac{\Delta t}{\Delta x}\sin(k\Delta x) \\ =& 1 - 2\alpha\frac{\Delta t}{\Delta x}\sin^2\left(\frac{k\Delta x}{2}\right) - \mathrm{i}(2\alpha)\frac{\Delta t}{\Delta x}\sin\left(\frac{k\Delta x}{2}\right)\cos\left(\frac{k\Delta x}{2}\right) \\ |G|^2 =& \left[1 - 2\alpha\frac{\Delta t}{\Delta x}\sin^2\left(\frac{k\Delta x}{2}\right)\right]^2 + \left[2\alpha\frac{\Delta t}{\Delta x}\sin\left(\frac{k\Delta x}{2}\right)\cos\left(\frac{k\Delta x}{2}\right)\right]^2 \\ =& 1 - 4\alpha\frac{\Delta t}{\Delta x}\left(1 - \alpha\frac{\Delta t}{\Delta x}\right)\sin^2\left(\frac{k\Delta x}{2}\right) \end{aligned}$$

显然要使 $|G| \leqslant 1$，必须使

$$1 - 4\alpha\frac{\Delta t}{\Delta x}\left(1 - \alpha\frac{\Delta t}{\Delta x}\right)\sin^2\left(\frac{k\Delta x}{2}\right) \leqslant 1$$

即

$$\alpha\frac{\Delta t}{\Delta x}\left(1 - \alpha\frac{\Delta t}{\Delta x}\right)\sin^2\left(\frac{k\Delta x}{2}\right) \geqslant 0$$

当 $\alpha \geqslant 0$ 时，要求

$$\left(1 - \alpha\frac{\Delta t}{\Delta x}\right) \geqslant 0$$

即

$$\alpha\frac{\Delta t}{\Delta x} \leqslant 1$$

当 $\alpha \leqslant 0$ 时，要求

$$\left(1 - \alpha\frac{\Delta t}{\Delta x}\right) \leqslant 0$$

这是不可能的。因此由上面分析可得

$$0 \leqslant \alpha \frac{\Delta t}{\Delta x} \leqslant 1 \tag{3.42}$$

式 (3.42) 是差分方程式 (3.31) 的稳定条件。式 (3.31) 是对流方程的 FTBS 格式，如果将对流方程采用其他格式离散则对应差分方程的稳定性条件也将不一样 (读者可采用 von Neumann 稳定性分析方法对流方程的 FTFS 和 FTBS 格式进行稳定性分析)。此外值得一提的是，该问题的稳定性条件和前面所述收敛性条件是相同的，表明稳定性和收敛性之间存在一定的联系。

下面再举一个例子，用 von Neumann 方法分析对流–扩散方程 FTCS 差分格式式 (3.28) 的稳定性。式 (3.28) 的误差传播方程为式 (3.30)，改写成

$$\varepsilon_i^{n+1} = \varepsilon_i^n - \frac{c}{2}(\varepsilon_{i+1}^n - \varepsilon_{i-1}^n) + d(\varepsilon_{i+1}^n - 2\varepsilon_i^n + \varepsilon_{i-1}^n) \tag{3.43}$$

其中

$$c = \alpha \frac{\Delta t}{\Delta x}, \quad d = \beta \frac{\Delta t}{\Delta x^2}$$

将式 (3.41) 代入式 (3.43) 得

$$C^{n+1} = \left[1 - \frac{c}{2}(\mathrm{e}^{\mathrm{i}k\Delta x} - \mathrm{e}^{-\mathrm{i}k\Delta x}) + d(\mathrm{e}^{\mathrm{i}k\Delta x} + \mathrm{e}^{-\mathrm{i}k\Delta x} - 2)\right] C^n = GC^n$$

因此得放大因子为

$$G = [(1-2d) + 2d\cos(k\Delta x)] - \mathrm{i}c\sin(k\Delta x) \tag{3.44}$$

于是

$$|G|^2 = [(1-2d) + 2d\cos(k\Delta x)]^2 + [1 - \cos^2(k\Delta x)]$$

为了书写简便，令 $v = \cos(k\Delta x)$，因而

$$|G|^2 = (1-2d)^2 + c^2 + 4d(1-2d)v + (4d^2 - c^2)v^2$$

因此稳定要求为

$$(1-2d)^2 + c^2 + 4d(1-2d)v + (4d^2 - c^2)v^2 \leqslant 1$$

通过对以上不等式进行求解，可得该差分方程的稳定条件为

$$\left(\alpha \frac{\Delta t}{\Delta x}\right)^2 \leqslant 2\beta \frac{\Delta t}{\Delta x^2} < 1 \tag{3.45}$$

如果不考虑对流项，$\alpha = 0$，这时对流–扩散方程变成热传导方程式 (2.19)，稳定条件式 (3.45) 变成

$$2\beta \frac{\Delta t}{\Delta x^2} < 1 \tag{3.46}$$

如果不考虑黏性项，$\beta = 0$，这时对流–扩散方程变成对流方程式 (3.45)，则应有

$$\left(\alpha \frac{\Delta t}{\Delta x}\right)^2 \leqslant 0 < 1$$

这个不等式是不成立的。因而对流方程采用 FTCS 格式是不稳定的。

von Neumann 方法只适用于线性问题 (偏导数的系数项为常数的偏微分方程) 的稳定性分析。对于非线性问题，可采用局部线化的方法。将非线性方程转化成线性方程，然后再采用此方法进行稳定性分析。所谓“局部线化”就是假设非线性方程中的系数项在流场的局部区域内变化较慢，因而将网格节点上的函数值代入求得系数后，作为常数处理；并认为每个节点上计算稳定性与相邻节点无关。这样可对每一网格节点用 von Neumann 方法作稳定性分析，找出关于 Δt、Δx 的稳定性限制。由所有网格节点上稳定性限制确定出的最小稳定范围即为整个差分问题的稳定条件。因为实际的流体力学方程都是非线性方程，因而采用 von Neumann 方法时一定要先进行局部线化处理。

前面讨论了差分问题的相容性、收敛性和稳定性。已经知道相容性是收敛性的必要条件；还发现稳定性与收敛性之间有一定的联系。在此介绍的 Lax 等价定理将阐述相容性、收敛性和稳定性三者之间的关系。

Lax 等价定理：对一个适定的线性微分方程及一个与其相容的差分格式，如果该格式稳定则必收敛，不稳定则必不收敛。其中“适定”是指适当的定解条件。换言之，若线性微分方程适定，差分格式相容，则稳定性是收敛性的充分必要条件。因此在线性微分方程适定和差分方程相容的条件下，只要差分方程稳定则一定收敛。由于收敛性的证明通常比稳定性证明要难，故借助于 Lax 等价定理，可将收敛性证明转化成稳定性的证明。

练　习　题

1. 应用泰勒级数推导出一阶、二阶偏导数的向后和中心差分格式，并确定其截断误差。

2. 应用泰勒级数推导出抛物型扩散方程 $\dfrac{\partial \xi}{\partial t}=\beta\dfrac{\partial^2 \xi}{\partial x^2}$ 的时间向前和空间中心差分格式，并确定其截断误差。

3. 采用 von Neumann 稳定性分析方法对对流模型方程的向前和向后差分格式进行稳定性分析。

4. 采用 von Neumann 稳定性分析方法对扩散方程 $\dfrac{\partial \xi}{\partial t}=\beta\dfrac{\partial^2 \xi}{\partial x^2}$ 的时间向前和空间中心差分格式进行稳定性分析。

5. 什么是差分方程的相容性、收敛性和稳定性？说明它们之间的相互关系。

有了前面的知识准备，现在就可以对微分方程构造差分格式，进行数值求解。本章将针对模型方程构造适当的差分格式并给出稳定性条件，同时举例说明如何求解差分方程。

4.1 对流方程差分格式

对流方程为

$$\begin{cases} \dfrac{\partial \xi}{\partial t}+\alpha\dfrac{\partial \xi}{\partial x}=0 \\ \xi(x,0)=\bar{\xi}(x) \end{cases} \tag{4.1}$$

1. *逆风差分格式*

这种差分格式的通用形式为

$$\xi_i^{n+1}=\xi_i^n-\frac{\lambda}{\alpha}\left[\frac{1}{2}(\alpha+|\alpha|)(\xi_i^n-\xi_{i-1}^n)+\frac{1}{2}(\alpha-|\alpha|)(\xi_{i+1}^n-\xi_i^n)\right] \tag{4.2a}$$

式中，$\lambda=\alpha\dfrac{\Delta t}{\Delta x}$。当 $\alpha>0$ 时，式 (4.2a) 变成：

$$\xi_i^{n+1}=\xi_i^n-\lambda(\xi_i^n-\xi_{i-1}^n) \tag{4.2b}$$

即式 (4.1) 中的 $\dfrac{\partial \xi}{\partial x}$ 采用向后差商 $\dfrac{\xi_i^n-\xi_{i-1}^n}{\Delta x}$ 逼近。由于对流模型方程与一维欧拉方程形式相同，因此 α 相当于动量方程中的速度 u，$\alpha>0$ 意味着流体由节点 $(i-1)$ 流向 i (图 4.1)，$\dfrac{\partial \xi}{\partial x}$ 在节点 i 采用向后差商就是采用 i 点上游的节点 $(i-1)$ 函数值与 i 点函数值之差，因此称之为逆风差分。而根据流动的物理规律，流场中某点的流动参数受上游流动影响比下游大，并且速度越高，差别越大，当流动超音时，就不再受下游影响。因而从流动机理分析，当 $\alpha>0$，$\dfrac{\partial \xi}{\partial x}$ 采用向后差商比中心差商和向前差商稳定性好 (实际上这时采用空间向前和空间中心两种差分格式是不稳定的)。

当 $\alpha<0$ 时，式 (4.2a) 变成：

$$\xi_i^{n+1}=\xi_i^n-\lambda(\xi_{i+1}^n-\xi_i^n) \tag{4.2c}$$

$\dfrac{\partial \xi}{\partial x}$ 采用的是向前差商，也是逆风差分。

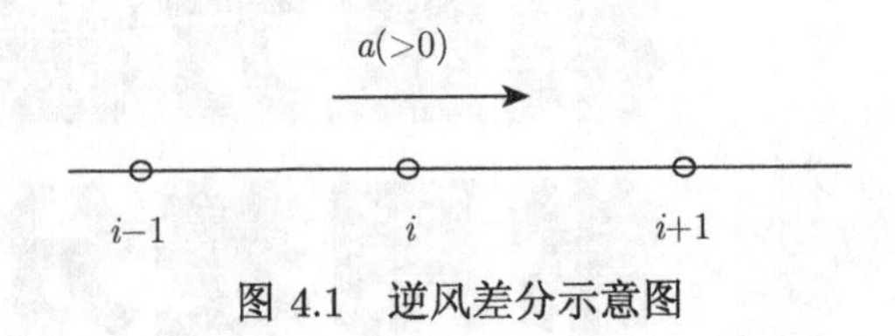

图 4.1　逆风差分示意图

采用 von Neumann 方法分析可得，逆风差分格式的稳定条件为 $|\lambda|\leqslant 1$。由泰勒级数分析可得截断误差为 $R(\Delta t,\Delta x)$。后面的表 4.1 给出了这种格式以及下面介绍的各种差分格式的相关信息。

2. Lax-Wendroff 格式

逆风差分格式是空间和时间均为一阶精度的格式，Lax-Wendroff (简称 L-W) 格式具有二阶空间和时间精度。其构造方法如下。

给出泰勒级数展开式：

$$\xi_i^{n+1}=\xi_i^n+\Delta t(\xi_t)_i^n+\frac{(\Delta t)^2}{2}(\xi_{tt})_i^n+O[(\Delta t)^3]$$

式 (4.1) 可写成：

$$\xi_t=-\alpha\xi_x$$

将其两边求时间偏导 $\dfrac{\partial}{\partial t}$，可得

$$\xi_{tt}=\alpha^2\xi_{xx}$$

把上两式代入泰勒级数展开式得

$$\xi_i^{n+1}=\xi_i^n-\alpha\Delta t(\xi_x)_i^n+\frac{\alpha^2(\Delta t)^2}{2}(\xi_{xx})_i^n+O[(\Delta t)^3]$$

采用中心差商逼近式中一阶和二阶空间导数 ξ_x,ξ_{xx}，并略去高阶小项，得到：

$$\xi_i^{n+1}=\xi_i^n-\frac{\lambda}{2}(\xi_{i+1}^n-\xi_{i-1}^n)+\frac{\lambda^2}{2}(\xi_{i+1}^n-2\xi_i^n+\xi_{i-1}^n) \tag{4.3}$$

上式即为 Lax-Wendroff 格式，它是时间和空间均为二阶精度的格式，稳定条件与逆风差分格式一样，是 $|\lambda|\leqslant 1$。

3. 全隐格式

如果 $\alpha>0$，稳定条件 $|\lambda|\leqslant 1$ 等同于 $\Delta t<\dfrac{\Delta x}{\alpha}$。由于空间步长 Δx 通常很小，α 相当于流速数值较大，时间步长取值只能很小。虽然从计算精度角度考虑不一定需要时间步长如此小 (特别是对于稳态流场计算，不存在时间精度)，但从计算稳定性考虑，必须取如此小的时

间步长。因此达到给定的时刻需计算时间步骤较多，计算消耗的时间相应较长。工程实际中的流体力学计算问题大多数为复杂三维流场计算问题，网格节点多、计算耗时长。通过差分格式的改进，减小稳定限制、增加时间步长提高计算速度，是极有工程实际意义的工作。以下将阐述的隐式格式可以有效减小稳定性限制，加快流场计算速度。

对于对流方程式 (4.1)，如果一阶空间导数用 $(n+1)$ 时间层上的中心差商逼近，即

$$\frac{\partial \xi}{\partial x}=\frac{\xi_{i+1}^{n+1}-\xi_{i-1}^{n+1}}{2\Delta x}$$

时间导数用向前差商逼近，得到的差分格式即为全隐格式：

$$\xi_i^{n+1}-\frac{\lambda}{2}(\xi_{i+1}^{n+1}-\xi_{i-1}^{n+1})=-\xi_i^n \tag{4.4}$$

采用 von Neumann 稳定性分析可推得全隐格式恒稳，即无条件稳定。因此时间步长的选取不受稳定性条件限制，或者说，时间步长取任意值计算过程都不会发散。但是时间步长增大会造成离散误差增加，因此时间步长也不宜太大。

所谓隐式格式就是在差分方程中，$(n+1)$ 时间层上有多个节点函数值出现，而不像式 (4.2) 和式 (4.3) 只出现一个节点 i 的函数值 ξ_i^{n+1}。式 (4.2) 和式 (4.3) 类型的差分格式称为显式差分格式。显式差分格式可采用逐点求解，计算过程简单明了。给定边界和初始条件后，$n=1$ 时间层节点函数值确定。由式 (4.3) 可逐点计算出 $n=2$ 时间层节点函数值；再采用递推方法可计算任一时间层节点函数值。而隐式格式求 $(n+1)$ 时间层节点 i 的函数值 ξ_i^{n+1}，涉及相邻节点 $(n+1)$ 时间层节点函数值 ξ_{i-1}^{n+1} 和 ξ_{i+1}^{n+1}。这样必须将 $(n+1)$ 时间层上所有待求节点的差分方程列出，组成一个方程组；然后求解此方程组，同时求出 $(n+1)$ 层上各节点的函数值。对于式 (4.4)，将所有节点的差分方程列出构成的方程组为三对角矩阵形式方程组，此类方程组的求解并不复杂，以后将作介绍。

4.2　扩散方程差分格式

扩散方程为

$$\begin{cases}\dfrac{\partial \xi}{\partial t}=\beta\dfrac{\partial^2 \xi}{\partial x^2}\\ \xi(x,0)=\bar{\xi}(x)\end{cases} \tag{4.5}$$

1. 古典格式

对式 (4.5) 的时间导数采用向前差分，空间二阶导数采用中心差分，可得

$$\xi_i^{n+1}=\xi_i^n+\mu(\xi_{i+1}^n-2\xi_i^n+\xi_{i-1}^n) \tag{4.6}$$

式中，$\mu=\dfrac{\beta\Delta t}{\Delta x^2}$，稳定条件为 $\mu\leqslant 1/2$。

2. 三层全隐式格式

上述古典格式二阶空间导数采用 n 时间层上的中心差商逼近，在此采用 $(n+1)$ 时间层上的中心差商，即

$$\frac{\partial^2 \xi}{\partial x^2}=\frac{\xi_{i+1}^{n+1}-2\xi_i^{n+1}+\xi_{i-1}^{n+1}}{\Delta x^2}$$

而时间导数用 $(n-1)$ 层到 n 层和 n 层到 $(n+1)$ 层的向前差商的加权平均来逼近：

$$\frac{\partial \xi}{\partial t}=\frac{1}{2}\left[3\left(\frac{\xi_i^{n+1}-\xi_i^n}{\Delta t}\right)-\left(\frac{\xi_i^n-\xi_i^{n-1}}{\Delta t}\right)\right]$$

这样得到：

$$3\xi_i^{n+1}-2\mu(\xi_{i+1}^{n+1}-2\xi_i^{n+1}+\xi_{i-1}^{n+1})=4\xi_i^n-\xi_i^{n-1} \tag{4.7}$$

由于上式中涉及 3 个时间层的函数值，因而称之为三层格式。这种格式恒稳。采用上式计算 $(n+1)$ 时间层的函数值时，必须知道 n 和 $(n-1)$ 时间层上的函数值，因而要知道 $n=1$ 和 $n=2$ 两个时间层上的初始值，计算才能启动。为此开始计算前，可先用二层格式由 $n=1$ 时间层的初始值计算出 $n=2$ 层上的值。

4.3　对流–扩散方程差分格式

对流–扩散方程为

$$\begin{cases}\dfrac{\partial \xi}{\partial t}+\alpha\dfrac{\partial \xi}{\partial x}=\beta\dfrac{\partial^2 \xi}{\partial x^2}\\ \xi(x,0)=\bar{\xi}(x)\end{cases} \tag{4.8}$$

1. **中心显式差分格式**

时间导数用向前差分、对流项和扩散项用中心差分逼近，得到

$$\xi_i^{n+1}=\xi_i^n+\frac{\lambda}{2}(\xi_{i+1}^n-\xi_{i-1}^n)+\mu(\xi_{i+1}^n-2\xi_i^n+\xi_{i-1}^n) \tag{4.9}$$

稳定性条件为 $\lambda^2\leqslant 2\mu\leqslant 1$，即

$$\left(\alpha\frac{\Delta t}{\Delta x}\right)^2\leqslant 2\beta\frac{\Delta t}{\Delta x^2}\leqslant 1$$

故有

$$\Delta t\leqslant\frac{2\beta}{\alpha^2}$$

当对流速度 α 大而扩散系数 β 很小时，允许的时间步长会很小，导致格式难于使用。当 $\beta\to 0$ 时，式 (4.8) 转化成对流方程，对流方程的中心差分格式是不稳定的。

2. **逆风差分格式**

为了克服中心差分格式允许 Δt 过小的不足，可将对流项中心差商改用逆风差分来逼近，如 $\alpha>0$ 有

$$\frac{\partial \xi}{\partial x}=\frac{\xi_i^n-\xi_{i-1}^n}{\Delta x}$$

于是可得

$$\xi_i^{n+1}=\xi_i^n+\lambda(\xi_i^n-\xi_{i-1}^n)+\mu(\xi_{i+1}^n-2\xi_i^n+\xi_{i-1}^n) \tag{4.10}$$

这种格式由稳定性分析得到对 Δt 的限制是

$$\Delta t\leqslant\frac{\Delta x^2}{2\beta+\alpha\Delta x}$$

这样要比对流项采用中心差分稳定性限制宽松得多。如果 $\beta=0$，式 (4.10) 转化成对流方程，稳定性条件变为对流方程逆风差分的稳定性条件，即 $\Delta t \leqslant \Delta x/a$；如果 $a=0$，式 (4.10) 转化成扩散方程，稳定条件为 $\Delta t \leqslant \Delta x^2/(2\beta)$，即扩散方程古典格式的稳定性条件。

3. 全隐差分格式

对流项和扩散项都在 $(n+1)$ 时间层采用一阶和二阶中心差商逼近得

$$\xi_i^{n+1}+\frac{1}{2}\lambda(\xi_{i+1}^{n+1}-\xi_{i-1}^{n+1})-\mu(\xi_{i+1}^{n+1}-2\xi_i^{n+1}+\xi_{i-1}^{n+1})=\xi_i^n \tag{4.11}$$

此为对流–扩散方程的全隐差分格式，格式恒稳。

表 4.1 给出了各种模型方程差分格式特性。

表 4.1　模型方程差分格式特性

模型方程	格式名称	放大因子	稳定条件	截断误差
对流方程	逆风差分格式 (式 (4.2b))	$1+\lambda(\mathrm{e}^{\mathrm{i}k\Delta x}-1)$	$\alpha>0, \|\lambda\leqslant 1\|$	$R(\Delta t,\Delta x)$
	L-W 格式 (式 (4.3))	$\cos(k\Delta x)-\mathrm{i}\sin(k\Delta x)$ $-2\lambda^2\sin^2(k\Delta x/2)$	$\|\lambda\leqslant 1\|$	$R(\Delta t^2,\Delta x^2)$
	全隐格式 (式 (4.4))	$\dfrac{1}{1+\mathrm{i}\lambda\sin(k\Delta x)}$	恒稳	$R(\Delta t,\Delta x^2)$
扩散方程	古典格式 (式 (4.6))	$1-4\mu\sin^2(k\Delta x/2)$	$\mu\leqslant 1/2$	$R(\Delta t,\Delta x^2)$
	三层全隐格式 (式 (4.7))	—	恒稳	$R(\Delta t,\Delta x^2)$
对流–扩散方程	中心显式差分格式 (式 (4.9))	$1-2\mu[1-\cos(k\Delta x)]$ $-\mathrm{i}\lambda\sin(k\Delta x)$	$\lambda^2\leqslant 2\mu\leqslant 1$	$R(\Delta t,\Delta x^2)$
	逆风差分格式 (式 (4.10))	$1-(\lambda+2\mu)[1-\cos(k\Delta x)]$ $-\mathrm{i}\lambda\sin(k\Delta x)$	$\Delta t\leqslant\dfrac{\Delta x^2}{2\beta+\alpha\Delta x}$	$R(\Delta t,\Delta x)$
	全隐差分格式 (式 (4.11))	$\dfrac{1}{1+2\mu[1-\cos(k\Delta x)]+\mathrm{i}\sin(k\Delta x)}$	恒稳	$R(\Delta t,\Delta x^2)$

4.4　计算实例——两平行平板间非定常流

两平行平板间的黏性流体流动又称为库特 (Couette) 剪流，是经典的流体力学问题。在此采用有限差分方法计算非定常两平行平板间黏性流场中的速度分布。

假设在两相距离 1m 的无限大平板间充满水，平板原来都处于静止状态，在某一时刻 $t=0$，上平板突然以恒定速度 $U=1\mathrm{m/s}$ 平动，求在任意时刻 t 两板间水的速度分布。如图 4.2，由于两板无限大，可忽略端部效应，这样每一个等 x 截面速度分布相同。因此只需求 $x=0$ 截面的速度分布。具体求解步骤如下。

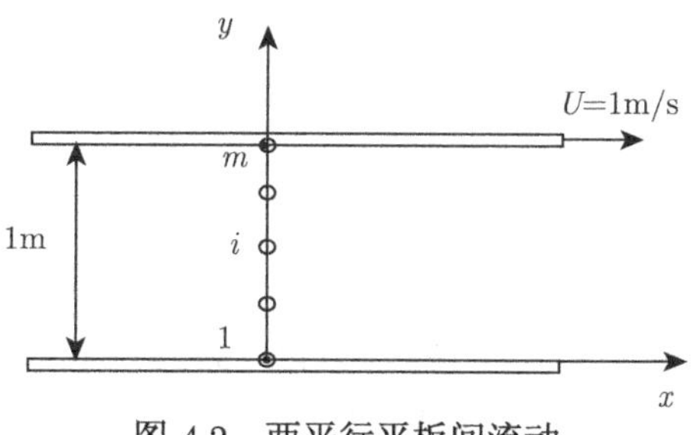

图 4.2　两平行平板间流动

1. 确定控制方程和定解条件

运用非定常二维不可压黏性流的基本方程

连续方程：

$$\frac{\partial u}{\partial x}+\frac{\partial v}{\partial y}=0$$

X 方向运动方程：

$$\frac{\partial u}{\partial t}+u\frac{\partial u}{\partial x}+v\frac{\partial u}{\partial y}=\nu\left(\frac{\partial^2 u}{\partial x^2}+\frac{\partial^2 u}{\partial y^2}\right)$$

Y 方向运动方程：

$$\frac{\partial v}{\partial t}+u\frac{\partial v}{\partial x}+v\frac{\partial v}{\partial y}=\nu\left(\frac{\partial^2 v}{\partial x^2}+\frac{\partial^2 v}{\partial y^2}\right)$$

根据此流动具体情况可设：$v=0$，所以根据连续方程有：$\frac{\partial u}{\partial x}=0$。这样 Y 方向运动方程自动满足，X 方向运动方程可简化成

$$\frac{\partial u}{\partial t}=\nu\frac{\partial^2 u}{\partial y^2} \tag{4.12}$$

上述方程为抛物型方程，一个方程一个未知数，方程封闭可求解。水的动力黏性系数 ν 近似为 $1\times10^{-6}\mathrm{m^2/s}$。

边界条件为：$y=0,u=0;y=1,u=U=1$

初始条件 $(t=0)$ 为：$y<1,u=0;y=1,u=1$

2. 网格划分

采用均匀网格，网格点数为 m，边界节点分别为 1 和 m，如图 4.2 所示。那么网格空间步长为 $\Delta x=1/(m-1)$。

3. 控制方程和定解条件的离散化

式 (4.12) 为典型的抛物型方程，采用古典格式进行差分离散，得

$$u_i^{n+1}=u_i^n+\mu(u_{i+1}^n-u_i^n+u_{i-1}^n) \tag{4.13}$$

$\mu=v\Delta t/(\Delta x)^2$。这个格式的稳定条件为 $\mu\leqslant1/2$。在计算时确定 μ、Δt。

边界条件的离散形式：

$$u_1^n=0,\quad u_m^n=1\quad n=1,2,3,\cdots$$

初始条件的离散形式：

$$u_i^1=0\ i=1,\cdots,m-1;$$
$$u_m^1=1$$

4. 编制和调试计算机程序

编制程序要注意程序的条理性、可读性以及通用性。要有好的条理性，程序则要基于结构化思想进行设计，即一个程序要分成若干块，每一块赋予各自功能，块与块间逻辑关系清晰。可读性与条理性是紧密相关的，为了增加程序可读性，还要在程序中适当加入说明语句；

以及程序的外观布局、变量所采用的符号都要有所考虑。通用性表现在两方面：一是避免程序的局限性，比如对于现在的例子，程序中网格节点数 m 不是一个确定的数，而是作为变量，这样通过赋值语句对 m 赋值，可方便地给出不同网格节点数的差分解；其二是在保证程序对给定流场计算模拟功能的前提下，最好也能兼顾计算其他相近流场。当然一个大型程序编制是一项较为复杂的工程，除了需要坚实的理论基础，在不断实践过程中的经验积累和技巧的提高也是至关重要的。

为了在程序编制过程中有一个清晰的思路，首先一定要画程序框图。本算例的程序框图 (图 4.3(a))，图 4.3(b) 是输出的计算结果。在程序设计中，用数组 $U(i,2)$ 表示 u_i^{n+1}；用数组 $U(i,1)$ 表示 u_i^n。由差分方程式 (4.13) 计算出 $(n+1)$ 时间层上的节点函数值后，存入 $U(i,1)$ 数组，以对 n 时间层上的节点函数值进行更新，再重复采用式 (4.13) 进行差分计算，如此不断推进，直至所需的时刻 $t_{\max}$。这样用两层数组即可计算任意多时间层的函数值，以节省计算机内存。这种处理是推进计算和迭代计算程序设计中广泛采用的策略。由图 4.3(b) 看出，随时间增加，上平板拖动的影响区域逐渐增大，当时间很长时，速度 u 沿 y 方向分布渐近于线性。

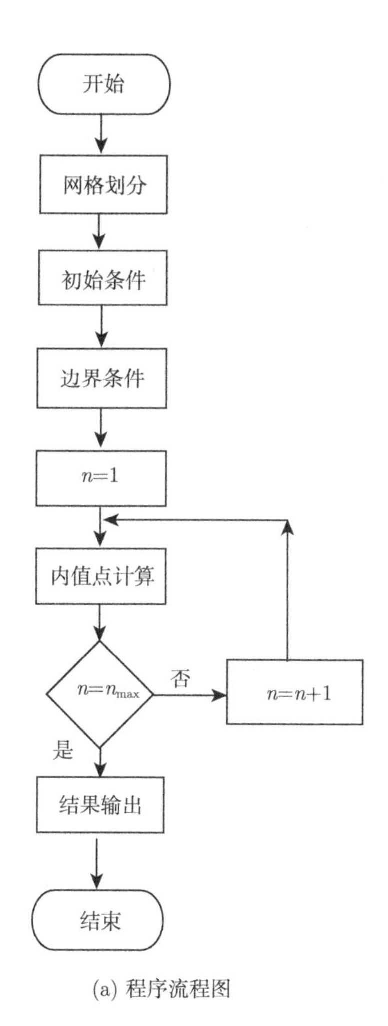

(a) 程序流程图

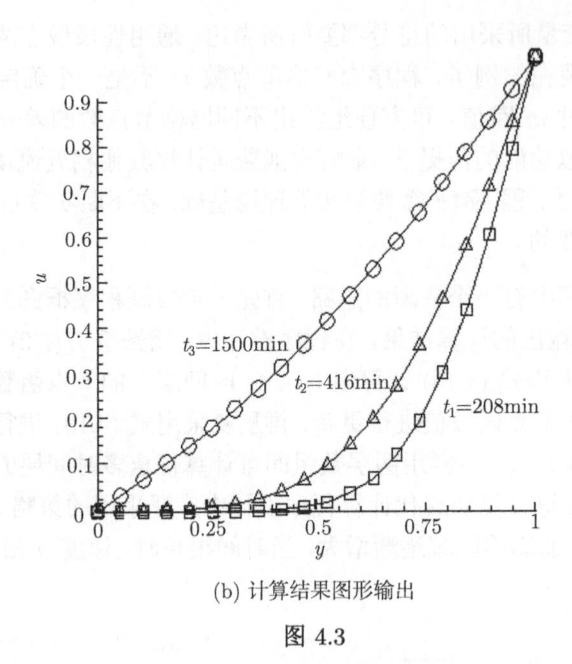

(b) 计算结果图形输出

图 4.3

Tecplot 软件是应用广泛的图形绘制软件，其功能全面使用简单，可用于绘制一维曲线，二维曲面和三维空间图形；是进行数值模拟结果显示、数据分析的理想工具。它主要有以下功能：①可直接读入常见的网格、CAD 图形及 CFD 软件 (Phoenics、Fluent、Star-cd) 生成的文件。②能直接导入 cgns、dxf、excel、gridgen、plot3d 格式的文件。③能导出的文件格式包括 bmp、avi、flash、jpeg、windows 等常用图形格式。

在此首先介绍绘制曲线方法，然后说明在以后算例中涉及流场中流线、速度矢量图、等值线图的绘制。本书中只对算例中涉及 Tecplot 软件基本功能进行介绍。

生成曲线对应的数据文件，格式要求为

Zone i=n，f=point

x_1, y_1

x_2, y_2

$\cdots$

x_n, y_n

Zone 为所画图形的数据起始标志；n 为曲线上对应的点数，$(x_1, y_1), \cdots, (x_n, y_n)$ 为曲线上对应的点坐标；f=point 表示数据格式。如果要在一张图中画出多条曲线 (图4.3(b))，则可在同一个数据文件中将数据按以上相同格式顺序排列。打开 Tecplot 软件，调入准备好的数据文件即可显示曲线。

4.5　多维问题的几种常用差分格式

实际中多为空间二维和三维的问题，上面所述的针对空间一维差分方法向二维和三维的推广并没有太大的理论难度。本节以扩散方程为例，将一维差分方法向二维推广，其他方程处理方法类似。

二维扩散方程为

$$\frac{\partial \xi}{\partial t}=v\left(\frac{\partial^2 \xi}{\partial x^2}+\frac{\partial^2 \xi}{\partial y^2}\right) \tag{4.14}$$

相应的定解条件为

$$\begin{cases}\xi(x,y,0)=f(x,y)\\ \xi(x_1,y,t)=\bar{\xi}_{x_1}(y,t), \quad \xi(x_1,y,t)=\bar{\xi}_{x_2}(y,t)\\ \xi(x,y_2,t)=\bar{\xi}_{y_1}(x,t), \quad \xi(x,y_2,t)=\bar{\xi}_{y_2}(x,t)\end{cases} \tag{4.15}$$

如果采用均匀网格，有

$$\begin{aligned}x_i&=x_1+\Delta x(i-1)\\ y_j&=y_1+\Delta y(j-1)\\ t_n&=\Delta t(n-1)\end{aligned}$$

网格节点 (i,j,n) 上的函数值记作 $\xi_{i,j}^n$。

1. *加权平均差分格式*

具体形式为

$$\frac{1}{\Delta t}(\xi_{i,j}^{n+1}-\xi_{i,j}^n)=\nu[\theta(\Delta_{xx}\xi_{i,j}^{n+1}+\Delta_{yy}\xi_{i,j}^{n+1})+(1-\theta)(\Delta_{xx}\xi_{i,j}^n+\Delta_{yy}\xi_{i,j}^n)] \tag{4.16}$$

其中

$$\begin{cases}\Delta_{xx}\xi_{i,j}=\dfrac{\xi_{i+1,j}-2\xi_{i,j}+\xi_{i-1,j}}{\Delta x^2}\\ \Delta_{yy}\xi_{i,j}=\dfrac{\xi_{1,j+1}-2\xi_{i,j}+\xi_{i,j-1}}{\Delta y^2}\end{cases} \tag{4.17}$$

不难看出，当 $\theta=0$ 时格式是显式的；当 $\theta\neq 0$ 时格式是隐式的。对于二维问题隐式格式求解需要解一个大型稀疏代数矩阵，比较麻烦且耗费机时，后面将进一步介绍对此类问题的处理。

为分析格式的稳定性，首先将式 (4.15) 改写成：

$$\begin{aligned}&(1+2\theta\sigma_x+2\theta\sigma_y)\xi_{i,j}^{n+1}-\theta\sigma_x\xi_{i-1,j}^{n+1}-\theta\sigma_x\xi_{i+1,j}^{n+1}-\theta\sigma_y\xi_{i,j-1}^{n+1}-\theta\sigma_y\xi_{i,j+1}^{n+1}\\ =&[1-2(1-\theta)\sigma_x-2(1-\theta)\sigma_y]\xi_{i,j}^n+(1-\theta)\sigma_x\xi_{i-1,j}^n+(1-\theta)\sigma_x\xi_{i+1,j}^n\\ &+(1-\theta)\sigma_y\xi_{i,j-1}^n+(1-\theta)\sigma_y\xi_{i,j+1}^n]\end{aligned} \tag{4.18}$$

式中，$\sigma_x=\dfrac{\nu\Delta t}{\Delta x^2},\sigma_y=\dfrac{\nu\Delta t}{\Delta y^2}$。仍然采用 von Neumann 的稳定性分析方法，误差项可写成

$$\begin{cases}\varepsilon_{i,j}^n=C^n\mathrm{e}^{\mathrm{i}(k_x x_i+k_y y_j)}\\ \varepsilon_{i,j}^{n+1}=C^{n+1}\mathrm{e}^{\mathrm{i}(k_x x_i+k_y y_j)}\\ \varepsilon_{i\pm1,j}^n=C^n\mathrm{e}^{\mathrm{i}[k_x(x_i\pm\Delta x)+k_y y_j]}\\ \varepsilon_{i,j\pm1}^n=C^n\mathrm{e}^{\mathrm{i}[k_x x_i+k_y(y_j\pm\Delta y)]}\end{cases} \tag{4.19}$$

将式 (4.19) 代入差分方程式 (4.18) 中，得到误差放大因子：

$$G=\frac{1-4(1-\theta)\left[\sigma_x\sin^2\left(\frac{k_x\Delta x}{2}\right)+\sigma_y\sin^2\left(\frac{k_y\Delta y}{2}\right)\right]}{1+4\theta\left[\sigma_x\sin^2\left(\frac{k_x\Delta x}{2}\right)+\sigma_y\sin^2\left(\frac{k_y\Delta y}{2}\right)\right]} \tag{4.20}$$

记：

$$B=\sigma_x\sin^2(\frac{k_x\Delta x}{2})+\sigma_y\sin^2\left(\frac{k_y\Delta y}{2}\right)$$

则

$$G=\frac{1-4(1-\theta)B}{1+4\theta B}$$

通常 θ 的取值范围为 $|\theta|\leqslant 1$。

当 $\theta\geqslant 1/2$ 时，记：$\theta=1/2+\vartheta$，于是有 $0\leqslant\vartheta\leqslant 1/2$，这时

$$G=\frac{1-4\left(1-\frac{1}{2}-\vartheta\right)B}{1+4\left(\frac{1}{2}+\vartheta\right)B}=\frac{(1+4B\vartheta)-2B}{(1+4B\vartheta)+2B}\leqslant 1$$

故 $\theta\geqslant 1/2$ 时是无条件稳定的。

$\theta<1/2$ 时，记：$\theta=1/2-\vartheta$，于是有 $0<\vartheta\leqslant 1/2$，这时

$$G=\frac{(1+4B\vartheta)-2B}{(1+4B\vartheta)+2B}$$

对于上式，当 $1+4B\vartheta\geqslant 0$ 时，有 $|G|\leqslant 1$；而当 $1+4B\vartheta<0$ 时，有 $|G|>1$。因此当 $\theta<1/2$ 时，稳定性条件为：$1+4B\vartheta\geqslant 0$，即

$$B\leqslant\frac{1}{2(1-2\theta)}$$

进一步可写成：

$$v\Delta t\left(\frac{1}{\Delta x^2}+\frac{1}{\Delta y^2}\right)\leqslant\frac{1}{2(1-2\theta)}$$

当 $\theta=0$ 时为显式格式，若 $\Delta x=\Delta y$ 则稳定性条件为

$$\frac{v\Delta t}{\Delta x^2}\leqslant\frac{1}{4}$$

与一维古典格式 (显式格式) 相比，稳定范围只有其一半。

2. 交替方向隐式格式

交替方向隐式 (alternating direction implicit，ADI) 格式。对于多维问题，采用隐式格式要求解大型稀疏矩阵，而采用显式格式稳定性限制又较严格。交替方向隐式格式既具有显式格式求解的便利性又具有隐式格式较强的稳定性特征。它的基本思想是将差分计算分成两步：①在一个方向上 (比如x方向) 是隐式的，而另一个方向上是显式的；②两个方向交换，即在第一个方向是显式的，而另一方向为隐式。在上述计算中，由于只有一个方向是隐式，这样每一步求解的方程组都是三对角方程组，所以求解过程大为简化。同时格式的稳定性条件比之于显式格式也会大为放宽。因为计算在两个方向上交替进行，所以叫做交替方向隐式格式。以上叙述比较抽象，下面通过对式 (4.14) 采用交替方向隐式格式说明该方法。对式 (4.14)，将 n 时间层向 $(n+1)$ 时间层推进分成两步：①由 n 时间层向 $(n+1/2)$ 时间层推进，此步 x 方向采用隐式格式，得方程 (4.21a)；②由 $n+1/2$ 时间层向 $(n+1)$ 时间层推进，此步 y 方向采用隐式格式，得方程 (4.21b)。

$$\frac{\xi_{i,j}^{n+\frac{1}{2}}-\xi_{i,j}^{n}}{(\Delta t/2)}=v(\Delta_{xx}\xi_{i,j}^{n+\frac{1}{2}}+\Delta_{yy}\xi_{i,j}^{n}) \tag{4.21a}$$

$$\frac{\xi_{i,j}^{n+1}-\xi_{i,j}^{n+\frac{1}{2}}}{(\Delta t/2)}=v(\Delta_{xx}\xi_{i,j}^{n+\frac{1}{2}}+\Delta_{yy}\xi_{i,j}^{n+1}) \tag{4.21b}$$

由式 (4.21a)，在进行 $n+1/2$ 时间层计算时，涉及 x 方向 $\xi_{i-1,j}^{n+\frac{1}{2}},\xi_{i,j}^{n+\frac{1}{2}},\xi_{i+1,j}^{n+\frac{1}{2}}$3 个节点函数值要同时求得，因而与一维隐式格式相同；同样对于 $(n+1)$ 时间层也涉及 y 方向 3 个相邻节点函数值。后面将介绍一维隐式格式求解的简单便利方法。

应用 von Neumann 方法进行稳定性分析，放大因子 G 为

$$G=G_1G_2$$

$$G_1=\frac{1-4\sigma_y\sin^2\left(\dfrac{k_y\Delta y}{2}\right)}{1+4\sigma_x\sin^2\left(\dfrac{k_x\Delta x}{2}\right)}$$

$$G_2=\frac{1-4\sigma_x\sin^2\left(\dfrac{k_x\Delta x}{2}\right)}{1+4\sigma_y\sin^2\left(\dfrac{k_y\Delta y}{2}\right)}$$

G_1 和 G_2 分别为式 (4.21a) 和式 (4.21b) 的放大因子。显然有 $|G|\leqslant 1$，所以格式无条件稳定。值得指出的是这个结论不能推广到三维，在三维时本方法是有条件稳定的。交替方向法可以有多种形式，例如还有

$$\frac{\xi_{i,j}^{*}-\xi_{i,j}^{n}}{\Delta t}=\nu(\Delta_{xx}\xi_{i,j}^{*}+\Delta_{yy}\xi_{i,j}^{n}) \tag{4.22a}$$

$$\frac{\xi_{i,j}^{n+1}-\xi_{i,j}^{*}}{\Delta t}=\nu(\Delta_{xx}\xi_{i,j}^{*}-\Delta_{yy}\xi_{i,j}^{n+1}) \tag{4.22b}$$

将式 (4.22a) 和式 (4.22b) 合并，消去 ξ^*，可得下列差分表达式：

$$\frac{\xi_{i,j}^{n+1}-\xi_{i,j}^{n}}{\Delta t}=\nu(\Delta_{xx}\xi_{i,j}^{n+1}+\Delta_{yy}\xi_{i,j}^{n+1})-\nu^2\Delta t^2\Delta_{xx}\Delta_{yy}(\xi_{i,j}^{n+1}-\xi_{i,j}^{n})$$

因此相当于全隐式格式中加入了与 Δt^2 成正比的项，是一个高阶小量。可以证明此格式是无条件稳定的。式 (4.22) 推广到三维为

$$\frac{\xi_{i,j,k}^{*}-\xi_{i,j,k}^{n}}{\Delta t}=\nu(\Delta_{xx}\xi_{i,j,k}^{*}+\Delta_{yy}\xi_{i,j,k}^{n}+\Delta_{zz}\xi_{i,j,k}^{n}) \tag{4.23a}$$

$$\frac{\xi_{i,j,k}^{**}-\xi_{i,j,k}^{*}}{\Delta t}=\nu(\Delta_{yy}\xi_{i,j,k}^{**}-\Delta_{yy}\xi_{i,j,k}^{*}) \tag{4.23b}$$

$$\frac{\xi_{i,j,k}^{n+1}-\xi_{i,j,k}^{**}}{\Delta t}=\nu(\Delta_{zz}\xi_{i,j,k}^{**}-\Delta_{zz}\xi_{i,j,k}^{*}) \tag{4.23c}$$

上式表明：对于三维问题，先在 x 方向采用隐式格式进行第一步计算；再在 y 方向采用隐式格式进行第二步计算；最后在 z 方向采用隐式格式进行第三步计算。三维情况下这种格式也是无条件稳定的。

3. 时间分裂格式

这种格式构造的基本思想是将多维问题化为几个一维问题，与 ADI 方法类似。以下仍以二维扩散方程式 (4.14) 为例，由泰勒级数展开公式：

$$\begin{aligned}\xi_{i,j}^{n+1}=&\xi_{i,j}^{n}+\left(\frac{\partial\xi}{\partial t}\right)_{i,j}^{n}\Delta t+\frac{1}{2}\left(\frac{\partial^2\xi}{\partial t^2}\right)_{i,j}^{n}\Delta t^2+\cdots\\=&\xi_{i,j}^{n}+\nu\left(\frac{\partial^2\xi}{\partial x^2}+\frac{\partial^2\xi}{\partial y^2}\right)_{i,j}^{n}\Delta t+\frac{1}{2}\nu^2\left(\frac{\partial^4\xi}{\partial x^4}+2\frac{\partial^4\xi}{\partial x^2\partial y^2}+\frac{\partial^4\xi}{\partial y^2}\right)_{i,j}^{n}\Delta t^2+\cdots\end{aligned}$$

因此进一步可写成：

$$\xi_{i,j}^{n+1}=\left(1+\nu\Delta t\frac{\partial^2}{\partial x^2}\right)\left(1+\nu\Delta t\frac{\partial\xi^2}{\partial y^2}\right)\xi_{i,j}^{n}+\mathrm{O}(\Delta t^2)$$

略去高阶小量得

$$\xi_{i,j}^{n+1}=(1+\nu\Delta t\Delta_{xx})(1+\nu\Delta t\Delta_{yy})\xi_{i,j}^{n}$$

分解成：

$$\xi_{i,j}^{*}=(1+\nu\Delta t\Delta_{xx})\xi_{i,j}^{n} \tag{4.24a}$$

$$\xi_{i,j}^{n+1}=(1+\nu\Delta t\Delta_{yy})\xi_{i,j}^{*} \tag{4.24b}$$

式 (4.24a) 和式 (4.24b) 的求解相当于解两个一维问题：

$$\frac{\partial\xi}{\partial t}=\nu\frac{\partial^2\xi}{\partial x^2},\quad \frac{\partial\xi}{\partial t}=\nu\frac{\partial^2\xi}{\partial y^2}$$

稳定性条件为

$$\sigma_x = \frac{\nu \Delta t}{\Delta x^2} \leqslant 1/2, \quad \sigma_y = \frac{\nu \Delta t}{\Delta y^2} \leqslant 1/2$$

时间分裂差分格式由于其构造和计算方法简单而得到广泛应用。

练　习　题

1. 采用 von Neumann 稳定性分析方法对对流模型方程的 Lax-Wendroffs 差分格式进行稳定性分析。

2. 说明逆风差分格式可增加稳定性的原因。

3. 什么是显式差分格式和隐式差分格式？说明这两种差分格式的特点。

4. 多维问题采用隐式格差分格式会带来什么困难？有什么方法解决？

第5章 不可压缩流场的数值计算

前面几章建立了微分方程有限差分计算的基本概念，并且针对模型方程给出了多种差分格式，以及对其稳定性、精度等级进行分析。模型方程都是单个微分方程而且是线性方程，实际流体力学问题通常是多个微分方程组成的方程组，并且方程都是非线性方程。因而不能照搬前面所述方法，要根据具体流动特点，以前面论述方法为基础，构造出合适的差分格式。

流动分类有多种方法，比如：根据流动定常性可分为定常流和非定常流；根据是否考虑黏性可分为有黏流和无黏流；根据压缩性可分为可压缩流和不可压缩流。对于可压缩流，无论其为有黏、无黏、定常或非定常都可以采用同一类差分方法进行计算，但可压缩流的计算方法一般不能用于求解不可压缩流；对于不可压缩流，在方程的形式、数值计算方法上都与可压缩流有较大差别，因而从数值计算角度考虑，在此将流场计算分为不可压缩流计算和可压缩流计算。本章介绍不可压缩流的计算方法，第 6 章介绍可压缩流的计算方法。

5.1　不可压缩流场计算的流函数涡量法

5.1.1　不可压缩无黏流场计算的流函数涡量法

1. 基本方程

对于二维不可压缩黏性流，引入流函数 ψ 和涡量 ξ，基本方程可转化成：

$$\frac{\partial \xi}{\partial t}+\frac{\partial \psi}{\partial y}\frac{\partial \xi}{\partial x}-\frac{\partial \psi}{\partial x}\frac{\partial \xi}{\partial y}=\frac{\partial F_y}{\partial x}-\frac{\partial F_x}{\partial y}+\frac{\mu}{\rho}\Delta\xi \tag{5.1}$$

$$\Delta\psi=-\xi \tag{5.2}$$

对于无黏流，且忽略体积力 $\boldsymbol{F}$，并将式 (5.2) 代入式 (5.1) 得

$$-\frac{\partial \Delta\psi}{\partial t}+\frac{\partial \psi}{\partial y}\frac{\partial \Delta\psi}{\partial x}-\frac{\partial \psi}{\partial x}\frac{\partial \Delta\psi}{\partial y}=0 \tag{5.3}$$

这样，一个方程一个未知数，给出适当定解条件方程就可以求解。

如果流场进口均匀没有产生涡旋，那么根据气体力学知识，则可认为流场无旋，即 $\xi = 0$，这时由式 (5.2) 直接可得

$$\Delta\psi = 0$$

上式在二维直角坐标系下展开的形式：

$$\frac{\partial^2\psi}{\partial x^2} + \frac{\partial^2\psi}{\partial y^2} = 0 \tag{5.4}$$

式 (5.4) 为拉普拉斯方程，是典型的椭圆型方程。流函数 ψ 与 x 和 y 方向的速度分量分别为 u 和 v，且满足下列关系：

$$u = \frac{\partial\psi}{\partial y},\ v = -\frac{\partial\psi}{\partial x} \tag{5.5}$$

式 (5.4) 看似简单，但却无法采用直接积分方法进行求解，而需要进行离散求数值解。

2. *方程求解*

为了差分求拉普拉斯方程式 (5.4) 数值解不失一般性，以泊松方程为例：

$$\frac{\partial^2 f}{\partial x^2} + \frac{\partial^2 f}{\partial y^2} = q \tag{5.6}$$

式中，f 为流场中待求解函数，q 为已知函数。对上式中的导数项采用中心差分 (对照图5.1)，有

$$\left(\frac{\partial^2 f}{\partial x^2}\right)_{i,j} = \frac{f_{i+1,j} - 2f_{i,j} + f_{i-1,j}}{\Delta x^2} \tag{5.7a}$$

$$\left(\frac{\partial^2 f}{\partial y^2}\right)_{i,j} = \frac{f_{i,j+1} - 2f_{i,j} + f_{i,j-1}}{\Delta y^2} \tag{5.7b}$$

将式 (5.7) 代入式 (5.6) 得

$$\frac{f_{i+1,j} - 2f_{i,j} + f_{i-1,j}}{\Delta x^2} + \frac{f_{i,j+1} - 2f_{i,j} + f_{i,j-1}}{\Delta y^2} = q_{i,j} \tag{5.8}$$

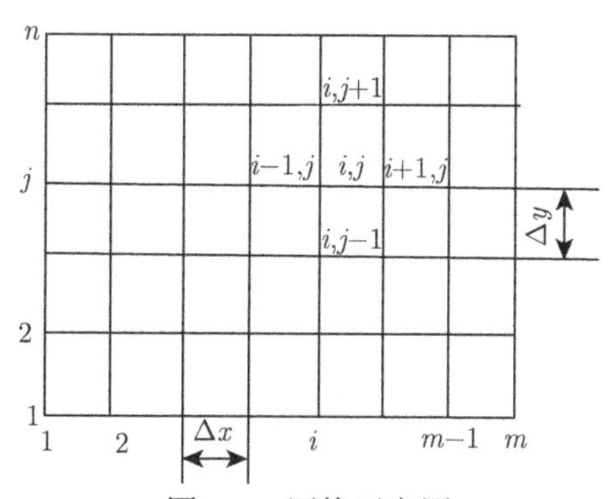

图 5.1　网格示意图

若假设 $\Delta x = \Delta y = h$，即采用正方形网格，则式 (5.8) 变为

$$f_{i,j} = \frac{1}{4}(f_{i+1,j} + f_{i-1,j} + f_{i,j+1} + f_{i,j-1}) - \frac{1}{4}h^2 q_{i,j} \tag{5.9}$$

对于拉普拉斯方程 $q_{i,j} = 0$，于是有

$$f_{i,j} = \frac{1}{4}(f_{i+1,j} + f_{i-1,j} + f_{i,j+1} + f_{i,j-1}) \tag{5.10}$$

式 (5.10) 表示计算域内任一节点上的函数值等于它四周相邻节点上函数值的几何平均。

给出边界节点上的函数值后，将式 (5.8)，或式 (5.9)，或式 (5.10) 应用到图 5.1 中所有内部节点上，得到 $(m-2)\times(n-2)$ 个代数方程，这样即可解出 $(m-2)\times(n-2)$ 个内节点上的函数值 f。

以上代数方程组的求解，可用常规的代数方程组求解方法，比如：高斯消去法，但是用这种直接方法求解，如果节点数很多，也就是代数方程个数很多时，会很占用计算机内存和机时，并且计算方法较复杂。目前通常采用迭代方法，利用计算机编程求近似值。下面介绍几种常用的迭代方法。

1) 黎曼迭代方法

迭代方法相当于利用非定常方程求定常解。泊松方程式 (5.6) 是一个定常方程，要求解这个方程，可在方程中加入非定常项 $-\dfrac{\partial f}{\partial t}$，式 (5.6) 变成式 (5.11)。

$$-\frac{\partial f}{\partial t} + \left(\frac{\partial^2 f}{\partial x^2} + \frac{\partial^2 f}{\partial y^2}\right) = q \tag{5.11}$$

当时间 t 足够大时，f 不再随时间 t 变化，即达到定常状态，此方程转化成定常式 (5.6)，这时的解就是式 (5.6) 的解。

构造对式 (5.11) 式的 FTCS 差分格式：

$$-\frac{f_{i,j}^{n+1} - f_{i,j}^n}{\Delta t} + \left(\frac{f_{i+1,j}^n - 2f_{i,j}^n + f_{i-1,j}^n}{\Delta x^2} + \frac{f_{i,j+1}^n - 2f_{i,j}^n + f_{i,j-1}^n}{\Delta y^2}\right) = q_{i,j}^n$$

如果 $\Delta x = \Delta y = h$, 并令 $\dfrac{\Delta t}{h^2} = 1/4$，可得：

$$f_{i,j}^{n+1} = \frac{1}{4}(f_{i+1,j}^n + f_{i-1,j}^n + f_{i,j+1}^n + f_{i,j-1}^n) - \frac{1}{4}h^2 q_{i,j}^n \tag{5.12}$$

由图 5.1，如果按从左向右、从下向上这样一个顺序逐点进行求解，则在计算 (i,j) 节点第 $(n+1)$ 时间层函数值 $f_{i,j}^{n+1}$ 时，$(i-1,j)$ 节点和 $(i,j-1)$ 节点 $(n+1)$ 层函数值 $f_{i-1,j}^{n+1}$，$f_{i,j-1}^{n+1}$ 已算出，将式 (5.12) 改成：

$$f_{i,j}^{n+1} = \frac{1}{4}(f_{i+1,j}^n + f_{i-1,j}^{n+1} + f_{i,j+1}^n + f_{i,j-1}^{n+1}) - \frac{1}{4}h^2 q_{i,j}^n \tag{5.13}$$

这样可加快迭代计算速度，上式就是泊松方程 (5.6) 的黎曼迭代公式。

以上在定常流动方程中引入非定常项，是为了说明黎曼迭代计算公式的构造思想。实际上黎曼迭代公式的构造，仅需将定常流的控制方程空间偏导数项离散，将 (i,j) 节点函数值保留在方程左边，作为待求的 $(n+1)$ 时间层节点值；其他项移到方程右边作为 n 时间层已知值，并考虑迭代顺序将一些已知 $(n+1)$ 时间层节点数值替代 n 时间层数值。黎曼迭代的计算步骤如下。

(1) 将连续函数表示的边界条件转化为离散形式，如图 5.1 给出。

左边界：$f_{1,j}=\bar{f}_1(y_j)$，$j=1,\cdots,n$；右边界：$f_{m,j}=\bar{f}_2(y_j)$，$j=1,\cdots,n$

下边界：$f_{i,1}=\bar{f}_3(x_i)$，$i=1,\cdots,m$；上边界：$f_{i,n}=\bar{f}_4(x_i)$，$i=1,\cdots,m$

(2) 给定初场，即给定初始时刻 $(n=1)$ 假想的内部节点上的函数值，即

$$f_{i,j}^1=\bar{f}(x_i,y_j),\ i=2,\cdots,m-1,\ j=2,\cdots,n-1$$

黎曼迭代本质上是应用非定常流动控制方程时间推进求定常解，初场给定不影响计算结果。但初场合理性会影响收敛速度，如果初场给得不好，甚至会导致计算过程不收敛 (发散)。通常的做法是由边界节点值线性内插求得内部节点的初场。

(3) 按式 (5.13) 由左到右、由下而上逐点，或者由下而上、由左到右逐点进行迭代。

(4) 收敛程度判断和输出结果。根据前面分析，如果所有各节点 $(n+1)$ 时间层的函数值与 n 时间层相同，则这时流动达到定常；所得各节点的函数值为所求稳态差分解，也就是最终所要求的差分解。但实际计算时不可能达到两相邻时间层相同节点的函数值完全相同，通常给出一个很小的正数 ε(通常应小于10^{-3})，如果有

$$\sum_{\substack{i=2,\cdots,m-1\\ j=2,\cdots,n-1}}\frac{\left|f_{i,j}^{n+1}-f_{i,j}^n\right|}{\left|f_{i,j}^n\right|}\leqslant\varepsilon \tag{5.14}$$

则认为迭代收敛，输出计算结果。上述迭代步骤虽然是针对黎曼迭代法给出的，但具有普遍应用意义。

2) 点松弛法

黎曼迭代法计算有可能会出现计算发散，或计算速度较慢等问题，可引入松弛因子进行改进。在此将黎曼迭代法计算值标记为 $f_{i,j}^*$，因此黎曼迭代计算公式可改写成：

$$f_{i,j}^*=\frac{1}{4}(f_{i+1,j}^n+f_{i-1,j}^{n+1}+f_{i,j+1}^n+f_{i,j-1}^{n+1})-\frac{1}{4}h^2q_{i,j}^n$$

引入松弛因子 ω，并建立如下关系式：

$$f_{i,j}^{n+1}=f_{i,j}^n+\omega(f_{i,j}^*-f_{i,j}^n) \tag{5.15}$$

式中，$\omega=1$ 时，$f_{i,j}^{n+1}$ 为黎曼迭代；当 $\omega<1$ 时，为低松弛；当 $\omega>1$ 时为超松弛。ω 越小，计算越稳定、不易发散；ω 越大，计算收敛速度越快。如果迭代计算过程不收敛，则首先可考虑减小 ω。对于矩形计算域和正方形网格，最佳的 ω 取值可采用下式：

$$\omega_{\text{opt}}=\frac{8-4\sqrt{4-a^2}}{a^2} \tag{5.16}$$

式中，$a=\cos(\pi/m)+\cos(\pi/n)$，$m$ 和 n 分别为 x 和 y 方向的节点数。

上面介绍的迭代计算公式都是针对正方形网格，对于非正方形网格，$\beta=\Delta x/\Delta y\neq 1$，可推得黎曼迭代公式为

$$f_{i,j}^{n+1}=\frac{1}{2(1+\beta^2)}[f_{i+1,j}^{n}+f_{i-1,j}^{n+1}+\beta^2 f_{i,j+1}^{n}+\beta^2 f_{i,j-1}^{n+1}-\Delta x^2 q_{i,j}^{n}] \tag{5.17}$$

点松弛迭代公式为

$$\begin{aligned}f_{i,j}^{n+1}=f_{i,j}^{n}+\frac{\omega}{2(1+\beta^2)}[&f_{i+1,j}^{n}+f_{i-1,j}^{n+1}+\beta^2 f_{i,j+1}^{n}+\beta^2 f_{i,j-1}^{n+1}\\&-\Delta x^2 q_{i,j}^{n}-2(1+\beta^2)f_{i,j}^{n}]\end{aligned} \tag{5.18}$$

3) 线松弛法

黎曼迭代和点松弛迭代法都是逐点计算，属于点迭代法。在计算 (i,j) 节点函数值时，周围 4 个节点 $(i-1,j)$、$(i+1,j)$、$(i,j-1)$、$(i,j+1)$ 上函数值都为已知。线松弛法把与 (i,j) 节点的同一行或同一列上的相邻 4 个节点函数值不再当成已知，从而需要与 (i,j) 节点函数值同时求出。例如，将黎曼迭代计算公式 (5.13) 改写成：

$$-\frac{1}{4}f_{i,j-1}^{n+1}+f_{i,j}^{n+1}-\frac{1}{4}f_{i,j+1}^{n+1}=\frac{1}{4}(f_{i+1,j}^{n}+f_{i-1,j}^{n+1})-\frac{1}{4}h^2 q_{i,j}^{n} \tag{5.19}$$

这样，一个方程中包含 3 个未知数：$f_{i,j-1}^{n+1},f_{i,j}^{n+1},f_{i,j+1}^{n+1}$，不能直接求解。对于第 i 列，应用式 (5.19)，j 的取值从 2，3 一直到 $(n-1)$，这样可以列出 $(n-2)$ 个线性方程构成三对角方程组。结合边界条件，即 $(i,1)$ 和 (i,n) 两点已知的函数关系式，可以求出第 i 列上所有节点的函数值。当 i 取值由 2，3 一直到 $m-1$，重复上述求解过程，这样一列一列即可求出整个计算域内所有内部节点上的函数值。因而称之为列迭代。

同理，可以构造线松弛的行迭代公式：

$$-\frac{1}{4}f_{i-1,j}^{n+1}+f_{i,j}^{n+1}-\frac{1}{4}f_{i+1,j}^{n+1}=\frac{1}{4}(f_{i,j-1}^{n}+f_{i,j+1}^{n+1})-\frac{1}{4}h^2 q_{i,j}^{n} \tag{5.20}$$

线松弛迭代法达到规定的误差所需要的迭代次数大约是黎曼迭代法的一半，但每一次的迭代计算，前者由于要解一个三对角矩阵，因而所花时间相对多于后者。但总的来说，线松弛迭代法的迭代收敛速度要比黎曼迭代方法快。此外，线松弛迭代法稳定性较好，不易发散。

4) 追赶法求解三对角方程组

采用线松弛法求解三对角方程组，下面介绍其求解思路并给出计算程序。式 (5.19) 和式 (5.20) 可写成如下形式：

$$A_i M_{i-1}+B_i M_i+C_i M_{i+1}=F_i \tag{5.21}$$

式中，M 是待求函数，相当于式 (5.19) 和式 (5.20) 中的 f。A、B、C 为系数项，F 为代数方程的右端项且已知。i 取值从 1 到 N。M_0 和 M_{N+1} 为求解域以外的节点，实际不存在，为了使 M_0 和 M_{N+1} 在计算中不对计算产生影响，在此必须令

$$A_1=0,\ C_N=0$$

这样将式 (5.21) 应用到 $i=1,\cdots,N$ 节点上有如下方程:

$$
\begin{aligned}
&i=1, && B_1M_1+C_1M_2=F_1;\\
&i=2, && A_2M_1+B_2M_2+C_2M_3=F_2;\\
&i=3, && A_3M_2+B_3M_3+C_3M_4=F_3;\\
& && \cdots\\
&i=N-1, && A_{N-1}M_{N-2}+B_{N-1}M_{N-1}+C_{N-1}M_N=F_{N-1};\\
&i=N, && A_NM_{N-1}+B_NM_N=F_N
\end{aligned}
$$

写成矩阵形式为

$$
\begin{bmatrix}
B_1 & C_1 & & & & \\
A_2 & B_2 & C_2 & & & \\
 & A_3 & B_3 & C_3 & & \\
 & \cdots & \cdots & \cdots & & \\
 & & & A_{N-1} & B_{N-1} & C_{N-1} \\
 & & & & A_N & B_N
\end{bmatrix}
\begin{bmatrix}
M_1\\ M_2\\ M_3\\ \vdots\\ M_{N-1}\\ M_N
\end{bmatrix}
=
\begin{bmatrix}
F_1\\ F_2\\ F_3\\ \vdots\\ F_{N-1}\\ F_N
\end{bmatrix}
\tag{5.22}
$$

式 (5.22) 中第一个方程和第 N 个方程为由 $i=1$ 和 $i=N$ 两个边界节点确定的边界条件。而中间 $(N-2)$ 个方程为内部节点。以下说明上述方程组求解过程。

(1) 消去过程 (追的过程)

将方程 $(i=1)\times\dfrac{A_2}{B_1}$，得到

$$
i=1':\quad A_2M_1+\frac{A_2C_1}{B_1}M_2=\frac{A_2F_1}{B_1}
$$

将方程 $(i=2)$–方程 $(i=1')$ 得

$$
i=2':\quad B_2'M_2+C_2M_3=F_2'
$$

式中，$B_2'=B_2-\dfrac{A_2C_1}{B_1};F_2'=F_2-\dfrac{A_2F_1}{B_1}$。

方程 $(i=3)$–方程 $(i=2')\times\dfrac{A_3}{B_2'}$ 得

$$
i=3':\quad B_3'M_3+C_3M_4=F_3'
$$

式中，$B_3'=B_3-\dfrac{A_3C_2}{B_2'};F_3'=F_3-\dfrac{A_3F_2'}{B_2}$

$$
\cdots
$$

采用递推方法得

$$
i=(N-1)':\quad B_{N-1}'M_{N-1}+C_{N-1}M_N=F_{N-1}'
$$

式中，$B'_{N-1} = B_{N-1} - \dfrac{A_{N-1}C_{N-2}}{B_{N-2}}$；$F'_{N-1} = F_{N-1} - \dfrac{A_{N-1}F'_{N-2}}{B_{N-2}}$

$$i = N':\quad B'_N M_N = F'_N$$

式中，$B'_N = B_N - \dfrac{A_N C_{N-1}}{B_{N-1}}$；$F'_N = F_N - \dfrac{A_N F'_{N-1}}{B_{N-1}}$

这样由 $i = 1', i = 2', i = 3', \cdots, i = N'$ 方程构成新的方程组：

$$\begin{bmatrix} B_1 & C_1 & & & & \\ & B'_2 & C_2 & & & \\ & & B'_3 & C_3 & & \\ & & \cdots & \cdots & \cdots & \\ & & & & B'_{N-1} & C_{N-1} \\ & & & & & B'_N \end{bmatrix} \begin{bmatrix} M_1 \\ M_2 \\ M_3 \\ \vdots \\ M_{N-1} \\ M_N \end{bmatrix} = \begin{bmatrix} F'_1 \\ F'_2 \\ F'_3 \\ \vdots \\ F'_{N-1} \\ F'_N \end{bmatrix} \tag{5.23}$$

这个过程就是消去过程，实现将三对角方程组转化成二对角方程组，可以形象地表示为：

$$\begin{bmatrix} X & X & & & \\ X & X & X & & \\ & X & X & X & \\ & \cdots & \cdots & \cdots & \\ & & X & X & X \\ & & & X & X \end{bmatrix} \begin{bmatrix} X \\ X \\ X \\ \vdots \\ X \\ X \end{bmatrix} = \begin{bmatrix} X \\ X \\ X \\ \vdots \\ X \\ X \end{bmatrix} \xrightarrow{\text{消去过程}} \begin{bmatrix} X & X & & & \\ & X & X & & \\ & & X & X & \\ & & \cdots & \cdots & \\ & & & X & X \\ & & & & \end{bmatrix} \begin{bmatrix} X \\ X \\ X \\ \vdots \\ X \\ X \end{bmatrix} = \begin{bmatrix} X \\ X \\ X \\ \vdots \\ X \\ X \end{bmatrix}$$

(2) 回代过程

由式 (5.23) 中的方程 ($i = N'$) 求出 M_N；再由方程 ($i = (N-1)'$) 求出 M_{N-1}，以此类推，求出所有点上的函数值 M。可以形象表示成：

$$\begin{bmatrix} X & & & & \\ X & X & & & \\ & X & X & & \\ & \cdots & \cdots & & \\ & & X & X & \\ & & & X & \end{bmatrix} \begin{bmatrix} X \\ X \\ X \\ \vdots \\ X \\ X \end{bmatrix} = \begin{bmatrix} X \\ X \\ X \\ \vdots \\ X \\ X \end{bmatrix} \xrightarrow{\text{回代过程}} \begin{bmatrix} X & & & & & \\ & X & & & & \\ & & X & & & \\ & & & \cdots & & \\ & & & & X & \\ & & & & & X \end{bmatrix} \begin{bmatrix} X \\ X \\ X \\ \vdots \\ X \\ X \end{bmatrix} = \begin{bmatrix} X \\ X \\ X \\ \vdots \\ X \\ X \end{bmatrix}$$

图 5.2 为 Fortran 语言子程序清单，为便于阅读，程序中的大部分变量符号与公式中相同或类似。

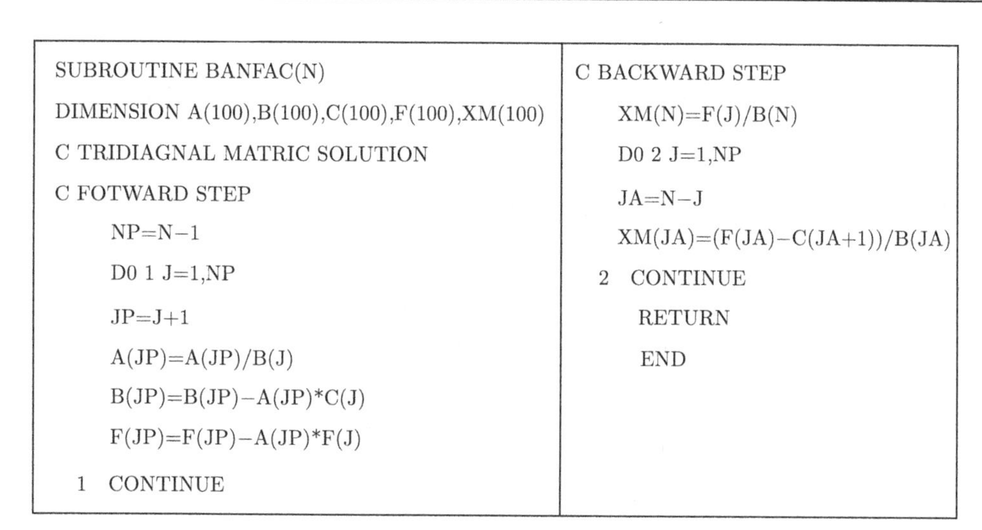

```
SUBROUTINE BANFAC(N)
DIMENSION A(100),B(100),C(100),F(100),XM(100)
C TRIDIAGNAL MATRIC SOLUTION
C FOTWARD STEP
      NP=N-1
      D0 1 J=1,NP
      JP=J+1
      A(JP)=A(JP)/B(J)
      B(JP)=B(JP)-A(JP)*C(J)
      F(JP)=F(JP)-A(JP)*F(J)
  1   CONTINUE
C BACKWARD STEP
      XM(N)=F(J)/B(N)
      D0 2 J=1,NP
      JA=N-J
      XM(JA)=(F(JA)-C(JA+1))/B(JA)
  2   CONTINUE
      RETURN
      END
```

图 5.2　三对角矩阵求解子程序

5.1.2　计算实例——内置方形体的突然扩张通道流

如图 5.3，流体由一小孔流入突然扩张通道，通道内放置一方形体，假设流动无黏、无旋、不可压且定常，求流场中速度分布。图中，$yl1 = 0.1, yl2 = 4.0, xl1 = 2.0, xl2 = 2.0, xl3 = 3.0$。

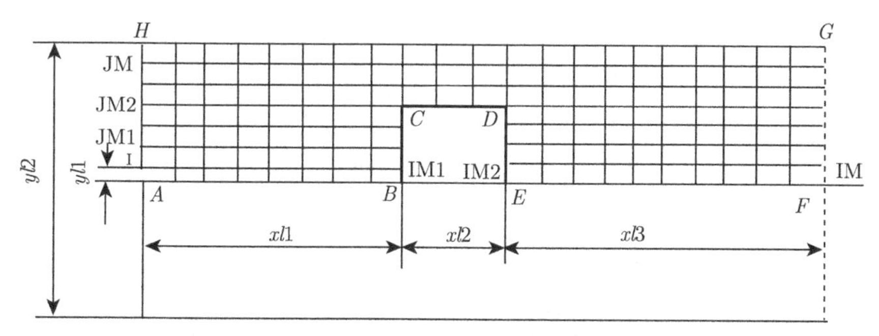

图 5.3　内置方形体的突然扩张通道流示意图

(1) 流动控制方程及边界条件。如图 5.3 建立直角坐标系，根据流动特点可得流动控制方程为

$$\frac{\partial^2\psi}{\partial x^2} + \frac{\partial^2\psi}{\partial y^2} = 0 \tag{5.24}$$

且有

$$u = \frac{\partial\psi}{\partial y},\ v = -\frac{\partial\psi}{\partial x} \tag{5.25}$$

由于这是一个对称流动，只需求解上半部流场。

边界条件如下：沿 $ABCDEF$ 是一条流线，给定 $\psi = 0$；沿 IHG 也是一条流线，给定 $\psi = 1$。由于出口截面离绕流体较远，因而可设 $v = -\partial\psi/\partial x = 0$。

(2) 网格划分。如图 5.3 中所示采用矩形网格，在此要注意划分的网格要尽可能使流动边界与某一条网格线重合，以便于离散化边界条件的给定。本算例采用 x 方向 70 等分，y

方向 20 等分即可以满足这个要求，这时 $\Delta x=\Delta y=0.1$。

(3) 流动控制方程和边界条件离散。方程采用中心差分离散，并构造点松弛迭代计算公式：

$$\psi_{i,j}^{n+1}=\psi_{i,j}^{n}+\frac{\omega}{2(1+\beta^2)}[\psi_{i+1,j}^{n}+\psi_{i-1,j}^{n+1}+\beta^2\psi_{i,j+1}^{n}+\beta^2\psi_{i,j-1}^{n+1}-2(1+\beta^2)\psi_{i,j}^{n}] \tag{5.26}$$

式中，$\beta=1$。离散形式边界条件为

$$
\begin{aligned}
&AB\text{段}:\ \psi_{i,1}=0, i=1,\mathrm{IM1};\\
&BC\text{段}:\psi_{\mathrm{IM1},j}=0, j=1,\mathrm{JM2};\\
&CD\text{段}:\ \psi_{i,\mathrm{JM2}}=0, i=\mathrm{IM1},\mathrm{IM2};\\
&DE\text{段}:\ \psi_{\mathrm{IM2},j}=0, j=1,\mathrm{JM2};\\
&EF\text{段}:\ \psi_{i,1}=0, i=\mathrm{IM2},\mathrm{IM};\\
&IH\text{段}:\ \psi_{1,j}=1, j=1,\mathrm{JM};\\
&HG\text{段}:\ \psi_{i,\mathrm{JM}}=1, i=1,\mathrm{IM};\\
&FG\text{段}:\ \psi_{\mathrm{IM},j}=\psi_{\mathrm{IM}}-1, j=1,\mathrm{JM}。
\end{aligned}
$$

以上 FG 段边界条件，由 $v=-\partial\psi/\partial x=0$ 推得，即

$$\left(\frac{\partial\psi}{\partial x}\right)_{\mathrm{IM},j}=\frac{\psi_{\mathrm{IM},j}-\psi_{\mathrm{IM}-1,j}}{\Delta x}=0,$$

所以 $\psi_{\mathrm{IM},j}=\psi_{\mathrm{IM}-1,j}$

(4) 编程计算。依据上面各步骤首先画出程序框图，然后再进行程序编写。计算流场速度矢量如图 5.4。

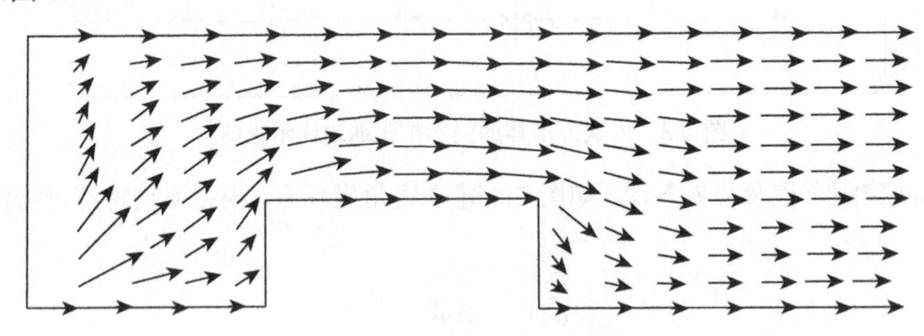

图 5.4 流场速度矢量图

图 5.4 为 Tecplot 软件显示的流场速度矢量图。该二维图形文件数据格式为

$$
\begin{aligned}
&\text{Zone i = mj = nf = point}\\
&\left.\begin{aligned}
&\mathrm{x(1,1),y(1,1),u(1,1),v(1,1),psi(1,1)}\\
&\mathrm{x(2,1),y(2,1),u(2,1),v(2,1),psi(2,1)}\\
&\cdots\\
&\mathrm{x(m,1),y(m,1),u(m,1),v(m,1),psi(m,1)}
\end{aligned}\right\}\text{第 1 列}
\end{aligned}
$$

$$
\left.\begin{array}{l}
\mathrm{x(1,2),y(1,2),u(1,2),v(1,2),psi(1,2)}\\
\mathrm{x(2,2),y(2,2),u(2,2),v(2,2),psi(2,2)}\\
\quad\cdots\\
\mathrm{x(m,2),y(m,2),u(m,2),v(m,2),psi(m,2)}\\
\quad\cdots
\end{array}\right\}\text{第 2 列}
$$

$$
\left.\begin{array}{l}
\mathrm{x(1,n),y(1,n),u(1,n),v(1,n),psi(1,n)}\\
\mathrm{x(2,n),y(2,n),u(2,n),v(2,n),psi(2,n)}\\
\quad\cdots\\
\mathrm{x(m,n),y(m,n),u(m,n),v(m,n),psi(m,n)}
\end{array}\right\}\text{第}n\text{列}
$$

Zone 为所画图形的起始标志；m 为所显示流场计算域某一方向网格节点数，n 为所显示流场计算域另一方向网格节点数，$x(i,j),y(i,j)$ 为对应的节点坐标；$u(i,j),v(i,j)$,psi(i,j) 为该节点上 x 方向速度分量、y 方向速度分量及流函数值。f =point 表示数据格式。打开 Tecplot 软件，调入准备好的数据文件即可显示速度矢量图、流函数等值线图。

5.1.3　不可压缩黏性流场计算的流函数涡量法

1. 基本方程

前面介绍了采用流函数涡量法求解不可压缩无黏流，此方法对于不可压缩黏性流同样适用。由忽略体积力项，方程式 (2.10) 和式 (2.11) 可写成：

$$
\frac{\partial \xi}{\partial t}+\frac{\partial \psi}{\partial y}\frac{\partial \xi}{\partial x}-\frac{\partial \psi}{\partial x}\frac{\partial \xi}{\partial y}=\nu\left(\frac{\partial^2 \xi}{\partial x^2}+\frac{\partial^2 \xi}{\partial y^2}\right) \tag{5.27}
$$

$$
\frac{\partial^2 \psi}{\partial x^2}+\frac{\partial^2 \psi}{\partial y^2}=-\xi \tag{5.28}
$$

ψ 与 x 和 y 方向的速度分量 u 和 v 满足下列关系：

$$
u=\frac{\partial \psi}{\partial y},\ v=-\frac{\partial \psi}{\partial x} \tag{5.29}
$$

通过式 (5.27) 和式 (5.28) 求出 ψ 和 ξ，进而由式 (5.29) 求出速度 u，v。

以下对上述各方程进行差分离散。将式 (5.27) 用 FTCS 格式展开得

$$
\begin{aligned}
\xi_{i,j}^{n+1} =&\xi_{i,j}^{n}+\Delta t\left[\left(\frac{\psi_{i,j+1}^{n}-\psi_{i,j-1}^{n}}{2\Delta y}\right)\left(\frac{\xi_{i+1,j}^{n}-\xi_{i-1,j}^{n}}{2\Delta x}\right)\right.\\
&\left.-\left(\frac{\psi_{j+1,j}^{n}-\psi_{i-1,j}^{n}}{2\Delta x}\right)\left(\frac{\xi_{i,j+1}^{n}-\xi_{i,j-1}^{n}}{2\Delta y}\right)\right]\\
&+\Delta t\nu\left[\left(\frac{\xi_{i+1,j}^{n}-2\xi_{i,j}^{n}+\xi_{i-1,j}^{n}}{\Delta x^2}\right)-\left(\frac{\xi_{i,j+1}^{n}-2\xi_{i,j}^{n}+\xi_{i,j-1}^{n}}{\Delta y^2}\right)\right]
\end{aligned} \tag{5.30}
$$

将式 (5.28) 采用中心差分可得

$$\frac{\psi_{i+1,j}^{n+1}-2\psi_{i,j}^{n+1}+\psi_{i-1,j}^{n+1}}{\Delta x^2}+\frac{\psi_{i,j+1}^{n+1}-2\psi_{i,j}^{n+1}+\psi_{i,j-1}^{n+1}}{\Delta y^2}=\xi_{i,j}^{n+1} \tag{5.31}$$

这是一个泊松方程，需要采用迭代法求解。整个计算迭代过程称为“外层迭代”或“外迭代”；式 (5.31) 求解过程是嵌套在外迭代内的迭代过程，称为“内层迭代”或“内迭代”。

速度分量的差分表达式为

$$u_{i,j}=\frac{\psi_{i,j+1}-\psi_{i,j-1}}{2\Delta y}, v_{i,j}=-\frac{\psi_{i+1,j}-\psi_{i-1,j}}{2\Delta x} \tag{5.32}$$

2. 边界条件

对于流函数 ψ 的边界条件，在上面无黏不可压缩流的算例中已清楚地表明，对于黏性流的给出方法与之相同。在此主要讨论涡量边界条件的给定。现在以图 5.5 为例来说明。设壁面以 U_0 速度运动，由于黏性无滑移条件，壁面上沿 x 方向速度分量为

$$u_{i,j_w}=\frac{\partial\psi}{\partial y}\bigg|_{i,j_w}=U_0$$

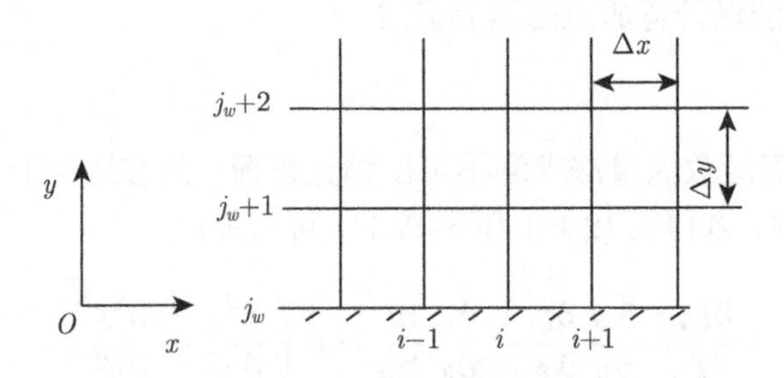

图 5.5 涡量边界条件示意图

又根据无渗透条件：沿壁面 v 恒为 0，因而有：

$$\frac{\partial v}{\partial x}\bigg|_{i,j_w}=0$$

由此得：

$$\xi_{i,j_w}=\left(\frac{\partial v}{\partial x}-\frac{\partial u}{\partial y}\right)\bigg|_{i,j_w}=-\frac{\partial u}{\partial y}\bigg|_{i,j_w}=-\frac{\partial^2\psi}{\partial y^2}\bigg|_{i,j_w}$$

将 ψ_{i,j_w+1} 在 (i,j_w) 点展开，得：

$$\psi_{i,j_w+1}=\psi_{i,j_w}+\frac{\partial\psi}{\partial y}\bigg|_{i,j_w}\cdot\Delta y+\frac{1}{2}\frac{\partial^2\psi}{\partial y^2}\bigg|_{i,j_w}\cdot\Delta y^2+\mathrm{O}(\Delta y^3)$$

因此有

$$\psi_{i,j_w+1}=\psi_{i,j_w}+U_0\cdot\Delta y-\xi_{i,j_w}\cdot\Delta y^2+\mathrm{O}(\Delta y^3)$$

解出 ξ_{i,j_w}：

$$\xi_{i,j_w} = 2\frac{\psi_{i,j_w} - \psi_{i,j_w+1} + U_0 \cdot \Delta y}{\Delta y^2} + \mathrm{O}(\Delta y) \tag{5.33}$$

略去 $\mathrm{O}(\Delta y)$ 得边界涡量的表达式：

$$\xi_{i,j_w} = 2\frac{\psi_{i,j_w} - \psi_{i,j_w+1} + U_0 \cdot \Delta y}{\Delta y^2} \tag{5.34}$$

若壁面固定不变，$U_0 = 0$，则上式变为

$$\xi_{i,j_w} = 2\frac{\psi_{i,j_w} - \psi_{i,j_w+1}}{\Delta y^2} \tag{5.35}$$

由式 (5.34)、式 (5.35)，边界节点上的涡量 ξ_{i,j_w} 可以由边界节点和内部节点上流函数 ψ_{i,j_w}、ψ_{i,j_w+1} 来求得。

上面的涡量边界值计算公式是一阶精度，还可以采用下面的方法构造更高精度的涡量边界值计算公式。由式 (5.28) 有

$$\xi_{i,j_w} = \left(\frac{\partial^2 \psi}{\partial x^2} + \frac{\partial^2 \psi}{\partial y^2}\right)_{i,j_w} \tag{5.36}$$

依据式 (5.36)，可以设：

$$\xi_{i,j_w} = a_1\psi_{i-1,j_w+1} + a_2\psi_{i,j_w+1} + a_3\psi_{i+1,j_w+1} + a_4\psi_{i,j_w+2} + a_5\left(\frac{\partial \psi}{\partial y}\right)_{i,j_w}$$

式中，a_1, a_2, a_3, a_4, a_5 为待定系数。把 ψ_{i-1,j_w+1}，ψ_{i,j_w+1}，ψ_{i+1,j_w+1}，ψ_{i,j_w+2} 在 (i, j_w) 点用泰勒级数展开，并代入上式得：

$$\begin{aligned}\xi_{i,j_w} =& (a_1 + a_2 + a_3 + a_4)\psi_{i,j_w} + (a_3 - a_1)\Delta x\left(\frac{\partial \psi}{\partial x}\right)_{i,j_w} \\ &+ (a_1 + a_2 + a_3 + 2a_4 + \frac{a_5}{\Delta x})\Delta x\left(\frac{\partial \psi}{\partial y}\right)_{i,j_w} \\ &+ (a_1 + a_3)\frac{\Delta x^2}{2}\left(\frac{\partial^2 \psi}{\partial x^2}\right)_{i,j_w} + (a_1 + a_2 + a_3 + 4a_4)\frac{\Delta x^2}{2}\left(\frac{\partial^2 \psi}{\partial y^2}\right)_{i,j_w} + \cdots\end{aligned}$$

与式 (5.36) 比较应有：

$$\begin{aligned}&a_1 + a_2 + a_3 + a_4 = 0, \quad a_3 - a_1 = 0, \quad a_1 + a_2 + a_3 + 2a_4 + \frac{a_5}{\Delta x} = 0, \\ &(a_1 + a_3)\frac{\Delta x^2}{2} = 1, \quad (a_1 + a_2 + a_3 + 4a_4)\frac{\Delta x^2}{2} = 1\end{aligned}$$

这样可求出 a_1, a_2, a_3, a_4, a_5，同时考虑 $\left(\frac{\partial \psi}{\partial y}\right)_{i,j_w} = U_0$，可得

$$\xi_{i,j_w} = \frac{1}{\Delta x^2}\left(-\psi_{i-1,j_w+1} + \frac{8}{3}\psi_{i,j_w+1} - \psi_{i+1,j_w+1} - \frac{2}{3}\psi_{i,j_w+2}\right) + \frac{2}{3\Delta x}U_0 \tag{5.37}$$

此公式为二阶精度。

3. 计算过程

采用流函数涡量法流场计算具体过程可由图 5.6 所示流程图表示。流程图中实际上包括了内外两个迭代过程的嵌套。内迭代为根据式 (5.32) 由节点上的涡量值求节点上的流函数值。外迭代是根据式 (5.31) 时间推进求涡量值。

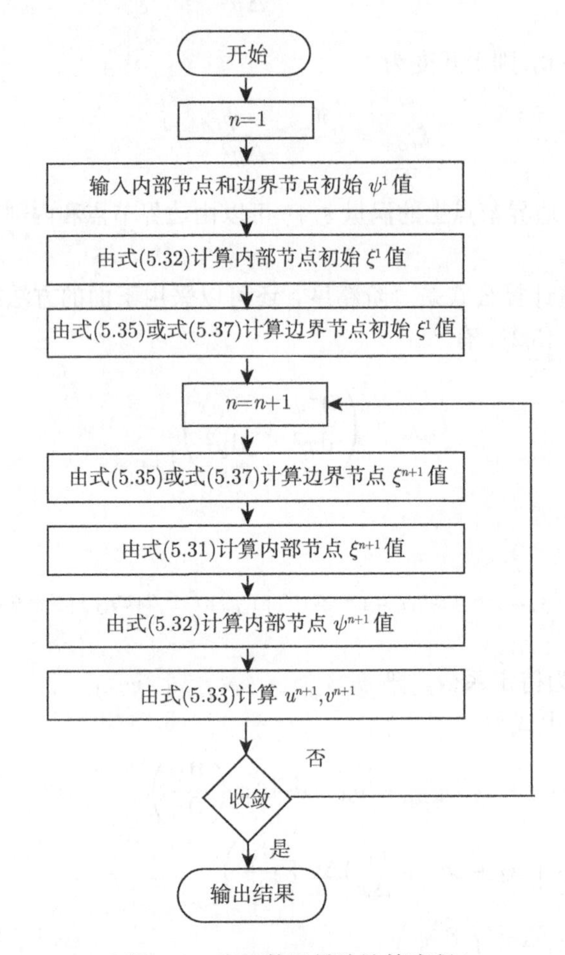

图 5.6　流函数涡量法计算流程

5.1.4　计算实例——平板驱动方腔内流场计算

如图 5.7 所示的水槽，水槽的横截面为方形，边长 1m。底部为一活动平板，以恒定速度 U_0 沿 x 方向平移。槽内水在平板的带动下一起运动。由于流体流动雷诺数 Re 很小，动量方程 (5.27) 中惯性力项比黏性力项小得多可忽略，方程变为

$$\frac{\partial \xi}{\partial t} = \nu \left(\frac{\partial^2 \xi}{\partial x^2} + \frac{\partial^2 \xi}{\partial y^2} \right) \tag{5.38}$$

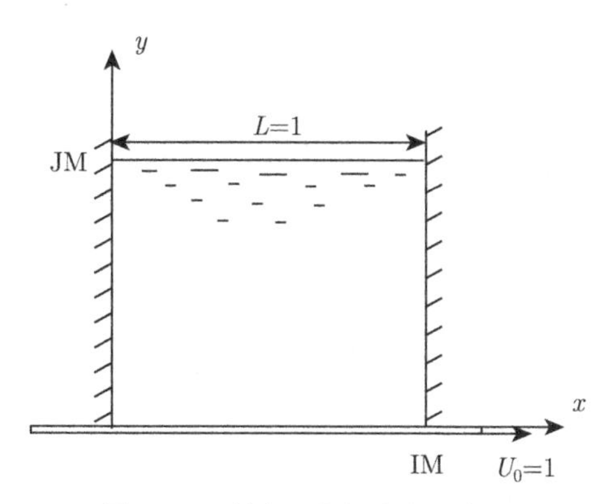

图 5.7　平板驱动方腔流示意图

这种流动称为 Stokes 流，控制方程为二维抛物型方程。采用 FTCS 格式差分离散得：

$$\xi_{i,j}^{n+1}=\xi_{i,j}^{n+1}+\Delta t\nu\left[\left(\frac{\xi_{i+1,j}^{n}-2\xi_{i,j}^{n}+\xi_{i-1,j}^{n}}{\Delta x^{2}}\right)-\left(\frac{\xi_{i,j+1}^{n}-2\xi_{i,j}^{n}+\xi_{i,j-1}^{n}}{\Delta y^{2}}\right)\right]$$

若 $\Delta x=\Delta y$，并令 $Re=\Delta t\nu/\Delta x^{2}$，则上式变成：

$$\xi_{i,j}^{n+1}=\xi_{i,j}^{n+1}+Re[\xi_{i+1,j}^{n}+\xi_{i-1,j}^{n}-4\xi_{i,j}^{n}+\xi_{i,j+1}^{n}+\xi_{i,j-1}^{n}] \tag{5.39}$$

流函数的控制方程仍为式 (5.32)，为方便起见在此再次列出：

$$\frac{\psi_{i+1,j}^{n+1}-2\psi_{i,j}^{n+1}+\psi_{i-1,j}^{n+1}}{\Delta x^{2}}+\frac{\psi_{i,j+1}^{n+1}-2\psi_{i,j}^{n+1}+\psi_{i,j-1}^{n+1}}{\Delta y^{2}}=\xi_{i,j}^{n+1}$$

由上两方程求出 ψ,ξ，借助于式 (5.33) 即可求出流场速度分布。

$$u_{i,j}=\frac{\psi_{i,j+1}-\psi_{i,j-1}}{2\Delta y},\ v_{i,j}=-\frac{\psi_{i+1,j}-\psi_{i-1,j}}{2\Delta x}$$

对于此算例，流函数边界条件为沿着方腔的 4 个边界 $\psi=0$。涡量在底部和左、右边界的数值要根据流函数值采用式 (5.37) 求得；左、右边界的涡量计算对应公式推导方法与式 (5.37) 推导相同，以下直接列出公式不作推导。在上边界由于是自由液面，因而 $\xi=0$。这样给出离散形式边界条件有如下情况。

底部边界：

$\psi_{i,1}=0$,

$$\xi_{i,1}=\frac{1}{\Delta x^{2}}(-\psi_{i-1,2}+\frac{8}{3}\psi_{i,2}-\psi_{i+1,2}-\frac{2}{3}\psi_{i,3})+\frac{2}{3\Delta x}U_{0}$$
$$i=1,\mathrm{IM}$$

上边界：$\psi_{i,\mathrm{JM}}=0$,

$$\xi_{i,\mathrm{JM}}=0$$
$$i=1,\cdots,\mathrm{IM}$$

左边界：$\psi_{1,j}=0$,

$$\xi_{1,j}=\frac{1}{\Delta x^2}\left(-\psi_{2,j-1}+\frac{8}{3}\psi_{2,j}-\psi_{2,j+1}-\frac{2}{3}\psi_{3,j}\right)$$
$$j=1,\cdots,\mathrm{JM}$$

右边界：$\psi_{\mathrm{IM},j}=0$,

$$\xi_{\mathrm{IM},j}=\frac{1}{\Delta x^2}\left(-\psi_{\mathrm{IM}-1,j-1}+\frac{8}{3}\psi_{\mathrm{IM}-1,j}-\psi_{\mathrm{IM}-1,j+1}-\frac{2}{3}\psi_{\mathrm{IM}-2,j}\right)$$
$$j=1,\cdots,\mathrm{JM}$$

图 5.8 为计算出的流场速度矢量图。

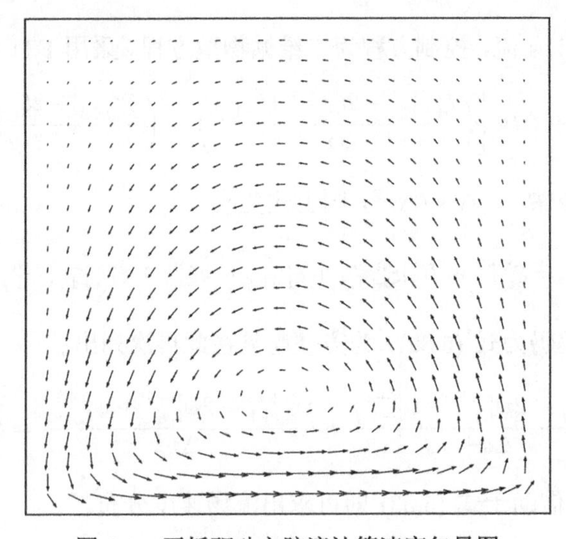

图 5.8 平板驱动方腔流计算速度矢量图

5.2 不可压缩黏性流求解的原始变量法

以上介绍了采用流函数涡量法时间推进求定常解的方法，该方法适用于二维流动，对于三维流动采用此方法有困难。直接以速度和压力为变量采用非定常 N-S 方程时间推进求定常解，既适用于二维流动，又适用于三维流动。这种方法称为原始变量法。原始变量法根据其采用的具体技术措施又可分为人工压缩方法、压力修正方法和 MAC 法等。下面着重介绍人工压缩方法和压力修正方法。

5.2.1 不可压缩流基本方程分析

对于不可压缩流，控制方程如下。

连续方程：

$$\nabla\cdot\boldsymbol{V}=0 \tag{5.40a}$$

运动方程：

$$\rho\frac{\mathrm{D}\boldsymbol{V}}{\mathrm{D}t}=\rho\boldsymbol{F}-\nabla p+\mu\nabla\cdot\boldsymbol{V} \tag{5.40b}$$

能量方程:

$$\rho\frac{\mathrm{D}e}{\mathrm{D}t}=k\nabla^2T+\rho q+\phi \tag{5.40c}$$

对于没有能量交换的不可压缩流，流场中总温 T^* 不变。由于流场中马赫数变化小，根据: $T^*=T\left(1+\frac{k-1}{2}Ma^2\right)$，可认为流场中温度近似不变。因为黏性系数 $\mu=\mu(T)$，所以 μ 可认为是常数而作为已知值处理。这时连续方程 (5.40a) 与运动方程 (5.40b) 构成封闭方程组，即未知数个数等于方程个数。比如对于二维流动有 3 个未知数: 压力、x 方向和 y 方向速度 (即 p,u,v)，而方程也是 3 个，见后面式 (5.41)~式 (5.43)。因此只需求解连续方程与动量方程组成的方程组。实际上对于流场与外界没有大量能量交换的流动，都可以近似假设黏性系数 μ 不变为已知。因此通常对于不可压缩流，只需将连续方程与动量方程组合进行流场计算，如果需要计算流场中温度分布，则将计算出的速度分布代入能量方程 (5.40c)，进一步计算出流场中温度分布。根据以上分析，以下对于不可压缩流场计算，将黏性系数视为常数，只对连续方程和动量方程组成的方程组进行计算。

不可压缩流控制方程可由可压缩流控制方程在设密度 ρ 不变时推得。但可压缩流数值计算方法通常不能用于计算不可压缩流。实际上，在工程实际的流场计算中，采用可压缩流计算方法，流场马赫数越低，计算收敛性越差，一般流场中最大马赫数小于 0.2，计算就不再收敛。

5.2.2　人工压缩性方法

完整地说，人工压缩方法应为定常问题的不定常人工压缩法。定常问题可作为不定常问题的时间推进解，关于此观点已在讨论泊松方程的迭代计算时提及。由于不可压缩非定常流连续方程中没有关于时间的偏导数项，而动量方程中存在关于时间的偏导数项，难以直接进行求解。而这里我们所感兴趣的是定常解，因此可考虑在连续方程中加一非定常项，一旦达到定常后，这一项就自然消失，其结果与原方程相同。现在的问题是加什么项才合适。动量方程中有 $\partial \boldsymbol{v}/\partial t$，待解的变量为 $\boldsymbol{v},p$，方程组中尚缺 $\partial p/\partial t$ 项，所以在连续方程中加入 $\partial p/\partial t$ 项，应当比较合理。这样连续方程变为

$$\frac{\partial p}{\partial t}+c^2\nabla\cdot\boldsymbol{V}=0 \tag{5.41}$$

式中，c 为音速。式 (5.41) 为伪压缩方程。在二维直角坐标系下将式 (5.40b) 和式 (5.41) 展开得

$$\frac{\partial p}{\partial t}+c^2\left(\frac{\partial u}{\partial x}+\frac{\partial v}{\partial y}\right)=0 \tag{5.42}$$

$$\frac{\partial u}{\partial t}+u\frac{\partial u}{\partial x}+v\frac{\partial u}{\partial y}=-\frac{1}{\rho}\frac{\partial p}{\partial x}+\nu\left(\frac{\partial^2 u}{\partial x^2}+\frac{\partial^2 u}{\partial y^2}\right) \tag{5.43}$$

$$\frac{\partial u}{\partial t}+u\frac{\partial v}{\partial x}+v\frac{\partial v}{\partial y}=-\frac{1}{\rho}\frac{\partial p}{\partial y}+\nu\left(\frac{\partial^2 v}{\partial x^2}+\frac{\partial^2 v}{\partial y^2}\right) \tag{5.44}$$

通常网格节点都取在网格线的交叉点上。这样做简单方便，但也有不足之处。举例来说，上面方程中 $\partial p/\partial x, \partial p/\partial y$ 分别为 x 方向和 y 方向上的压力梯度，对于不可压缩流由于压

力对流动的影响不是单向的，因此 $\partial p/\partial x$ 和 $\partial p/\partial y$ 应采用中心差分，即

$$\left.\frac{\partial p}{\partial x}\right|_{i,j}=\frac{p_{i+1,j}-p_{i-1,j}}{2\Delta x},\quad \left.\frac{\partial p}{\partial y}\right|_{i,j}=\frac{p_{i,j+1}-p_{i,j-1}}{2\Delta y}$$

图 5.9 给出了一种压力分布情况，虽然压力分布不均匀，但若根据上式计算压力梯度，则都等于零。这样压力分布不均匀，而差分表达式中压力梯度等于零，与实际不符。为了解决这一问题，选用交错网格对上述方程组进行差分离散。

如图 5.10，用“△”表示在横向网格线上相邻节点的中间位置，如 (i,j) 和 $(i+1,j)$ 节点的中间位置，记作：$\left(i+\dfrac{1}{2},j\right)$；用“□”表示在纵向网格线上相邻节点的中间位置，如 (i,j) 和 $(i,j+1)$ 节点中间位置，记作：$\left(i,j+\dfrac{1}{2}\right)$；用“○”表示节点所在位置。将 x 方向运动方程式 (5.42) 在“△”所示一类点上展开，在 $\left(i+\dfrac{1}{2},j\right)$ 有

$$\frac{u_{i+\frac{1}{2},j}^{n+1}-u_{i+\frac{1}{2},j}^{n}}{\Delta t}+a_{i+\frac{1}{2},j}=-\frac{p_{i+1,j}^{n}-p_{i,j}^{n}}{\rho\Delta x}$$
$$+\nu\left(\frac{u_{i+\frac{3}{2},j}^{n}-2u_{i+\frac{1}{2},j}^{n}+u_{i-\frac{1}{2},j}^{n}}{\Delta x^2}+\frac{u_{i+\frac{1}{2},j+1}^{n}-2u_{i+\frac{1}{2},j}^{n}+u_{i+\frac{1}{2},j-1}^{n}}{\Delta y^2}\right) \tag{5.45}$$

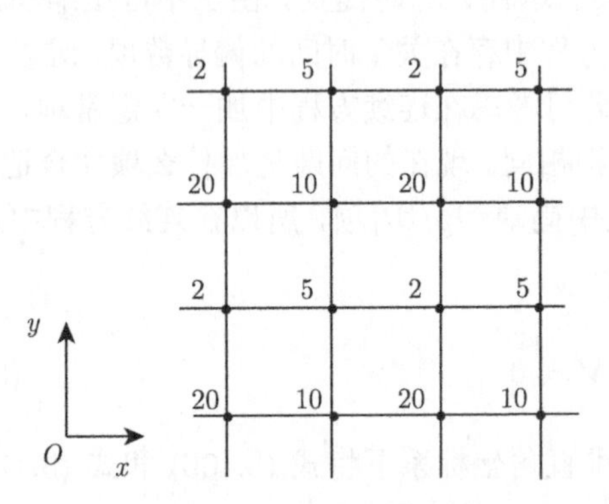

图 5.9　压力分布示意图

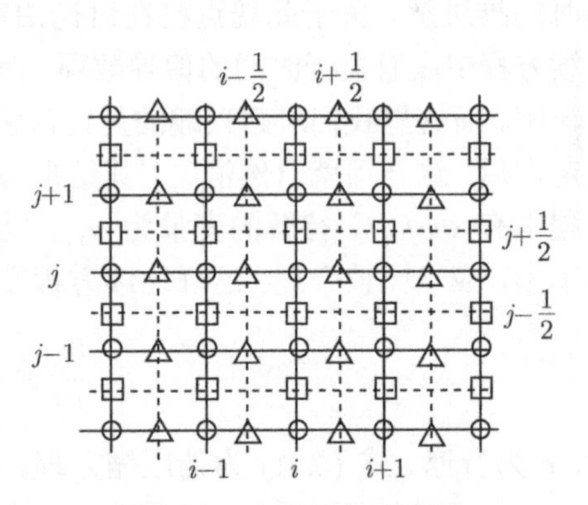

图 5.10　交错网格示意图

将 y 方向运动方程式 (5.44) 在“□”所示一类点上展开，在 $\left(i,j+\dfrac{1}{2}\right)$ 有

$$\frac{v_{i,j+\frac{1}{2}}^{n+1}-v_{i,j+\frac{1}{2}}^{n}}{\Delta t}+b_{i,j+\frac{1}{2}}=-\frac{p_{i,j+1}^{n}-p_{i,j}^{n}}{\rho\Delta y}$$
$$+\nu\left(\frac{v_{i+1,j+\frac{1}{2}}^{n}-2v_{i,j+\frac{1}{2}}^{n}+v_{i-1,j+\frac{1}{2}}^{n}}{\Delta x^2}+\frac{v_{i,j+\frac{3}{2}}^{n}-2v_{i,j+\frac{1}{2}}^{n}+v_{i,j-\frac{1}{2}}^{n}}{\Delta y^2}\right) \tag{5.46}$$

将连续方程 (5.42) 在用“○”表示节点上展开，在节点 (i,j) 上有

$$\frac{p_{i,j}^{n+1}-p_{i,j}^{n}}{\Delta t}+c^2\left(\frac{u_{i+\frac{1}{2},j}^{n+1}-u_{i-\frac{1}{2},j}^{n+1}}{\Delta x}+\frac{v_{i,j+\frac{1}{2}}^{n+1}-v_{i,j-\frac{1}{2}}^{n+1}}{\Delta y}\right)=0 \tag{5.47}$$

式中，$a=u\dfrac{\partial u}{\partial x}+v\dfrac{\partial u}{\partial y},b=u\dfrac{\partial v}{\partial x}+v\dfrac{\partial v}{\partial y}$，因此有

$$a_{i+\frac{1}{2},j}=u_{i+\frac{1}{2},j}^{n}\frac{u_{i+\frac{3}{2},j}^{n}-u_{i-\frac{1}{2},j}^{n}}{2\Delta x}+\hat{v}_{i+\frac{1}{2},j}^{n}\frac{u_{i+\frac{1}{2},j+1}^{n}-u_{i+\frac{1}{2},j-1}^{n}}{2\Delta y}$$

$$b_{i,j+\frac{1}{2}}=\hat{u}_{i,j+\frac{1}{2}}^{n}\frac{v_{i+1,j+\frac{1}{2}}^{n}-v_{i-1,j+\frac{1}{2}}^{n}}{2\Delta x}+v_{i,j+\frac{1}{2}}^{n}\frac{v_{i,j+\frac{3}{2}}^{n}-u_{i,j-\frac{1}{2}}^{n}}{2\Delta y}$$

$$\hat{v}_{i+\frac{1}{2},j}^{n}=\frac{1}{4}(v_{i,j+\frac{1}{2}}^{n}+v_{i,j-\frac{1}{2}}^{n}+v_{i+1,j+\frac{1}{2}}^{n}+v_{i+1,j-\frac{1}{2}}^{n})$$

$$\hat{u}_{i,j+\frac{1}{2}}^{n}=\frac{1}{4}(u_{i+\frac{1}{2},j}^{n}+u_{i-\frac{1}{2},j}^{n}+u_{i+\frac{1}{2},j+1}^{n}+u_{i-\frac{1}{2},j+1}^{n})$$

在上述差分离散过程中遵照以下约定：用“○”表示的网格节点上的 u 取该点前后点的平均值，如

$$u_{i,j}=\frac{1}{2}(u_{i+\frac{1}{2},j}+u_{i-\frac{1}{2},j})$$

v 取该点上下点的平均值，如

$$v_{i,j}=\frac{1}{2}(v_{i,j+\frac{1}{2}}+v_{i,j-\frac{1}{2}})$$

对于式 (5.45)、式 (5.46) 和式 (5.47) 组成的方程组，可先将系数项“冻结”成常数，然后再作稳定性近似分析，可以得到稳定条件为：

$$\begin{cases}\dfrac{1}{4}(|u|_{\max}+|v|_{\max})^2\Delta t Re\leqslant 1\\ \dfrac{4\Delta t}{Re\Delta x^2}\leqslant 1\end{cases} \tag{5.48}$$

这里假设 $\Delta x=\Delta y$，网格雷诺数 $Re=\dfrac{\rho\left|u_{\max}\right|\Delta x}{\mu}$。

5.2.3　压力修正方法

压力修正法是目前工程上应用最广泛的不可压缩流场计算方法，它与上面所介绍的人工压缩性方法的差别主要在于连续方程的处理。采用压力修正方法，控制方程离散仍采用交错网格，动量方程离散方法与人工压缩性方法相同。在此将离散动量方程式 (5.45) 和式 (5.46) 改写成：

$$u_{i+\frac{1}{2},j}^{n+1}=u_{i+\frac{1}{2},j}^{n}+A_{i+\frac{1}{2},j}\Delta t-\Delta t\frac{p_{i+1,j}^{n}-p_{i,j}^{n}}{\rho\Delta x} \tag{5.49}$$

$$v_{i,j+\frac{1}{2}}^{n+1}=v_{i,j+\frac{1}{2}}^{n}+B_{i,j+\frac{1}{2}}\Delta t-\Delta t\frac{p_{i,j+1}^{n}-p_{i,j}^{n}}{\rho\Delta y} \tag{5.50}$$

上式中:

$$A_{i,j+\frac{1}{2}}=-a_{i,j+\frac{1}{2}}-\nu\left(\frac{u_{i+\frac{3}{2},j}^{n}-2u_{i+\frac{1}{2},j}^{n}+u_{i-\frac{1}{2},j}^{n}}{\Delta x^{2}}+\frac{u_{i+\frac{1}{2},j+1}^{n}-2u_{i+\frac{1}{2},j}^{n}+u_{i+\frac{1}{2},j-1}^{n}}{\Delta y^{2}}\right)$$

$$B_{i,j+\frac{1}{2}}=-b_{i,j+\frac{1}{2}}-\nu\left(\frac{v_{i+1,j+\frac{1}{2}}^{n}-2v_{i,j+\frac{1}{2}}^{n}+v_{i-1,j+\frac{1}{2}}^{n}}{\Delta x^{2}}+\frac{v_{i,j+\frac{3}{2}}^{n}-2v_{i,j+\frac{1}{2}}^{n}+v_{i,j-\frac{1}{2}}^{n}}{\Delta y^{2}}\right)$$

首先给出任一迭代时间步 n 流场中节点的气动参数数值，在此标记为 $(p^{*})^{n},(u^{*})^{n},(v^{*})^{n}$ 即第 n 次迭代计算的假设值，如果 $n=1$ 则对应于初场。

由式 (5.49) 和式 (5.50) 可得

$$(u^{*})_{i+\frac{1}{2},j}^{n+1}=(u^{*})_{i+\frac{1}{2},j}^{n}+A_{i+\frac{1}{2},j}^{*}\Delta t-\Delta t\frac{(p^{*})_{i+1,j}^{n}-(p^{*})_{i,j}^{n}}{\rho\Delta x} \tag{5.51}$$

$$(v^{*})_{i,j+\frac{1}{2}}^{n+1}=(v^{*})_{i,j+\frac{1}{2}}^{n}+B_{i,j+\frac{1}{2}}^{*}\Delta t-\Delta t\frac{(p^{*})_{i,j+1}^{n}-(p^{*})_{i,j}^{n}}{\rho\Delta y} \tag{5.52}$$

式 (5.49)–式 (5.51) 得

$$(u')_{i+\frac{1}{2},j}^{n+1}=(u')_{i+\frac{1}{2},j}^{n}+A'_{i+\frac{1}{2},j}\Delta t-\Delta t\frac{(p')_{i+1,j}^{n}-(p')_{i,j}^{n}}{\rho\Delta x} \tag{5.53}$$

式 (5.50)–式 (5.51) 得

$$(v')_{i,j+\frac{1}{2}}^{n+1}=(v')_{i,j+\frac{1}{2}}^{n}+B'_{i,j+\frac{1}{2}}\Delta t-\Delta t\frac{(p')_{i,j+1}^{n}-(p')_{i,j}^{n}}{\rho\Delta y} \tag{5.54}$$

式中，

$$p'_{i,j}=p_{i,j}-p_{i,j}^{*},\ u'_{i+\frac{1}{2},j}=u_{i+\frac{1}{2},j}-u_{i+\frac{1}{2},j}^{*},\ v'_{i,j+\frac{1}{2}}=v_{i,j+\frac{1}{2}}-v_{i,j+\frac{1}{2}}^{*} \tag{5.55a}$$

$$A'_{i+\frac{1}{2},j}=A_{i+\frac{1}{2},j}-A^{*}{}_{i+\frac{1}{2},j},\ B'_{i,j+\frac{1}{2}}=B_{i,j+\frac{1}{2}}-B^{*}{}_{i,j+\frac{1}{2}} \tag{5.55b}$$

p',u',v' 分别为压力和 x, y 方向速度分量的修正值; A',B' 为与压力和速度修正量相关的 A 和 B 的修正量。由式 (5.55a) 和式 (5.55b) 得

$$(u)_{i+\frac{1}{2},j}^{n+1}=(u^{*})_{i+\frac{1}{2},j}^{n+1}+(u')_{i+\frac{1}{2},j}^{n+1} \tag{5.56}$$

$$(v)_{i+\frac{1}{2},j}^{n+1}=(v^{*})_{i+\frac{1}{2},j}^{n+1}+(v')_{i+\frac{1}{2},j}^{n+1} \tag{5.57}$$

$$(p)_{i,j}^{n}=(p^{*})_{i,j}^{n}+(p')_{i,j}^{n} \tag{5.58}$$

因此，如果压力修正量 $(p')^{n}$ 已知，通过式 (5.53) 和式 (5.54) 求得速度修正量 $(u')^{n+1}$, $(v')^{n+1}$，代入式 (5.56) 和式 (5.57) 即可由 n 时间层求得 $(n+1)$ 时间层的速度值；同时由

式 (5.58) 求得 n 时间层的压力值 (当n 很大时，n 时间层压力值可作为 $(n+1)$ 时间层压力值)。这个过程不断进行即可求得稳态流场。

以下根据连续方程求压力修正量 $(p')^n$，为此将式 (5.53) 和式 (5.54) 进行近似处理，得：

$$(u')^{n+1}_{i+\frac{1}{2},j} = -\Delta t \frac{(p')^n_{i+1,j} - (p')^n_{i,j}}{\rho \Delta x} \tag{5.59}$$

$$(v')^{n+1}_{i,j+\frac{1}{2}} = -\Delta t \frac{(p')^n_{i,j+1} - (p')^n_{i,j}}{\rho \Delta y} \tag{5.60}$$

这样的近似关系是符合物理规律的，以式 (5.59) 为例，速度修正量 $(u')^{n+1}_{i+\frac{1}{2},j}$ 与该点的修正压力梯度 $\dfrac{(p')^n_{i+1,j} - (p')^n_{i,j}}{\rho \Delta x}$ 数值呈相反关系，即正修正压力梯度产生负速度修正量。最主要是经过多年的计算实践采用这种近似处理是非常有效的。

将式 (5.59)、式 (5.60) 分别代入式 (5.56)、式 (5.57) 得

$$(u)^{n+1}_{i+\frac{1}{2},j} = (u^*)^{n+1}_{i+\frac{1}{2},j} - \Delta t \frac{(p')^n_{i+1,j} - (p')^n_{i,j}}{\rho \Delta x} \tag{5.61}$$

$$(v)^{n+1}_{i+\frac{1}{2},j} = (v^*)^{n+1}_{i+\frac{1}{2},j} - \Delta t \frac{(p')^n_{i,j+1} - (p')^n_{i,j}}{\rho \Delta y} \tag{5.62}$$

连续方程离散形式 (5.47) 中不加入人工压缩项为

$$\frac{u^{n+1}_{i+\frac{1}{2},j} - u^{n+1}_{i-\frac{1}{2},j}}{\Delta x} + \frac{v^{n+1}_{i,j+\frac{1}{2}} - v^{n+1}_{i,j-\frac{1}{2}}}{\Delta y} = 0 \tag{5.63}$$

将式 (5.61) 和式 (5.62) 代入式 (5.63) 并整理得

$$c_1(p'_{i,j})^n + c_2(p'_{i+1,j})^n + c_2(p'_{i-1,j})^n + c_3(p'_{i,j+1})^n + c_3(p'_{i,j-1})^n + c_4 = 0s \tag{5.64}$$

式中，

$$c_1 = 2\left[\frac{\Delta t}{\Delta x^2} + \frac{\Delta t}{\Delta y^2}\right], c_2 = -\frac{\Delta t}{\Delta x^2}, \quad c_3 = -\frac{\Delta t}{\Delta y^2},$$
$$c_4 = \frac{\rho}{\Delta x}\left[u^*_{i+\frac{1}{2},j} - u^*_{i-\frac{1}{2},j}\right] + \frac{\rho}{\Delta y}[v^*_{i,j+\frac{1}{2}} - v^*_{i,j-\frac{1}{2}}]$$

式 (5.64) 为椭圆型方程，通过迭代求解即可得压力修正量 $(p')^n$。

以上压力修正方法的计算过程通常称为 SIMPLE 法算 (semi-implicit method for pressure-linked equations)。计算过程可用图 5.11 所示流程图表示。如果计算收敛性不好，可采用低松弛方法增加计算稳定性。

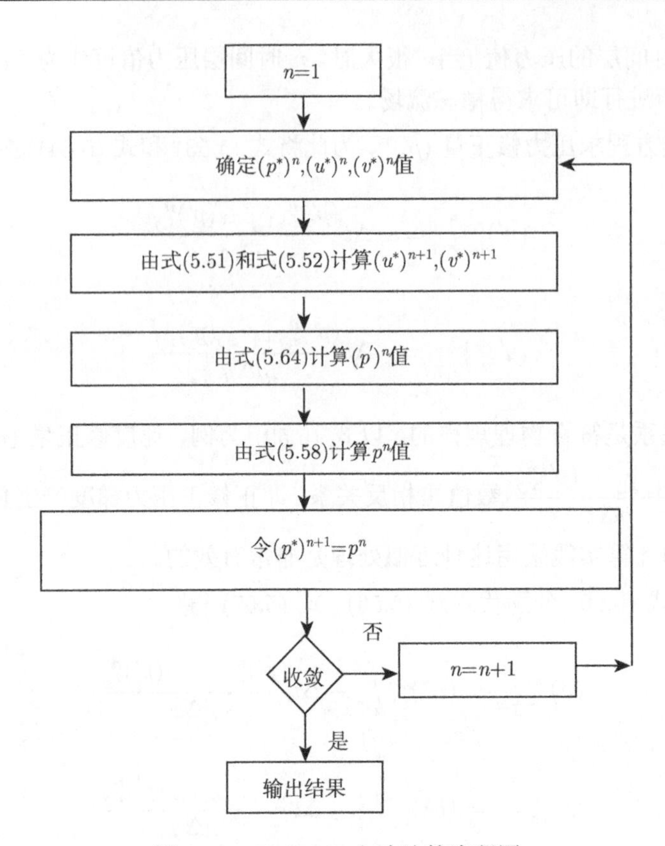

图 5.11　SIMPLE 方法计算流程图

5.2.4　边界条件

1. 采用交错网格边界相邻点速度计算的处理方法

采用交错网格在靠近边界处节点速度分量计算需要作适当处理。如图 5.12，$\varGamma$ 为计算域边界，该边界可为固体壁面、进出口等任意一种边界。当采用式 (5.45) 计算 $u_{i+\frac{1}{2},j}^{n+1}$，比如计算 $\left(1+\dfrac{1}{2},1\right)$ 点的 u 值 (即 $u_{1+\frac{1}{2},1}^{n+1}$) 时，由式 (5.45) 可看出涉及 $\left(1+\dfrac{1}{2},0\right)$ 点的函数值 $u_{1+\frac{1}{2},0}^{n}$，此点在求解域外不存在。为此通常采用线性外插法确定一虚假值，即

$$u_{1+\frac{1}{2},0}=2u_{1+\frac{1}{2},\frac{1}{2}}-u_{1+\frac{1}{2},1}$$

式中，$u_{1+\frac{1}{2},\frac{1}{2}}$ 为边界值 $u_\varGamma$。上式实质是设边界上的函数值为上下点函数值的平均值。同理采用式 (5.45) 计算 $u_{i,j+\frac{1}{2}}^{n+1}$，比如计算 $\left(1,1+\dfrac{1}{2}\right)$ 点的 v 值 (即 $v_{1,1+\frac{1}{2}}^{n+1}$) 时，由式 (5.45) 可看出涉及 $\left(0,1+\dfrac{1}{2}\right)$ 点的函数值 $v_{0,1+\frac{1}{2}}^{n}$，此点也在求解域外不存在。采用类似方法可得

$$v_{0,1+\frac{1}{2}}=2v_{\frac{1}{2},1+\frac{1}{2}}-v_{1,1+\frac{1}{2}}$$

式中，$v_{\frac{1}{2},1+\frac{1}{2}}$ 为边界值 $v_\varGamma$，已知。

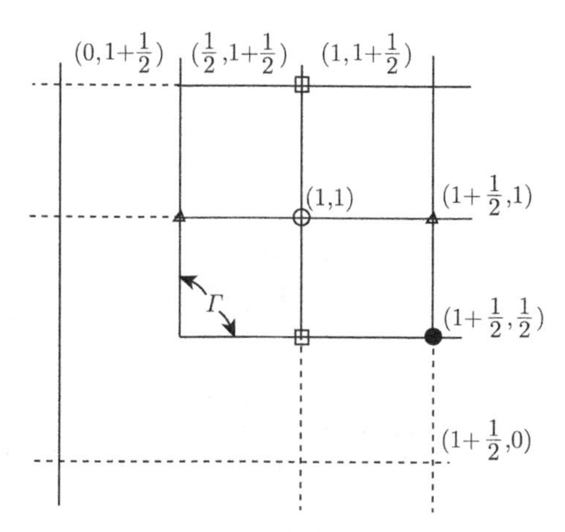

图 5.12　交错网格边界格式示意图

2. 固体壁面

对于黏性流，在固壁边界上速度等于壁面的运动速度，因此如果图 5.12 中 Γ 为固壁边界，则 u_Γ, v_Γ 已知，通常为零。固体壁面上压力，采用壁面法向压力梯度 $\dfrac{\partial p}{\partial n}=0$ 求得，具体实施方法在后续章节介绍。

3. 进口边界

进口边界上通常给定静压、y 方向速度，x 方向速度由内点值线性外插求得。对于压力修正方法，在此边界上压力修正量取零。

4. 出口边界

给定出口静压，y 和 x 方向速度采用内点值线性外插求得。对于压力修正方法，在此边界上压力修正量取零。

练　习　题

1. 简述黎曼迭代方法基本原理，并构造方程 $\dfrac{\partial^2 f}{\partial x^2}+\dfrac{\partial^2 f}{\partial y^2}+\dfrac{\partial f}{\partial x}+\dfrac{\partial f}{\partial y}=0$ 的黎曼迭代表达式（方程中的所有一阶和二阶偏导数项均采用中心差分离散）。

2. 构造第 1 题中的微分方程点松弛法和线松弛迭代的迭代计算公式。

3. 对于流函数涡量方程组：$\dfrac{\partial \xi}{\partial t}=\nu\left(\dfrac{\partial^2 \xi}{\partial x^2}+\dfrac{\partial^2 \xi}{\partial y^2}\right)$，$\dfrac{\partial^2 \psi}{\partial x^2}+\dfrac{\partial^2 \psi}{\partial y^2}=-\xi$ 进行方程离散，并画出详细的计算流程图。

4. 简述人工压缩性方法流场计算过程，并画出计算流程图。

第6章 可压缩流场的数值计算

根据黏性考虑将可压缩流分为无黏流和黏性流。虽然黏性流的控制方程 (N-S 方程) 比无黏流控制方程 (欧拉方程) 要复杂得多，其实质是比无黏流多了黏性项，通常不影响数值格式的构造，并且由于黏性项的存在会增加格式的稳定性。因此欧拉方程的差分格式可直接用于 N-S 方程。本章着重介绍无黏流的差分计算方法，然后再进一步推广到黏性流的计算。

6.1 MacCormack 格式

MacCormack 格式是二步显式差分格式，第一步称为预报步，第二步称为修正步。对流项第一步采用的是一阶精度向后差分，第二步采用一阶精度向前差分，差分格式总体精度为空间二阶精度。MacCormack 格式广泛用于求解欧拉方程和 N-S 方程，并在航空航天工业的流场计算中得到大量应用。

MacCormack 格式的不足之处是在激波附近数值解中有数值振荡，因而在实际使用时要加入人工黏性项。关于人工黏性在下面的多步龙格–库塔格式中将作介绍。

6.1.1 对流模型方程的 MacCormack 格式

首先通过一维对流模型方程阐述 MacCormack 格式的基本思想。一维对流模型方程为

$$\frac{\partial \xi}{\partial t}+\alpha\frac{\partial \xi}{\partial x}=0 \tag{6.1a}$$

改写成:

$$\frac{\partial \xi}{\partial t}=-\alpha\frac{\partial \xi}{\partial x} \tag{6.1b}$$

1. 显式 MacCormack 格式

如前所述，采用 MacCormack 格式分为两步，即预报步和修正步。对于显式格式第一步 (预报步)，空间偏导数项采用向后差分:

$$\xi_i^*=\xi_i^n-\Delta t\alpha\Delta_x^-\xi_i^n \tag{6.2a}$$

或写成：

$$\begin{cases} \Delta\xi_i^n = -\Delta t\alpha\Delta_x^-\xi_i^n \\ \xi_i^* = \xi_i^n + \Delta\xi_i^n \end{cases} \tag{6.2b}$$

第二步 (修正步)，应用预报步计算值，再对空间偏导数项采用向前差分，得

$$\xi_i^{n+1} = \frac{1}{2}(\xi_i^n + \xi_i^*) - \Delta t\alpha\Delta_x^+\xi_i^* \tag{6.3}$$

或写成：

$$\begin{cases} \Delta\xi_i^* = -\Delta t\alpha\Delta_x^+\xi_i^* \\ \xi_i^{n+1} = \dfrac{1}{2}(\xi_i^n + \xi_i^* + \Delta\xi_i^*) \end{cases} \tag{6.4}$$

上式中约定：$\Delta_x^- Q_i \equiv \dfrac{Q_i - Q_{i-1}}{\Delta x}$，$\Delta_x^+ Q_i \equiv \dfrac{Q_{i+1} - Q_i}{\Delta x}$。$\Delta_x^-$ 和 Δ_x^+ 分别表示向后和向前差分；Q 为任意流动参数。以后还用到：$\Delta_x^0 Q_i \equiv \dfrac{Q_{i+1} - Q_{i-1}}{2\Delta x}$，$\Delta_x^0$ 表示中心差分。注意 $\Delta_x^-\xi_i^n$，$\Delta_x^+\xi_i^n$，$\Delta_x^0\xi_i^n$ 表示空间差商，$\Delta\xi_i^n$ 表示时间差商。

显式 MacCormack 格式具有二阶空间精度，稳定条件为 $\Delta t < \dfrac{\Delta x}{\alpha}$。

2. 隐式 MacCormack 格式

对于方程式 (6.1)，如果 $\alpha < 0$，空间导数采用向前差分格式离散，可构造出以下差分方程：

$$\xi_i^{n+1} = \xi_i^n - (1-\theta)\frac{\alpha\Delta t}{\Delta x}(\xi_{i+1}^n - \xi_i^n) - \theta\frac{\alpha\Delta t}{\Delta x}(\xi_{i+1}^{n+1} - \xi_i^{n+1}) \tag{6.5}$$

当 $\theta = 0$ 时，即为显式逆风差分格式；$0 < \theta \leqslant 1$ 时，为隐式差分格式。式 (6.5) 可改写成：

$$\left(1 + \frac{\lambda\Delta t}{\Delta x}\right)\delta\xi_i^{n+1} = -\frac{\alpha\Delta t}{\Delta x}\Delta_x^+\xi_i^n + \frac{\lambda\Delta t}{\Delta x}\delta\xi_{i+1}^{n+1} \tag{6.6}$$

式中，$\delta\xi_i^{n+1} = \xi_i^{n+1} - \xi_i^n$，$\lambda = \theta\alpha$。对于差分方程 (6.6)，如果所选的 θ 满足：

$$\theta \geqslant \frac{1}{2}\left(1 - \frac{\Delta x}{|\alpha|\,\Delta t}\right) \tag{6.7}$$

即无条件稳定。

隐式预报修正格式预报步为

$$\begin{cases} \left(1 + \dfrac{\lambda\Delta t}{\Delta x}\right)\delta\xi_i^* = \Delta\xi_i^n + \dfrac{\lambda\Delta t}{\Delta x}\delta\xi_{i+1}^* \\ \xi_i^* = \xi_i^n + \delta\xi_i^* \end{cases} \tag{6.8}$$

式中，$\Delta\xi_i^n$ 采用式 (6.2b) 计算。

修正步为

$$\begin{cases} \left(1 + \dfrac{\lambda\Delta t}{\Delta x}\right)\delta\xi_i^{n+1} = \Delta\xi_i^* + \dfrac{\lambda\Delta t}{\Delta x}\delta\xi_{i-1}^{n+1} \\ \xi_i^{n+1} = \dfrac{1}{2}(\xi_i^n + \delta\xi_i^* + \delta\xi_i^{n+1}) \end{cases} \tag{6.9}$$

式中，$\Delta\xi_i^*$ 采用式 (6.4) 计算。θ 选取时要满足式 (6.7)，上述差分格式也是无条件稳定。

由于该隐式预报修正格式在两步计算中，$(n+1)$ 时间层只涉及两个节点数值，可采用逐点计算方法，而无需求解矩阵方程组。在采用式 (6.8) 进行预报步 $\delta\xi_i^*$ 计算时，可采用逆节点顺序逐点计算，即：对于待求节点 $i=1, 2, 3, \cdots, N-1, N$，按 $i=N, N-1, \cdots, 3, 2, 1$ 顺序进行计算；采用式 (6.9) 进行修正步 $\delta\xi_i^{n+1}$ 计算时，采用顺节点顺序进行逐点计算，即 $i=1, 2, 3, \cdots, N-1, N$ 计算。

6.1.2　一维欧拉方程的 MacCormack 格式

由第 2 章式 (2.12)，欧拉方程在一维情况下简化为

$$\frac{\partial \boldsymbol{U}}{\partial t}+\frac{\partial \boldsymbol{E}}{\partial x}=0 \tag{6.10}$$

式中，

$$\boldsymbol{U}=\begin{pmatrix}\rho\\ \rho u\\ E_t\end{pmatrix},\quad \boldsymbol{E}=\begin{pmatrix}\rho u\\ \rho u^2+p\\ (E_t+p)u\end{pmatrix}$$

$$E_t=\rho\left(e+\frac{u^2}{2}\right)$$

式 (6.10) 包括连续方程、动量方程和能量方程。仿照一维对流模型方程显式 MacCormack 格式，可得一维欧拉方程的显式 MacCormack 格式。预报步为

$$\boldsymbol{U}_i^*=\boldsymbol{U}_i^n-\Delta t\Delta_x^-\boldsymbol{E}_i^n \tag{6.11a}$$

或写成

$$\begin{cases}\boldsymbol{U}_i^n=-\Delta t\Delta_x^-\boldsymbol{E}_i^n\\ \boldsymbol{U}_i^*=\boldsymbol{U}_i^n+\Delta\boldsymbol{U}_i^n\end{cases} \tag{6.11b}$$

修正步为

$$\boldsymbol{U}_i^{n+1}=\frac{1}{2}(\boldsymbol{U}_i^*+\boldsymbol{U}_i^n)-\frac{1}{2}\Delta t\Delta_x^+\boldsymbol{E}_i^* \tag{6.12a}$$

或写成：

$$\begin{cases}\boldsymbol{U}_i^*=-\Delta t\Delta_x^+\boldsymbol{E}_i^*\\ \boldsymbol{U}_i^{n+1}=\dfrac{1}{2}(\boldsymbol{U}_i^n+\boldsymbol{U}_i^*+\Delta\boldsymbol{U}_i^*)\end{cases} \tag{6.12b}$$

类似地可得到隐式格式。式 (6.11a)、式 (6.12a) 或式 (6.11b)、式 (6.12b) 都是包含 3 个差分方程的差分方程组。比如，将 $\boldsymbol{U}$ 和 $\boldsymbol{E}$ 中的第一个元素代入式 (6.11a)、式 (6.12a) 可得

$$\rho_i^*=\boldsymbol{\rho}_i{}^n-\Delta t\Delta_x^-(\rho u)_i^n$$

$$\rho_i^{n+1}=\frac{1}{2}(\rho_i^*+\rho_i^n)-\frac{1}{2}\Delta t\Delta_x^+(\rho u)_i^*$$

即构成了连续方程的二步迭代差分方程组。同样，第二个元素和第三个元素代入可得动量方程和能量方程的差分表达式。

6.1.3　多维欧拉方程的 MacCormack 格式

一维问题的上述差分计算格式可直截向多维推广。在此以二维为例，其欧拉方程为

$$\frac{\partial \boldsymbol{U}}{\partial t}+\frac{\partial \boldsymbol{E}}{\partial x}+\frac{\partial \boldsymbol{F}}{\partial y}=0 \tag{6.13}$$

式中，

$$\boldsymbol{U}=\begin{bmatrix}\rho\\ \rho u\\ \rho v\\ E_t\end{bmatrix},\quad \boldsymbol{E}=\begin{bmatrix}\rho u\\ \rho u^2+p\\ \rho uv\\ (E_t+p)u\end{bmatrix},\quad \boldsymbol{F}=\begin{bmatrix}\rho v\\ \rho uv\\ \rho v^2+p\\ (E_t+p)v\end{bmatrix}$$

采用与一维问题相同的方法，可对式 (6.13) 进行显式 MacCormack 格式差分离散。第一步对 x 和 y 方向的偏导数采用向后差分构成预报步；第二步采用向前差分构成修正步。这样得到：

$$\boldsymbol{U}_{i,j}^{*}=\boldsymbol{U}_{i,j}^{n}-\Delta t\Delta_x^{-}\boldsymbol{E}_{i,j}^{n}-\Delta t\Delta_y^{-}\boldsymbol{F}_{i,j}^{n} \tag{6.14}$$

$$\boldsymbol{U}_{i,j}^{n+1}=\frac{1}{2}(\boldsymbol{U}_{i,j}^{*}+\boldsymbol{U}_{i,j}^{n})-\frac{1}{2}(\Delta t\Delta_x^{+}\boldsymbol{E}_{i,j}^{*}+\Delta t\Delta_y^{+}\boldsymbol{F}_{i,j}^{*}) \tag{6.15}$$

这一格式的稳定条件为

$$\Delta t\leqslant\frac{1}{\dfrac{|u|}{\Delta x}+\dfrac{|v|}{\Delta y}+c\sqrt{\dfrac{1}{\Delta x^2}+\dfrac{1}{\Delta y^2}}} \tag{6.16a}$$

以下具体描述这种格式的求解过程，进一步清楚格式的应用方法。由式 (6.14) 得预报步离散方程为：

(1) 连续方程

$$\rho_{i,j}^{*}=\rho_{i,j}^{n}-\Delta t\frac{(\rho u)_{i,j}^{n}-(\rho u)_{i-1,j}^{n}}{\Delta x}-\Delta t\frac{(\rho v)_{i,j}^{n}-(\rho v)_{i,j-1}^{n}}{\Delta y} \tag{6.16b}$$

(2) x 方向运动方程

$$(\rho u)_{i,j}^{*}=(\rho u)_{i,j}^{n}-\Delta t\frac{(\rho u^2+p)_{i,j}^{n}-(\rho u^2+p)_{i-1,j}^{n}}{\Delta x}-\Delta t\frac{(\rho uv)_{i,j}^{n}-(\rho uv)_{i,j-1}^{n}}{\Delta y} \tag{6.16c}$$

(3) y 方向运动方程

$$(\rho v)_{i,j}^{*}=(\rho v)_{i,j}^{n}-\Delta t\frac{(\rho uv)_{i,j}^{n}-(\rho uv)_{i-1,j}^{n}}{\Delta x}-\Delta t\frac{(\rho v^2+p)_{i,j}^{n}-(\rho v^2+p)_{i,j-1}^{n}}{\Delta y} \tag{6.16d}$$

(4) 能量方程

$$(E_t)_{i,j}^{*}=(E_t)_{i,j}^{n}-\Delta t\frac{[(E_t+p)u]_{i,j}^{n}-[(E_t+p)u]_{i-1,j}^{n}}{\Delta x}-\Delta t\frac{[(E_t+p)v]_{i,j}^{n}-[(E_t+p)v]_{i,j-1}^{n}}{\Delta y} \tag{6.16e}$$

由式 (6.15) 得修正步离散方程为

(1) 连续方程：

$$\rho_{i,j}^{n+1} = \frac{1}{2}(\rho_{i,j}^{n} + \rho_{i,j}^{*}) - \frac{\Delta t}{2}\frac{(\rho u)_{i+1,j}^{*} - (\rho u)_{i,j}^{*}}{\Delta x} - \frac{\Delta t}{2}\frac{(\rho v)_{i,j+1}^{*} - (\rho v)_{i,j}^{*}}{\Delta y} \tag{6.17a}$$

(2) x 方向运动方程：

$$\begin{aligned}(\rho u)_{i,j}^{n+1} =& \frac{1}{2}[(\rho u)_{i,j}^{n} + (\rho u)_{i,j}^{*}] - \frac{\Delta t}{2}\frac{(\rho u^2+p)_{i+1,j}^{*} - (\rho u^2+p)_{i,j}^{*}}{\Delta x}\\ &- \frac{\Delta t}{2}\frac{(\rho uv)_{i,j+1}^{*} - (\rho uv)_{i,j}^{*}}{\Delta y}\end{aligned} \tag{6.17b}$$

(3) y 方向运动方程：

$$\begin{aligned}(\rho v)_{i,j}^{n+1} =& \frac{1}{2}[(\rho v)_{i,j}^{n} + (\rho v)_{i,j}^{*}] - \frac{\Delta t}{2}\frac{(\rho uv)_{i+1,j}^{*} - (\rho uv)_{i,j}^{*}}{\Delta x}\\ &- \frac{\Delta t}{2}\frac{(\rho v^2+p)_{i,j+1}^{*} - (\rho v^2+p)_{i,j}^{*}}{\Delta y}\end{aligned} \tag{6.17c}$$

(4) 能量方程：

$$\begin{aligned}(E_t)_{i,j}^{n+1} =& \frac{1}{2}[(E_t)_{i,j}^{n} + (E_t)_{i,j}^{*}] - \frac{\Delta t}{2}\frac{[(E_t+p)u]_{i+1,j}^{*} - [(E_t+p)u]_{i,j}^{*}}{\Delta x}\\ &- \frac{\Delta t}{2}\frac{[(E_t+p)v]_{i,j+1}^{*} - [(E_t+p)v]_{i,j}^{*}}{\Delta y}\end{aligned} \tag{6.17d}$$

由式 (6.16a) 进行预报步计算，计算结果代入式 (6.17) 进行修正步计算即实现 n 时间层向 $(n+1)$ 时间层推进。由于 MacCormack 格式采用二步格式，第一步预报步采用空间向后，第二步修正步采用空间向前，格式精度为时间一阶和空间二阶精度。当然也可在第一步预报步采用空间向前，第二步修正步采用空间向后。

6.2 多步龙格–库塔格式

对式 (6.1) 可采用三步、四步、五步这样一些多步龙格–库塔格式时间推进；空间偏导数项采用中心差分。为了增加计算稳定性，通常还要加入人工黏性项。这种格式具有时间和空间二阶精度，比上述 MacCormack 格式收敛性好，并且易于和多种加速迭代收敛速度技术结合，如残值光顺、多重网格。因此在工程实际中有广泛应用，在一些商用流场计算软件中也包含了这种离散方法。在此介绍四步龙格–库塔格式。

6.2.1 一维欧拉方程的四步龙格–库塔格式

应用四步龙格–库塔法，一维欧拉方程式 (6.10) 离散成：

$$\left\{\begin{aligned}&\boldsymbol{U}_i^0 = \boldsymbol{U}_i^n\\ &\boldsymbol{U}_i^1 = \boldsymbol{U}_i^0 - a_1\Delta t\Delta_x^0\boldsymbol{E}_i^0\\ &\boldsymbol{U}_i^2 = \boldsymbol{U}_i^0 - a_2\Delta t\Delta_x^0\boldsymbol{E}_i^1\\ &\boldsymbol{U}_i^3 = \boldsymbol{U}_i^0 - a_3\Delta t\Delta_x^0\boldsymbol{E}_i^2\\ &\boldsymbol{U}_i^4 = \boldsymbol{U}_i^0 - a_4\Delta t\Delta_x^0\boldsymbol{E}_i^3\\ &\boldsymbol{U}_i^{n+1} = \boldsymbol{U}_i^4\end{aligned}\right. \tag{6.18}$$

式中，$a_1 = 1/4$，$a_2 = 1/3$，$a_3 = 1/2$，$a_4 = 1$。时间步长 Δt 由稳定性条件给出：

$$\Delta t \leqslant \frac{c_1 \Delta x}{u + a} \tag{6.19}$$

式中，a 为音速；c_1 为与稳定性条件相关的系数，在计算过程收敛的前提下，采用试验的方法给出其具体数值；一般 $c_1 > 1$，c_1 越大计算收敛速度越快。根据式 (6.18)，由 n 时间层函数值计算 $(n+1)$ 层函数值要经过 4 步计算，因而称为四步格式。

龙格–库塔格式是空间导数采用中心差分的空间二阶精度格式，由于不考虑流体黏性，中心差分会造成奇偶点数值不耦合，并且激波和滞止点附近还会出现数值振荡，因而在差分格式中要引入人工黏性。在第 3 章通过对对流–扩散模型方程的稳定性分析，已知黏性项的引入会增加差分方程的稳定性。所谓“人工黏性”相当于在原求解方程中，人为加入黏性项，增加计算过程的稳定性。当然人工黏性项数值要很小，否则增加稳定性的同时会引入较大的计算误差。下面介绍一种自适应变系数人工黏性模型。

在原计算方程 (6.10) 右边加上人工黏性项 $AD(\boldsymbol{U})$，于是式 (6.10) 变为

$$\frac{\partial \boldsymbol{U}}{\partial t} + \frac{\partial \boldsymbol{E}}{\partial x} = AD(\boldsymbol{U}) \tag{6.20}$$

而

$$AD(\boldsymbol{U}) = AD^2(\boldsymbol{U}) - AD^4(\boldsymbol{U}) \tag{6.21}$$

式中，$AD^2(\boldsymbol{U})$ 和 $AD^4(\boldsymbol{U})$ 分别为二阶和四阶人工黏性项。

$$\begin{aligned} AD^2(\boldsymbol{U}) &= \Delta_x^-(\varLambda_{i+\frac{1}{2}} \varepsilon^2_{i+\frac{1}{2}}) \Delta_x^+(\boldsymbol{U}_i) \\ &= \varLambda_{i+\frac{1}{2}} \varepsilon^2_{i+\frac{1}{2}} (\boldsymbol{U}_{i+1} - \boldsymbol{U}_i) - \varLambda_{i-\frac{1}{2}} \varepsilon^2_{i-\frac{1}{2}} (\boldsymbol{U}_i - \boldsymbol{U}_{i-1}) \end{aligned} \tag{6.22}$$

$$\begin{aligned} AD^4(\boldsymbol{U}) =& \Delta_x^-(\varLambda_{i+\frac{1}{2}} \varepsilon^4_{i+\frac{1}{2}}) \Delta_x^+ \Delta_x^- \Delta_x^+(\boldsymbol{U}_i) \\ =& \varLambda_{i+\frac{1}{2}} \varepsilon^4_{i+\frac{1}{2}} (\boldsymbol{U}_{i+2} - 3\boldsymbol{U}_{i+1} - 3\boldsymbol{U}_i + \boldsymbol{U}_{i-1}) \\ & - \varLambda_{i-\frac{1}{2}} \varepsilon^4_{i-\frac{1}{2}} (\boldsymbol{U}_{i+1} - 3\boldsymbol{U}_i - 3\boldsymbol{U}_{i-1} + \boldsymbol{U}_{i-2}) \end{aligned} \tag{6.23}$$

式中，$\varLambda = |u| + a$，

$$\varepsilon^2_{i+\frac{1}{2}} = k^{(2)} \max(\nu_i，\nu_{i+1}) \tag{6.24}$$

$$\nu_i = \frac{|p_{i+1} - 2p_i + p_{i-1}|}{p_{i+1} + 2p_i + p_{i-1}} \tag{6.25}$$

$$\varepsilon^4_{i+\frac{1}{2}} = \max[0，(k^{(4)} - \varepsilon^2_{i+\frac{1}{2}})] \tag{6.26}$$

根据式 (6.22)、式 (6.24)、式 (6.25)，二阶人工黏性项数值与式 (6.25) 中 ν_i 的大小成正比，而 ν_i 则取决于节点 i 的压力二阶导数值 $\partial^2 p/\partial x^2$，因为

$$\frac{\partial^2 p}{\partial x^2} = \frac{p_{i+1} - 2p_i + p_{i-1}}{\Delta x^2}$$

在激波和滞止点附近压力变化较骤烈，$\partial^2 p/\partial x^2$ 也相应较大，引入的二阶人工黏性就增大。在流动参数较均匀的区域 (比如势流区)，二阶人工黏性较小，在此区域，则由式 (6.23)、式 (6.26) 引入四阶人工黏性，抑制奇偶点计算不耦合。式 (6.24) 和式 (6.26) 中 $k^{(2)}$、$k^{(4)}$ 是经验系数项；其数值范围为 $0.5 < k^{(2)} < 1$ $\dfrac{1}{256} < k^{(4)} < \dfrac{1}{32}$。

6.2.2　二维欧拉方程的四步龙格–库塔格式

对式 (6.13) 采用四步龙格-库塔格式进行差分离散，得

$$
\begin{cases}
\boldsymbol{U}_{i,j}^{0}=\boldsymbol{U}_{i,j}^{n}\\
\boldsymbol{U}_{i,j}^{1}=\boldsymbol{U}_{i,j}^{0}-a_1\Delta t(\Delta_x^0\boldsymbol{E}_{i,j}^{0}+\Delta_y^0\boldsymbol{F}_{i,j}^{0})\\
\boldsymbol{U}_{i}^{2}=\boldsymbol{U}_{i}^{0}-a_2\Delta t(\Delta_x^0\boldsymbol{E}_{i,j}^{1}+\Delta_y^0\boldsymbol{F}_{i,j}^{1})\\
\boldsymbol{U}_{i}^{3}=\boldsymbol{U}_{i}^{0}-a_3\Delta t(\Delta_x^0\boldsymbol{E}_{i,j}^{2}+\Delta_y^0\boldsymbol{F}_{i,j}^{2})\\
\boldsymbol{U}_{i}^{4}=\boldsymbol{U}_{i}^{0}-a_4\Delta t(\Delta_x^0\boldsymbol{E}_{i,j}^{3}+\Delta_y^0\boldsymbol{F}_{i,j}^{3})\\
\boldsymbol{U}_{i}^{n+1}=\boldsymbol{U}_{i}^{4}
\end{cases}
\tag{6.27}
$$

式中，$a_1=1/4$，$a_2=1/3$，$a_3=1/2$，$a_4=1$。稳定性条件为

$$
\Delta t\leqslant c_1\min\left(\frac{\Delta x}{u+a}+\frac{\Delta y}{v+a}\right)
\tag{6.28}
$$

人工黏性项构造思路与一维流动相同，在此不再说明，以后的三维紊流平均流计算中还要进一步阐述。

6.3　矢通量分裂差分格式

以上介绍的两种差分格式空间偏导数项分别采用向前、向后和中心差分格式，没有考虑流体流动方向对计算稳定性的影响；为了计算的稳定性，需要加入人工黏性项。前面介绍一维对流模型方程差分格式时，给出了一种逆风差分格式，由于该格式对对流项离散符合流动物理规律，因而具有较好的计算稳定性。非定常可压缩流控制方程属双曲型方程，根据特征线走向可确定某一点的影响区域和被影响区域，再据此构造离散方程可提高计算的稳定性(类似于前面一维对流方程的逆风差分离散)。

6.3.1　一维欧拉方程逆风差分

对于一维欧拉方程:

$$
\frac{\partial\boldsymbol{U}}{\partial t}+\frac{\partial\boldsymbol{E}}{\partial x}=0
$$

也可表示成:

$$
\frac{\partial\boldsymbol{U}}{\partial t}+\boldsymbol{A}\frac{\partial\boldsymbol{U}}{\partial x}=0
\tag{6.29}
$$

式中，$\boldsymbol{A}$ 为雅可比系数矩阵，其表达式为

$$
\boldsymbol{A}=\begin{bmatrix}
0 & 1 & 0\\
-\dfrac{3-\gamma}{2}u^2 & (3-\gamma)u & \gamma-1\\
\dfrac{\gamma-2}{2}u^3-\dfrac{uc^2}{\gamma-1} & \dfrac{c^2}{\gamma-1}+\dfrac{3-\gamma}{2}u^2 & \gamma u
\end{bmatrix}
\tag{6.30}
$$

式中，c 为音速。在第 2 章讲述了双曲型方程特征值的两种求法，在此利用矩阵相似变换求雅可比系数矩阵 $\boldsymbol{A}$ 的特征值，即

$$\boldsymbol{A}=\boldsymbol{S}^{-1}\boldsymbol{\Lambda}\boldsymbol{S} \tag{6.31}$$

式中，$\boldsymbol{\Lambda}$ 为矩阵 $\boldsymbol{A}$ 的特征值构成的对角矩阵，即

$$\boldsymbol{S}=\begin{bmatrix} \dfrac{u^2}{2}-\dfrac{c^2}{\gamma-1} & -u & 1 \\ -u-\dfrac{\gamma-1}{c}\dfrac{u^2}{2} & 1+\dfrac{\gamma-1}{c}u & -\dfrac{\gamma-1}{c} \\ -u+\dfrac{\gamma-1}{c}\dfrac{u^2}{2} & 1-\dfrac{\gamma-1}{c}u & \dfrac{\gamma-1}{c} \end{bmatrix} \tag{6.32a}$$

$$\boldsymbol{S}^{-1}=\begin{bmatrix} -\dfrac{\gamma-1}{c^2} & -\dfrac{1}{2c} & \dfrac{1}{2c} \\ -\dfrac{\gamma-1}{c^2}u & -\dfrac{u-c}{2c} & \dfrac{u+c}{2c} \\ -\dfrac{\gamma-1}{c^2}\dfrac{u^2}{2} & \dfrac{1}{2c}\left(\dfrac{u^2}{2}+\dfrac{c^2}{\gamma-1}-uc\right) & \dfrac{1}{2c}\left(\dfrac{u^2}{2}+\dfrac{c^2}{\gamma-1}+uc\right) \end{bmatrix} \tag{6.32b}$$

$$\boldsymbol{\Lambda}=\begin{bmatrix} \lambda_1 & 0 & 0 \\ 0 & \lambda_2 & 0 \\ 0 & 0 & \lambda_3 \end{bmatrix} \tag{6.33}$$

式中，$\lambda_1=u$，$\lambda_2=u-c$，$\lambda_3=u+c$。可以验证：

$$\boldsymbol{E}=\boldsymbol{A}\boldsymbol{U} \tag{6.34}$$

将式 (6.32) 和式 (6.33) 代入式 (6.31) 得到矩阵 $\boldsymbol{A}$ 关于特征值的关系，再代入式 (6.34) 即可得 $\boldsymbol{E}$ 关于特征值的关系，即

$$\boldsymbol{E}=\frac{\rho}{2\gamma}\begin{cases} 2(\gamma-1)\lambda_1+\lambda_2+\lambda_3 \\ 2(\gamma-1)\lambda_1 u+\lambda_2(u-c)+\lambda_3(u+c) \\ (\gamma-1)\lambda_1 u^2+\dfrac{(3-\gamma)(\lambda_2+\lambda_3)c^2}{2(\gamma-1)}+\dfrac{\lambda_2}{2(u-c)^2}+\dfrac{\lambda_3}{2(u+c)^2} \end{cases} \tag{6.35}$$

对于流场中某一点，特征值为特征线在此点的斜率。对于一维欧拉方程，在空间 x 和时间 t 组成的坐标系中 (图 6.1)，如果对于 a 点，速度 $c<u$(超音速)，则该点的三条特征线斜率都大于 0，a 点流动仅受其上游影响，因此在该点应采用逆风差分；如果对于 b 点，$0<u<c$(亚音速)，则特征线 $\lambda_2=u-c$，斜率小于 0，b 点流动既受上游也受下游影响，因此方程离散不能采用单侧差分。

根据以上分析，为了增加差分格式的稳定性，可依据该点的特征值数值对式 (6.10) 或式 (6.29) 中空间偏导数项离散。为此将特征值分解成正特征和负特征，即

$$\lambda_k=\lambda_k^+ +\lambda_k^-,\quad \lambda_k^{\pm}=\frac{\lambda_k\pm|\lambda_k|}{2} \tag{6.36}$$

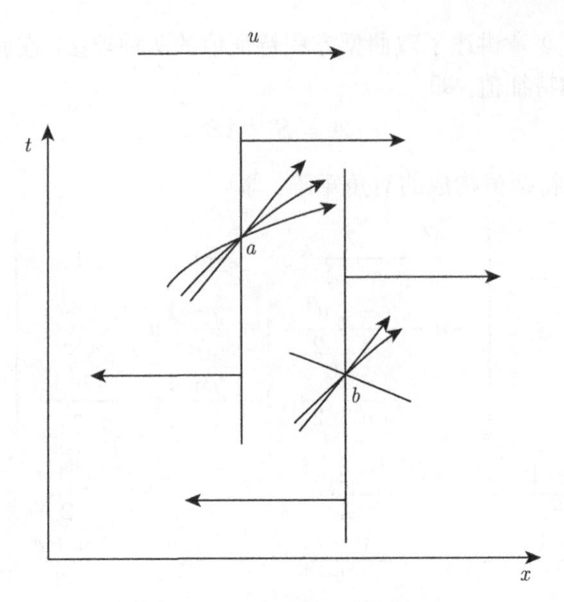

图 6.1 一维欧拉方程特征线

显然：$\lambda_k^+ \geqslant 0$，$\lambda_k^- \leqslant 0$。

相应有

$$\boldsymbol{\Lambda}^{\pm} = \begin{bmatrix} \lambda_1^{\pm} & 0 & 0 \\ 0 & \lambda_2^{\pm} & 0 \\ 0 & 0 & \lambda_3^{\pm} \end{bmatrix} \tag{6.37}$$

$$\boldsymbol{A}^{\pm} = \boldsymbol{S}^{-1}\boldsymbol{\Lambda}^{\pm}\boldsymbol{S} \tag{6.38}$$

$$\boldsymbol{E}^{\pm} = \boldsymbol{A}^{\pm}\boldsymbol{U} \tag{6.39}$$

将 λ_k^+，λ_k^- 代入式 (6.35) 即可得 $\boldsymbol{E}^+$，$\boldsymbol{E}^-$ 的关系式。

可以推得

$$\boldsymbol{E} = \boldsymbol{E}^- + \boldsymbol{E}^+ \tag{6.40}$$

因此，式 (6.10) 可改写成：

$$\frac{\partial \boldsymbol{U}}{\partial t} + \frac{\partial \boldsymbol{E}^-}{\partial x} + \frac{\partial \boldsymbol{E}^+}{\partial x} = 0 \tag{6.41}$$

式中，$\dfrac{\partial \boldsymbol{E}^-}{\partial x} = \boldsymbol{A}^-\dfrac{\partial \boldsymbol{U}^-}{\partial x}$ 包含非正特征值；$\dfrac{\partial \boldsymbol{E}^+}{\partial x} = \boldsymbol{A}^+\dfrac{\partial \boldsymbol{U}^+}{\partial x}$ 包含非负特征值。为此采用以下离散方法：

$$\frac{\partial \boldsymbol{E}^-}{\partial x} = \frac{\boldsymbol{E}_{i+1} - \boldsymbol{E}_i}{\Delta x} = \Delta_x^+ \boldsymbol{E}^- \tag{6.42a}$$

$$\frac{\partial \boldsymbol{E}^+}{\partial x} = \frac{\boldsymbol{E}_i - \boldsymbol{E}_{i-1}}{\Delta x} = \Delta_x^- \boldsymbol{E}^+ \tag{6.42b}$$

即实现了对流项的逆风差分离散，上式为空间一阶精度格式，还可构造空间二阶精度，格式如下：

$$\frac{\partial \boldsymbol{E}^-}{\partial x} = \frac{1}{\Delta x}(\frac{3}{2}\boldsymbol{E}_{i+2} - 2\boldsymbol{E}_{i+1} + \frac{1}{2}\boldsymbol{E}_i) \tag{6.43a}$$

$$\frac{\partial \boldsymbol{E}^{+}}{\partial x}=\frac{1}{\Delta x}\left(\frac{3}{2}\boldsymbol{E}_{i}-2\boldsymbol{E}_{i-1}+\frac{1}{2}\boldsymbol{E}_{i-2}\right) \tag{6.43b}$$

6.3.2　二维欧拉方程逆风差分

二维欧拉方程：

$$\frac{\partial \boldsymbol{U}}{\partial t}+\frac{\partial \boldsymbol{E}}{\partial x}+\frac{\partial \boldsymbol{F}}{\partial y}=0$$

与一维流类似，上式可改写成：

$$\frac{\partial \boldsymbol{U}}{\partial t}+\boldsymbol{A}\frac{\partial \boldsymbol{U}}{\partial x}+\boldsymbol{B}\frac{\partial \boldsymbol{U}}{\partial y}=0 \tag{6.44}$$

并且

$$\boldsymbol{E}=\boldsymbol{A}\boldsymbol{U} \tag{6.45a}$$

$$\boldsymbol{F}=\boldsymbol{B}\boldsymbol{U} \tag{6.45b}$$

式中，

$$\boldsymbol{A}=\begin{bmatrix} 0 & 1 & 0 & 0 \\ -\frac{3-\gamma}{2}u^2+\frac{\gamma-1}{2}v^2 & (3-\gamma)u & -(\gamma-1)v & (\gamma-1) \\ -uv & v & u & 0 \\ u[-\gamma E_t/\rho+(\gamma-1)(u^2+v^2)] & -\gamma E_t/\rho-\frac{1}{2}(\gamma-1)(3u^2+v^2)] & -(\gamma-1)uv & \gamma u \end{bmatrix} \tag{6.46a}$$

$$\boldsymbol{B}=\begin{bmatrix} 0 & 0 & 1 & 0 \\ -uv & v & u & 0 \\ \frac{\gamma-1}{2}u^2-\frac{3-\gamma}{2}v^2 & (\gamma-1)u & (3-\gamma)v & (\gamma-1) \\ v[-\gamma E_t/\rho+(\gamma-1)(u^2+v^2)] & -(\gamma-1)uv & -\gamma E_t/\rho-\frac{1}{2}(\gamma-1)(u^2+3v^2)] & \gamma v \end{bmatrix} \tag{6.46b}$$

为了书写方便，给出一般形式的矩阵表达式：

$$\boldsymbol{P}=k_1\boldsymbol{A}+k_2\boldsymbol{B} \tag{6.47}$$

当 $k_1=1$，$k_2=0$ 时，$\boldsymbol{P}=\boldsymbol{A}$；当 $k_1=0$，$k_2=1$ 时，$\boldsymbol{P}=\boldsymbol{B}$。利用矩阵相似变换求雅可比系数矩阵 $\boldsymbol{P}$ 的特征值，即

$$\boldsymbol{P}=\boldsymbol{S}^{-1}\boldsymbol{\Lambda}\boldsymbol{S} \tag{6.48}$$

特征矩阵为

$$\boldsymbol{\Lambda}=\begin{bmatrix} \lambda_1 & 0 & 0 & 0 \\ 0 & \lambda_2 & 0 & 0 \\ 0 & 0 & \lambda_3 & 0 \\ 0 & 0 & 0 & \lambda_4 \end{bmatrix} \tag{6.49}$$

上式中特征值为 $\lambda_1=\lambda_2=k_1u+k_2v$；$\lambda_3=\lambda_1+c$；$\lambda_4=\lambda_1-c$。

令

$$\boldsymbol{\Gamma} = \boldsymbol{P}\boldsymbol{U} \tag{6.50}$$

显然，当 $k_1 = 1$，$k_2 = 0$ 时，$\boldsymbol{\Gamma} = \boldsymbol{E}$；当 $k_1 = 0$，$k_2 = 1$ 时，$\boldsymbol{\Gamma} = \boldsymbol{F}$。

可以推得

$$\boldsymbol{\Gamma} = \frac{\rho}{2\gamma} \times \begin{cases} 2(\gamma-1)\lambda_1 + \lambda_3 + \lambda_4 \\ 2(\gamma-1)\lambda_1 u + \lambda_3(u+c) + \lambda_4(u-c) \\ 2(\gamma-1)\lambda_1 v + \lambda_3(v+c) + \lambda_4(v-c) \\ (\gamma-1)\lambda_1(u^2+v^2) + \dfrac{(3-\gamma)(\lambda_3+\lambda_4)c^2}{2(\gamma-1)} + \dfrac{1}{2}\lambda_3[(u+c)^2+(u-c)^2] \\ +\dfrac{1}{2}\lambda_4[(v+c)^2+(v-c)^2] \end{cases} \tag{6.51}$$

上式建立了 $\boldsymbol{E}$，$\boldsymbol{F}$ 与特征值之间的数学关系。使用式 (6.36) 将特征值分为正负二个分量。分别代入式 (6.51) 即可得到对应的 $\boldsymbol{E}^{\pm}$，$\boldsymbol{F}^{\pm}$。

式 (6.13) 可改写成：

$$\frac{\partial \boldsymbol{U}}{\partial t} + \frac{\partial \boldsymbol{E}^+}{\partial x} + \frac{\partial \boldsymbol{E}^-}{\partial x} + \frac{\partial \boldsymbol{F}^+}{\partial y} + \frac{\partial \boldsymbol{F}^-}{\partial y} = 0 \tag{6.52}$$

应用式 (6.42) 或式 (6.43) 构造 $\dfrac{\partial \boldsymbol{E}^+}{\partial x}$，$\dfrac{\partial \boldsymbol{E}^-}{\partial x}$ 一阶精度或二阶精度差分格式；采用相同方法可构造 $\dfrac{\partial \boldsymbol{F}^+}{\partial y}$，$\dfrac{\partial \boldsymbol{F}^-}{\partial y}$ 的一阶和二阶精度差分格式。

以上介绍的矢通量分裂格式是针对对流项的逆风差分离散，对于时间偏导数项的离散可采用前面所述的多步龙格—库塔法，由于对流项采用逆风差分，不需再引入人工黏性项。

6.4　TVD 格式和总变差

对于流场中有激波的流动，如果采用一阶精度格式，不会在激波附近出现数值振荡，但激波也被抹平；如果采用二阶精度格式，在激波附近会出现数值振荡，不能有效提高计算精度。例如对于图 6.2(a) 所示一维激波流动，采用一阶精度格式造成的激波抹平，如图 6.2(b)；采用二阶精度格式造成的激波附近的数值振荡，如图 6.2(c)。因此需要一种既有比较高的计算精度，又能反映激波前后参数变化而无数值振荡的差分格式。近年来一些学者从总变差减小的思路出发构造出一系列比较好处理激波的格式。当然这些格式仍未发展成熟，比如多维问题计算中能否保持二阶精度，它们是否满足熵条件等。本节将介绍 TVD 格式的基本概念。

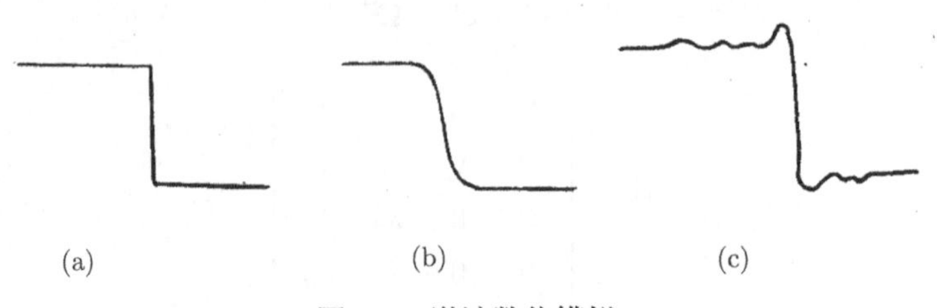

图 6.2　激波数值模拟

6.4.1　总变差及其衰减

首先介绍总变差的概念。设一个一元函数 $u(x)$ 在 (x_0, x_I) 上有定义，在其上分成 I 个区：(x_0, x_1)，(x_1, x_2)，$\cdots$，(x_{I-1}, x_I)，计算数值 $\sum_i |u(x_{i+1}) - u(x_i)|$。显然这一数值与区间的划分有关，取不同的区间划分得到的该值上确界 (即最大可能的数值)，称为总变差，记作

$$\mathrm{TV}(u(x)) = \sup_{\Delta}\left[\sum_i |u(x_{i+1}) - u(x_i)|\right] \tag{6.53}$$

TV 是 total variation 缩写。如果 $u(x)$ 在整个实轴上定义，则总变差为

$$\mathrm{TV}(u(x)) = \int_{-\infty}^{\infty} \left|\frac{\partial u}{\partial x}\right| \mathrm{d}x \tag{6.54}$$

这就是说，总变差是上升总量和下降总量之和 (绝对值之和)。

根据总变差的定义可以看出，在有激波的情况下，由于激波两侧量为常数 (图 6.2(a))，很明显这里总变差应为常数。如果激波被 “抹平”，但仍然是单调变化的，那么它的总变差仍然是同一常数 (图 6.2(b))。如果激波两侧产生了波动 (图 6.2(c))，总变差将增加。故为避免波动的出现应尽可能减小总变差。

下面再从一维激波生成过程考察总变差的变化情况。一维流动欧拉方程为

$$\frac{\partial u}{\partial t} + u\frac{\partial u}{\partial x} = 0 \tag{6.55}$$

该方程的特征线方程为

$$\frac{\mathrm{d}x}{\mathrm{d}t} = u \tag{6.56}$$

将式 (6.56) 代入式 (6.55) 得

$$\frac{\mathrm{d}u}{\mathrm{d}t} = 0 \tag{6.57}$$

即方程的解沿特征线为常数。

如图 6.3(a)，设从 t_1 时刻到 t_2 时刻特征线没有相交，在 t_1 时刻有任意划分，则在 t_2 时刻找到相应的划分，使得 $u(t_1, x_i) = u(t_2, x_i)$。由此可知，在特征线相交之前方程 (6.56) 的解对于 x 的总变差为常数。

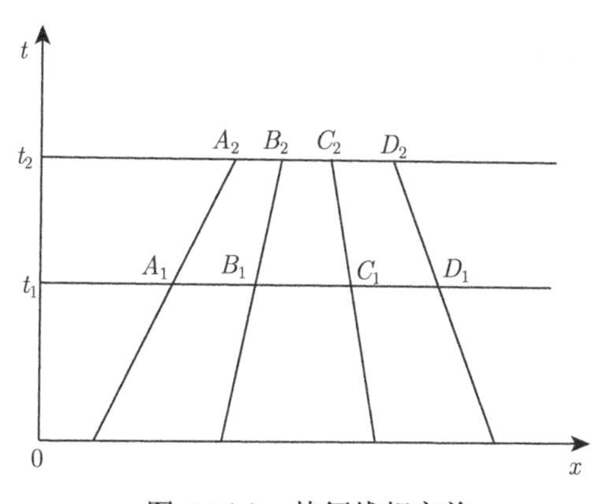

图 6.3(a)　特征线相交前

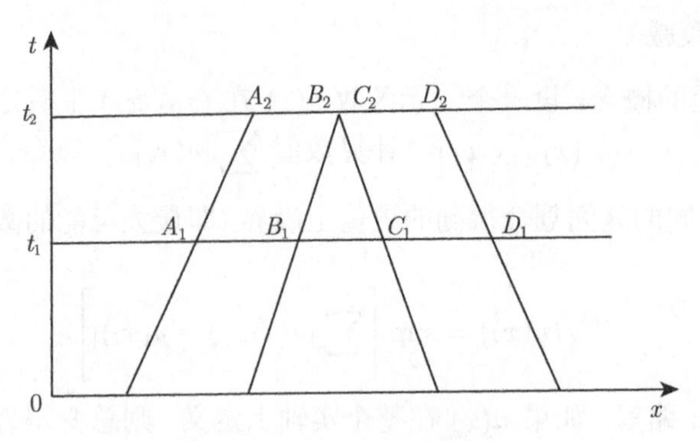

图 6.3(b)　特征线相交后

现假定特征线 B_1B_2 和 C_1C_2 于 t_2 时刻相交 (图 6.2(b))。此时 t_2 时刻 B_2 左方的总变差与 t_1 时刻 B_1 左方的总变差相等，C_2 和 C_1 右方的总变差相等，而

$$\mathrm{TV}[u(t_2,\ x)] = \sup_{\Delta} \sum_{B_2 \leqslant x \leqslant C_2} |u(t_2,\ x_{i+1}) - u(t_2,\ x_i)| = |u(C_2) - u(B_2)|$$

$$\mathrm{TV}[u(t_1,\ x)] = \sup_{\Delta} \sum_{B_1 \leqslant x \leqslant C_1} |u(t_1,\ x_{i+1}) - u(t_1,\ x_i)| \geqslant |u(C_1) - u(B_1)| = |u(C_2) - u(B_2)|$$

所以 $\mathrm{TV}[u(t_1,\ x)] \geqslant \mathrm{TV}[u(t_2,\ x)]$，即当有激波时总变差是下降的。

从激波的生成过程来看，总变差应该是不断下降的；从激波的数值模拟来看，总变差越小数值解振荡越小。总变差衰减格式 (total variation diminishing，TVD) 正是基于上述观点构造的，即差分格式使得总变差随着时间的推进而不断下降，最后达到可能的最小值。这样振荡将变得最小或消失，并且符合参数变化的物理过程。

6.4.2　TVD 格式

1. 一维对流方程的 TVD 格式

下面首先介绍一维对流方程的两个显式 TVD 格式。如将对流方程改写成守恒形式为

$$\frac{\partial \xi}{\partial t} + \frac{\partial(\alpha\xi)}{\partial x} = 0 \quad 或 \quad \frac{\partial u}{\partial t} + \frac{\partial(\alpha u)}{\partial x} = 0$$

进一步改写成:

$$\frac{\partial u}{\partial t} + \frac{\partial h}{\partial x} = 0 \tag{6.58}$$

式中，$h = au$。

逼近于式 (6.58) 的三点守恒型差分格式为

$$u_i^{n+1} = u_i^n - \lambda(h_{i+\frac{1}{2}}^n - h_{i-\frac{1}{2}}^n) \tag{6.59}$$

式中，$h_{i+\frac{1}{2}} = h(u_i,\ u_{i+1})$，$\lambda = \dfrac{\Delta t}{\Delta x}$，称 h 为数值流通量，这里将讨论如下形式数值流通量:

$$h_{i+\frac{1}{2}} = \frac{1}{2}[f_i + f_{i+1} - \psi\Delta_{i+\frac{1}{2}}u] \tag{6.60}$$

式中，$f_i = f(u_i)$，$\Delta_{i+\frac{1}{2}}u = u_{i+1} - u_i$

$$\psi = \psi(a_{i+\frac{1}{2}},\ \lambda)$$

即 ψ 是 λ 和 a 的函数。

$$a_{i+\frac{1}{2}} = \begin{cases} \dfrac{f_{i+1} - f_i}{\Delta_{i+\frac{1}{2}}u}, & \Delta_{i+\frac{1}{2}}u \neq 0 \\ a(u_i), & \Delta_{i+\frac{1}{2}}u = 0 \end{cases} \tag{6.61}$$

以下是两种典型数值流通量的形式。

1) Lax-Wandroff 格式

$$h_{i+\frac{1}{2}} = \frac{1}{2}[f_i + f_{i+1} - \lambda(a_{i+\frac{1}{2}})^2 \Delta_{i+\frac{1}{2}}u] \tag{6.62}$$

$$\psi(a, \lambda) = \lambda a^2$$

2) GCIR 格式 (generalization of the courant-isaacson-rees scheme)

$$h_{i+\frac{1}{2}} = \frac{1}{2}[f_i + f_{i+1} - \left|a_{i+\frac{1}{2}}\right| \Delta_{i+\frac{1}{2}}u] \tag{6.63}$$

$$\psi(a,\ \lambda) = |a| \tag{6.64}$$

可以证明如果满足条件：

$$\lambda C_{i+\frac{1}{2}}^{-} = \frac{\lambda}{2}\left[-a_{i+\frac{1}{2}} + \psi(a_{i+\frac{1}{2}},\ \lambda)\right] \geqslant 0 \tag{6.65a}$$

$$\lambda C_{i+\frac{1}{2}}^{+} = \frac{\lambda}{2}\left[a_{i+\frac{1}{2}} + \psi(a_{i+\frac{1}{2}},\ \lambda)\right] \geqslant 0 \tag{6.65b}$$

$$\lambda(C_{i+\frac{1}{2}}^{-} + C_{i+\frac{1}{2}}^{+}) = \lambda\psi(a_{i+\frac{1}{2}},\ \lambda) \leqslant 1 \tag{6.65c}$$

则式 (6.59)~ 式 (6.61) 为 TVD 格式。首先设 $\Delta_{i+\frac{1}{2}}u \neq 0$，则由式 (6.61) 得

$$f_{i\pm 1} = f_i \pm a_{i\pm\frac{1}{2}}\Delta_{i\pm\frac{1}{2}}u$$

因而：

$$h_{i\pm\frac{1}{2}} = f_i + \frac{1}{2}\left[\pm a_{i\pm\frac{1}{2}}\Delta_{i\pm\frac{1}{2}}u - \psi(a_{i\pm\frac{1}{2}},\ \lambda)\Delta_{i\pm\frac{1}{2}}u\right]$$

$$u_i^{n+1} = u_i^n - \frac{\lambda}{2}\left\{\left[a_{i+\frac{1}{2}} - \psi(a_{i+\frac{1}{2}},\ \lambda)\right]\Delta_{i+\frac{1}{2}}u + \left[a_{i-\frac{1}{2}} + \psi(a_{i-\frac{1}{2}},\ \lambda)\right]\Delta_{i-\frac{1}{2}}u\right\}$$

在 $i+1$ 点应用上式，并与 i 点上的相应表达式相减得

$$\begin{aligned}\Delta_{i+\frac{1}{2}}u^{n+1} =& \frac{\lambda}{2}\left[-a_{i+\frac{3}{2}} + \psi(a_{i+\frac{3}{2}},\ \lambda)\right]\Delta_{i+\frac{3}{2}}u^n + \left[1 - \lambda\psi(a_{i+\frac{1}{2}},\ \lambda)\right]\Delta_{i+\frac{1}{2}}u^n \\ &+ \frac{\lambda}{2}\left[a_{i-\frac{1}{2}} + \psi(a_{i-\frac{1}{2}},\ \lambda)\right]\Delta_{i-\frac{1}{2}}u^n\end{aligned}$$

对上式两端取绝对值，并利用式 (6.65) 条件，然后进行求和则可得

$$\mathrm{TV}(u^{n+1}) \leqslant \mathrm{TV}(u^n) \tag{6.66}$$

式 (6.65) 是式 (6.59)~式 (6.61) 类型的差分格式为 TVD 格式的充分条件。上述两种格式都满足式 (6.65) 条件，因而都是 TVD 格式。

2. 欧拉方程的 TVD 格式

对于一维欧拉方程:

$$\frac{\partial \boldsymbol{U}}{\partial t}+\frac{\partial \boldsymbol{E}}{\partial x}=0 \tag{6.67}$$

前面逆风差分中说明可表示成:

$$\frac{\partial \boldsymbol{U}}{\partial t}+\boldsymbol{A}\frac{\partial \boldsymbol{U}}{\partial x}=0 \tag{6.68}$$

式中，$A=\dfrac{\partial \boldsymbol{E}}{\partial \boldsymbol{U}}$。利用矩阵相似变换求雅可比系数矩阵 $\boldsymbol{A}$ 的特征值，即

$$\boldsymbol{A}=\boldsymbol{S}^{-1}\boldsymbol{\Lambda}\boldsymbol{S} \tag{6.69}$$

定义特征变量：$\boldsymbol{W}=\boldsymbol{S}\boldsymbol{U}$，$\boldsymbol{W}=[w_1，w_2，w_3]^{\mathrm{T}}$，每个特征变量都满足:

$$\frac{\partial w_i}{\partial t}+\lambda_i\frac{\partial w_i}{\partial x}=0 \tag{6.70}$$

由于式 (6.70) 与对流方程形式完全相同，因而可将前面的对流模型方程 TVD 格式用于其中的任一单个方程。

6.5　隐式时间离散

以上介绍的 MacCormack 格式和多步龙格-库塔格式，对时间偏导数项离散采用的是显式格式；在逆风差分和 TVD 格式中未对时间偏导数项离散进行说明。当然逆风差分和 TVD 格式中时间偏导数项也可以采用多步龙格-库塔法等显式格式。采用显式格式由于不需要求解大型分块矩阵，计算过程相对简单，并且对内存需求较少。但显式格式由于稳定性限制严格，时间步长受较大限制，因而迭代计算速度较慢。在此介绍一种隐式时间离散格式，即隐式近似因子分解格式。

以二维欧拉方程为例

$$\frac{\partial \boldsymbol{U}}{\partial t}+\frac{\partial \boldsymbol{E}}{\partial x}+\frac{\partial \boldsymbol{F}}{\partial y}=0 \tag{6.71}$$

利用泰勒级数展开得

$$\Delta\boldsymbol{U}^n=-\frac{\Delta t}{2}\left[\left(\frac{\partial \boldsymbol{E}}{\partial x}+\frac{\partial \boldsymbol{F}}{\partial y}\right)^n+\left(\frac{\partial \boldsymbol{E}}{\partial x}+\frac{\partial \boldsymbol{F}}{\partial y}\right)^{n+1}\right]+O(\Delta t^3) \tag{6.72}$$

式中，$\Delta\boldsymbol{U}^n=\boldsymbol{U}^{n+1}-\boldsymbol{U}^n$，再利用泰勒级数展开得

$$\boldsymbol{E}^{n+1}=\boldsymbol{E}^n+A^n(\boldsymbol{U}^{n+1}-\boldsymbol{U}^n)+O(\Delta t^2) \tag{6.73a}$$

$$\boldsymbol{F}^{n+1}=\boldsymbol{F}^n+B^n(\boldsymbol{U}^{n+1}-\boldsymbol{U}^n)+O(\Delta t^2) \tag{6.73b}$$

式中，$\boldsymbol{A}=\dfrac{\partial \boldsymbol{E}}{\partial \boldsymbol{U}}$，$\boldsymbol{B}=\dfrac{\partial \boldsymbol{F}}{\partial \boldsymbol{U}}$。将式 (6.73a) 与式 (6.73b) 代入式 (6.72) 得

$$\Delta\boldsymbol{U}^n+\frac{\Delta t}{2}\left[\left(\frac{\partial \boldsymbol{A}^n\Delta\boldsymbol{U}^n}{\partial x}+\frac{\partial \boldsymbol{B}^n\Delta\boldsymbol{U}^n}{\partial y}\right)^n=-\Delta t\left(\frac{\partial \boldsymbol{E}}{\partial x}+\frac{\partial \boldsymbol{F}}{\partial y}\right)^n\right]+O(\Delta t^3) \tag{6.74}$$

方程右边项可简写成：

$$-\Delta t\left(\frac{\partial \boldsymbol{E}}{\partial x}+\frac{\partial \boldsymbol{F}}{\partial y}\right)^{n}\right]+O(\Delta t^{3})=RHS^{n} \tag{6.75}$$

可由第 n 时间层上参数值算出，因而是已知项。

式 (6.74) 又可写成：

$$\left[I+\frac{\Delta t}{2}\left(\frac{\partial A^{n}}{\partial x}+\frac{\partial B^{n}}{\partial y}\right)\right]\Delta \boldsymbol{U}^{n}=RHS^{n}+O(\Delta t^{3}) \tag{6.76}$$

式中，I 为单位矩阵算子，对上式进行近似因子分解可得

$$\begin{aligned}\left[I+\frac{\Delta t}{2}\left(\frac{\partial A^{n}}{\partial x}+\frac{\partial B^{n}}{\partial y}\right)\right]\Delta \boldsymbol{U}^{n}&=\left[I+\frac{\Delta t}{2}\left(\frac{\partial A^{n}}{\partial x}+\frac{\partial B^{n}}{\partial y}\right)+\frac{\Delta t^{2}}{4}\frac{\partial A^{n}}{\partial x}\frac{\partial B^{n}}{\partial y}\right]\Delta \boldsymbol{U}^{n}\\&=\left[I+\frac{\Delta t}{2}\left(\frac{\partial A^{n}}{\partial x}+\frac{\partial B^{n}}{\partial y}\right)^{n}\right]\Delta \boldsymbol{U}^{n}+O(\Delta t^{2})\end{aligned}$$

进一步整理得

$$\left(I+\frac{\Delta t}{2}\frac{\partial A^{n}}{\partial x}\right)\left(I+\frac{\Delta t}{2}\frac{\partial B^{n}}{\partial y}\right)\Delta \boldsymbol{U}^{n}=RHS^{n}+O(\Delta t^{2}) \tag{6.77}$$

上式可改写成：

$$\left(I+\frac{\Delta t}{2}\frac{\partial A^{n}}{\partial x}\right)\overline{\Delta \boldsymbol{U}^{n}}=RHS^{n} \tag{6.78a}$$

$$\left(I+\frac{\Delta t}{2}\frac{\partial B^{n}}{\partial y}\right)\Delta \boldsymbol{U}^{n}=\overline{\Delta \boldsymbol{U}^{n}} \tag{6.78b}$$

式 (6.77) 即为近似因子隐式格式。

以下以对流项采用一阶精度逆风差分格式为例介绍式 (6.78a) 的具体离散表达式。式 (6.78a) 的表达式可改写成：

$$\overline{\Delta \boldsymbol{U}^{n}}+\frac{\Delta t}{2}\frac{\partial A^{n}\overline{\Delta \boldsymbol{U}^{n}}}{\partial x}=RHS^{n} \tag{6.79}$$

如果采用逆风差分，则需将雅可比系数矩阵 $\boldsymbol{A}$ 分裂成：$\boldsymbol{A}=\boldsymbol{A}^{+}+\boldsymbol{A}^{-}$。$\boldsymbol{A}^{\pm}$ 的具体表达式可参照 “第 6.3 节矢通量分裂差分格式” 推出，因此式 (6.79) 可进一步改写成：

$$\overline{\Delta \boldsymbol{U}^{n}}+\frac{\Delta t}{2}\frac{\partial[(A^{+})^{n}\overline{\Delta \boldsymbol{U}^{n}}+(A^{-})^{n}\overline{\Delta \boldsymbol{U}^{n}}]}{\partial x}=RHS^{n} \tag{6.80}$$

根据一阶精度逆风差分离散方法，上述方程离散成：

$$\begin{aligned}&(\overline{\Delta \boldsymbol{U}})_{i,j}^{n}+\frac{\Delta t}{2\Delta x}[(A^{+})_{i,j}^{n}\overline{\Delta \boldsymbol{U}}_{i,j}^{n}+(A^{+})_{i-1,j}^{n}\overline{\Delta \boldsymbol{U}}_{i-1,j}^{n}]\\&-\frac{\Delta t}{2\Delta x}[(A^{-})_{i+1,j}^{n}\overline{\Delta \boldsymbol{U}}_{i+1,j}^{n}-(A^{-})_{i,j}^{n}\overline{\Delta \boldsymbol{U}}_{i,j}^{n}]=RHS_{i,j}^{n}\end{aligned}$$

上式简写成：

$$(\overline{A})_{i-1,j}^{n}(\overline{\Delta \boldsymbol{U}})_{i-1,j}^{n}+(\overline{A})_{i,j}^{n}(\overline{\Delta \boldsymbol{U}})_{i,j}^{n}+(\overline{A})_{i+1,j}^{n}(\overline{\Delta \boldsymbol{U}})_{i+1,j}^{n}=RHS_{i,j}^{n} \tag{6.81}$$

式中，$(\overline{A})_{i-1,j}^n=-\dfrac{\Delta t}{2\Delta x}(A^+)_{i-1,j}^n$；$(\overline{A})_{i,j}^n=I+\dfrac{\Delta t}{2\Delta x}(A^+-A^-)_{i-1,j}^n$；$(\overline{A})_{i+1,j}^n=\dfrac{\Delta t}{2\Delta x}(A^-)_{i+1,j}^n$。

式 (6.81) 与前面所述线松弛法求解椭圆型方程的表达式 (5.20) 形式相同。未知项 $(\overline{\Delta \boldsymbol{U}})_{i-1,j}^n$，$(\overline{\Delta \boldsymbol{U}})_{i,j}^n$，$(\overline{\Delta \boldsymbol{U}})_{i+1,j}^n$ 对应于 $f_{i-1,j}^{n+1}$，$f_{i,j}^{n+1}$，$f_{i+1,j}^{n+1}$；不同的是，$(\overline{\Delta \boldsymbol{U}})_{i-1,j}^n$，$(\overline{\Delta \boldsymbol{U}})_{i,j}^n$，$(\overline{\Delta \boldsymbol{U}})_{i+1,j}^n$ 是由四个元素组成的向量且系数项为 4×4 元素的矩阵，而 $f_{i-1,j}^{n+1}$，$f_{i,j}^{n+1}$，$f_{i+1,j}^{n+1}$ 是标量且系数项也为标量。将式 (6.81) 应用到第 j 行所有节点，构成的方程组写成矩阵形式则为由 4×4 元素子块组成的三对角矩阵。式 (6.81) 求解通常也采用前面介绍的追赶法，不过求解过程中涉及 4×4 元素子矩阵的运算。式 (6.78b) 的求解方法与式 (6.78a) 相同。

以上二维欧拉方程近似因子分解方法，可以很容易推广到三维流动，所得到的离散格式则包括 x，y，z 3 个方向的 5×5 元素块三对角矩阵的求解。

6.6 可压缩黏性流的差分计算

以上介绍的各种差分格式都是针对无黏流。当流动不产生分离或不产生较大分离时，采用欧拉方程进行数值模拟是可行的。但采用欧拉方程由于忽略了流体的黏性，无法计算流动的损失和阻力。此外当流动存在明显的分离区或绕流的相互干扰区 (比如：激波与附面层的相互干扰区) 时，则需要考虑流体的黏性，即需要采用 N-S 方程进行数值模拟。

非定常 N-S 方程是具有双曲–抛物性质的方程。方程由无黏项 (对流项) 和黏性项组成。在远离固体壁面区域 (势流区) 方程呈双曲型；而在固体壁面附近 (附面层区)，黏性占主导地位，这时方程呈抛物型。黏性项描述了流动物理量的耗散特性，它的作用是使流场中的流动参数分布趋于平滑。黏性项的差分离散一般采用中心差分即可。因而黏性项的引入，从差分格式构造角度考虑，不会带来什么困难。只是采用考虑黏性的 N-S 方程进行计算时，由于在附面层区，流动参数沿壁面法向变化较剧烈，因而在此区域沿壁面法向网格节点分布要很密集。这样空间步长较小，时间步长也相应受到很大限制，因此会大大增加计算工作量。在此以一维 N-S 方程的 MacCormack 格式来阐述其差分解法。

一维 N-S 方程为

$$\frac{\partial \boldsymbol{U}}{\partial t}+\frac{\partial \boldsymbol{E}}{\partial x}=\frac{\partial \boldsymbol{E}_v}{\partial x} \tag{6.82}$$

这里 $\boldsymbol{E}_v$ 为黏性流项：

$$\boldsymbol{E}_v=\begin{pmatrix} 0 \\ \tau_{xx} \\ u\tau_{xx}+k\dfrac{\partial T}{\partial x} \end{pmatrix},\quad \tau_{xx}=\frac{4\mu}{3}\frac{\partial u}{\partial x}$$

$\boldsymbol{U}$ 和 $\boldsymbol{E}$ 表示同一维欧拉方程。这样采用 MacCormack 格式的差分方程为

$$\boldsymbol{U}_i^*=\boldsymbol{U}_i^n-\Delta t(\Delta_x^-\boldsymbol{E}_i^n+\Delta_x^0\boldsymbol{E}_{vi}^n) \tag{6.83a}$$

$$\boldsymbol{U}_i^{n+1}=\frac{1}{2}(\boldsymbol{U}_i^*+\boldsymbol{U}_i^n)-\frac{1}{2}\Delta t\Delta_x^+\boldsymbol{E}_i^*+\frac{1}{2}\Delta t\Delta_x^0\boldsymbol{E}_{vi}^* \tag{6.83b}$$

二维和三维的差分格式构造类同于一维。多维黏性流的数值计算在工程实际中的应用广泛，在第 7 章网格生成基础上，第 8 章将专门介绍任意曲线坐标系下三维黏性流计算。

6.7　计算举例——超音速平板流的数值计算

如图 6.4 所示，超音速气流流过一块薄尖前缘平板，气流攻角为 0，平板长度为 L。设平板长度较短，属低雷诺数流动，平板表面附面层为层流。求这种二维流动的定常解。

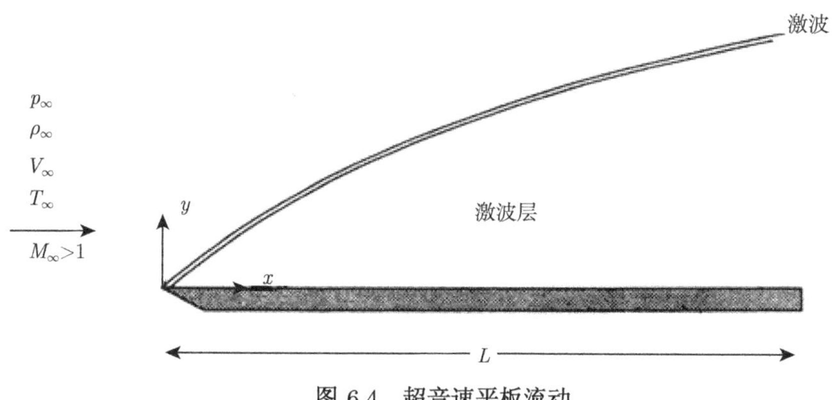

图 6.4　超音速平板流动

1. **建立流动控制方程**

忽略体积力，二维 N-S 方程可表示成：

连续方程：

$$\frac{\partial \rho}{\partial t}+\frac{\partial(\rho u)}{\partial x}+\frac{\partial(\rho v)}{\partial y}=0 \tag{6.84a}$$

x 方向动量方程：

$$\frac{\partial(\rho u)}{\partial t}+\frac{\partial}{\partial x}(\rho u^2+p-\tau_{xx})+\frac{\partial}{\partial y}(\rho uv-\tau_{yx})=0 \tag{6.84b}$$

y 方向动量方程：

$$\frac{\partial(\rho v)}{\partial t}+\frac{\partial}{\partial x}(\rho uv-\tau_{xy})+\frac{\partial}{\partial y}(\rho v^2+p-\tau_{yy})=0 \tag{6.84c}$$

能量方程：

$$\begin{aligned}&\frac{\partial(E_t)}{\partial t}+\frac{\partial}{\partial x}[(\rho E_t+p)u+q_x-u\tau_{xx}-v\tau_{xy})\\&+\frac{\partial}{\partial y}[(\rho E_t+p)v+q_y-u\tau_{yx}-v\tau_{yy})=0\end{aligned} \tag{6.84d}$$

式中，E_t 为内能与动量之和：

$$E_t=\rho\left(e+\frac{u^2+v^2}{2}\right) \tag{6.85}$$

剪切应力和正应力为

$$\tau_{xy}=\tau_{yx}=\mu\left(\frac{\partial u}{\partial x}+\frac{\partial v}{\partial y}\right) \tag{6.86a}$$

$$\tau_{xx} = \lambda(\nabla \cdot \boldsymbol{V}) + 2\mu\frac{\partial u}{\partial x} \tag{6.86b}$$

$$\tau_{yy} = \lambda(\nabla \cdot \boldsymbol{V}) + 2\mu\frac{\partial v}{\partial y} \tag{6.86c}$$

热通量为

$$q_x = -k\frac{\partial T}{\partial x} \tag{6.87a}$$

$$q_y = -k\frac{\partial T}{\partial y} \tag{6.87b}$$

以上方程组不封闭，还需补充以下方程。设气体为完全气体，有

状态方程：

$$p = \rho RT \tag{6.88}$$

内能表达式：

$$e = c_v T \tag{6.89}$$

Sutherland 公式：

$$\mu = \mu_0\left(\frac{T}{T_0}\right)^{\frac{3}{2}}\frac{T+110}{T_0+110} \tag{6.90}$$

$$P_r = \frac{\mu c_p}{k} \approx 0.71 \tag{6.91}$$

上述方程组写成矢量形式为

$$\frac{\partial \boldsymbol{U}}{\partial t} + \frac{\partial \boldsymbol{E}}{\partial x} + \frac{\partial \boldsymbol{F}}{\partial y} = \frac{\partial \boldsymbol{E}_v}{\partial x} + \frac{\partial \boldsymbol{F}_v}{\partial y} \tag{6.92}$$

式中：

$$\boldsymbol{U} = \begin{bmatrix} \rho \\ \rho u \\ \rho v \\ E_t \end{bmatrix},\ \boldsymbol{E} = \begin{bmatrix} \rho u \\ \rho u^2 + p \\ \rho uv \\ (E_t + p)u \end{bmatrix},\ \boldsymbol{F} = \begin{bmatrix} \rho v \\ \rho uv + p \\ \rho v^2 + p \\ (E_t + p)v \end{bmatrix},$$

$$\boldsymbol{E}_v = \begin{bmatrix} 0 \\ \tau_{xx} \\ \tau_{xy} \\ u\tau_{xx} + v\tau_{xy} + q_x \end{bmatrix},\ \boldsymbol{F}_v = \begin{bmatrix} 0 \\ \tau_{xy} \\ \tau_{yy} \\ u\tau_{xy} + v\tau_{yy} + q_y \end{bmatrix}$$

2. 网格生成

平板长度 $L = 0.00\,001\text{m}$，对应的雷诺数约为 1000，属低雷诺数。这样附面层为层流流动，同时也可采用较少的网格节点数，减少计算时间。

对于这种矩形边界流动采用矩形网格 (图 6.5)，纵向和横向网格节点数都是 70。垂直于平板方向高度 H 取附面层厚度的 5 倍，即 $H = 5\delta = \dfrac{5L}{\sqrt{Re_L}}$。因此 x 方向的空间步长为 $\Delta x = \dfrac{L}{\text{IMAX}-1}$；$y$ 方向的空间步长为 $\Delta y = \dfrac{H}{\text{JMAX}-1}$。根据稳定性条件式 (6.16) 确定每一节点的时间步长 Δt。

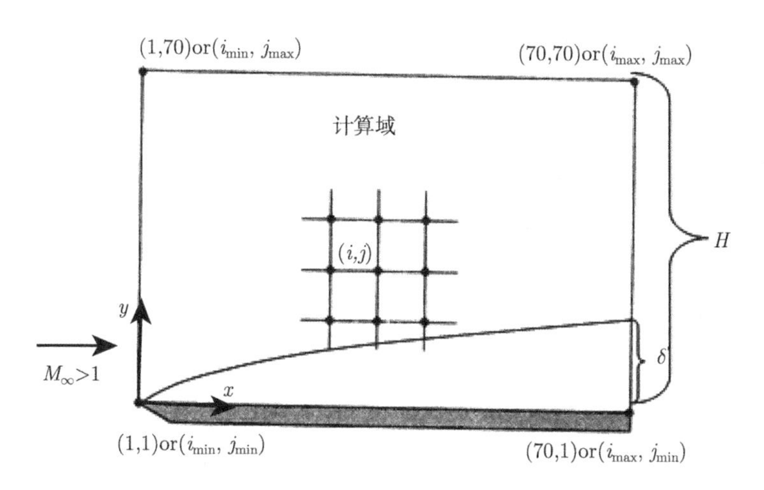

图 6.5　超音速平板流动计算域和网格

3. *方程离散*

采用 MacCormack 格式对式 (6.92) 进行离散。控制方程改写成:

$$\frac{\partial \boldsymbol{U}}{\partial t}=-\frac{\partial \boldsymbol{E}}{\partial x}-\frac{\partial \boldsymbol{F}}{\partial y}+\frac{\partial \boldsymbol{E}_v}{\partial x}+\frac{\partial \boldsymbol{F}_v}{\partial y} \tag{6.93}$$

预报步，空间偏导数采用向后差分:

$$\begin{aligned}\overline{\boldsymbol{U}}_{i,j}^{n+1}=&\boldsymbol{U}_{i,j}^{n}-\frac{\Delta t}{\Delta x}(\boldsymbol{E}_{i,j}^{n}-\boldsymbol{E}_{i-1,j}^{n})-\frac{\Delta t}{\Delta y}(\boldsymbol{F}_{i,j}^{n}-\boldsymbol{F}_{i,j-1}^{n})\\&+\frac{\Delta t}{2\Delta x}(\boldsymbol{E}_{vi+1,j}^{n}-\boldsymbol{E}_{vi-1,j}^{n})+\frac{\Delta t}{2\Delta y}(\boldsymbol{F}_{vi,j+1}^{n}-\boldsymbol{F}_{vi,j-1}^{n})\end{aligned} \tag{6.94}$$

修正步，空间偏导数采用向前差分:

$$\begin{aligned}\boldsymbol{U}_{i,j}^{n+1}=&\frac{1}{2}[\boldsymbol{U}_{i,j}^{n}+\overline{\boldsymbol{U}}_{i,j}^{n}-\frac{\Delta t}{\Delta x}(\overline{\boldsymbol{E}}_{i+1,j}^{n+1}-\overline{\boldsymbol{E}}_{i,j}^{n})-\frac{\Delta t}{\Delta y}(\overline{\boldsymbol{F}}_{i,j+1}^{n}-\overline{\boldsymbol{F}}_{i,j}^{n})\\&+\frac{\Delta t}{2\Delta x}(\overline{\boldsymbol{E}}_{vi+1,j}^{n+1}-\boldsymbol{E}_{vi-1,j}^{n})+\frac{\Delta t}{2\Delta y}(\overline{\boldsymbol{F}}_{vi,j+1}^{n}-\overline{\boldsymbol{F}}_{vi,j-1}^{n})]\end{aligned} \tag{6.95}$$

注意到在预报步和修正步中黏性项的离散都采用中心差分。

在每一个预报步或修正步后，通过矢量 $\boldsymbol{U}$ 求出原始变量。$\rho=U_1$，$u=\dfrac{U_2}{U_1}$，$v=\dfrac{U_3}{U_1}$，$e=\dfrac{U_5}{U_1}-\dfrac{u^2+v^2}{2}$。进一步可求出流场中其他变量，如：$T=\dfrac{e}{c_v}$，$p=\rho RT$。

4. *初始和边界条件*

由于采用时间推进方法求定常解，需给定初始条件，即任一节点在 $t=0$ 时间的流动参数值。初场采用进口边界流动参数值，即沿水平网格线上任一点流动参数值令其为进口边界上节点的数值。

边界条件有四种情况，如图 6.6 所示。

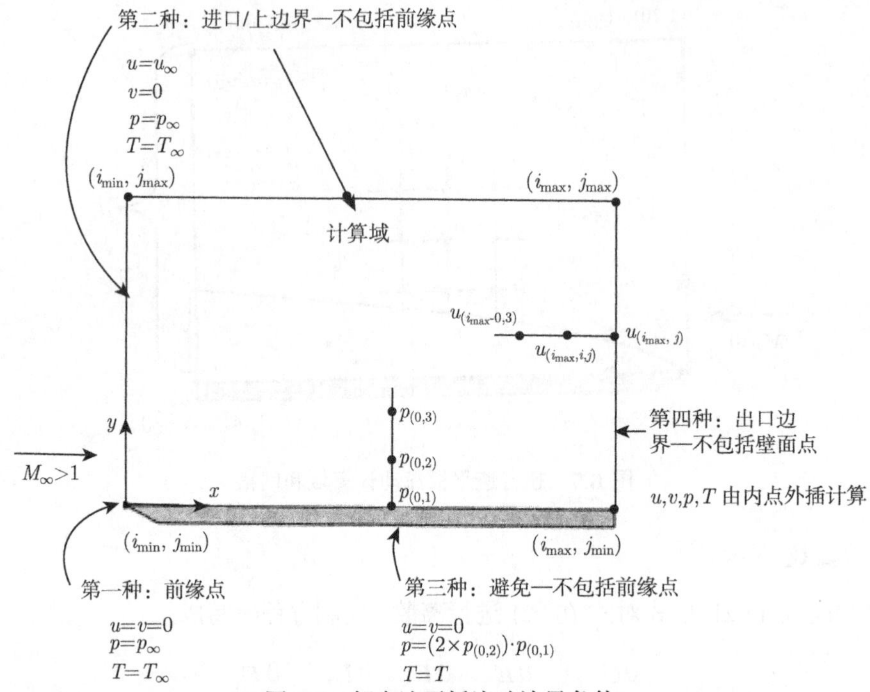

图 6.6　超音速平板流动边界条件

第一种：前缘点，属奇点。速度采用无滑移条件，即 $u(1,\ 1)=v(1,\ 1)=0$；温度和压力采用自由来流数值，即 $p(1,\ 1)=p_\infty$，$T(1,\ 1)=T_\infty$。

第二种：进口边界和远场边界。x 方向速度、温度和压力采用自由来流数值。令 y 方向速度为零。

第三种：壁面边界。速度采用无滑移条件，即 $u=v=0$；给定壁面温度，即 $T=T_w$；压力采用内点值线性外插求得，即 $p(i,\ 1)=2p(i,\ 2)-p(i,\ 3)$。

第四种：出口边界。所有参数采用内点值外插求得。比如：

$$u(i_{\max},\ j)=2u(i_{\max}-1,\ j)-u(i_{\max}-2,\ j)$$

练　习　题

1. 根据式 (6.11a)、式 (6.12a)，推导出显式 MacCormack 格式动量方程和能量方程的差分表达式。

2. 人工黏性项在流场数值计算中的作用是什么？对式 (6.22) 写出一维欧拉方程中连续方程、动量方程和能量方程的黏性项表达式。

3. 对于一维欧拉方程，推导出连续方程、动量方程和能量方程的对流项逆风差分表达式。

4. 根据式 (6.83)，写出一维 N-S 方程中动量方程的 MacCormack 格式的差分方程。

第7章 流场网格生成

前面已完整地阐述了各种流体力学问题的差分计算，但所采用的网格都是矩形或正方形网格。对于矩形求解域的问题这种网格是合适的，但实际问题中通常求解域都不是矩形域。如果仍采用矩形网格，无法保证网格节点与边界重合，给边界条件处理和边界附近区域流场计算带来困难，还会影响计算精度甚至收敛性。

7.1 贴体坐标

本节以圆柱体绕流为例阐述边界处理问题，并引入贴体坐标的概念。如图 7.1(a) 所示，设该圆柱体绕流为不可压位势流，在直角坐标系下，控制方程为

$$\frac{\partial^2 \varphi}{\partial x^2}+\frac{\partial^2 \varphi}{\partial y^2}=0 \tag{7.1}$$

式中，φ 为流函数。该流体流动属外流流动。流场外边界形状给定具有随意性，但要求离绕流体足够远；如果采用矩形外边界，则边界及网格形式如图 7.1(b) 所示。由于网格为矩形，因此在圆柱体表面附近网格节点不与该表面重合，即网格不贴体。图 7.1(c) 为图 7.1(b) 的局部放大。A、B、D 为网格节点，物面上没有网格节点。这时有两种处理方法。一是将 A 点作为边界节点，节点 A 上的函数值近似采用 C 点值，即

$$\varphi_A=\varphi_C$$

U_0

图 7.1(a) 圆柱体绕流示意图

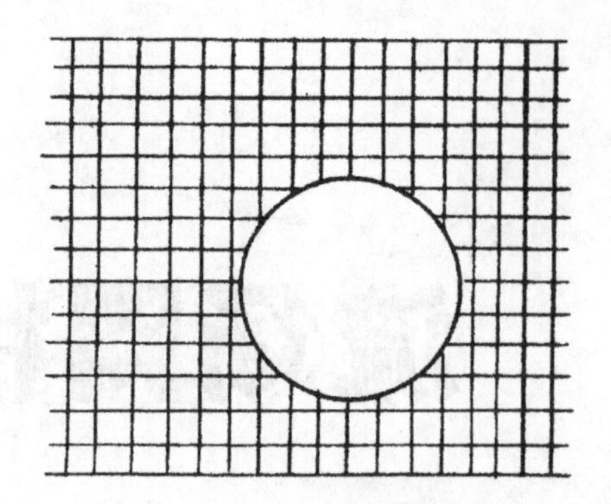

图 7.1(b)　圆柱体绕流矩形网格

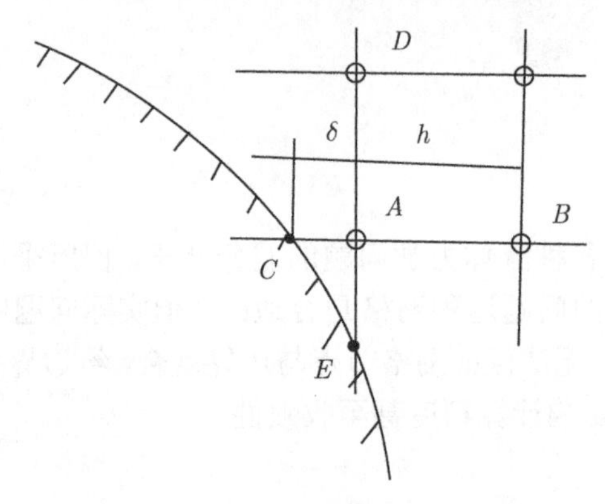

图 7.1(c)　圆柱体绕流网格局部放大

这种直接转移法过于粗糙，误差较大。第二种方法是采用线性插值法，即

$$\varphi_A = \varphi_C \cdot h/(h+\delta) + \varphi_B \cdot \delta/(h+\delta)$$

第二种方法是将节点 A 作为内部节点。这样在计算 A 点函数值时要用到相邻节点函数值。将 C 和 E 点看作边界节点，由边界条件可给出节点 C 和 E 的函数值。这种方法最大的不足是会给程序编制带来困难。因为圆柱体表面附近每个节点与该表面位置关系不同，因此针对每个点对应的插值表达式都不相同；并且网格分布变化，表达式也相应变化，因此程序编写会非常繁琐。

如果上述问题采用柱坐标，这时有坐标变换关系式：

$$\begin{aligned} x &= r\cos\theta \\ y &= r\sin\theta \end{aligned} \tag{7.2}$$

代入式 (7.1) 得

$$\frac{\partial^2\varphi}{\partial r^2} + \frac{1}{r}\frac{\partial\varphi}{\partial r} + \frac{1}{r^2}\frac{\partial^2\varphi}{\partial\theta^2} = 0 \tag{7.3}$$

外边界采用圆柱体的同心圆，见图 7.2(a)。选取 $r_2 \gg r_1$，则圆柱体对外边界的扰动可忽略，在外边界上有边界条件：

$$r = r_2 : \left(\frac{\partial\varphi}{\partial r}\cos\theta + \frac{1}{r}\frac{\partial\varphi}{\partial\theta}\sin\theta\right)_{r_2} = U_0 \tag{7.4a}$$

内边界上的边界条件为

$$r = r_1 : \varphi = \varphi_0 \tag{7.4b}$$

φ_0 为已知。

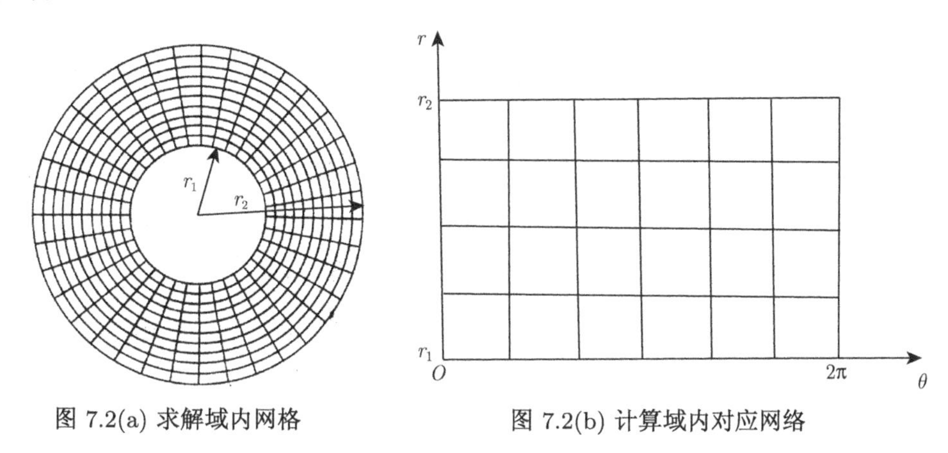

图 7.2(a) 求解域内网格　　图 7.2(b) 计算域内对应网络

这样在 xy 坐标系下曲线边界的问题通过坐标变换关系式 (7.2)，将其转化成了在如图 7.2(b) 所示的柱坐标 $r\theta$ 下计算域内的矩形边界。在此称直角坐标系下真实流动区域为物理域；而通过坐标转换所得到的对应变形区域为计算域。在计算域 (图 7.2(b)) 内沿横坐标方向均匀分布纵向网格线，在求解域 (图 7.2(a)) 内对应于沿圆周均匀分布的径向辐射线；而在计算域内沿纵坐标均匀分布横向网格线，则对应于求解域内沿径向等半径差分布的同心圆。然后采用式 (7.3)，就可以在矩形计算域内进行数值计算。通过上述坐标转换，以及在新的转换坐标系下的网格生成，实现了物理域中网格节点与边界的重合 (即贴体网格)，解决了在直角坐标系下网格不贴体的问题。

上述例子说明物理域内曲线边界的计算问题可通过坐标转换转化成计算域内矩形边界的计算，解决采用直角坐标系控制方程进行流场计算边界处理的问题。工程实际中物理域边界都是不规则的，一般地，采用下式表示物理域与计算域之间的坐标变换关系：

$$\begin{cases} x = x(\xi,\ \eta,\ \zeta) \\ y = y(\xi,\ \eta,\ \zeta) \\ z = z(\xi,\ \eta,\ \zeta) \end{cases} \quad \text{或} \quad \begin{cases} \xi = \xi(x,\ y,\ z) \\ \eta = \eta(x,\ y,\ z) \\ \zeta = \zeta(x,\ y,\ z) \end{cases} \tag{7.5}$$

$(\xi,\ \eta,\ \zeta)$ 为曲线坐标系。由于物理域边界通常都比较复杂，上述数学关系不可能像式 (7.2) 那样用函数式表示，而是用节点坐标数值表示的离散表达式。如果物理域边界与曲线坐标系中的某一条等值线 (二维问题) 或某一个等值面 (三维问题) 重合，则称此曲线坐标为贴体坐标。比如上述同心圆柱体绕流问题，内外边界与等 r 线重合，内圆柱面与 $r = r_1$ 重合；外圆柱面与 $r = r_2$ 重合。因此对于这个流场计算问题，柱坐标所构成的曲线坐标为贴体坐标。

7.2　坐标转换关系

由上节可知，对于一般性问题，要采用贴体坐标进行数值计算，首先需将直角坐标系

(x, y, z) 下的基本方程转换到任意曲线坐标系 (ξ, η, ζ) 下。在此由一维问题逐步推广到三维问题。

7.2.1 一维坐标转换

设有一维坐标转换问题:

$$x = x(\xi) \tag{7.6}$$

则函数的微分为

$$\mathrm{d}x = x_\xi \mathrm{d}\xi \tag{7.7}$$

因此有

$$\mathrm{d}\xi = \frac{1}{x_\xi}\mathrm{d}x \tag{7.8}$$

同时式 (7.6) 有反函数关系:

$$\xi = \xi(x) \tag{7.9}$$

进行微分得

$$\mathrm{d}\xi = \xi_x \mathrm{d}x \tag{7.10}$$

比较式 (7.10) 和式 (7.8)，必有

$$\xi_x = \frac{1}{x_\xi} \tag{7.11}$$

7.2.2 二维和三维坐标转换

设二维坐标关系为

$$\begin{aligned} x &= x(\xi, \eta) \\ y &= y(\xi, \eta) \end{aligned} \tag{7.12}$$

则有微分关系:

$$\begin{aligned} \mathrm{d}x &= x_\xi \mathrm{d}\xi + x_\eta \mathrm{d}\eta \\ \mathrm{d}y &= y_\xi \mathrm{d}\xi + y_\eta \mathrm{d}\eta \end{aligned}$$

或者写成:

$$\begin{bmatrix} \mathrm{d}x \\ \mathrm{d}y \end{bmatrix} = \begin{bmatrix} x_\xi & x_\eta \\ y_\xi & y_\eta \end{bmatrix} \begin{bmatrix} \mathrm{d}\xi \\ \mathrm{d}\eta \end{bmatrix} \tag{7.13}$$

于是有

$$\begin{bmatrix} \mathrm{d}\xi \\ \mathrm{d}\eta \end{bmatrix} = \begin{bmatrix} x_\xi & x_\eta \\ y_\xi & y_\eta \end{bmatrix}^{-1} \begin{bmatrix} \mathrm{d}x \\ \mathrm{d}y \end{bmatrix} \tag{7.14}$$

式 (7.12) 的反函数关系为

$$\begin{aligned} \xi &= \xi(x, y) \\ \eta &= \eta(x, y) \end{aligned} \tag{7.15}$$

对上式求导得

$$\begin{bmatrix} \mathrm{d}\xi \\ \mathrm{d}\eta \end{bmatrix} = \begin{bmatrix} \xi_x & \xi_y \\ \eta_x & \eta_y \end{bmatrix} \begin{bmatrix} \mathrm{d}x \\ \mathrm{d}y \end{bmatrix} \tag{7.16}$$

式中的偏导数矩阵称为雅可比 (Jacobian) 矩阵，矩阵的行列式值为

$$\boldsymbol{J}=\begin{vmatrix}\xi_x & \xi_y\\ \eta_x & \eta_y\end{vmatrix} \tag{7.17}$$

比较式 (7.14) 和式 (7.16) 有

$$\begin{bmatrix}\xi_x & \xi_y\\ \eta_x & \eta_y\end{bmatrix}=\begin{bmatrix}x_\xi & x_\eta\\ y_\xi & y_\eta\end{bmatrix}^{-1}$$

因此

$$\boldsymbol{J}^{-1}=\begin{vmatrix}x_\xi & x_\eta\\ y_\xi & y_\eta\end{vmatrix}=x_\xi y_\eta - x_\eta y_\xi \tag{7.18}$$

不难证明 $\boldsymbol{J}^{-1}$ 值就是 xy 坐标系下网格线所围的微元面面积与 $\xi\eta$ 坐标系下对应的微元面面积之比，并且有

$$\begin{bmatrix}x_\xi & x_\eta\\ y_\xi & y_\eta\end{bmatrix}^{-1}=\begin{bmatrix}\boldsymbol{J}y_\eta & -\boldsymbol{J}x_\eta\\ -\boldsymbol{J}y_\xi & \boldsymbol{J}x_\xi\end{bmatrix}$$

因此可得

$$\begin{cases}\xi_x=\boldsymbol{J}y_\eta, & \xi_y=-\boldsymbol{J}x_\eta\\ \eta_x=-\boldsymbol{J}y_\xi, & \eta_y=\boldsymbol{J}x_\xi\end{cases} \tag{7.19}$$

采用同样方法可得三维坐标转换关系式:

$$\begin{aligned}
&\xi_x=\boldsymbol{J}\left(y_\eta z_\varsigma - y_\varsigma z_\eta\right), \quad \xi_y=\boldsymbol{J}\left(z_\eta x_\varsigma - z_\varsigma x_\eta\right), \quad \xi_z=\boldsymbol{J}\left(x_\eta y_\varsigma - x_\varsigma y_\eta\right)\\
&\eta_x=\boldsymbol{J}\left(y_\varsigma z_\xi - y_\xi z_\varsigma\right), \quad \eta_y=\boldsymbol{J}\left(z_\varsigma x_\xi - z_\xi x_\varsigma\right), \quad \eta_z=\boldsymbol{J}\left(x_\varsigma y_\xi - x_\xi y_\varsigma\right)\\
&\varsigma_x=\boldsymbol{J}\left(y_\xi z_\eta - y_\eta z_\xi\right), \quad \varsigma_y=\boldsymbol{J}\left(z_\xi x_\eta - z_\eta x_\xi\right), \quad \varsigma_z=\boldsymbol{J}\left(x_\xi y_\eta - x_\eta y_\xi\right)\\
&\boldsymbol{J}^{-1}=x_\xi y_\eta z_\varsigma + x_\eta y_\varsigma z_\xi + x_\xi y_\varsigma z_\eta - x_\xi y_\varsigma z_\eta - x_\eta y_\xi z_\varsigma - x_\varsigma y_\eta z_\xi
\end{aligned} \tag{7.20}$$

7.2.3　任意曲线坐标系下的基本方程

在此以二维流动为例，对于流场中任意流动参数 Q 有

$$Q=Q(\xi,\ \eta) \tag{7.21}$$

而

$$\begin{cases}\xi=\xi(x,\ y)\\ \eta=\eta(x,\ y)\end{cases} \tag{7.22}$$

由复合函数微分法则得

$$\begin{aligned}Q_x&=Q_\xi\xi_x+Q_\eta\eta_x\\ Q_y&=Q_\xi\xi_y+Q_\eta\eta_y\end{aligned} \tag{7.23}$$

考虑在直角坐标系下的二维欧拉方程:

$$\frac{\partial \boldsymbol{U}}{\partial t}+\frac{\partial \boldsymbol{E}}{\partial x}+\frac{\partial \boldsymbol{F}}{\partial y}=0 \tag{7.24}$$

其中:

$$
\boldsymbol{U}=\begin{bmatrix}\rho\\ \rho u\\ \rho v\\ E_t\end{bmatrix},\quad \boldsymbol{E}=\begin{bmatrix}\rho u\\ \rho u^2+p\\ \rho uv\\ (E_t+p)u\end{bmatrix},\quad \boldsymbol{F}=\begin{bmatrix}\rho v\\ \rho uv\\ \rho v^2+p\\ (E_t+p)v\end{bmatrix}
$$

将式 (7.23) 代入得

$$
\frac{\partial \boldsymbol{U}}{\partial t}+\left(\frac{\partial \boldsymbol{E}}{\partial \xi}\frac{\partial \xi}{\partial x}+\frac{\partial \boldsymbol{E}}{\partial \eta}\frac{\partial \eta}{\partial x}\right)+\left(\frac{\partial \boldsymbol{F}}{\partial \xi}\frac{\partial \xi}{\partial y}+\frac{\partial \boldsymbol{F}}{\partial \eta}\frac{\partial \eta}{\partial y}\right)=0
$$

或者写成:

$$
\boldsymbol{U}_t+(\boldsymbol{E}_\xi\xi_x+\boldsymbol{E}_\eta\eta_x)+(\boldsymbol{F}_\xi\xi_y+\boldsymbol{F}_\eta\eta_y)=0
$$

将式 (7.19) 代入，并整理得

$$
\frac{\partial(\boldsymbol{J}^{-1}\boldsymbol{U})}{\partial t}+\frac{\partial \boldsymbol{E}^*}{\partial \xi}+\frac{\partial \boldsymbol{F}^*}{\partial \eta}=0 \tag{7.25}
$$

其中:

$$
\boldsymbol{E}^*=\begin{bmatrix}\rho U\\ \rho uU+\xi_x p\\ \rho vU+\xi_y p\\ (E_t+p)U\end{bmatrix},\quad \boldsymbol{F}^*=\begin{bmatrix}\rho V\\ \rho uV+\eta_x p\\ \rho vV+\eta_y p\\ (E_t+p)V\end{bmatrix}
$$

$$
U=\xi_x u+\xi_y v,\quad V=\eta_x u+\eta_y v
$$

以上即为任意曲线坐标系下的二维欧拉方程。对于三维欧拉方程和 N-S 方程推导过程思路完全相同。

7.3 网格生成

图 7.3(a) 为直角坐标系下物理域局部网格，按照节点序号给出网格线对应的贴体坐标数值，ξ_{i-1}，ξ_i，ξ_{i+1} 和 η_{j-1}，η_j，η_{j+1}。通常可简单地将节点序号作为在曲线坐标中的坐标值，比如 $\xi_i=i$，$\eta_j=j$。这样在计算域内即得到正方形网格，$\Delta\xi=\Delta\eta=1$，如图 7.3(b) 所示。如果在求解域内网格已分布完成，对应每一节点的 xy 坐标值 (x_i, y_j)，$i, j=1, 2, \cdots$ 已知，则坐标转换关系可用节点坐标值的差分表达式表示，比如 (i, j) 点的雅可比表达示为

$$
\boldsymbol{J}_{i,j}^{-1}=(x_\xi y_\eta-x_\eta y_\xi)_{i,j}=\frac{x_{i+1}-x_{i-1}}{2\Delta\xi}\frac{y_{j+1}-y_{j-1}}{2\Delta\eta}-\frac{x_{j+1}-x_{j-1}}{2\Delta\eta}\frac{y_{i+1}-y_{i-1}}{2\Delta\xi}
$$

因此要得到坐标转换关系必须在求解域内分布网格线，即进行网格生成，而后由这些网格线构成曲线贴体坐标。

合理的网格线分布不仅对计算精度有直接影响，甚至会影响计算过程的收敛性。因此网格生成是流场数值计算中的一个比较关键的问题。通常要求生成的网格线要平滑，避免有局部太大的扭曲。不同簇网格线要尽可能正交。网格分布要与物理问题本身相匹配，也就是说

疏密分布应与物理量变化率相适应。比如在求解黏性绕流时，在壁面附面层区流动参数沿壁面法向变化很剧烈，因此沿此方向网格线密集分布；对于超音速流动问题在激波附近网格线要加密。

网格生成主要有两种方法：代数方法、微分方程方法。代数方法和微分方程方法可以处理各种类型的不规则边界，具有较强的通用性，因而应用最为广泛。以下介绍该两种方法。

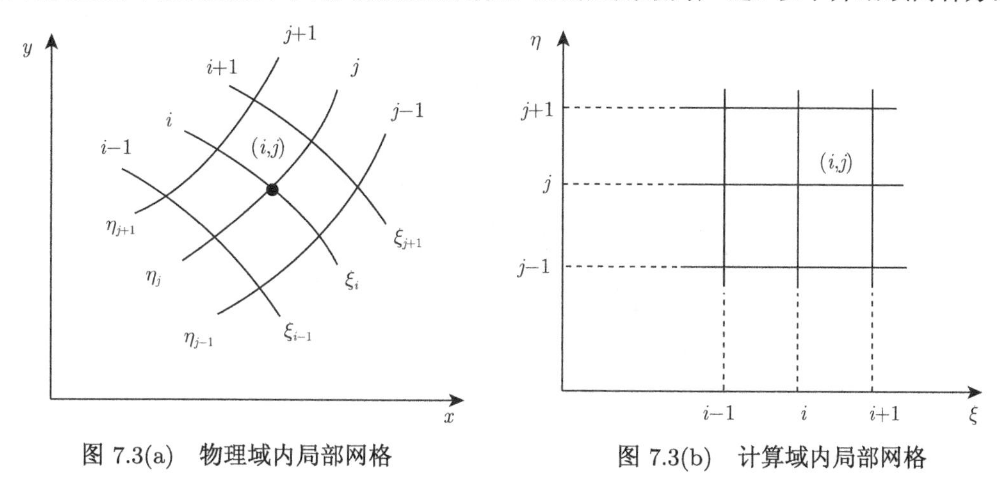

图 7.3(a)　物理域内局部网格　　　图 7.3(b)　计算域内局部网格

7.3.1　代数生成方法

代数方法实际上是一种插值方法，下面以叶栅通道内 H 型网格生成为例来说明这一方法的基本思想。

如图 7.4，如果采用 N-S 方程计算叶栅通道内流场，要求网格在叶片表面附面层区加密。在叶片前后缘附近，由于流动参数变化较剧烈，因而此区域网格点分布也要适当加密。为此将流向网格线叶片通道内部分、切向网格线归为一类，此类网格线上节点分布要求两端密而中间稀。采用下列数学表达式对此类网格线上的节点进行分布。

$$R_0 = 2(i-1)/(i_m-1) \tag{7.26}$$

$$R_1 = x_m \cdot R_0 + (1-x_m)\left[1 - \frac{\tanh\left(x_d\left(1-R_0\right)\right)}{\tanh x_d}\right] \tag{7.27}$$

$$x_i = \frac{x_1 - x_0}{2} R_1 \tag{7.28}$$

$$y_i = \frac{y_1 - y_0}{2} R_1, \quad i = 1,\ i_m \tag{7.29}$$

$(x_0,\ y_0)$ 和 $(x_1,\ y_1)$ 分别为线段起始和终止点坐标。i_m 为此线段上分布的节点数。x_m，x_d 分别为伸展和阻尼因子。当 $x_m = x_d = 1.0$ 时网格节点在此线段上均布，当 $x_m < 1.0$，$x_d > 1.0$ 时网格节点在线段两端对称加密，x_m 越小，x_d 越大，则两端节点密度越大，如图 7.5 所示。

将 H 型网格进口截面至叶栅通道进口和叶栅通道出口至 H 型网格出口截面流向网格线归为另一类，此类网格线上要求从一端向另一端节点分布由密而稀。对于此类网格线采用下述方法进行节点分布 (以进口流向网格线为例)。

$$t_a = N_T \cdot \Delta t, \quad t_x = (i-1)\Delta t \tag{7.30a}$$

$$S_{af} = |t_a - a_f t_x^2 + (2 - a_f - t_a)\, tx\, |ta| \tag{7.30b}$$

$$x_i = x_1 - (a_f - S_{af}) \sqrt{1 + y_1'^2} \tag{7.30c}$$

$$y_i = y_1 - y_1' (x_i - x_1) \tag{7.30d}$$

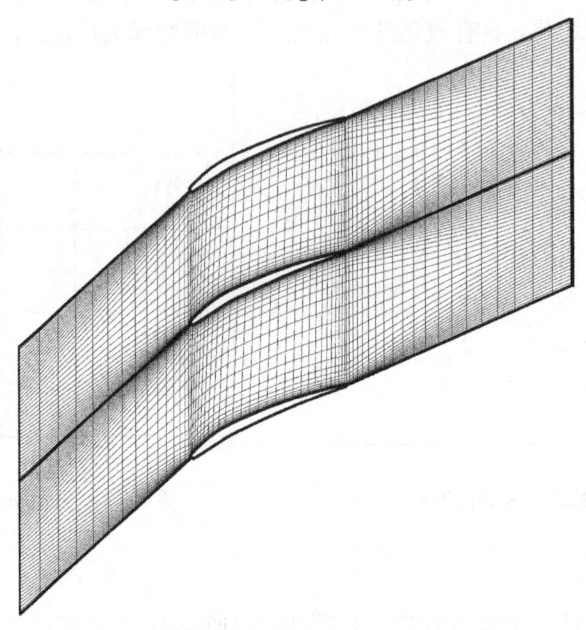

图 7.4　叶栅绕流网格

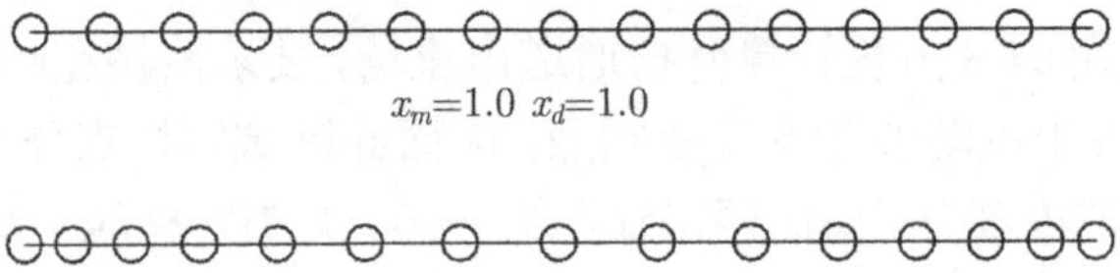

x_m=1.0 x_d=1.0

x_m=0.1 x_d=1.0

图 7.5　网格节点分布示意

x_1，y_1，y_1' 分别为中弧线在前缘点坐标及导数值。N_T 为线段上的节点数，a_f 为线段长度，Δt 为前缘处相邻节点间距离，x_i，y_i 为第 i 个节点坐标值。采用上式分布网格节点，可做到节点间距过渡光滑，在前缘点左右网格节点间距相等。

完成了边界上网格节点分布，再进行物理域内部节点分布，一般采用双线性插值方法由边界节点坐标确定内部节点坐标。如图 7.6，对于二维流场计算，如果物理域为由 4 个边组成的四边形，边界节点分布完成后 (两两相对边界节点要选有相同的节点数)，按以下公式确定内部节点 $(i，j)(i = 2，m - 1；j = 2，n - 1)$ 坐标值 $x_{i,j}$。

$$x_{i,j}^1 = x_{1,j} + (i-1)\frac{x_{m,j} - x_{1,j}}{m-1} \tag{7.31}$$

$$x_{i,j}^2 = x_{i,1} + (j-1)\frac{x_{i,n} - x_{i,1}}{n-1} \tag{7.32}$$

$$x_{i,j} = \frac{x_{i,j}^1 + x_{i,j}^2}{2} \tag{7.33}$$

式 (7.31) 为沿第 j 条水平网格线线性内插求 $(i,\ j)$ 节点的 X 坐标 $x_{i,j}$，记为 $x_{i,j}^1$；式 (7.32) 为沿第 i 条竖直网格线线性内插求 (i,j) 节点的 X 坐标 $x_{i,j}$，记为 $x_{i,j}^2$；式 (7.33) 为采用两个插值的平均值作为该节点的最终 X 坐标值。将式 (7.31)、式 (7.32)、式 (7.33) 中 x 换成 y 即为 $y_{i,j}$。

工程实际中计算边界有可能不是由四个边组成的物理域，可采用分区的方法将其划分成若干个四边形。三维流场网格的划分实际上是建立在二维网格划分方法基础上的拓展。

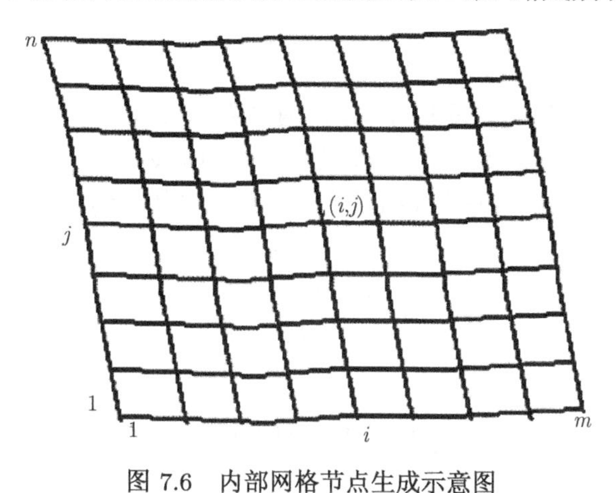

图 7.6 内部网格节点生成示意图

7.3.2 微分方程生成方法

微分方程生成方法根据所采用微分方程类型可分为双曲型方程、抛物型方程以及椭圆型方程生成方法。其中椭圆型方程生成方法应用较为广泛，在此作详细阐述。

采用椭圆型方程生成网格基本思想可由下例说明。如果一个温度分布均匀的高温机翼，置于静止流场中，在稳定状态下，四周流体由于热传导而呈不同的温度分布，见图 7.7(a)。画出温度分布等值线，可将这一簇温度等值线作为网格线 (图中等 η 线)。为求温度分布首先要给出控制方程。对于传热问题有

$$\frac{\partial T}{\partial t} = k\nabla^2 T$$

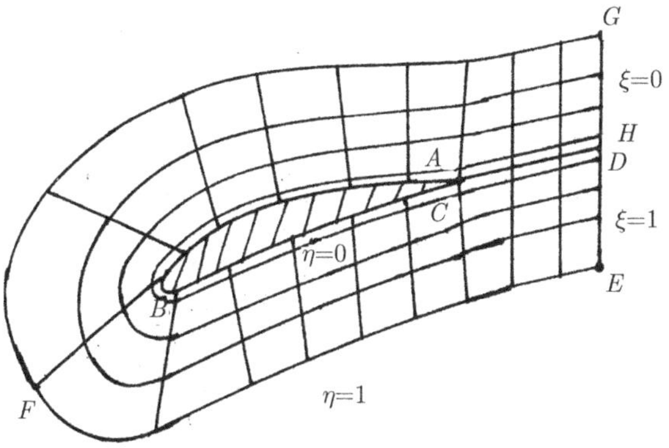

图 7.7(a) 翼型绕流求解域网格示意

当定常时 $\partial T/\partial t = 0$，于是 $\nabla^2 T = 0$。在直角坐标系下展开得

$$\frac{\partial^2 T}{\partial x^2} + \frac{\partial^2 T}{\partial y^2} = 0$$

或者写成：

$$\frac{\partial^2 \eta}{\partial x^2} + \frac{\partial^2 \eta}{\partial y^2} = 0$$

因此可以采用上述椭圆型方程生成网格线。

还可从流体运动角度说明。假设流体在由内边界 $HABCD$ 和外边界 GFE 构成的“C”型流道内流动，流体不可压无黏无旋。这时有 $\nabla^2\psi = 0$，$\nabla^2\varphi = 0$。如果采用流函数 ψ 等值线构成 η 网格线，而势函数 φ 等值线构成 ξ 网格线，则有 $\nabla^2\eta = 0$，$\nabla^2\xi = 0$。在直角坐标系下展开得

$$\begin{cases} \eta_{xx} + \eta_{yy} = 0 \\ \xi_{xx} + \xi_{yy} = 0 \end{cases} \tag{7.34}$$

ξ，η 边界条件设定为

$$\eta(\psi): \begin{cases} HABCD\text{边界}: \eta = 0 \\ GFE\text{边界}: \eta = 1 \end{cases} \tag{7.35a}$$

$$\xi(\varphi): \begin{cases} GH\text{边界}: \xi = 0 \\ DE\text{边界}: \xi = 1 \end{cases} \tag{7.35b}$$

图 7.7(a) 和图 7.7(b) 反映了物理域与计算域网格对应关系。利用边界条件式 (7.35)，通过数值求解式 (7.34) 即可得到 $\xi(x, y)$，$\eta(x, y)$ 坐标变换数值关系。但采用式 (7.34) 在 xy 坐标系下计算，物理域边界不规则。因而需要将式 (7.34) 进行变换，转化成在计算域内计算。

利用式 (7.19)、式 (7.34) 可转化成：

$$\begin{cases} a x_{\xi\xi} - 2\beta x_{\xi\eta} + \gamma x_{\eta\eta} = 0 \\ a y_{\xi\xi} - 2\beta y_{\xi\eta} + \gamma y_{\eta\eta} = 0 \end{cases} \tag{7.36}$$

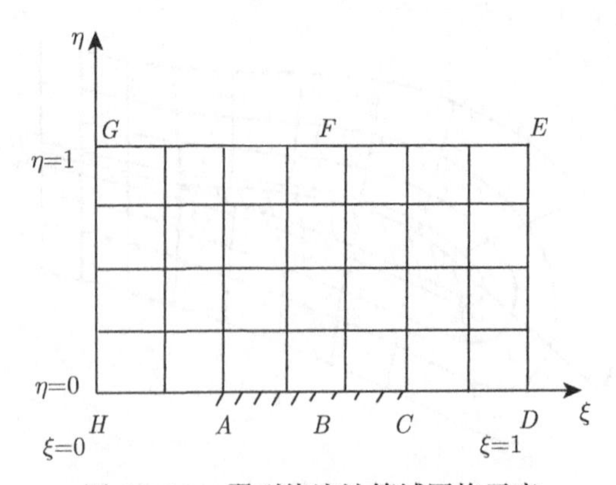

图 7.7(b)　翼型绕流计算域网格示意

其中：

$$a = x_\eta^2 + y_\eta^2,\ \gamma = x_\xi^2 + y_\xi^2,\ \beta = x_\xi x_\eta + y_\xi y_\eta$$

如果求解域内边界 $HABCD$、GFE、GH、DE 4 个边界形状确定，即每一个边界节点 $(x,\ y)$ 坐标已知，则在计算域矩形边界上每一边界节点 xy 值都为已知。

采用式 (7.34) 进行网格生成，在物理域内网格线分布与边界上的节点分布有关；但难以实现网格线疏密的有效控制。如果加上一些辅助项可对网格线分布密度进行调整。

首先考察一维问题，式 (7.34) 变为

$$\frac{\mathrm{d}^2\xi}{\mathrm{d}x^2} = 0$$

它的解是 $\xi = c_1 x + c_2$。这就建立了 ξ-x 坐标转换关系。显然这是一个线性转换，ξ 坐标上的等间距节点分布变换到 x 坐标上也是等间距的。如果上述方程右边增加源项 c，则方程变为

$$\frac{\mathrm{d}^2\xi}{\mathrm{d}x^2} = c$$

它的解是 $\xi = \dfrac{1}{2}c^2 x + c_1 x + c_2$。为了方便起见，设端点条件为 $x = 0 : \xi = 0$；$x = x_M : \xi = 1$。则有

$$\xi = \frac{1}{2}c^2 x + \left(1 - \frac{1}{2}c x_M^2\right) x / x_M$$

在 ξ 坐标上进行等间距节点分布，对应 x 坐标上已不是等节点间距了。当 $c > 0$ 时，$x = 0$ 处的节点加密；当 $c < 0$ 时则变稀疏，见图 7.8。可见改变 c 值可改变网格节点的疏密分布。如果希望在确定的 ξ_1 所对应的 x_1 附近改变节点分布的疏密程度，可以采用下列方程：

$$\frac{\mathrm{d}^2\xi}{\mathrm{d}x^2} = -a\mathrm{sgn}(\xi - \xi_1) \exp\left[-c\left|\xi - \xi_1\right|\right] \tag{7.37}$$

其中

$$\mathrm{sgn}(\xi - \xi_1) = \begin{cases} 1, & \xi - \xi_1 > 0 \\ 0, & \xi - \xi_1 = 0 \\ -1, & \xi - \xi_1 < 0 \end{cases}$$

这时如果式 (7.37) 中 $a > 0$，则对应 ξ_1 的 x_1 处附近网格节点分布变稀疏；如果 $a < 0$ 则变密集。源项中增加指数项 $\exp\left[-c\left|\xi - \xi_1\right|\right]$，是为了使源项随着离 ξ_1 越远而迅速减小，进而减

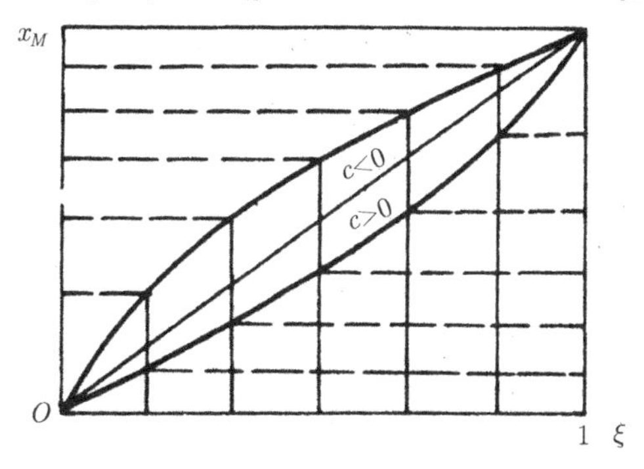

图 7.8　网格节点分布规律

小局部网格疏密调整对整体网格的影响。如果有 n 个节点附近网格疏密程度要调整，则可采用下列关系式：

$$\frac{\mathrm{d}^2\xi}{\mathrm{d}x^2}=\sum_{i=1}^{n}a_i\mathrm{sgn}(\xi-\xi_i)\exp\left[-c_i\left|\xi-\xi_i\right|\right] \tag{7.38}$$

将上述方法推广到二维问题中，得到

$$\begin{cases}\eta_{xx}+\eta_{yy}=P(\xi,\ \eta)\\ \xi_{xx}+\xi_{yy}=Q(\xi,\ \eta)\end{cases} \tag{7.39}$$

其中

$$\begin{aligned}P(\xi,\ \eta)=&\sum_{i=1}^{n}a_i\mathrm{sgn}(\xi-\xi_i)\exp\left[-c_i\left|\xi-\xi_i\right|\right]\\ &-\sum_{j=1}^{m}b_j\mathrm{sgn}(\xi-\xi_j)\exp\left[-d_j\sqrt{(\xi-\xi_j)^2+(\eta-\eta_j)^2}\right]\end{aligned} \tag{7.40a}$$

$$\begin{aligned}Q(\xi,\ \eta)=&\sum_{i=1}^{n}a_i\mathrm{sgn}(\eta-\eta_i)\exp\left[-c_i\left|\eta-\eta_i\right|\right]\\ &-\sum_{j=1}^{m}b_j\mathrm{sgn}(\eta-\eta_j)\exp\left[-d_j\sqrt{(\xi-\xi_j)^2+(\eta-\eta_j)^2}\right]\end{aligned} \tag{7.40b}$$

源项 $P(\xi,\ \eta)$ 实现对 ξ 线分布的控制，其中式 (7.40a) 中第一项实现对 ξ 线与相邻网格线间距的整体控制 (图 7.9(a))；第二项实现对 ξ 线关于 $(\xi_i,\ \eta_j)$ 点的控制，如图 7.9(a) 所示。源项 $Q(\xi,\ \eta)$ 实现对 η 线分布控制与源项 $P(\xi,\ \eta)$ 实现对 ξ 线分布的控制相类似。

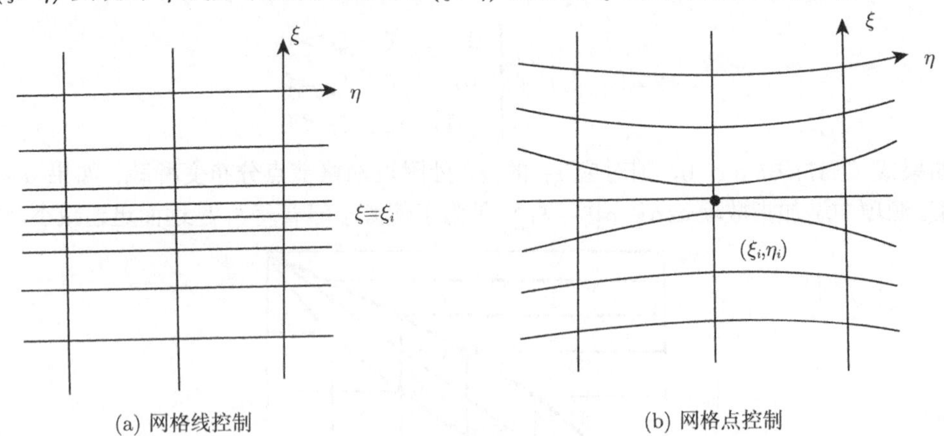

(a) 网格线控制　　　　(b) 网格点控制

图 7.9　网格分布控制

实际求解是在计算域内，因而要采用式 (7.39) 的逆变换方程：

$$\begin{cases}ax_{\xi\xi}-2\beta x_{\xi\eta}+\gamma x_{\eta\eta}=-J^2[x_\xi P(\xi,\ \eta)+x_\eta Q(\xi,\ \eta)]\\ ay_{\xi\xi}-2\beta y_{\xi\eta}+\gamma y_{\eta\eta}=-J^2[y_\xi P(\xi,\ \eta)+y_\eta Q(\xi,\ \eta)]\end{cases} \tag{7.41}$$

7.3.3　壁面处网格正交性分析

在任意曲线坐标系下，二维非定常可压缩流 N-S 方程可写成：

$$\frac{\partial\left(J^{-1}Q\right)}{\partial t}+\frac{\partial F}{\partial \xi}+\frac{\partial G}{\partial \eta}=\frac{\partial Fv}{\partial \xi}+\frac{\partial Gv}{\partial \eta} \tag{7.42}$$

将任意流动参数 f 的 x，y 偏导数表示成任意曲线坐标 $(\xi，\eta)$ 关系：

$$f_x=J(y_\eta f_\xi-y_\xi f_\eta)，f_y=J(-x_\eta f_\xi+x_\xi f_\eta) \tag{7.43}$$

式中，$J^{-1}=x_\xi y_\eta-x_\eta y_\xi$，$J$ 为坐标转换雅可比。

如图 7.10 所示，考察壁面节点 (i_w,j)。f_ξ 采用一阶精度向前差分；f_η 采用二阶精度中心差分，即

$$(f_\xi)_{i_w,j}=f_{i_{w+1},j}-f_{i_w,j};(f_\eta)_{i_w,j}=(f_{i_w,j+1}-f_{i_w,j-1})/2$$

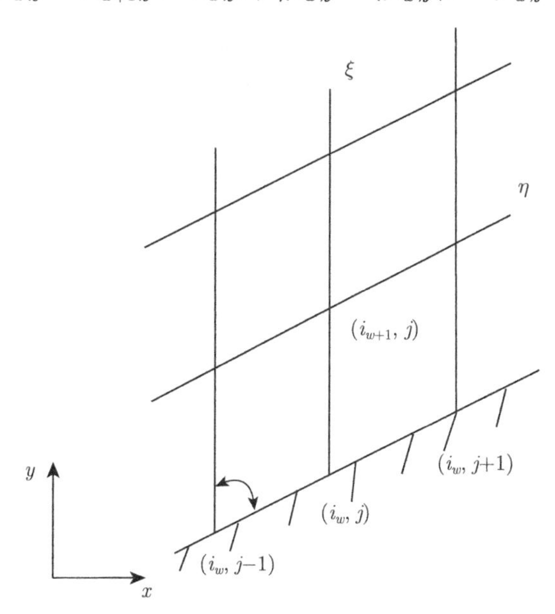

图 7.10　近壁区网络

由于等 η 线与 y 轴平行，这时：$x_\eta=x_{\eta\eta}=x_{\xi\eta}=0$。可推导出 f_x 和 f_y 的离散误差 T_x、T_y 表达式如下：

$$T_x=\frac{1}{2}x_{\eta\eta}f_{xx}+\frac{y_\xi y_\eta}{2x_\eta}f_{yy}+\frac{y_\eta}{2x_\eta}x_{\eta\eta}f_{xy}+\text{高阶小量}$$

由于 $\tan\theta=\dfrac{x_\eta}{y_\eta}$，所以有

$$T_x=\frac{1}{2}x_{\eta\eta}f_{xx}+\frac{y_\xi}{2\tan\theta}f_{yy}+\frac{x_{\eta\eta}}{2\tan\theta}f_{xy}+\text{高阶小量} \tag{7.44a}$$

又有 $x_{\eta\eta}=0$。这时方程 7.44(a) 变为

$$T_x=\frac{y_\xi}{2\tan\theta}f_{yy}+\text{高阶小量} \tag{7.44b}$$

同理可得

$$T_y = \frac{1}{2} y_\xi f_{yy} + \text{高阶小量} \tag{7.44c}$$

式 (7.44a)、式 (7.44b)、式 (7.44c) 表明，流动参数 y 方向偏导数离散误差与网格线夹角无关，而 x 方向偏导数离散误差与 $\tan\theta$ 成反比。由于壁面附近流动参数变化剧烈，其二阶导数值 f_{xx}、f_{xy}、f_{yy} 相应较大，因此提高网格在壁面处的正交性，可减小离散误差，提高计算精度。

下例为平板紊流附层流场计算，考察网格正交性对计算结果影响。对于平板紊流附面层，研究壁面处网格线夹角变化对计算精度的影响。平板长度为 0.06m，来流 $M_\infty = 0.4$。计算网格由平行于平板和斜交于平板两簇网格线构成；斜交于平板网格线与平板夹角 θ 分别为 90°、80°、70°、60°、50°、40°、30°；与平板相邻网格线距平板 y^+ 约为 2.0。取距离平板前缘 $x = 0.05\text{m}(Re_x = 4.5 \times 10^5)$ 处垂直截面上计算结果进行比较。图 7.11(a)、(b) 分别为附面层内速度整体与近壁区局部分布的比较。表 7.1 为壁面剪切应力，其中经验值为采用经验公式 $C_f = 0.0592 Re_x^{-0.2}$ 计算值，其中 DE 表示与经验值的相对差。由图 7.11(a)、(b) 和表 7.1，当 $\theta \geqslant 70°$ 时，附面层内速度分布及壁面剪切应力与经验公式符合很好。比较图 7.11(a) 和 (b)，θ 角对近壁处速度分布影响更大。近壁处速度分布决定壁面剪切应力，由图 7.11(b) 和表 7.1，要准确预测壁面阻力，θ 不应小于 70° 。

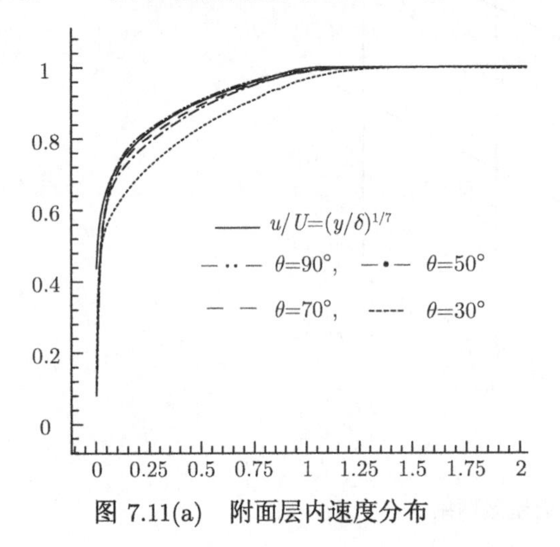

图 7.11(a)　附面层内速度分布

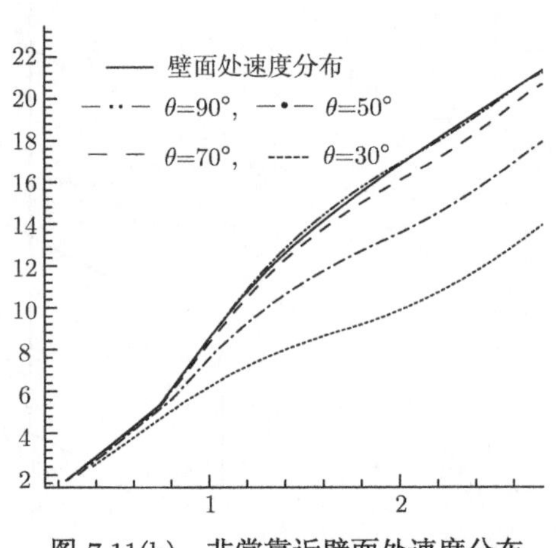

图 7.11(b)　非常靠近壁面处速度分布

表 7.1　壁面剪切应力

指标	实验值	90°	80°	70°	60°	50°	40°	30°
τ_w/Pa	48.92	49.44	49.52	51.60	58.76	66.56	78.20	95.61
DE/%	0.0	1.1	1.2	5.5	20.1	36.0	59.5	95.4

7.3.4　自适应网格简介

在进行网格生成时要求在流动参数变化较剧烈的区域网格点分布密集，比如激波附近、尾流区、附面层区等。因此在生成网格前要先估计在流场中哪些区域流动参数变化较快。对于黏性绕流可以认定在物面附近的附面层区流动参数沿物面法向变化较快；但对于有些流动问题，比如超音速流，流场中有无激波、激波位置往往很难预估。所以在计算过程中，网格的分布最好能根据计算出的流动参数空间变化情况不断调整，这样就产生了自适应网格 (adaptive meches)。

调整的方法一般有两种：① 根据计算所得流动参数值，确定新的网格分布；② 用动网格方法，网格坐标与流动控制方程联系求解。下面就一维问题阐述自适应网格的基本思想。

引入权函数 $w(x)$，使

$$\int_{x_j}^{x_{j+1}} w(x)\mathrm{d}x = \text{常数} \tag{7.45}$$

上式离散化的形式为

$$w_j \Delta x_j = \text{常数} \tag{7.46}$$

式中，$\Delta x_j = x_{j+1} - x_j$。可见 w 值取大，网格密度增加，Δx 变小；w 值取小，网格变稀。引入计算域坐标 ξ，使 $x = x(\xi)$，$\Delta x = x_\xi \Delta\xi$，$\Delta\xi$ 为常数，通常 ξ 取网格点数，这时 $\Delta\xi$ 等于 1。于是式 (7.46) 变为

$$x_\xi w = \text{常数} \tag{7.47}$$

上式中常数若为 C，x 区间为 $(0, L)$，对应的 ξ 区间为 $(1, N)$。

则对应的方程为

$$x_\xi = \frac{C}{w}$$

对上式积分得

$$\int_1^N x_\xi d\xi = \int_1^N \frac{C}{w} d\xi$$

于是有

$$C = L \Big/ \int_1^N \frac{d\xi}{w}$$

因此，

$$x_\xi = \frac{L}{w\displaystyle\int_1^N \frac{d\xi}{w}} \tag{7.48}$$

以上积分中以 ξ 为自变量，如果以 x 为自变量也可得类似的积分关系。

由于

$$\xi_x = 1/x_\xi = w/C$$

积分得

$$N - 1 = \frac{1}{C}\int_0^L w\mathrm{d}x \ \text{和}\ \ \xi(x) - 1 = \int_0^x \xi_x \mathrm{d}x = \int_0^x \frac{w}{C}\mathrm{d}x$$

于是有

$$\xi(x) = 1 + (N-1)\frac{\displaystyle\int_0^x w\mathrm{d}x}{\displaystyle\int_0^L w\mathrm{d}x} \tag{7.49}$$

$$\xi_x = \frac{w}{C} = (N-1)w \Big/ \int_0^L w\mathrm{d}x \tag{7.50a}$$

$$x_\xi = 1/\xi_x = \frac{1}{(N-1)w}\int_0^L w\mathrm{d}x \tag{7.50b}$$

以上给出的式 (7.48) 和式 (7.50) 即可用于生成一维自适应网格。它们之间不同的是式 (7.48) 中权函数 $w = w(\xi)$；而在式 (7.50) 中 $w = w(x)$。网格分布和流动控制方程求解可以分别进行，即每求若干步控制方程的解 (这里假设问题是非定常的或迭代求定常解的问题) 之后，再根据自适应网格生成方程重新生成新网格。

现在的问题是 w 如何取值。最简单的方法是取

$$w = u_x \tag{7.51}$$

u_x 为速度的一阶导数，于是根据式 (7.47) 有

$$u_x x_\xi = C$$

这样在速度梯度较大的区域网格会自动加密。上式进一步可变成

$$u_\xi = C \tag{7.52}$$

这就是说每一网格间距 Δx 对应于相同的速度 u 增量，即在 $u-x$ 坐标上是按等 Δu 取网格点，如图 7.12(a)。这种方法的缺点是当 $u_x \to 0$ 时 (在流动均匀的区域)，网格间距 $\Delta x \to \infty$。为此可将权重因子 w 稍作改变，取

$$w = \sqrt{1+u_x^2} \tag{7.53}$$

这时有

$$\mathrm{d}s^2 = \mathrm{d}x^2 + \mathrm{d}u^2 = (1+u_x^2)\mathrm{d}x^2$$

即

$$\mathrm{d}s = w\mathrm{d}x, \quad w = s_x$$

$\mathrm{d}s$ 为微段弧长。于是式 (7.47) 变为

$$s_x x_\xi = C \quad 或 \quad s_\xi = C \tag{7.54}$$

也就是说网格间距由 $u = u(x)$ 曲线等弧长条件确定，如图 7.12(b)。权函数 w 更一般的取法是

$$w = \sqrt{1+a^2 u_x^2} \tag{7.55}$$

于是在 $u - x/a$ 关系曲线上：

$$\mathrm{d}\bar{s}^2 = \left[\mathrm{d}\left(\frac{x}{a}\right)\right]^2 + \mathrm{d}u^2 = \left[1+u_{\frac{x}{a}}^2\right]\left[\mathrm{d}\left(\frac{x}{a}\right)\right]^2$$

故

$$w = \bar{s}_{\frac{x}{a}}$$

代入式 (7.47) 得

$$\bar{s}_{\frac{x}{a}}x_\xi = C \text{ 或 } \bar{s}_\xi = C/a \tag{7.56}$$

即在 $u-x/a$ 坐标上按等弧长取网格，如图 7.12(c)。当 $a>1$ 时，原来 u_x 斜率大的地方变得更陡，网格加密程度更大。

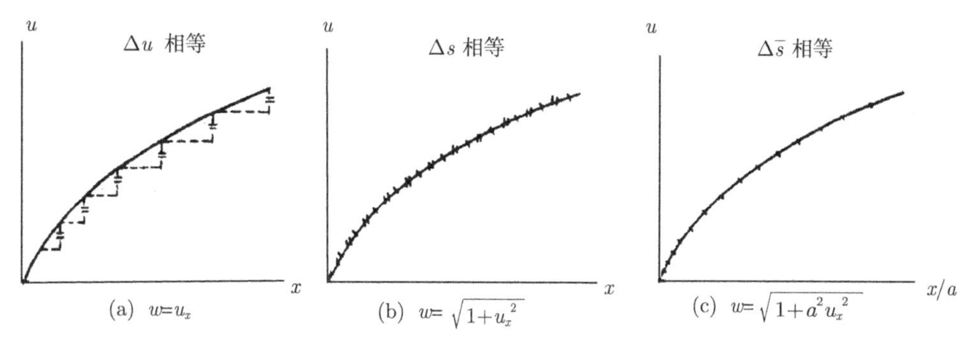

图 7.12　权函数与网格节点分布

以上作法也有一些缺点，在有些问题中 $u_x=0$ 处曲率很大 (即 u_{xx} 很大)，如果希望在这些区域网格加密度，权函数可用下式：

$$w = 1 + a^2|k| \tag{7.57}$$

式中，k 为 $u-x$ 曲线的曲率，

$$k = \frac{u_{xx}}{(1+u_x^2)^{\frac{3}{2}}}$$

为兼顾斜率和曲率的影响，权函数 w 可以表示为

$$w = (1+\beta^2|k|)\sqrt{1+a^2u_x^2} \tag{7.58}$$

或

$$w = 1 + a|u_x| + \beta|u_{xx}| \tag{7.59}$$

以上是一维自适应网格生成的基本方法，这种方法同样可推广到二维和三维自适应网格生成。

7.3.5　计算网格生成实例——卡门翼型绕流计算网格

采用椭圆型微分方程生成求解域中的网格，要将在计算域内的椭圆型方程 (7.41) 差分离散。如图 7.13，令 $\Delta\xi=\Delta\eta=1$(即 ξ，η 坐标值采用网格节点序号) 得

$$\begin{aligned}
&a_{i,j}[x_{i-1,j}-2x_{i,j}+x_{i+1,j}]+\gamma_{i,j}[x_{i,j+1}-2x_{i,j}+x_{i,j-1}]\\
=&\frac{1}{2}\beta_{i,j}[x_{i+1,j+1}-x_{i+1,j-1}-x_{i-1,j+1}+x_{i-1,j-1}]\\
&-\frac{1}{2}J_{i,j}^2[P_{i,j}(x_{i+1,j}-x_{i-1,j})+Q_{i,j}(x_{i,j+1}-x_{i,j-1})]\equiv RHX
\end{aligned} \tag{7.60a}$$

$$a_{i,j}[y_{i-1,j}-2y_{i,j}+y_{i+1,j}]+\gamma_{i,j}[y_{i,j+1}-2y_{i,j}+y_{i,j-1}]$$

$$
\begin{aligned}
&=\frac{1}{2}\beta_{i,j}[y_{i+1,j+1}-y_{i+1,j-1}-y_{i-1,j+1}+y_{i-1,j-1}]\\
&\quad-\frac{1}{2}J_{i,j}^2[P_{i,j}(y_{i+1,j}-y_{i-1,j})+Q_{i,j}(y_{i,j+1}-y_{i,j-1})]\equiv RHY
\end{aligned}
\tag{7.60b}
$$

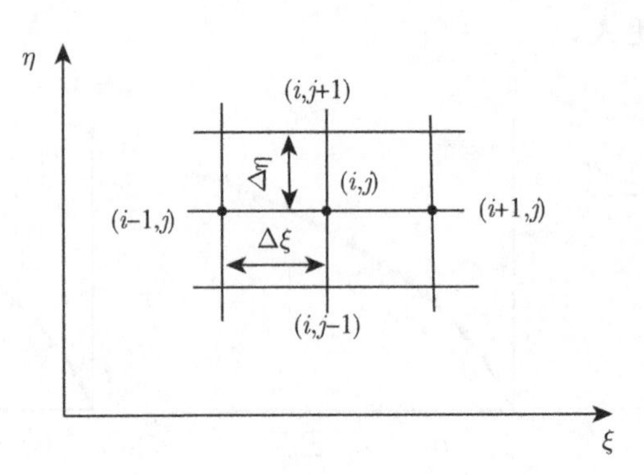

图 7.13　局部网格示意图

其中：

$$
\begin{aligned}
a_{i,j}&=\frac{1}{4}[x_{i,j+1}-x_{i,j-1}]^2+\frac{1}{4}[y_{i,j+1}-y_{i,j-1}]^2\\
\beta_{i,j}&=\frac{1}{4}[x_{i+1,j+1}-x_{i+1,j-1}-x_{i-1,j+1}+x_{i-1,j-1}]\\
&\quad+\frac{1}{4}[y_{i+1,j+1}-y_{i+1,j-1}-y_{i-1,j+1}+y_{i-1,j-1}]\\
\gamma_{i,j}&=\frac{1}{4}[x_{i+1,j}-x_{i-1,j}]^2+\frac{1}{4}[y_{i+1,j}-y_{i-1,j}]^2\\
J_{i,j}&=\frac{1}{4}[x_{i+1,j}-x_{i-1,j}][y_{i,j+1}-y_{i,j-1}]\\
&\quad-\frac{1}{4}[x_{i,j+1}-x_{i,j-1}][y_{i+1,j}-y_{i-1,j}]
\end{aligned}
$$

式 (7.42a)、式 (7.42b) 可采用点迭代和线迭代方法进行求解，在此采用黎曼点迭代，得

$$
x_{i,j}^{n+1}=\frac{a_{i,j}^n(x_{i+1,j}^n+x_{i-1,j}^{n+1})+\gamma_{i,j}^n(x_{i,j+1}^n+x_{i,j-1}^{n+1})-RHX^n}{2(a_{i,j}^n+\gamma_{i,j}^n)}\tag{7.61a}
$$

$$
y_{i,j}^{n+1}=\frac{a_{i,j}^n(y_{i+1,j}^n+y_{i-1,j}^{n+1})+\gamma_{i,j}^n(y_{i,j+1}^n+y_{i,j-1}^{n+1})-RHY^n}{2(a_{i,j}^n+\gamma_{i,j}^n)}\tag{7.61b}
$$

以下采用上述差分方程生成网格，其物理域流场外边界为一圆，内边界为卡门翼型，如图 7.14(a) 所示。

采用数值方法生成网格首先要给定边界节点 xy 坐标，并且还要给出假定初始时刻内部节点的 xy 坐标，即初始网格。本网格生成例子在给出边界节点 xy 坐标值后采用线性内插给出内部节点初始假定值，这样得初始网格如图 7.14(a)。生成的网格见图 7.14(b)；图 7.14(c) 为计算域网格。对比图 7.14(b) 和 (c) 注意计算域网格与求解域网格节点的对应关系。等 ξ 线 (I 等于常数) 为一系列射线；等 η 线 (J 等于常数) 为一系列绕翼型的封闭曲线。在求解域内，I=1 和 I=IM 两条射线相重合；J=1 线即为翼型的型线，J=JM 线为计算域外边界。

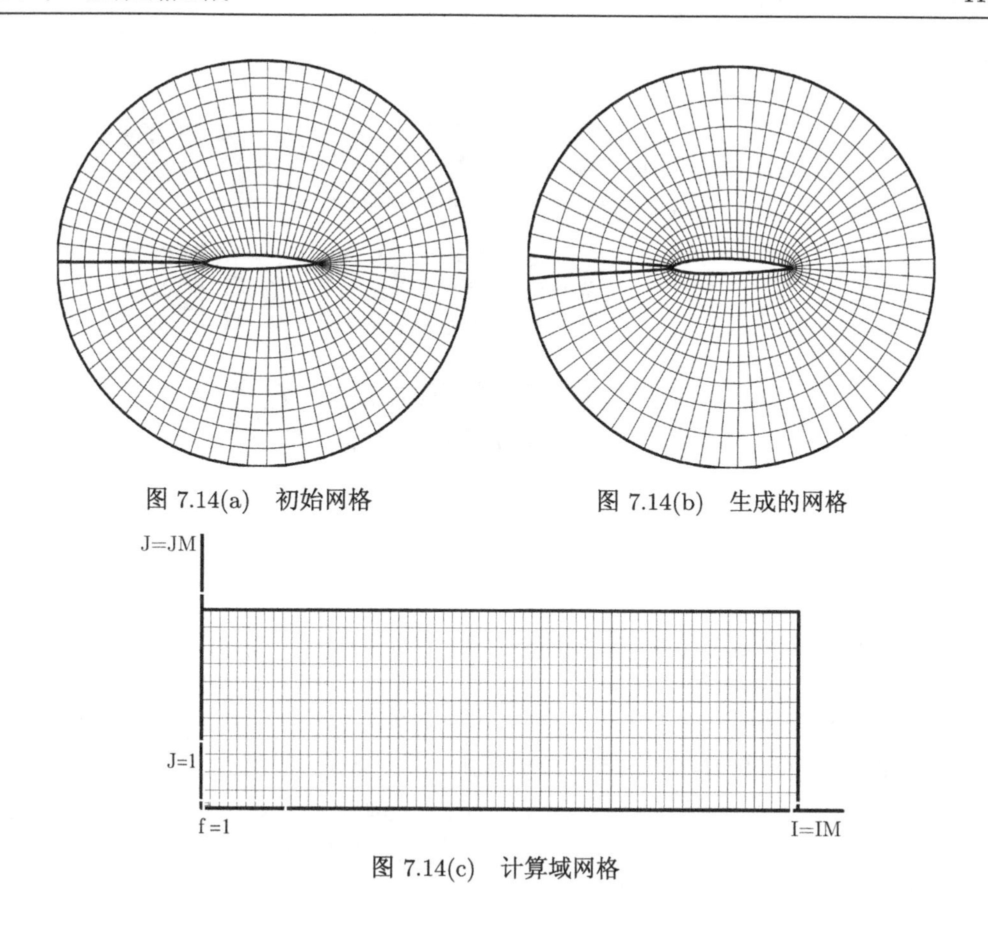

图 7.14(a)　初始网格

图 7.14(b)　生成的网格

图 7.14(c)　计算域网格

练　习　题

1. 采用有限差分方法进行方程离散为什么要将直角坐标系下的基本方程转换为任意曲线坐标系下的基本方程？为什么要建立坐标转换关系？

2. 网格生成主要有哪几种方法？简要说明各种网格生成方法的基本步骤。

3. 以一维椭圆型方程为例，说明方程中加源项对网格节点疏密控制的基本原理。

4. 在自适应网格中，权函数采用 $w = u_x$ 有什么缺点，可如何改进？

第8章 三维紊流平均流的有限差分计算

由于计算机技术的迅速发展，计算机内存和计算速度都有了很大提高。早先由于计算机水平限制，很多流动问题数值计算采用无黏假设，而现在几乎所有二维问题以及大部分三维问题都可以采用黏性计算，即采用 N-S 方程。不过紊流流动是非定常不规则流，目前的计算机水平对此种流动进行数值计算仍存在较大困难。采用紊流平均流 N-S 方程结合紊流模型是当前普遍采用的方法。工程上所涉及的流体力学问题绝大多数属于不规则边界，采用有限差分方法进行计算必须将直角坐标系下的基本方程转化到任意曲线坐标系下。本章将阐述任意曲线坐标系下三维紊流流动的四步龙格–库塔计算方法。

8.1 紊流流动计算方法分类

工程实际中流动大多数为较高雷诺数流动问题，附面层层流和紊流区域共存，并且以紊流区域为主。对于紊流运动，描述其运动的控制方程为经典的 Navier-Stokes 方程，可直接进行离散求解，即 DNS(direct Navier-Stokes) 方法。但由于紊流流动是三维非定常流且各种尺度的涡随时间和空间大幅度随机变化，如果要数值模拟这种流动，需要非常密的网格节点分布和非常小的时间步长。限于计算机速度，目前这种方法在工程实际中还未能得到应用，但已有人采用这种方法对一些简单流动 (比如管道流动、平板附面层流动、后向台阶等) 数值模拟，研究该方法对大分离预测精度、紊流附面层流动机理、附面层转捩以及对紊流模型精度进行考核。

为了减少紊流流场数值计算时间，将 Navier-Stokes 方程进行时间平均，得到雷诺平均 Navier-Stokes(RANS，Reynolds-averaged Navier-Stokes) 方程组，对该方程组进行离散求解即 RANS 方法。RANS 方程组引入一些新项 (称为雷诺应力项)，使得方程组未知数个数多于方程个数，方程组不再封闭。为此需建立关于雷诺应力项的经验或半经验关系式，即紊流模型。采用 RANS 方法进行流场计算可大幅度减小网格节点数，进而有效缩短计算时间和降低对计算机内存要求。RANS 方法是当前工程实际中应用最广泛的紊流流场数值计算方法。但是，采用 RANS 方法没有附面层转捩预测能力；并且由于引入的紊流模型为经验或半经验关系式，影响计算精度，特别是大分离流动的计算精度。

20 世纪 70 年代，发展了一种新的紊流数值计算方法，即大涡模拟 (large eddy simulation，LES) 方法。该方法主要思想是：对大于网格尺度的大紊流涡进行直接数值模拟，对小于网格尺度的紊流涡建立模型。与 RNS 方法相比，LES 方法具有更高计算精度 (特别是大分离流动计算精度)，并可预测附层面转捩。为了直接数值模拟大尺度的紊流涡，附面层区网格尺度要非常小，因此网格节点数比 RNS 方法要大得多，因此计算耗时也比 RNS 方法长得多 (但网格节点数要比 DNS 方法少得多)。虽然 LES 方法计算网格节点数仍很多，但是由于近年计算机技术快速发展，该方法已在工程实际中得到一定应用。

8.2　三维紊流平均流 N-S 方程

在任意曲线坐标系下，非定常可压缩三维紊流平均流 N-S 方程可写成：

$$\frac{\partial\left(\boldsymbol{J}^{-1}\boldsymbol{Q}\right)}{\partial t}+\frac{\partial \boldsymbol{F}}{\partial \xi}+\frac{\partial \boldsymbol{G}}{\partial \eta}+\frac{\partial \boldsymbol{H}}{\partial \varsigma}=\frac{\partial \boldsymbol{Fv}}{\partial \xi}+\frac{\partial \boldsymbol{Gv}}{\partial \eta}+\frac{\partial \boldsymbol{Hv}}{\partial \varsigma} \tag{8.1}$$

其中：

$$\boldsymbol{Q}=\begin{bmatrix}\rho\\ \rho u\\ \rho v\\ \rho w\\ \rho E\end{bmatrix},\quad \boldsymbol{F}=\boldsymbol{J}^{-1}\begin{bmatrix}\rho U\\ \rho uU+\xi_x P\\ \rho vU+\xi_y P\\ \rho wU+\xi_z P\\ \rho HU\end{bmatrix},$$

$$\boldsymbol{G}=\boldsymbol{J}^{-1}\begin{bmatrix}\rho V\\ \rho uV+\eta_x P\\ \rho vV+\eta_y P\\ \rho wV+\eta_z P\\ \rho HV\end{bmatrix},\quad \boldsymbol{H}=\boldsymbol{J}^{-1}\begin{bmatrix}\rho W\\ \rho uW+\varsigma_x P\\ \rho vW+\varsigma_y P\\ \rho wW+\varsigma_z P\\ \rho HW\end{bmatrix}$$

$$\boldsymbol{Fv}=\boldsymbol{J}^{-1}\begin{bmatrix}0\\ \xi_x\tau_{xx}+\xi_y\tau_{xy}+\xi_z\tau_{xz}\\ \xi_x\tau_{yx}+\xi_y\tau_{yy}+\xi_z\tau_{yz}\\ \xi_x\tau_{zx}+\xi_y\tau_{zy}+\xi_z\tau_{zz}\\ \xi_x\beta_x+\xi_y\beta_y+\xi_z\beta_z\end{bmatrix},\quad \boldsymbol{Gv}=\boldsymbol{J}^{-1}\begin{bmatrix}0\\ \eta_x\tau_{xx}+\eta_y\tau_{xy}+\eta_z\tau_{xz}\\ \eta_x\tau_{yx}+\eta_y\tau_{yy}+\eta_z\tau_{yz}\\ \eta_x\tau_{zx}+\eta_y\tau_{zy}+\eta_z\tau_{zz}\\ \eta_x\beta_x+\eta_y\beta_y+\eta_z\beta_z\end{bmatrix}$$

$$\boldsymbol{Hv}=\boldsymbol{J}^{-1}\begin{bmatrix}0\\ \varsigma_x\tau_{xx}+\varsigma_y\tau_{xy}+\varsigma_z\tau_{xz}\\ \varsigma_x\tau_{yx}+\varsigma_y\tau_{yy}+\varsigma_z\tau_{yz}\\ \varsigma_x\tau_{zx}+\varsigma_y\tau_{zy}+\varsigma_z\tau_{zz}\\ \varsigma_x\beta_x+\varsigma_y\beta_y+\varsigma_z\beta_z\end{bmatrix} \tag{8.2}$$

$$E=\frac{P}{(\gamma-1)\rho}+\frac{1}{2}\left(u^2+v^2+w^2\right) \tag{8.3}$$

$$H = E + \frac{p}{\rho} \tag{8.4}$$

$$P = \rho RT \tag{8.5}$$

$$U = \xi_x u + \xi_y v + \xi_z w, \quad V = \eta_x u + \eta_y v + \eta_z w, \quad W = \varsigma_x u + \varsigma_y v + \varsigma_z w \tag{8.6}$$

U，V，w 为逆变速度分量。

$$\begin{aligned}
&\xi_x = J(y_\eta z_\varsigma - y_\varsigma z_\eta), \quad \xi_y = J(z_\eta x_\varsigma - z_\varsigma x_\eta), \quad \xi_z = J(x_\eta y_\varsigma - x_\varsigma y_\eta) \\
&\eta_x = J(y_\varsigma z_\xi - y_\xi z_\varsigma), \quad \eta_y = J(z_\varsigma x_\xi - z_\xi x_\varsigma), \quad \eta_z = J(x_\varsigma y_\xi - x_\xi y_\varsigma) \\
&\varsigma_x = J(y_\xi z_\eta - y_\eta z_\xi), \quad \varsigma_y = J(z_\xi x_\eta - z_\eta x_\xi), \quad \varsigma_z = J(x_\xi y_\eta - x_\eta y_\xi)
\end{aligned} \tag{8.7}$$

$$J^{-1} = x_\xi y_\eta z_\varsigma + x_\eta y_\varsigma z_\xi + x_\xi y_\varsigma z_\eta - x_\xi y_\varsigma z_\eta - x_\eta y_\xi z_\varsigma - x_\varsigma y_\eta z_\xi \tag{8.8}$$

$$\begin{aligned}
\tau_{xx} &= 2\mu u_x + \lambda(u_x + v_y + w_z) \\
\tau_{yy} &= 2\mu v_y + \lambda(u_x + v_y + w_z) \\
\tau_{zz} &= 2\mu w_z + \lambda(u_x + v_y + w_z) \\
\tau_{xy} &= \tau_{yx} = \mu(u_y + v_x) \\
\tau_{xz} &= \tau_{zx} = \mu(u_z + w_x) \\
\tau_{yz} &= \tau_{zy} = \mu(v_z + w_y)
\end{aligned} \tag{8.9}$$

$$\begin{aligned}
\beta_x &= u\tau_{xx} + v\tau_{xy} + w\tau_z + kT_x \\
\beta_y &= u\tau_{yx} + v\tau_{xy} + w\tau_{yz} + kT_y \\
\beta_z &= u\tau_{zx} + v\tau_{zy} + w\tau_{zz} + kT_z
\end{aligned} \tag{8.10}$$

$$\mu = \mu_l + \mu_t \tag{8.11}$$

$$k = c_p\left[(\mu/Pr)_l + (\mu Pr)_t\right] \tag{8.12}$$

$$c_p = \frac{\gamma}{\gamma - 1}R \tag{8.13}$$

$$\lambda = -\frac{2}{3}\mu \tag{8.14}$$

μ_l 和 μ_t 分别为层流和紊流黏性系数。

8.3　紊流模型方程

紊流模型可分为两类：基于涡黏性概念的紊流模型和雷诺应力及代数应力模型。代数紊流模型假设局部紊流生成与耗散平衡，将涡黏性直接用附面层特征量的代数关系式表示。由于无法计算紊流动能，通常假设紊流动能为零。如 Baldwin-Lomax 模型 (1978) 和 Michel 模型 (1969)，此类紊流模型计算过程简单，计算速度快，无需求解偏微分方程 (组)，因而得到广泛应用。

8.3.1　Baldwin-Lomax 模型的双层代数紊流模型

将紊流黏性系数 μ_t 分内外两层计算

$$\mu_t = \begin{cases} \mu_{\text{tin}}, & y \leqslant y_{\text{cross}} \\ \mu_{\text{tout}}, & y > y_{\text{cross}} \end{cases} \tag{8.15}$$

y_{cross} 为内层和外层黏性系数计算公式计算出的黏性系数相同点所对应的 y 中的最小值。

$$\mu_{\text{tin}} = \rho l^2 |\xi| \tag{8.16}$$

$$l = ky\left[1 - \exp\left(1 - y^+/A^+\right)\right]$$

其中：

$$|\xi| = \sqrt{\left(\frac{\partial u}{\partial y} - \frac{\partial v}{\partial x}\right)^2 + \left(\frac{\partial v}{\partial z} - \frac{\partial w}{\partial y}\right)^2 + \left(\frac{\partial w}{\partial x} - \frac{\partial u}{\partial z}\right)^2} \tag{8.17}$$

$$y^+ = \frac{v^* y}{v}, \quad v^* = \sqrt{\frac{\tau_w}{\rho}}$$

$$\mu_{\text{tout}} = \overline{K} C_{\text{cp}} \rho F_{\text{wake}} F_{\text{kleb}}(y) \tag{8.18}$$

其中:

$$F_{\text{wake}} = \min\left\{y_{\max} F_{\max}, C_{\text{wk}} y_{\max} u_{\text{dif}}^2 / F_{\max}\right\} \tag{8.19}$$

$$F(y) = y|\xi|\left[1 - \exp\left(-y^+/A^+\right)\right] \tag{8.20}$$

$F_{\max}$ 为 $F(y)$ 的最大值，对应于该值的 y 为 $y_{\max}$。

$$F_{\text{kleb}}(y) = \left[1 + 5.5\left(\frac{C_{\text{kleb}} \cdot y}{y_{\max}}\right)^6\right]^{-1} \tag{8.21}$$

$$u_{\text{dif}} = \left(\sqrt{u^2 + v^2 + w^2}\right)_{\max} - \left(\sqrt{u^2 + v^2 + w^2}\right)_{\min} \tag{8.22}$$

对于附面层流动，$\left(\sqrt{u^2 + v^2 + w^2}\right)_{\min} = 0$，所以有

$$\begin{aligned} &A^+ = 26, \quad C_{\text{cp}} = 1.6, \quad C_{\text{kleb}} = 0.3, \quad C_{\text{wk}} = 0.25 \\ &K = 0.4, \quad \overline{K} = 0.0168 \end{aligned} \tag{8.23}$$

8.3.2　*k*-*ε* 方程紊流模型

$$\frac{\partial(\rho k)}{\partial t} + \frac{\partial(\rho u_i k)}{\partial x_i} = \frac{\partial}{\partial x_i}\left[\left(\mu + \frac{\mu_t}{\sigma_k}\right)\frac{\partial k}{\partial x_i}\right] + P_k - \rho\varepsilon \tag{8.24}$$

$$\frac{\partial(\rho\varepsilon)}{\partial t} + \frac{\partial(\rho u_i \varepsilon)}{\partial x_i} = \frac{\partial}{\partial x_i}\left[\left(\mu + \frac{\mu_t}{\sigma_\varepsilon}\right)\frac{\partial \varepsilon}{\partial x_i}\right] + C_{\varepsilon 1} P_k \frac{\varepsilon}{k} - C_{\varepsilon 2}\frac{\varepsilon^2}{k} \tag{8.25}$$

$$P_k = \frac{1}{2}\left[\mu_t\left(\frac{\partial u_i}{\partial u_j} + \frac{\partial u_j}{\partial u_i}\right) - \frac{2}{3}\mu_t \frac{\partial u_j}{\partial u_j}\delta_{ij} - \frac{2}{3}\rho k \delta_{ij}\right]\left(\frac{\partial u_i}{\partial u_j} + \frac{\partial u_j}{\partial u_i}\right) \tag{8.26}$$

$$\mu_t = \rho C_\mu \frac{k^2}{\varepsilon}$$

常数为 $\sigma_k = 1$，$\sigma_\varepsilon = 1.3$，$C_{\varepsilon 1} = 1.44$，$C_{\varepsilon 2} = 1.92$，$C_\mu = 0.09$。

以上即为标准 k-ε 紊流模型，在此基础上近年又发展了重整化群 k-ε 模型、非线性 k-ε 模型以及低雷诺数 k-ε 紊流模型等。但在工程实际中应用，k-ε 模型与 Baldwin-Lomax 双层代数模型计算精度差不多。采用该紊流模型需求解两个偏微分方程构成的方程组，在此计算工作量较大。

8.4　控制方程的空间离散

对三维 N-S 方程的空间偏导数项采用中心差分进行离散，于是式 (8.1) 离散成：

$$\begin{aligned} &\frac{\partial\left(J^{-1}Q\right)}{\partial t} + F_{i+\frac{1}{2},j,k} - F_{i-\frac{1}{2},j,k} + G_{i,j+\frac{1}{2},k} - G_{i,j-\frac{1}{2},k} + H_{i,j,k+\frac{1}{2}} - H_{i,j,k-\frac{1}{2}} \\ &= F_{vi+\frac{1}{2},j,k} - F_{vi-\frac{1}{2},j,k} + G_{vi,j+\frac{1}{2},k} - G_{vi,j-\frac{1}{2},k} + H_{vi,j,k+\frac{1}{2}} - H_{vi,j,k-\frac{1}{2}} \end{aligned} \tag{8.27}$$

在此以 a 代表控制面 $(i\pm 1/2，j，k)$

$$F_a^1 = \left(J^{-1}\xi_x\right)_a Q_a^2 + \left(J^{-1}\xi_y\right)_a Q_a^3 + \left(J^{-1}\xi_z\right)_a Q_a^4 \tag{8.28a}$$

$$F_a^2 = F_a^1 Q_a^2/Q_a^1 + \left(J^{-1}\xi_x\right)_a P_a \tag{8.28b}$$

$$F_a^3 = F_a^1 Q_a^3/Q_a^1 + \left(J^{-1}\xi_y\right)_a P_a \tag{8.28c}$$

$$F_a^4 = F_a^1 Q_a^4/Q_a^1 + \left(J^{-1}\xi_z\right)_a P_a \tag{8.28d}$$

$$F_a^5 = F_a^1 H_a = F_a^1 Q_a^5/Q_a^1 + F_a^1 P_a/Q_a^1 \tag{8.28e}$$

以 b 代表控制面 $(i，j\pm 1/2，k)$

$$G_b^1 = \left(J^{-1}\eta_x\right)_b Q_b^2 + \left(J^{-1}\eta_y\right)_b Q_b^3 + \left(J^{-1}\eta_z\right)_b Q_b^4 \tag{8.29a}$$

$$G_b^2 = G_b^1 Q_b^2/Q_b^1 + \left(J^{-1}\eta_x\right)_b P_b \tag{8.29b}$$

$$G_b^3 = G_b^1 Q_b^3/Q_b^1 + \left(J^{-1}\eta_y\right)_b P_b \tag{8.29c}$$

$$G_b^4 = G_b^1 Q_b^4/Q_b^1 + \left(J^{-1}\eta_z\right)_b P_b \tag{8.29d}$$

$$G_b^5 = G_b^1 H_b = G_b^1 Q_b^5/Q_b^1 + G_b^1 P_b/Q_b^1 \tag{8.29e}$$

以 c 代表控制面 $(i，j，k\pm 1/2)$

$$H_c^1 = \left(J^{-1}\varsigma_x\right)_c Q_c^2 + \left(J^{-1}\varsigma_y\right)_c Q_c^3 + \left(J^{-1}\varsigma_z\right)_c Q_c^4 \tag{8.30a}$$

$$H_c^2 = H_c^1 Q_c^2/Q_c^1 + \left(J^{-1}\varsigma_x\right)_c P_c \tag{8.30b}$$

$$H_c^3 = H_c^1 Q_c^3 / Q_c^1 + \left(J^{-1} \varsigma_y\right)_c P_c \tag{8.30c}$$

$$H_c^4 = H_c^1 Q_c^4 / Q_c^1 + \left(J^{-1} \varsigma_z\right)_c P_c \tag{8.30d}$$

$$H_c^5 = H_c^1 Q_c^5 / Q_c^1 + H_c^1 P_c / Q_c^1 \tag{8.30e}$$

在式 (8.28)、式 (8.29)、式 (8.30) 计算中用到控制面上下列参数 p 和 $\rho\left(Q^1\right)$，$\rho u\left(Q^2\right)$，$\rho v\left(Q^3\right)$，$\rho w\left(Q^4\right)$，$\rho H\left(Q^5\right)$ 值。这些数值采用相邻两个节点上的平均值。此外，F, G, H, Q 上标 1，2，3，4，5 表示 F, G, H, Q 矢量中第一到第五个元素，对于下面的 F_v，G_v，H_v 意义相同。

$$F_{va}^1 = 0 \tag{8.31a}$$

$$F_{va}^2 = J_a^{-1} \left(\xi_x \tau_{xx} + \xi_y \tau_{xy} + \xi_z \tau_{xz}\right)_a \tag{8.31b}$$

$$F_{va}^3 = J_a^{-1} \left(\xi_x \tau_{yx} + \xi_y \tau_{yy} + \xi_z \tau_{yz}\right)_a \tag{8.31c}$$

$$F_{va}^4 = J_a^{-1} \left(\xi_x \tau_{zx} + \xi_y \tau_{zy} + \xi_z \tau_{zz}\right)_a \tag{8.31d}$$

$$F_{va}^5 = J_a^{-1} \left(\xi_x \beta_x + \xi_y \beta_y + \xi_z \beta_z\right)_a \tag{8.31e}$$

$$G_{vb}^1 = 0 \tag{8.32a}$$

$$G_{vb}^2 = J_b^{-1} \left(\eta_x \tau_{xx} + \eta_y \tau_{xy} + \eta_z \tau_{xz}\right)_b \tag{8.32b}$$

$$G_{vb}^3 = J_b^{-1} \left(\eta_x \tau_{yx} + \eta_y \tau_{yy} + \eta_z \tau_{yz}\right)_b \tag{8.32c}$$

$$G_{vb}^4 = J_b^{-1} \left(\eta_x \tau_{zx} + \eta_y \tau_{zy} + \eta_z \tau_{zz}\right)_b \tag{8.32d}$$

$$G_{vb}^5 = J_b^{-1} \left(\eta_x \beta_x + \eta_y \beta_y + \eta_z \beta_z\right)_b \tag{8.32e}$$

$$H_{vc}^1 = 0 \tag{8.33a}$$

$$H_{vc}^2 = J_c^{-1} \left(\varsigma_x \tau_{xx} + \varsigma_y \tau_{xy} + \varsigma_z \tau_{xz}\right)_c \tag{8.33b}$$

$$H_{vc}^3 = J_c^{-1} \left(\varsigma_x \tau_{yx} + \varsigma_y \tau_{yy} + \varsigma_z \tau_{yz}\right)_c \tag{8.33c}$$

$$H_{vc}^4 = J_c^{-1} \left(\varsigma_x \tau_{zx} + \varsigma_y \tau_{zy} + \varsigma_z \tau_{zz}\right)_c \tag{8.33d}$$

$$H_{vc}^5 = J_c^{-1} \left(\varsigma_x \beta_x + \varsigma_y \beta_y + \varsigma_z \beta_z\right)_c \tag{8.33e}$$

8.5 人 工 黏 性

附面层外势流区由于不存在物理黏性，中心差分会造成奇偶点数值不耦合。为了计算过程的稳定性，防止激波和滞止点附近数值振荡，通常计算过程中都要引入人工黏性项。为了减小在附面层区域人工黏性项数值，在此采用自适应变系数人工黏性模型。

将式 (8.1) 改写成

$$\frac{\partial}{\partial t}\left(J^{-1} Q\right) + C(Q) - D(Q) - AD(Q) = 0 \tag{8.34}$$

$C(Q)$、$D(Q)$ 分别为对流项和物理黏性项，$AD(Q)$ 为人工黏性项。

$$AD(Q) = AD_\xi(Q) + AD_\eta(Q) + AD_\varsigma(Q) \tag{8.35}$$

其中：

$$\begin{aligned} AD_\xi(Q) &= AD_\xi^2(Q) - AD_\xi^4(Q) \\ AD_\eta(Q) &= AD_\eta^2(Q) - AD_\eta^4(Q) \\ AD_\varsigma(Q) &= AD_\varsigma^2(Q) - AD_\varsigma^4(Q) \end{aligned} \tag{8.36}$$

而

$$AD_\xi^2(Q) = \nabla_\xi \left(\Lambda^\xi_{i+\frac{1}{2},j,k}\varepsilon^{\xi_2}_{i+\frac{1}{2},j,k}\right)\Delta_\xi Q_{i,j,k} \tag{8.37}$$

$$AD_\xi^4(Q) = \nabla_\xi \left(\Lambda^\xi_{i+\frac{1}{2},j,k}\varepsilon^{\xi_4}_{i+\frac{1}{2},j,k}\right)\Delta_\xi \nabla_\xi \Delta_\xi Q_{i,j,k} \tag{8.38}$$

$AD_\xi^2(Q)$，$AD_\xi^4(Q)$ 分别为二阶和四阶人工黏性项；Δ_ξ，∇_ξ 分别为向前和向后差分算子。对于某一标量 A 有

$$\Delta_\xi A_i = A_{i+1} - A_i,\quad \nabla_\xi A_i = A_i - A_{i-1} \tag{8.39}$$

于是可推得

$$\nabla_\xi \Delta_\xi A_i = A_{i+1} - 2A_i + A_{i-1} \tag{8.40}$$

$$\Delta_\xi \nabla_\xi \Delta_\xi A_i = A_{i+2} - 3A_{i+1} + 3A_i - A_{i-1} \tag{8.41}$$

$$AD_\xi^2(Q)=\Lambda^\xi_{i+\frac{1}{2},j,k}\varepsilon^{\xi_2}_{i+\frac{1}{2},j,k}\left(Q_{i+1,\ j,k} - Q_{i,j,\ k}\right) - \Delta^\xi_{i-\frac{1}{2},j,\ k}\varepsilon^{\xi_2}_{i-\frac{1}{2},j,k}\left(Q_{i,\ j,k} - Q_{i-1,j,k}\right) \tag{8.42}$$

$$\begin{aligned} AD_\xi^4(Q) =& \Lambda^\xi_{i+\frac{1}{2},j,k}\varepsilon^{\xi 4}_{i+\frac{1}{2},j,k}\left(Q_{i+2,j,k} - 3Q_{i+1,j,k} - 3Q_{i,j,k} + Q_{i-1,j,k}\right) \\ & - \Lambda^\xi_{i-\frac{1}{2},j,k}\varepsilon^{\xi 4}_{i-\frac{1}{2},j,k}\left(Q_{i+1,j,k} - 3Q_{i,j,k} - 3Q_{i-1,j,k} + Q_{i-2,j,k}\right) \end{aligned} \tag{8.43}$$

$$\Lambda^\xi = \Phi_\xi \lambda^\xi \tag{8.44}$$

$$\lambda^\xi = \mathrm{d}s^\xi\left(a + |V_n|\right) \tag{8.45}$$

式中，$\mathrm{d}s^\xi$ 为等 ξ 微元面面积，a 为声速，V_n 为等 ξ 面法向速度。由式 (8.42) 可推得

$$\lambda^\xi = \left(|U| + a\sqrt{\xi_x^2 + \xi_y^2 + \xi_z^2}\right) \tag{8.46a}$$

同理可推得

$$\lambda^\eta = \left(|V| + a\sqrt{\eta_x^2 + \eta_y^2 + \eta_z^2}\right)/J \tag{8.46b}$$

$$\lambda^\varsigma = \left(|U| + a\sqrt{\varsigma_x^2 + \varsigma_y^2 + \varsigma_z^2}\right)/J \tag{8.46c}$$

$$\Phi^\xi = 1 + \left(\lambda^\eta/\lambda^\xi\right)^\sigma + \left(\lambda^\varsigma/\lambda^\xi\right)^\sigma \tag{8.47a}$$

$$\Phi^\eta = 1 + \left(\lambda^\xi/\lambda^\eta\right)^\sigma + \left(\lambda^\varsigma/\lambda^\eta\right)^\sigma \tag{8.47b}$$

$$\Phi^\varsigma = 1 + \left(\lambda^\xi/\lambda^\varsigma\right)^\sigma + \left(\lambda^\eta/\lambda^\varsigma\right)^\sigma \tag{8.47c}$$

σ 为经验系数，取值 0.4 ~ 0.8 计算过程收敛性较好。

$$\varepsilon^{\xi_2}_{i+\frac{1}{2},j,k} = K^{(2)} \max\left(\nu^{\xi}_{i-2,j,k}, \nu^{\xi}_{i-1,j,k}, \nu^{\xi}_{i,j,k}, \nu^{\xi}_{i+1,j,k} \nu^{\xi}_{i+2,j,k}\right) \tag{8.48}$$

$$\nu^{\xi}_{i,j,k} = \frac{|P_{i+1,j,k} - 2P_{i,j,k} + P_{i-1,j,k}|}{P_{i+1,j,k} + 2P_{i,j,k} + P_{i-1,j,k}} \tag{8.49}$$

$$\varepsilon^{\xi_4}_{i+\frac{1}{2},j,k} = \max\left\{0,\ \left(k^{(4)} - \varepsilon^{\xi_2} + \frac{1}{2},\ j,\ k\right)\right\} \tag{8.50}$$

$K^{(2)} = 1/2$，$K^{(4)} = 1/64$。在式 (8.49) 中人工黏性由压力作为感受因子，使其数值在激波或驻点附近自动加大。$AD\eta_(Q)$ 和 $AD_\varsigma(Q)$ 计算与 $AD_\xi(Q)$ 计算方法完全相同。

8.6　控制方程的时间离散

采用四步龙格–库塔对守恒方程 (8.34) 进行时间积分，为此将方程改写成：

$$\frac{\partial Q}{\partial t} + R(Q) = 0 \tag{8.51}$$

$$R(Q) = J\left[C(Q) - D(Q) - AD(Q)\right] \tag{8.52}$$

于是有

$$\begin{aligned} Q^{(0)} &= Q^{(n)} \\ Q^{(1)} &= Q^{(0)} - \alpha_1 \Delta R(Q)^{(0)} \\ Q^{(2)} &= Q^{(0)} - \alpha_2 \Delta R(Q)^{(1)} \\ Q^{(3)} &= Q^{(0)} - \alpha_3 \Delta R(Q)^{(2)} \\ Q^{(4)} &= Q^{(0)} - \alpha_4 \Delta R(Q)^{(3)} \\ Q^{(n+1)} &= Q^{(4)} \end{aligned} \tag{8.53}$$

式中，$\alpha_1 = 1/4$，$\alpha_2 = 1/3$，$\alpha_3 = 1/2$，$\alpha_4 = 1$。

8.7　加 速 技 术

三维黏性流场计算网格点多，迭代计算速度慢，为了提高迭代收敛速度，通常要采用一些加速技术，如局部时间步长、多重网格法、残值光顺等；对于无黏流还可采用焓阻尼技术。

8.7.1　局部时间步长

采用时间推进法求稳态解，采用局部最大时间步长，可加快扰动传播速度，提高迭代收敛速度。由于每一迭代时间步，各网格节点所采用时间步长不同，因而这种加速方法不适用于求非定常解。

局部时间步长 (Δt) 由对流项 (Δt_c) 和扩散项 (Δt_d) 限制综合考虑得到，即

$$\Delta t = c_1 \min\left(\Delta t_c,\ \Delta t_d\right)$$

c_1 为与 CFL 条件相关联系数，c_1 取值越大，计算过程收敛越快，此数值由实验确定。在此可取

$$\Delta t_c = \frac{1}{J\left(\lambda_\xi + \lambda_\eta + \lambda_\varsigma\right)} \tag{8.54}$$

$$\frac{1}{\Delta t_d} = K_t \frac{r\mu}{\rho \, \mathrm{Pr}} J^2 \left(S_\eta^2 S_\varsigma^2 + S_\xi^2 S_\varsigma^2 + S_\xi^2 S_\eta^2\right) \tag{8.55}$$

其中：

$$S_\xi^2 = x_\xi^2 + y_\xi^2 + z_\xi^2$$
$$S_\eta^2 = x_\eta^2 + y_\eta^2 + z_\eta^2$$
$$S_\varsigma^2 = x_\varsigma^2 + y_\varsigma^2 + z_\varsigma^2$$

8.7.2 隐式残值光顺

对于基于不稳定方法的稳态问题 (通常称为时间推进法)，为了缓解这种显式方法对时间步长的限制 (时间步长由 CFL 数确定)，可采用光顺技术对每一迭代步计算出的网格节点上的参数值进行光顺处理。在此介绍隐式残值光顺 (implicit residual smoothing，IRS) 技术，这种技术近十年来被广泛地用于定常和非定常问题的求解。

$$\left(1 - \beta_\xi \nabla_\xi \nabla_\xi\right)\left(1 - \beta_\eta \nabla_\eta \nabla_\eta\right)\left(1 - \beta_\varsigma \nabla_\varsigma \nabla_\varsigma\right)\overline{R} = R \tag{8.56}$$

$\overline{R}$ 为残值 R 的光顺值。

$$\begin{aligned}
\beta_\xi &= \max\left\{0,\ \frac{1}{4}\left[\left(\frac{FL}{CFL^*}\frac{\lambda^\xi}{\lambda^\xi + \lambda^\eta + \lambda^\varsigma}\Phi_\xi\right)^2 - 1\right]\right\} \\
\beta_\eta &= \max\left\{0,\ \frac{1}{4}\left[\left(\frac{FL}{CFL^*}\frac{\lambda^\eta}{\lambda^\xi + \lambda^\eta + \lambda^\varsigma}\Phi_\eta\right)^2 - 1\right]\right\} \\
\beta_\varsigma &= \max\left\{0,\ \frac{1}{4}\left[\left(\frac{FL}{CFL^*}\frac{\lambda^\varsigma}{\lambda^\xi + \lambda^\eta + \lambda^\varsigma}\Phi_\varsigma\right)^2 - 1\right]\right\}
\end{aligned} \tag{8.57}$$

式 (8.56) 可分裂成下列 3 个分式：

$$\left(1 - \beta_\xi \nabla_\xi \nabla_\xi\right)\overline{R^*} = R \tag{8.58a}$$

$$\left(1 - \beta_\eta \nabla_\eta \nabla_\eta\right)\overline{R^{**}} = \overline{R^*} \tag{8.58b}$$

$$\left(1 - \beta_\varsigma \nabla_\varsigma \nabla_\varsigma\right)\overline{R} = \overline{R^{**}} \tag{8.58c}$$

其中：

$$\nabla_\xi \nabla_\xi \overline{R^*} = \overline{R^*_{i+1,\ j,\ k}} - 2\overline{R^*_{i,\ j,\ k}} + \overline{R^*_{i-1,\ j,\ k}}$$
$$\nabla_\eta \nabla_\eta \overline{R^*} = \overline{R^*_{i,\ j+1,\ k}} - 2\overline{R^*_{i,\ j,\ k}} + \overline{R^*_{i,\ j-1,\ k}}$$
$$\nabla_\varsigma \nabla_\varsigma \overline{R^*} = \overline{R^*_{i,\ j,\ k+1}} - 2\overline{R^*_{i,\ j,\ k}} + \overline{R^*_{i,\ j,\ k-1}}$$

式 (8.55a)~式 (8.55c) 形式完全一样，写成下列统一形式：

$$\left(1 - \beta \nabla\nabla\right)\overline{r} = r \tag{8.59}$$

上式展开得

$$-\beta_l\overline{r_{l-1}} + (2\beta_l + 1)\overline{r_l} - \beta_l\overline{r_{l+1}} = r_l \tag{8.60}$$

$l = 1, N$。N 为光顺节点数。将式 (8.60) 在所有节点展开，得到的方程组是三对角矩阵方程，求解过程不复杂。

练　习　题

1. 为什么流场数值计算需要紊流模型？
2. 有哪些流场计算加速技术？说明各种技术的基本原理。

第9章 流场计算多重网格加速方法

在数值计算中一般都要涉及大型代数方程组的求解，这类方程的求解通常采用迭代法。如果网格节点多、方程阶数高，迭代收敛速度会较慢。因此寻求一些加速求解代数方程组的计算方法是很有意义的。

近年来发展起来的多重网格法 (multiple grid method) 是一种加速收敛的比较好的方法。它首先用来求解椭圆型方程，后来又被推广到对时间相关流动问题的加速求解。

求解一个流场首先要进行网格划分，为了使数值解有符合要求的精度，网格划分得要足够细、节点数要足够多。这样计算迭代时间会比较长。为此可以先将网格划得稀疏一些，在此稀疏网格上进行计算得到一个初步结果。然后再加密网格，其初值采用在稀疏网格上计算结果插值得到。这样得到的初场比较合理，因而可以使迭代计算过程加快。另外，稀疏网格上计算不需要有很高的精度，因此为了减少计算时间，稀疏网格上迭代计算次数也不需太多。多重网格法就是基于上述思想。此外，多重网格法需要在粗细网格上交替进行计算，其目的是将误差通过滤波方法减少。

9.1 迭代法的误差衰减

在此以泊松方程为例来讨论，其一般形式为

$$L_u = au_{xx} + bu_{yy} = f(x,\ y) \tag{9.1a}$$

式中，a，b 为常系数，$f(x,\ y)$ 为已知函数。边界条件为

$$u|_{\Gamma} = g(x,\ y) \tag{9.1b}$$

$g(x,\ y)$ 为已知。

构造黎曼迭代法差分迭代公式：

$$a\frac{u_{i-1,j}^{n+1} - 2u_{i,j}^{n+1} + u_{i+1,j}^{n}}{\Delta x^2} + b\frac{u_{i,j-1}^{n+1} - 2u_{i,j}^{n+1} + u_{i,j+1}^{n}}{\Delta y^2} = f_{i,j} \tag{9.2}$$

引入误差 ε，由于式 (9.1) 为线性方程，因而可直接得到误差传递方程:

$$a\frac{\varepsilon_{i-1,j}^{n+1}-2\varepsilon_{i,j}^{n+1}+\varepsilon_{i+1,j}^{n}}{\Delta x^2}+b\frac{\varepsilon_{i,j-1}^{n+1}-2\varepsilon_{i,j}^{n+1}+\varepsilon_{i,j+1}^{n}}{\Delta y^2}=0 \tag{9.3}$$

误差项 $\varepsilon_{i,j}^{n}$ 的傅里叶级数为

$$\varepsilon_{i,j}^{n}=C_{k_x,k_y}^{n}\mathrm{e}^{ik_x x}\mathrm{e}^{ik_y y}$$

同理可写出 $\varepsilon_{i-1,j}^{n},\varepsilon_{i+1,\ j}^{n}$ 等各项傅里叶级数，代入式 (9.3) 得

$$C^n(A\mathrm{e}^{ik_x\Delta x}+B\mathrm{e}^{ik_y\Delta y})+C^{n+1}(A\mathrm{e}^{-ik_x\Delta x}+B\mathrm{e}^{-ik_y\Delta y}-2A-2B)=0 \tag{9.4}$$

式中，$A=a/\Delta x^2$，$B=b/\Delta y^2$。放大因子为

$$G=\frac{C^{n+1}}{C^n}=\frac{A\mathrm{e}^{ik_x\Delta x}+B\mathrm{e}^{ik_y\Delta y}}{A\mathrm{e}^{-ik_x\Delta x}+B\mathrm{e}^{-ik_y\Delta y}-2A-2B} \tag{9.5}$$

为简单起见，设 $\Delta x=\Delta y=\Delta$，故有 $A=B$，上式可变为

$$|G|=\left|\frac{(\cos k_x\Delta x+\cos k_y\Delta y)+i(\sin k_x\Delta x+\sin k_y\Delta y)}{4-(\cos k_x\Delta x+\cos k_y\Delta y)+i(\sin k_x\Delta x+\sin k_y\Delta y)}\right| \tag{9.6}$$

可见对于不同的 k_x 和 k_y 有不同的误差衰减率，如:

$$k_x\Delta x=k_y\Delta y=\pi\text{时，}|G|=\frac{1}{3}$$

$$k_x\Delta x=k_y\Delta y=\frac{\pi}{2}\text{时，}|G|=\sqrt{\frac{1}{5}}$$

$$k_x\Delta x=k_y\Delta y\Rightarrow 0\text{时，}|G|\Rightarrow 1$$

由上，对于同一种网格而言，在迭代计算过程中，k(波数) 比较大时，误差衰减率就大 (放大因子小)，而波数小时衰减慢。也就是说误差的高频分量衰减得比较快，低频分量衰减得比较慢。不过也有些高频分量衰减得比较慢，比如:

$$k_x\Delta x=k_y\Delta y=2\pi\text{时，}|G|=1$$

所以采用傅里叶级数将误差表示分解成不同频率的误差分量之和可看出：在迭代计算过程中，不同频率的误差分量衰减的速度不同，而衰减速度缓慢的误差分量将制约整个迭代计算的收敛速度。式 (9.2) 是一个点迭代，如果改用线迭代，比如采用列迭代，差分方程为

$$a\frac{u_{i-1,j}^{n+1}-2u_{i,j}^{n+1}+u_{i+1,j}^{n}}{\Delta x^2}+b\frac{u_{i,j-1}^{n+1}-2u_{i,j}^{n+1}+u_{i,j+1}^{n+1}}{\Delta y^2}=f_{i,j} \tag{9.7}$$

同样方法可以得到放大因子表达式为

$$|G|=\left|\frac{1}{2(2-\cos k_y\Delta y)-\mathrm{e}^{-ik_x\Delta x}}\right| \tag{9.8}$$

不难求得

$$k_x\Delta x=k_y\Delta y=\pi\text{时，}|G|=\frac{1}{7}$$

$$k_x\Delta x = k_y\Delta y = \frac{\pi}{2}\text{时，} |G| = \sqrt{\frac{1}{17}}$$

$$k_x\Delta x = k_y\Delta y \Rightarrow 0\text{时，} |G| \Rightarrow 1$$

$$k_x\Delta x = k_y\Delta y = 2\pi\text{时，} |G| = 1$$

与点迭代比较，线迭代可以加速一些高频和中频分量的衰减，但对于低频和某些特别的高频误差分量仍然不能加速衰减。

上面讨论的是同一种网格不同波数 k 的误差分量衰减情况。对于同一个波分量，如果 $\Delta(=\Delta x=\Delta y)$ 改变了，它的衰减速率也会相应改变。比如将网格步长放大一倍，即 $\Delta'=2\Delta$，对于同一频率 k 的误差分量 $k\Delta'$ 值就增加了一倍。这样原来 $k\Delta=\pi/2$，现在为 $k\Delta'=\pi$，衰减速率就提高了；反之如果将网格加密一倍，即 $\Delta'=1/2\Delta$，则对于另一 k 值满足 $k\Delta=2\pi$，变成 $k\Delta'=\pi$，这一频率的误差分量衰减速率也会相应提高。当然改变网格尺寸同时也会使某些频率的误差分量衰减速度减缓。由以上分析，如果在流场数值计算过程中，采用多种网格尺寸，并且反复在不同的网格上进行迭代计算，会产生互补性，使大部分误差分量较快衰减，迭代过程得以加速。不同尺度的网格称为不同层次，由多个层次的网格构成多重网格。在多层网格上反复交替进行计算以加速收敛的迭代过程就叫做多重网格法。

9.2　多重网格法的计算过程

设在流场计算中将网格划分为 $M+1$ 层，网格由粗到细标记为 $0, 1, 2, \cdots, k, \cdots, M$；对应 k 网格层的步长为 $h_k(k=0, 1, 2, \cdots, M)$。记原式 (9.1) 为

$$Lu = f \tag{9.9}$$

在 k 层将式 (9.9) 离散得到的差分方程为

$$L_k u_k = f_k \tag{9.10}$$

最后要求解的差分方程为

$$L_M u_M = f_M \tag{9.11}$$

对于线性方程 (9.11)，设 $\overline{u}_M$ 是其近似解，而 u_M 为其准确解，则应当有

$$L_M \overline{u}_M = f_M - d_M \tag{9.12}$$

d_M 为由于解近似引起的亏损，若记

$$v_M = u_M - \overline{u}_M \tag{9.13}$$

代入式 (9.12) 得

$$L_M v_M = d_M \tag{9.14}$$

式 (9.14) 即为亏损方程。线性多重网格法是在 M 层网格上求解式 (9.11) 和在 k 层网格上求解

$$L_k v_k = d_k \tag{9.15}$$

相结合的一种方法。

首先考察只有两层网格的计算过程。网格为正方形网格，$\Delta x = \Delta y$。图 9.1 中 "○" 表示细网格节点；"□" 表示粗网格节点。细网格空间步长为 $h(=\Delta x = \Delta y)$，粗网格空间步长为 $H(=2h)$。所求解的方程分别为

$$L_h u_h = f_h \tag{9.16a}$$

$$L_H u_H = f_H \tag{9.16b}$$

其中式 (9.16a) 是最终要求解的方程。在计算过程中两层网格节点上的数值要相互交流，称之为转移计算。由细网格到粗网格的转移用 I_h^H 表示；由粗网格到细网格的转移用 I_H^h 表示。I_h^H、I_H^h 统称为转移算子，I_h^H 为限制算子，I_H^h 为插值算子。它们通常可以按下列规律给出。首先看细网格向粗网格上转移。

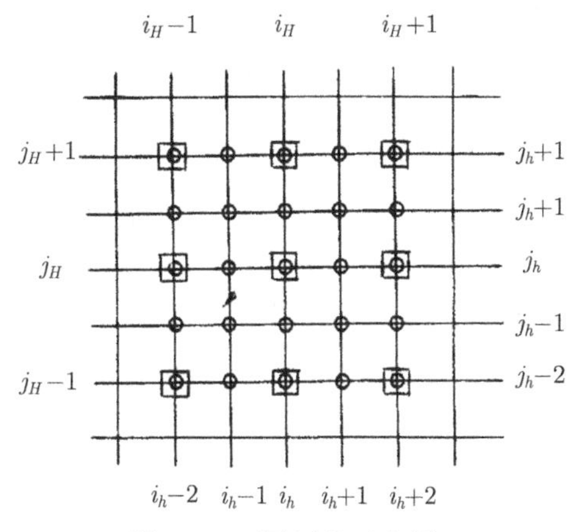

图 9.1　两层网格示意图

(1) 粗网格上的节点函数值直接采用细网格上与之重合节点的函数值，即如图 9.1 所示，$u_{iH,\ jH} = u_{ih,\ jh}$。这种转移叫直接映射，记作：

$$u_{iH,\ jH} = I_h^H u_h(x,\ y) = u_{ih,\ jh} \tag{9.17}$$

(2) 采用相邻 9 个节点值进行加权平均，即

$$\begin{aligned} u_{iH,\ jH} =& \frac{1}{16}[u_{ih-1,\ jh-1} + u_{ih-1,\ jh+1} + u_{ih+1,\ jh-1} + u_{ih+1,\ jh+1} \\ &+ 2(u_{ih-1,\ jh} + u_{ih+1,\ jh} + u_{ih,\ jh-1} + u_{ih,\ jh+1}) + 4u_{ih,\ jh}] \\ &\xrightarrow{\text{记作}} \frac{1}{16}\begin{bmatrix} 1 & 2 & 1 \\ 2 & 4 & 2 \\ 1 & 2 & 1 \end{bmatrix} u_h(x,\ y) = I_h^H u_h(x,\ y) \end{aligned} \tag{9.18}$$

在此

$$\boldsymbol{I}_h^H \hat{=} \frac{1}{16}\begin{bmatrix} 1 & 2 & 1 \\ 2 & 4 & 2 \\ 1 & 2 & 1 \end{bmatrix}$$

符号 "≙" 表示等价，这个算子又叫完全加权转移算子。

以上是由细网格转移到粗网格，节点数减少。而由粗网格向细网格转移，节点数增加，因此要进行插值，一般可引入下列插值算子：

$$\boldsymbol{I}_H^h \hat{=} \frac{1}{4}\begin{bmatrix} 1 & 2 & 1 \\ 2 & 4 & 2 \\ 1 & 2 & 1 \end{bmatrix} \tag{9.19}$$

即

$$u_{ih-1,\ jh-1} = \frac{1}{4}(u_{iH-1,\ jH-1} + u_{iH-1,\ jH} + u_{iH,\ jH-1} + u_{iH,\ jH})$$

$$u_{ih,\ jh-1} = \frac{1}{2}(u_{iH,\ jH} + u_{iH,\ jH-1})$$

$$u_{ih+1,\ jh} = \frac{1}{2}(u_{iH+1,\ jH} + u_{iH,\ jH}),\ u_{ih-1,\ jh} = \frac{1}{2}(u_{iH-1,\ jH} + u_{iH,\ jH}),\ u_{ih,\ jh} = u_{iH,\ jH}$$

$$\begin{aligned} u_{ih+1,\ jh} &= \frac{1}{2}(u_{iH+1,\ jH} + u_{iH,\ jH}),\ u_{ih-1,\ jh+1} \\ &= \frac{1}{4}(u_{iH-1,\ jH+1} + u_{iH-1,\ jH} + u_{iH,\ jH+1} + u_{iH,\ jH}) \end{aligned}$$

$$\begin{aligned} u_{ih,\ jh+1} &= \frac{1}{2}(u_{iH,\ jH} + u_{iH,\ jH+1}),\ u_{ih+1,\ jh+1} \\ &= \frac{1}{4}(u_{iH+1,\ jH+1} + u_{iH+1,\ jH} + u_{iH,\ jH+1} + u_{iH,\ jH}) \end{aligned}$$

这样有

$$u_{ih,\ jh} = I_H^h u_H(x,\ y) \tag{9.20}$$

下面来说明双重网格的计算过程。

(1) 给定细网格上初值 $u_h^{(n)}$，对差分方程：

$$L_h u_h = f_h$$

作 γ_1 次迭代 (如松弛迭代则称为松弛 γ_1 次)。一般 $\gamma_1 = 1-2$，得到近似解：

$$\overline{u}_h^{(n)} := \mathrm{Rel}ax^{\gamma_1}(u_h^{(n)},\ L_h,\ f_h) \tag{9.21}$$

这里 ":=" 表示 "定义为"，$\mathrm{Rel}ax^{\gamma_1}(u_h^{(n)},\ L_h,\ f_h)$ 表示以 $u_h^{(n)}$ 为初值，对方程 $L_h u_h = f_h$ 进行 γ_1 次松弛迭代。

(2) 粗网格修正。

(a) 计算细网格上亏损量：

$$d_h^{(n)} = f_h - L_h \overline{u}_h^{(n)} \tag{9.22}$$

(b) 由细网格向粗网格转移亏损量：

$$d_H^{(n)} = I_h^H d_h^{(n)} \tag{9.23}$$

(c) 在粗网格上求差分方程的准确解 $v_H^{(n)}$：

$$L_H v_H^{(n)} = d_H^{(n)} \tag{9.24}$$

(d) 由粗网格向细网格转移修正量：

$$v_h^{(n)} = I_H^h v_H^{(n)} \tag{9.25}$$

(e) 计算细网格上修正后的量：

$$\hat{u}_h^{(n)} = \overline{u}_h^{(n)} + v_h^{(n)} \tag{9.26}$$

然后再以 $\hat{u}_h^{(n)}$ 为初值重复 (1) 和 (2) 步，直至 $\hat{u}_h^{(n)}$ 收敛为止。迭代过程可用图 9.2 表示。

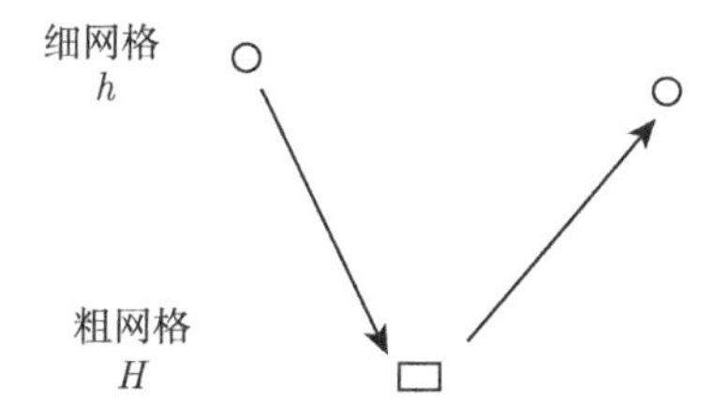

图 9.2　双重网格迭代过程

从以上过程看，第一步是细网格松弛，这是一个光顺的过程，其对高频分量作用明显，对低频分量作用差；到了粗网格上，由于网格节点少计算量小，易于得到收敛结果。

通过以上双重网格的计算过程，可以看出该方法的本质。但真正计算时很少使用双重网格而采用多重网格法。实际上多重网格法是双重网格法的重复使用。在双重网格法中要求粗网格上亏损量 $v_H^{(n)}$ 的准确解，即求解差分方程 (9.24)。对此方程的求解又可以采用双重网格法，在这个双重网格法计算过程中又要涉及求差分方程的准确解，这样多次使用双重网格法就构成了多重网格法。下面具体介绍多重网格法的计算过程。

网格步长记作 $h_k(k=1, 2, \cdots, M)$，对于均匀网格一般取：

$$h_k = 2^{-k} h \tag{9.27}$$

式中，h 为 0 网格层 (即最粗网格层) 上的网格间距。每个网格层上相应的算子为

$$L_{h_k} u_{h_k} = f_{h_h} \quad \text{或简记成} \quad L_k u_k = f_k \tag{9.28}$$

转移算子：

由粗网格到细网格为插值算子 $I_{k-1}^k (k=1,2,\cdots, M)$

由细网格到粗网格为限制算子 $I_k^{k-1} (k=1,2,\cdots, M)$

求解方程为

$$L_M u_M = f_M \tag{9.29}$$

计算过程步骤如下：

(1) 给定初值 $u_M^{(n)}$ 对方程式 (9.29) 作 γ_1 次松弛，即

$$\overline{u}_M^{(n)} = Relax^{\gamma_1}(u_M^{(n)},\ L_M,\ f_M) \tag{9.30}$$

(2) 进行粗网格修正。

(a) 计算 M 层亏损量：

$$d_M^{(n)} = f_M - L_M \overline{u}_M^{(n)} \tag{9.31}$$

(b) 将 M 层的亏损量向 $M-1$ 层转移：

$$d_{M-1}^{(n)} = I_M^{M-1} d_M^{(n)} \tag{9.32}$$

(c) 采用几步松弛近似求解：

$$L_{M-1} v_{M-1}^{(n)} = d_{M-1}^{(n)} \tag{9.33}$$

得 $M-1$ 层亏损近似解 $\hat{v}_{M-1}^{(n)}$。

(d) 再计算 $M-1$ 层亏损量：

$$\hat{d}_{M-1}^{(n)} = d_{M-1}^{(n)} - L_{M-1} \hat{v}_{M-1}^{(n)} \tag{9.34}$$

(e) 将 $M-1$ 层亏损量向 $M-2$ 层转移：

$$d_{M-2}^{(n)} = I_{M-1}^{M-2} \hat{d}_{M-1}^{(n)} \tag{9.35}$$

(f) 采用松弛法近似求解：

$$L_{M-2} v_{M-2}^{(n)} = d_{M-2}^{(n)} \tag{9.36}$$

得 $M-2$ 层亏损近似解 $\hat{v}_{M-2}^{(n)}$。

以此类推，得到 $M-1$，$M-2$，$\cdots$，2，1 各层上的亏损量近似解 $\hat{v}_k^{(n)}$，最后由第 1 层上的亏损量近似解 $\hat{v}_1^{(n)}$ 仿照 (d)、(e) 两步求出 $d_0^{(n)}$，得到最粗网格层上的亏损量计算方程

$$L_0 v_0^{(n)} = d_0^{(n)} \tag{9.37}$$

求出式 (9.37) 的高精度解 (准确解)$v_0^{(n)}$。

如果是双重网格，在 (c) 步要求 $M-1$ 层亏损量 $v_{M-1}^{(n)}$ 的准确解。但采用多重网格法这个准确解的求解仍然采用双重网格法，这样就有 (d)、(e)、(f) 步。在 (f) 步求 $M-2$ 层亏损量 $v_{M-2}^{(n)}$ 的准确解 (如果在 $M-2$ 层求出 $v_{M-2}^{(n)}$ 的准确解，则为三重网格)，进一步采用双重网格法求解，直至第 1 网格层。

(3) 由 $v_0^{(n)}$ 通过插值算子 I_0^1 得到

$$\overline{v}_1^{(n)} = I_0^1 v_0^{(n)} \tag{9.38}$$

进一步得到

$$v_1^{(n)} = \overline{v}_1^{(n)} + \hat{v}_1^{(n)} \tag{9.39}$$

应当有

$$L_1 v_1^{(n)} = d_1^{(n)} \tag{9.40}$$

如果上式不满足也可用式 (9.39) 所得结果作为初值迭代几次得高精度值 $v_1^{(n)}$，然后又用同样方法得到

$$v_2^{(n)},\ v_3^{(n)},\ \cdots,\ v_M^{(n)}$$

最后得

$$u_M^{(n+1)} = u_M^{(n)} + v_M^{(n)} \tag{9.41}$$

如果 $u_M^{(n+1)}$ 在一定精度范围内满足方程 (9.29)，则求解结束，否则重复上述过程。以上过程可用图 9.3 表示。

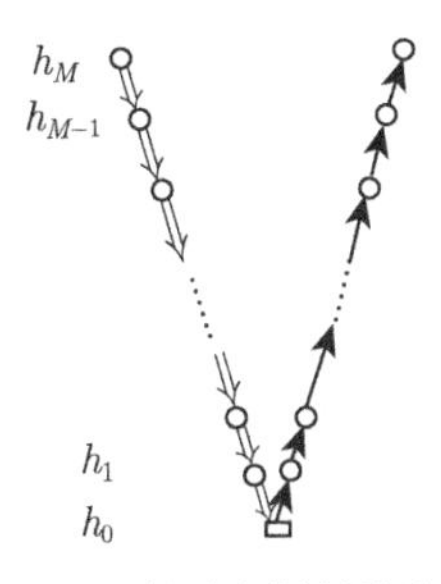

图 9.3　V 形循环

作为一个例子，求解

$$\Delta u = -2 \tag{9.42}$$

边界条件为

$$\begin{cases} u(0,\ y) = y(1-y), & u(x,\ 0) = x(1-x) \\ u(1,\ y) = y(1-y), & u(x,\ 1) = x(1-x) \end{cases}$$

用超松弛法 (SOR)、交换方向隐式格式 (ADI) 及多重网格法 (MG) 所需时间如表 9.1 所示。

表 9.1　SOR、ADI 和 MG 所需时间

方法	运算次数	CPU 时间 (IBM/370-158)	$\|\varepsilon_n/u_h\|$
SOR	$\sim N^{1.5}$	~ 1200s	
ADI	$\sim N\lg N$	127s	0.5×10^{-3}
MG	$\sim N$	7.7s	0.2×10^{-4}

可见 MG 方法加速收敛效果是很显著的。

在这里每次计算都是求亏损，回算时用的是叠加原理，这只适用于线性方程，不适用于非线性方程。对于非线性方程求解的多重网格法思路与线性方程近似，在此不再说明。

9.3　非定常 N-S 方程多重网格法计算过程

将多重网格法应用于加速四步龙格–库塔法时间推进求解非定常 N-S 方程过程如下。对于非定常流 N-S 方程 (8.1)，各层粗网格由相邻层细网格在各网格方向上舍去间隔节点构

成。$m+1$ 层粗网格节点初值由上层细网格 (m 层) 的迭代值体积加权平均求得，可表示成：

$$Q_{m+1}^{(0)} = \underset{m}{\overset{m+1}{I}} \overline{Q}_m \tag{9.43}$$

式中，$\overline{Q}_m$ 为 m 层网格上经过数次龙格–库塔法迭代后的值，$\underset{m}{\overset{m+1}{I}}$ 为细网格上参数向粗网格上转移的转换算子。最细网格层 ($m=1$) 除外的各层网格节点上，在采用龙格–库塔法迭代计算时，式 (8.49) 中的残值项 $R(Q)$ 中需加入驱动函数 (forcing function) 项。由此式 (8.50) 改成：

$$Q_{m+1}^{(l)} = Q_{m+1}^{(0)} - a_l \Delta t_{m+1} [R_{m+1}^{(l-1)} + R_{F,m+1}] \tag{9.44}$$

$l=1，2，3，4$。

$$R_{F,m+1} = \underset{m}{\overset{m+1}{I}} R_m - R_{m+1}^{(0)} \tag{9.45}$$

式中，$R_{F,m+1}$ 为驱动函数；$R_{F,1}=0$。当所有粗网格层迭代计算完成后，各层粗网格上的修正量采用线性内插从最粗网格传递到最细网格层上，即

$$\hat{Q}_m = \overline{Q}_m + \underset{m+1}{\overset{m}{I}} [\hat{Q}_{m+1} - \hat{Q}_{m+1}^{(0)}] \tag{9.46}$$

$\hat{Q}_m$ 为 m 层上的修正后数值，$\underset{m+1}{\overset{m}{I}}$ 为粗网格到细网格的线性内插算子。

练　习　题

1. 从误差衰减角度说明为什么流场迭代计算误差下降到一定程度以后就不再下降；采用多重网格计算可提高误差衰减程度。

2. 确定采用 N 层多重网格法，某一方向网格节点总数与 N 的关系。

3. 说明多重网格法为什么可以提高流场迭代计算收敛速度？

第10章 Fluent软件基础知识与基本操作

Fluent 软件是目前流体力学专业领域应用比较广泛的 CFD 软件。本章简要介绍 Fluent 软件的基础知识和基本操作，以便初学者能够较快地掌握该软件的基本应用。

10.1 软件概述

10.1.1 软件构成

Fluent 软件主要包含以下几个模块：

(1) 求解器——Fluent 软件的核心，所有计算在此完成。

(2) prePDF——Fluent 用 PDF 模型计算燃烧过程的预处理模块。

(3) Gambit——Fluent 提供的网格生成模块。

(4) Tgrid——Fluent 从表面网格生成空间网格的模块。

(5) Filters(Translators)，将其他软件生成的网格文件转换成 Fluent 能够识别的网格文件。上述几种软件之间的关系如图 10.1 所示。

10.1.2 适用范围

Fluent 能够计算的流动类型包括：

(1) 任意复杂外形的二维/三维流动。

(2) 可压缩/不可压缩流动。

(3) 定常/非定常流动。

(4) 无黏流、层流和湍流。

(5) 牛顿、非牛顿流体流动。

(6) 对流换热，包括自然对流和强迫对流。

(7) 热传导与对流换热耦合的传热计算。

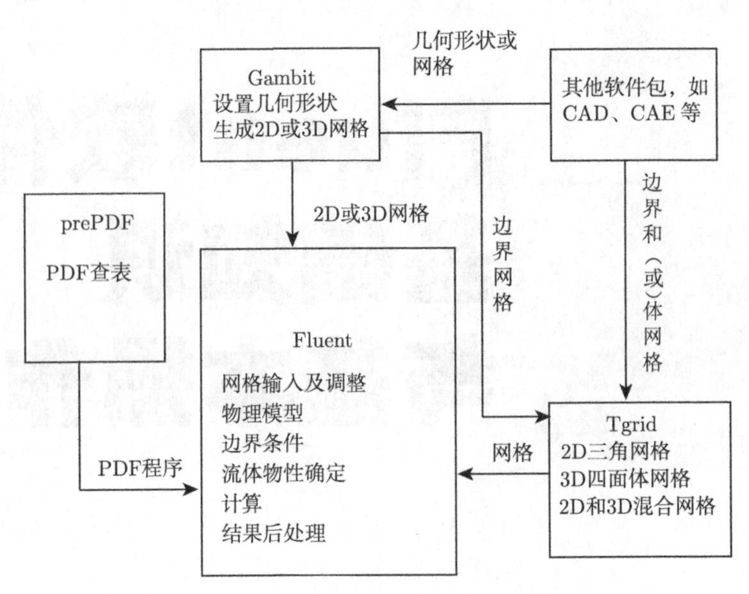

图 10.1　Fluent 软件结构示意图

(8) 辐射传热计算。

(9) 惯性 (静止) 坐标系、非惯性 (旋转) 坐标系中的流场计算。

(10) 多运动坐标系下的流动问题，包括动网格界面和转子/静子相互干扰的混合面等。

(11) 化学组分混合与反应计算，包括燃烧模型和表面凝结反应模型。

(12) 源项体积任意变化的计算，源项类型包括：热源、质量源、动量源、湍流源和化学组分等。

(13) 颗粒、水滴和气泡等离散相的轨迹计算，包括离散相与连续项耦合的计算。

(14) 多孔介质流动计算。

(15) 用一维模型计算风扇和换热器的性能。

(16) 两相流。

(17) 复杂表面问题中带自由面流动的计算。

简言之，Fluent 软件适用于各种复杂外形的可压缩和不可压缩流动计算。

10.2　启 动 方 法

Fluent 软件的启动方式有两种：

(1) 从 “开始” 菜单或双击桌面 Fluent 快捷方式启动。在 “开始” 菜单中启动 Fluent，操作如下：

开始 → 程序 →Fluent Inc. →Fluent 6.3.26，即可启动 Fluent，如图 10.2 所示。

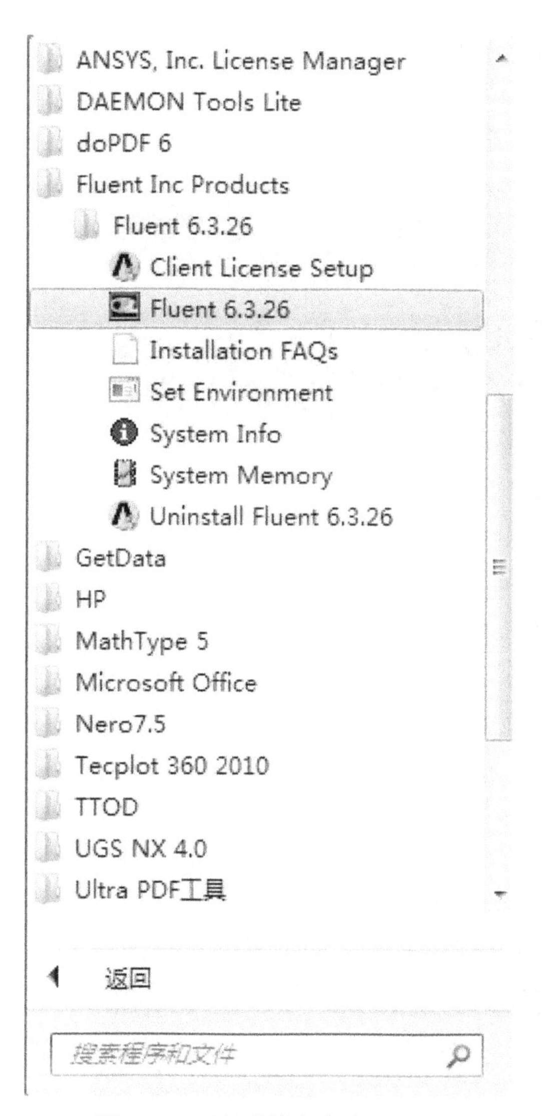

图 10.2　开始菜单中启动 Fluent

(2) 从 DOS 终端窗口启动，即在命令行中启动，操作如下：

输入 “fluent 2d”，启动二维单精度计算

输入 “fluent 3d”，启动三维单精度计算

输入 “fluent 2dd”，启动二维双精度计算

输入 “fluent 3dd”，启动三维双精度计算

如图 10.3 所示。

Fluent 可以进行并行计算，即同时应用多个 CPU 进行计算，以便加快计算速度，节约时间。在上述 4 个命令后面加上 “-tx” 后缀即可进入并行计算模式，其中 x 为并行计算的 CPU 数量，例如键入 “fluent 2d -t3” 意思是在 3 个处理器上运行二维计算，如图 10.4 所示。同时也可以通过更改 fluent 快捷方式的属性，如图 10.5 所示，在 fluent 属性对话框中目标 (T) 一栏末尾加 “空格 -t” 即可，然后点击确定。此时双击桌面 “fluent.exe” 图标启动 fluent，

点击 “file” 出现如图 10.6(a) 所示下拉菜单，点击运行 “Run”，此时出现图 10.6(b) 所示对话框，在此对话框设置 fluent 的运行参数，比如可以选择串行或并行计算及并行进程的数目、计算精度 (单/双精度)、二维/三维计算等，设置完毕后点击运行 “Run” 即可。

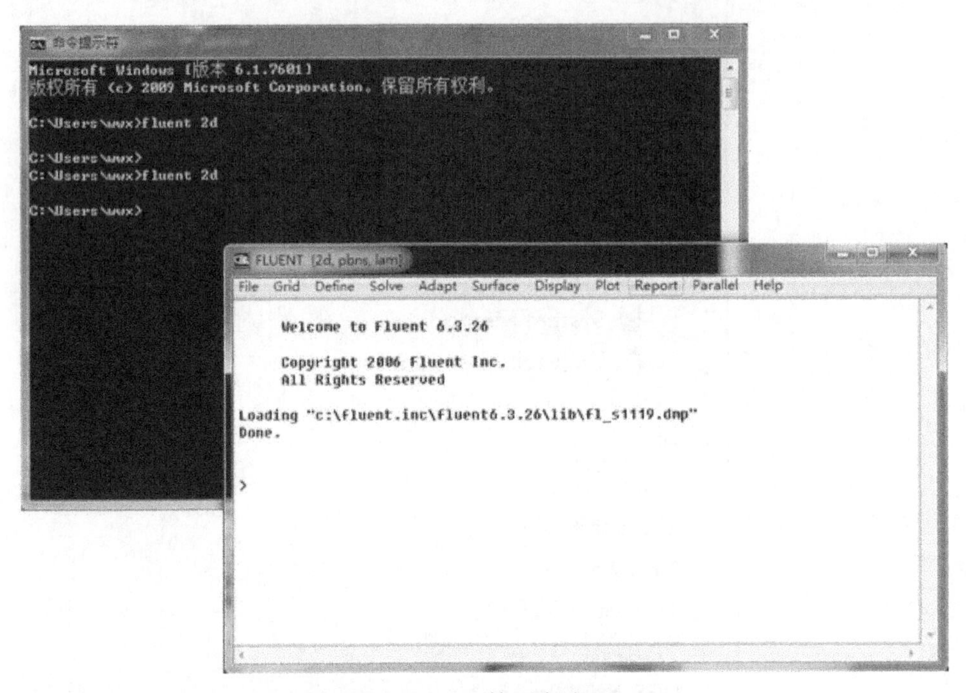

图 10.3　DOS 环境下启动 Fluent

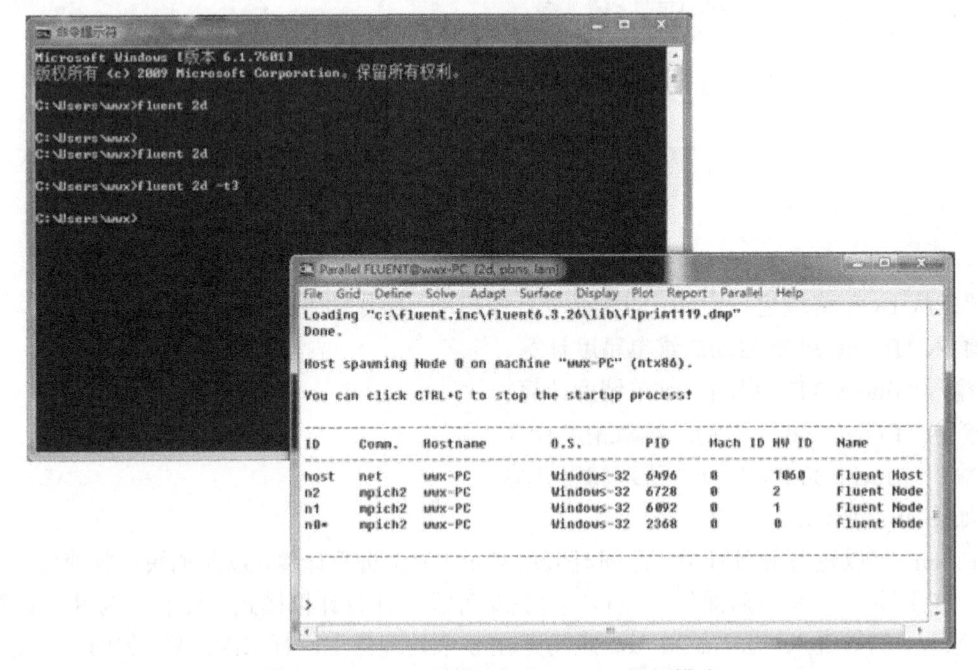

图 10.4　DOS 环境下启动 Fluent 并行模式

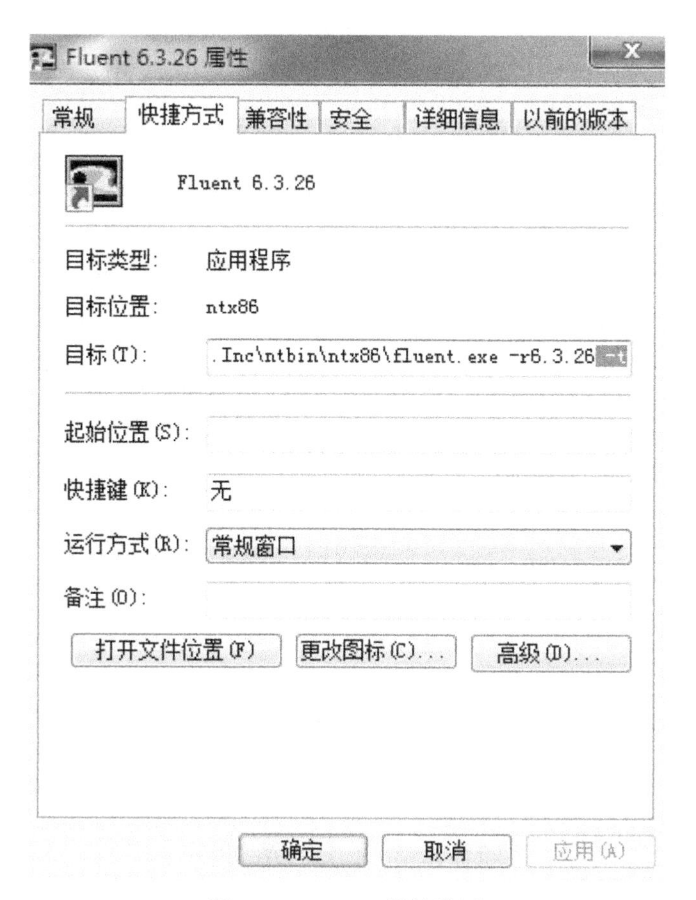

图 10.5　Fluent 属性设置

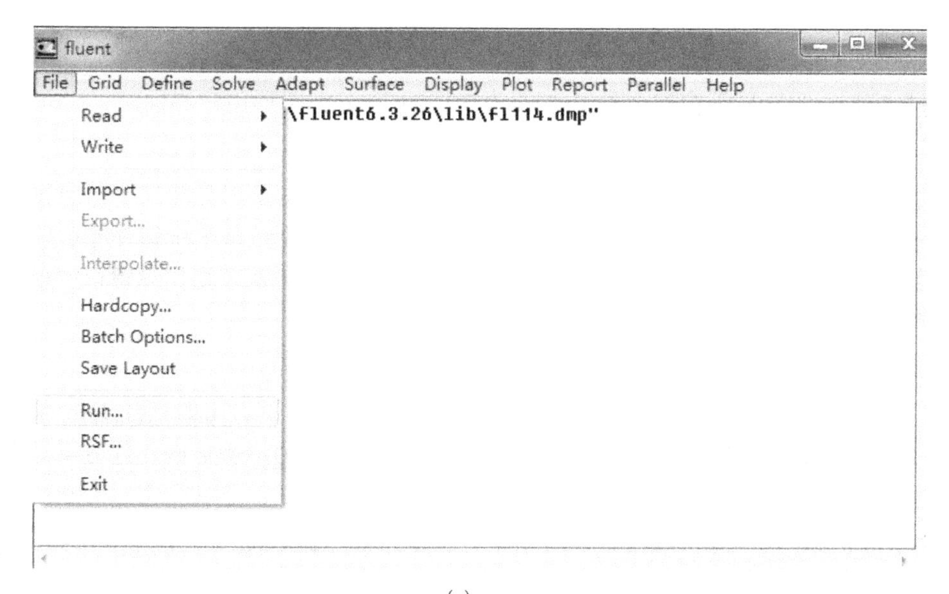

(a)

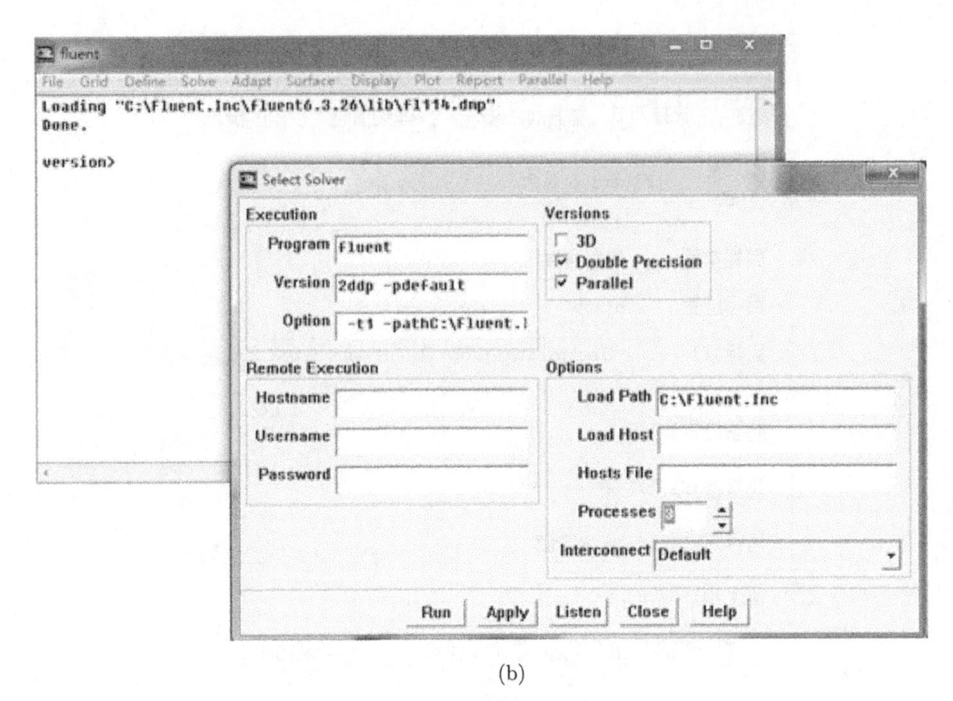

(b)

图 10.6　运行模式设置

10.3　用 户 界 面

Fluent 采用图形用户界面和文字用户界面进行操作，下面分别介绍。

10.3.1　图形用户界面

Fluent 图形用户界面采用 Windows 风格，其界面类型主要分为：主控窗口、控制参数面板、消息窗口、图形显示窗口。图 10.7 即为典型的 Fluent 图形用户界面。

1) 主控窗口

启动 Fluent 后首先进入主控窗口，见图 10.8。主控窗口由菜单栏和文字信息窗口两部分构成。用户与 Fluent 软件之间的互动方式有两种：一是在下拉菜单中选择相应的菜单命令进行操作，或者在弹出的参数控制面板上进行参数设置；二是在文字信息窗口中输入命令进行操作。

在命令执行过程中，可以按组合键 Ctrl+C 终止命令的执行。

菜单命令执行方式有两种：① 点击鼠标左键选择；② 热键。比如打开 File 菜单的动作，可以通过鼠标点击 File 打开，也可以通过热键完成。热键为用键盘操作代替鼠标操作即 Alt+ 首字母，比如可以用组合键 Alt+F 打开 “File”。

在文字信息窗口中可以对显示的信息/命令进行剪切、复制、粘贴、删除等编辑操作，方法与微软的 Office 系列软件相同。

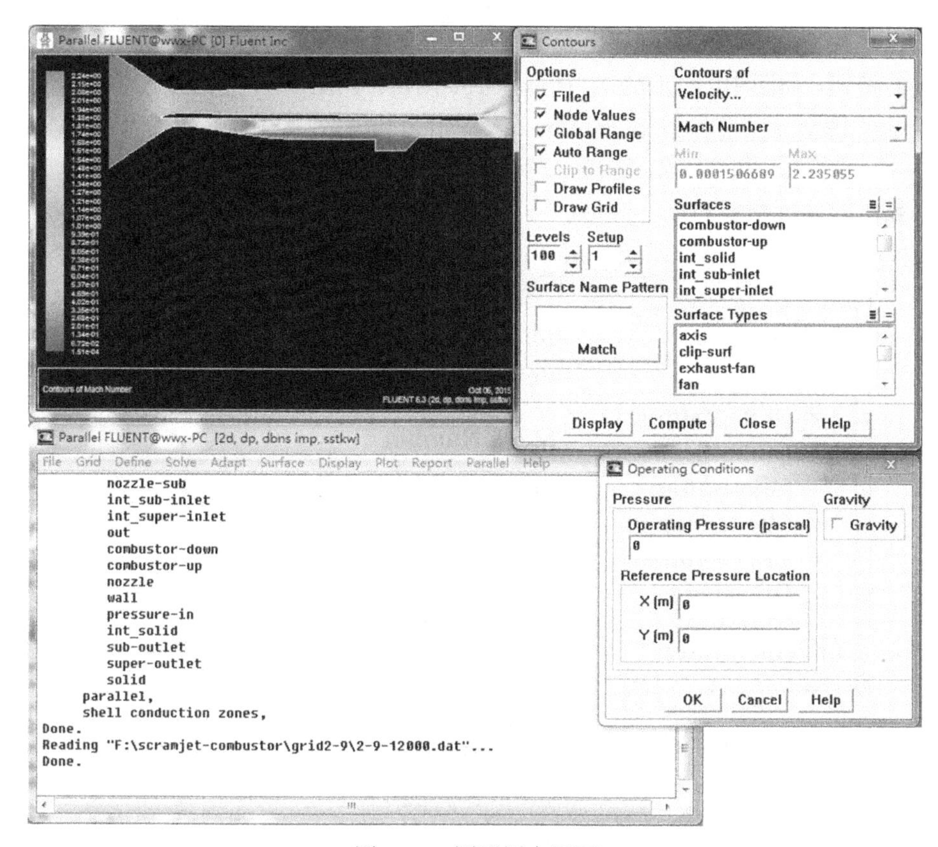

图 10.7　图形用户界面

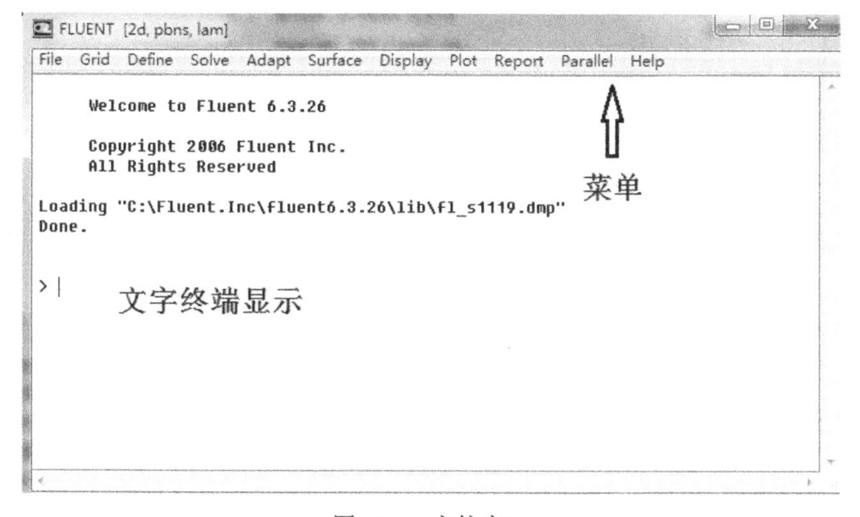

图 10.8　主控窗口

2) 控制参数面板

控制参数面板类似于表格，在 Fluent 软件中用于输入控制参数，图 10.9 为流场显示控制参数面板。

该面板包含了一些常见的可视化操作组件，如选择按钮、参数输入框等，以及可以打开其他面板的按钮，如图中的 Display、Draw Grid 按钮。在图 10.9 中可以设置图形显示的形式 (Options)、图形显示的参数 (Contours of，图中为马赫数)、参数显示的范围 (Min、Max，图中为 0~5)、图形显示的对象 (Surfaces→combustor-wall，combustor-wall：004)，同时可以设置图形显示的分辨率 (Levels→100)。

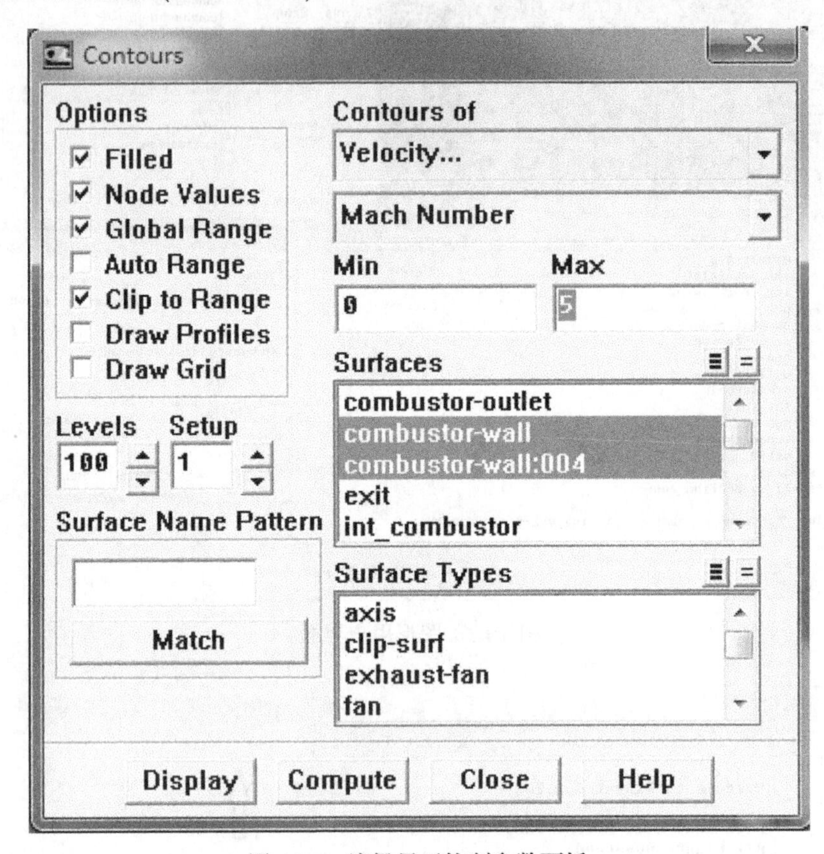

图 10.9 流场显示控制参数面板

Fluent 软件中的 OK、Apply 等按钮表示采纳面板中的输入值，Close 按钮表示关闭面板，Cancle 按钮表示取消所有设置并关闭面板，Help 按钮则表示进入在线帮助。

3) 消息窗口

Fluent 运行过程中，系统根据需要弹出一些消息窗口，向用户提供系统信息或提示用户进行一些简单操作。主要包括：信息提示框、警告对话框、错误对话框、工作对话框、文件选择对话框。

4) 图形显示窗口

图形显示窗口是 Fluent 软件显示图形输出的窗口，如图 10.10 所示。在主控窗口执行以下操作：

Display→Options

打开 Display Options(显示选项) 面板，在该面板可以对图形显示方式进行设定。

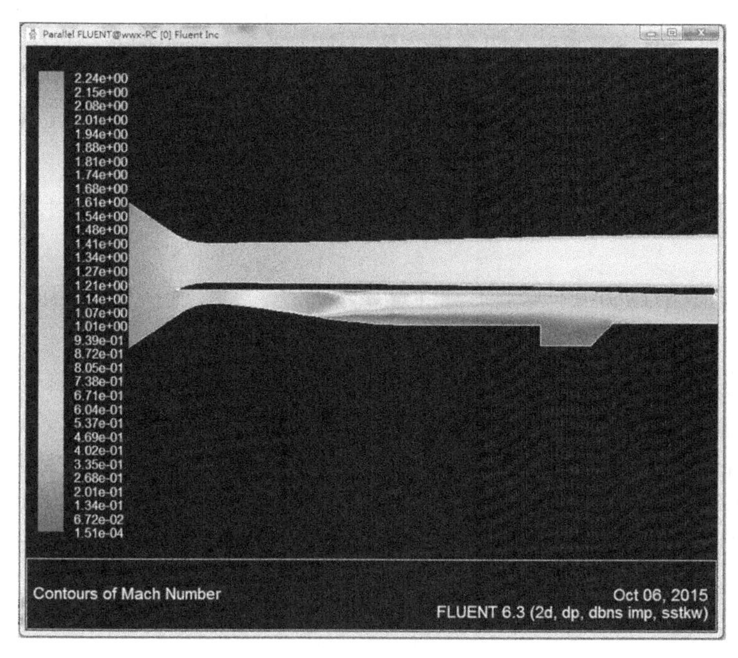

图 10.10　图形输出显示窗口

10.3.2　文字用户界面

Fluent 除了用图形用户界面进行操作外，还可以使用类似 DOS 命令的文字命令进行操作。

1) 文字菜单系统

Fluent 启动后，用户可以在命令提示行中输入命令完成菜单操作，输入的命令可以保存、编辑，可以编程完成复杂的功能操作。文字菜单系统具有树形结构，Fluent 启动后首先进入根目录，屏幕上提示符 “>” 表示根目录位置 (图 10.11)，回车后显示子目录。

图 10.11　文字菜单系统

输入命令或命令的缩写形式，即可进入相应的子菜单，例如输入 “display”：

>display

可以进入 display 子菜单，屏幕提示为

/display>

点击回车，显示 display 菜单下的命令操作，依次输入相应命令，点击回车。如图 10.11 所示。

输入 “q”，则退出返回上一级操作，屏幕显示为：

>

命令的缩写形式通常为命令的前几个字母，如果命令由几个词组成，可以将各单词的首字母用连字符连在一起，或者直接连在一起作为命令的缩写。例如读入边界条件的命令为：read boundary condition，可以缩写成：r-b-c 或者 rbc。需要注意的是：该缩写规则在某些特殊情况下可能失效，例如命令 light-interpolation 的缩写，不是 lint，因为 li 被包含在 light 中，上述缩写不被系统看作 l-int 的形式，而是看作 li-nt 形式，这种情况下可以采用 l-int 的缩写形式，以避免系统错误。

2) 文字提示系统

文字提示系统是 Fluent 软件的一个子系统，该子系统为用户提供在字符界面下的输入功能。在文字用户界面可以完成一些数据、文字的输入，例如变量赋值，在布尔运算中回答 yes(是) 或 no(否) 等。

系统需要用户输入相关参数时，在字符界面的提示符后面会出现提示信息。该提示信息包含三部分：第一部分是文字信息，提示需要输入何种参数信息；第二部分包含在圆括号中，提示输入参数的单位；第三部分包含在方括号中，是系统缺省参数值。其中第二部分仅在需要标明参数单位时出现。

下面是两个提示信息的例子：

Filled grids? [no]

Shrink-factor[0.1]

如果接受系统的缺省设置，直接按回车键；如不接受系统设置，输入一个参数值代替系统设置。

文字提示系统可以输入的数据类型如下：

(1) 数字：在数字提示系统中可以输入的数字类型包括：十进制、二进制、八进制和十六进制，例如 31 有以下几种输入方式输入：31、#b11111，#o37、#x1f。除十进制数字外，其他类型数字的输入需要在前面加上 “#” 供系统识别。

(2) 布尔型数据：在需要进行布尔型输入的时候，用户可以直接输入 “yes” 或 “no”，也可以输入缩写形式 “y” 或者 “n”。

(3) 字符串：字符串的输入需要使用双引号，例如在输入绘图标题等内容时可以输入：“inlet”，双引号中可以包含任何字符。

(4) 符号：符号输入不需要使用双引号，但符号之间不允许出现空格或者逗号。

(5) 文件名：文件名实际上是一个字符串，区别是文件名不需要使用引号加以限定，除非文件名中包含空格。

(6) 列表组 (list)：列表项类似于 Fortran 语言中的一维数组，其中各单元数值可以逐个输入，也可以整体输入，输入一个空的单元可以结束整个输入过程。例如：

```
>element(1) [()] 2
>element(2) [()] 20
>element(3) [()] 200
>element(4) [()] ↙
```

以上操作将 2、20、200 分别输入列表组的前三个单元，最后一行为空行，按回车后结束输入。

(7) 赋值：除了文件名输入外，其他输入在执行前要按照 scheme 语言格式被 scheme 解释器进行赋值操作。例如将一个单位矢量的一个分量设置为 1/3，可以进行以下输入操作，系统会完成其中的赋值操作：

```
/foo>set -xy
x-component[1.0] (/ 1 3)
y-component[0.0] (sqrt(/ 8 9))
```

上面的输入方括号中的数值为系统缺省值，圆括号为输入内容。注意 scheme 语言的运算格式，(/ 1 3) 的意思就是 1 除以 3 即 1/3，如有需要读者可以查阅相关资料。

10.4　文件读入与输出

Fluent 可以读入、输出必要的网格文件、算例文件与进程文件，其中读入的文件包括：Mesh(网格)、Case(算例文件)、Data(数据文件)、Profile(边界函数文件) 以及 Journal(日志文件) 文件；输出文件包括：Case、Data、Profile、Journal 以及 Transcript(副本文件) 文件。所有的读入与输出操作均可以在 File 菜单中完成，本节逐项简要介绍。

10.4.1　读入网格文件

网格文件包含各个网格点坐标值和网格块 (Block) 之间的拓扑关系，以及网格块的类型和网格数量等信息。对于 Fluent，网格文件的格式必须是 Fluent 软件内定的数据格式，Gambit、Gridgen、Icem 等网格生成软件均可输出 Fluent 内定数据格式。可以用菜单操作读入网格文件 (图 10.12)，操作如下：

File→Read→Case

打开菜单并读入网格文件。

除了读取 Fluent 内定格式的网格文件外，Fluent 还可以输入其他格式的网格文件，操作如下:

File→Import

如图 10.13 所示。打开相应格式的输入菜单完成文件输入，其对应关系如下：

(1) Gambit：读入 Gambit 生成的网格文件。

(2) Anasys：读入 Anasys 文件。

(3) Ideas Universal：读入 I-DEAS 通用格式的文件。

(4) Nastran：读入 Nastran 文件。

(5) Patran：读入 Patran 分区网格。

(6) CGNS→Mesh：读入 CGNS(CFD General Notation System) 网格文件。

(7) CGNS→Mesh&Data：读入 CGNS 网格文件及相关数据。

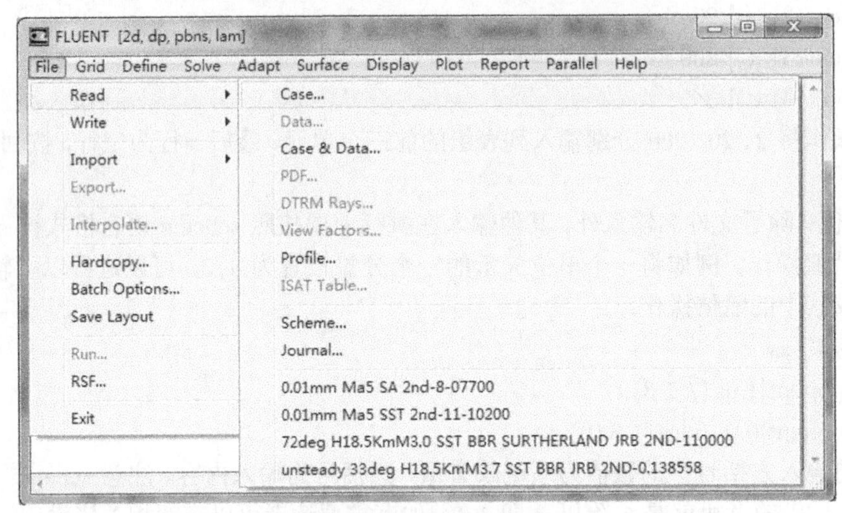

图 10.12　读入网格文件

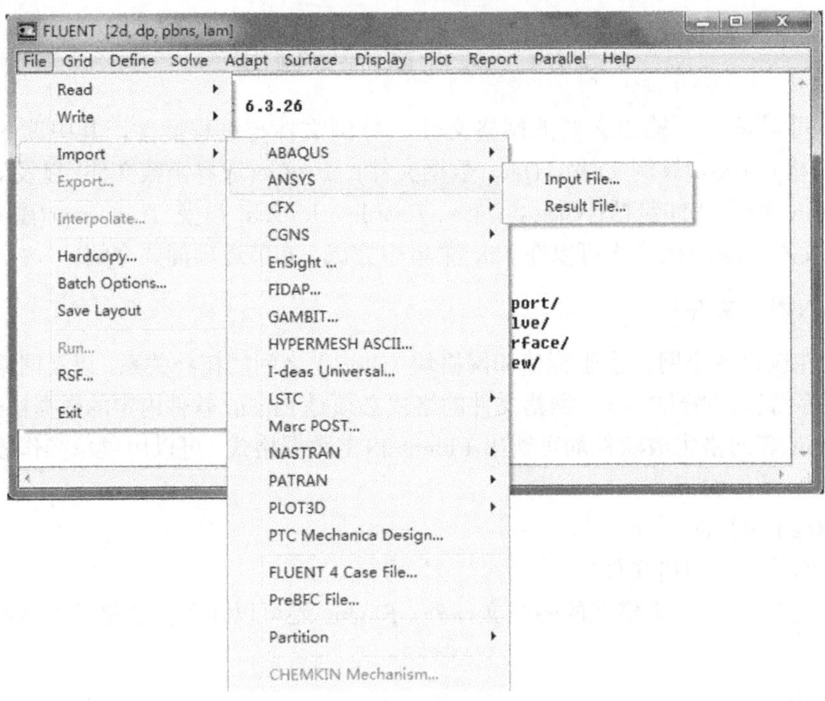

图 10.13　读入其他格式文件

需要说明的是，网格文件是算例文件的一个子集，一个算例文件包含网格信息、边界条件、物性参数以及与计算设置相关的一些参数。需要改变网格文件时，可以读入新文件并将它合并到原来算例文件中替换原来的网格信息。但是新网格必须在结构与拓扑关系上与原网格相同，否则计算将出现错误。

10.4.2　读写算例和数据文件

在 Fluent 软件中，与数值模拟过程相关的信息保存在算例文件和数据文件里。保存文件时，可以选择将文件保存为二进制格式或纯文本格式。二进制文件占用系统资源少，运行速度快。Fluent 在读取文件时能够自动识别文件格式。还可以根据设置，间隔一定的迭代步数自动保存文件。

1) 读写算例文件

算例文件中包含网格信息、计算设置、用户界面、图形环境等信息，其扩展名为.cas，读取操作如下：

File→Read→Case

保存操作如下：

File→Write→Case

2) 读写数据文件

数据文件存储了流场的所有数据信息，包括各网格单元的流场参数以及残差，其扩展名为.dat。读取操作如下：

File→Read→Data

保存操作如下：

File→Write→Data

算例文件和数据文件包含了与计算相关的所有信息，读入这两种文件可以开始新的计算。在 Fluent 中可以同时读入或写出这两种文件，其操作如下：

File→Read→Case&Data...

打开文件选择窗口，选择相关的算例文件完成读入操作，Fluent 自动把与算例相关的数据文件一并读入。类似，保存操作如下：

File→Write→Case&Data...

打开文件选择窗口，选择 Save，可以将与当前计算相关的算例文件与数据文件同时保存在相应的目录里。

以上操作如图 10.14 所示。

3) 自动保存算例和数据文件

Fluent 具有自动保存功能，以便减少人工操作。可以设定文件保存频率，即每隔一定的迭代步数自动保存算例和数据文件，操作如下：

File→Write→Autosave...

Autosave Case/Data 面板被打开，如图 10.15 所示。可以分别设定算例文件和数据文件的保存间隔。在文件名一栏中输入文件名，系统自动为所保存的算例文件和数据文件分别加上.cas 或.dat 后缀。如果使用.gz 或.z 后缀，系统保存算例文件和数据文件的压缩格式。

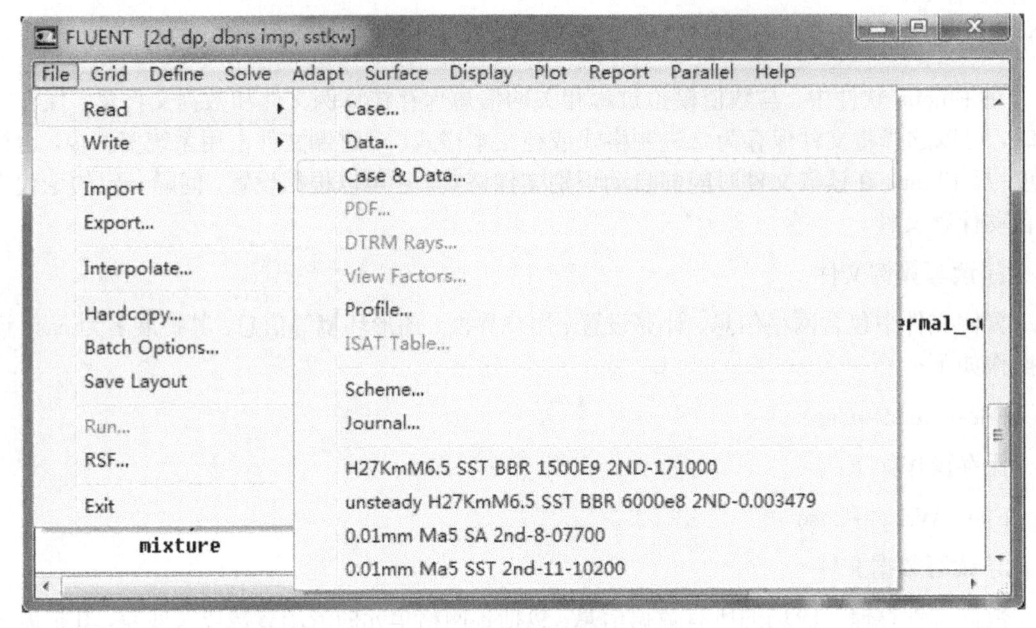

图 10.14　读写算例和数据文件

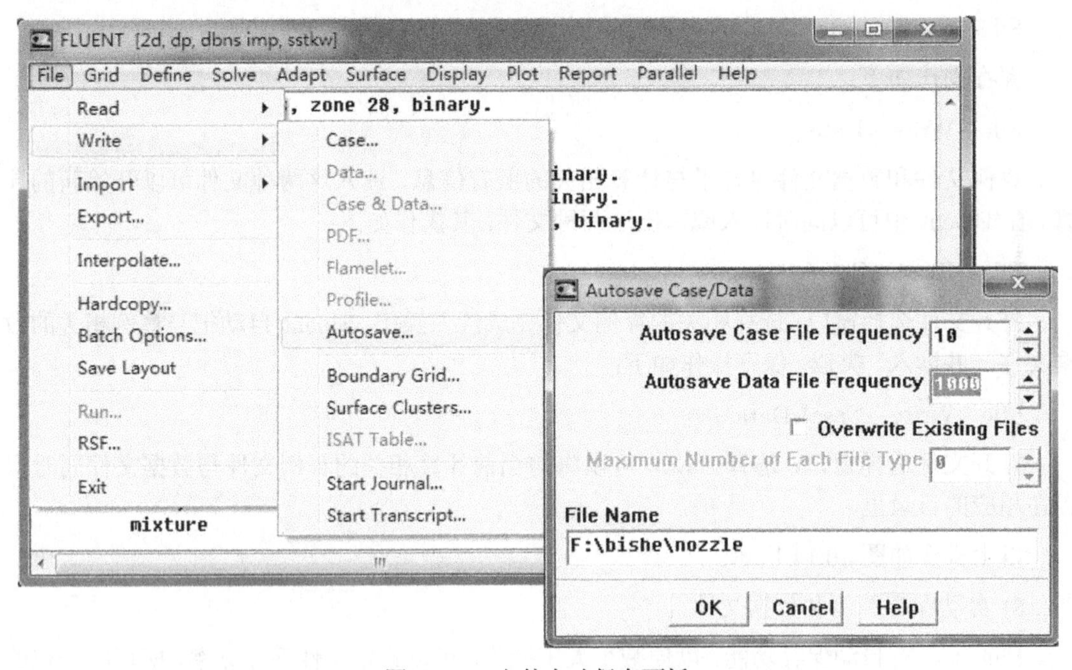

图 10.15　文件自动保存面板

10.4.3　创建与读取日志文件

日志文件 (journal file) 是 Fluent 的一个命令集合，有两个途径创建日志文件：一是进入图形用户界面后，系统自动记录用户的操作和命令输入，自动生成日志文件；二是使用文本编辑器采用 Scheme 语言创建日志文件，后缀名为.jou。

日志文件中可以使用注释语句，Scheme 语言用分号 “; ” 作为注释语句的标志。在一行语句前加分号 “; ”，表明该行为注释行，可以在注释行中添加说明信息，也可以锁定一些无用的命令行。

如下文本日志文件可以实现 courant-number 数、计算精度以及边界条件的自动调整：

/solve/set/courant-number	设置 courant-number 命令
1	设置 courant-number 为 1
it 1000	迭代步数 1000
/solve/set/courant-number	
2	设置 courant-number 为 1
it 2000	迭代步数 2000
/solve/set/discretization-scheme	
amg-c	调整计算精度命令
1	“1” 为二阶精度；“0” 为一阶精度
/solve/set/courant-number	
1	设置 courant-number 为 1
it 10000	迭代步数 10000
/file/rbc/	读入新的边界条件文件命令
M5	边界条件文件名
/solve/set/courant-number	
1	设置 courant-number 为 1
it 10000	迭代步数 10000

使用日志文件可以重复过去的操作，包括恢复图形界面环境和重复过去的参数设置等。形象地说，使用日志文件就是重播用户曾经进行的操作。

执行以下操作：

File → Write → Start Journal

系统开始记录用户操作，生成日志文件。此时 “Start Journal”(开始日志) 菜单项变为 “Stop Journal”(终止日志)，点击 “Stop Journal” 停止记录，如图 10.16 所示。

执行以下操作：

File → Read → Journal

打开选择文件窗口，选择要读入的日志文件，然后点击 OK 按钮就可以读入日志文件。如图 10.17 所示。

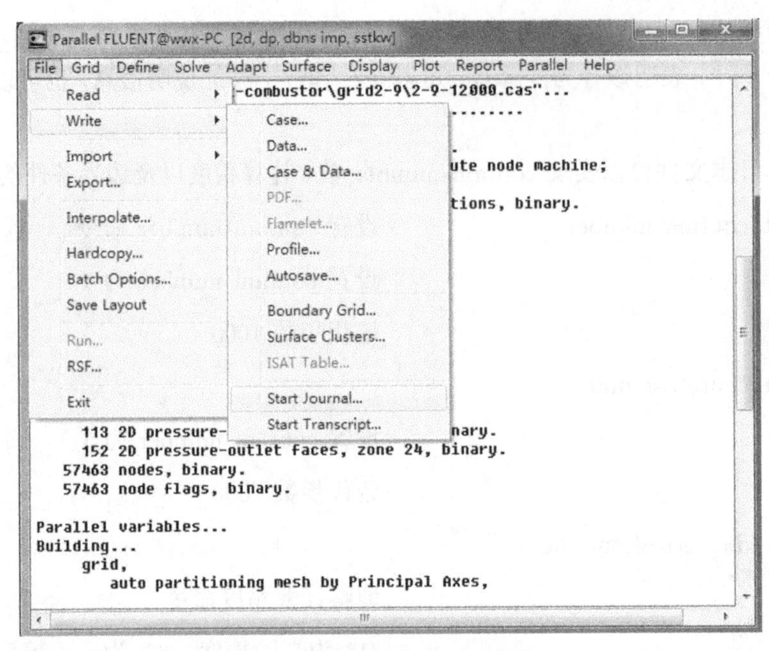

图 10.16　创建 Journal 文件

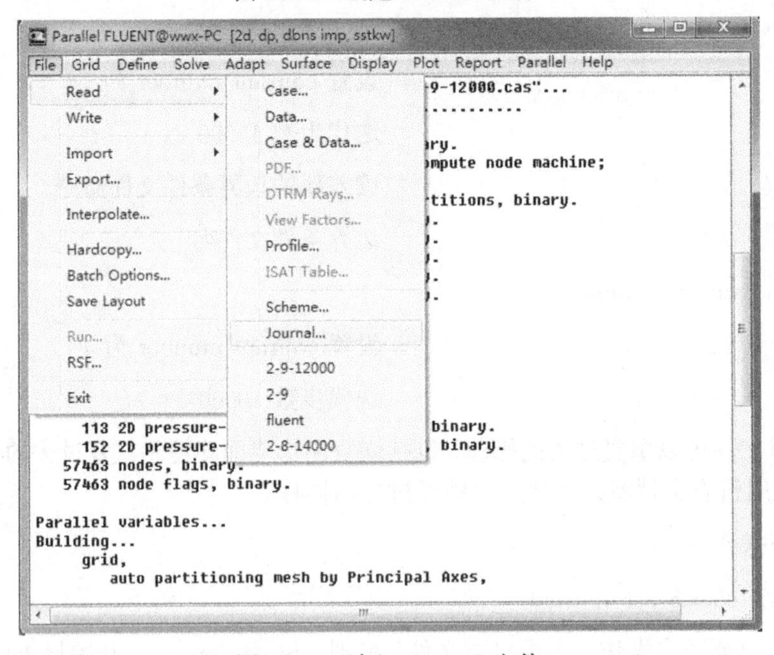

图 10.17　读入 Journal 文件

10.4.4　读写边界函数分布文件

边界函数分布文件 (profile file) 用于定义计算边界上的流场条件，比如可以用边界函数分布文件定义管道入口处的速度分布。边界函数分布文件的读写操作如下：

执行以下操作：

File → Read → Profile...

打开文件选择窗口，选择文件，即可读入边界函数分布文件。如图 10.18 所示。

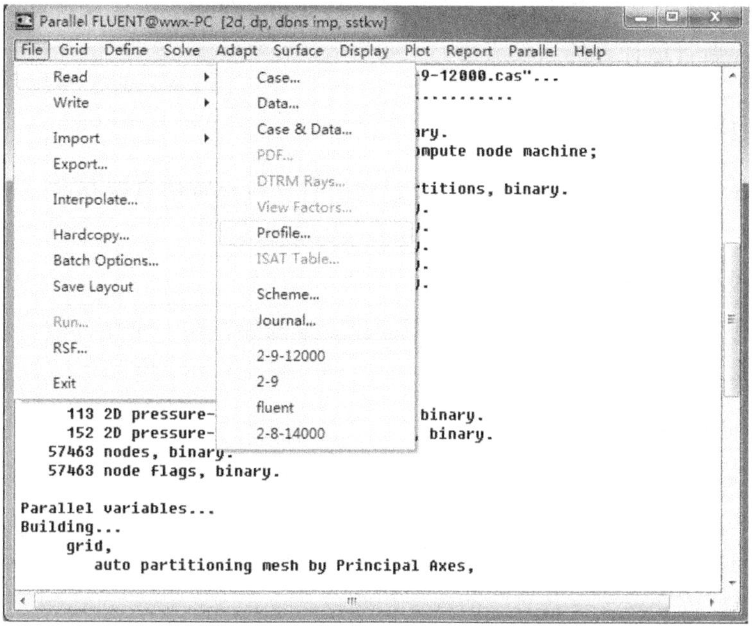

图 10.18 读入边界函数

执行以下操作：

File → Write → Profile...

打开定义函数分布文件面板 (图 10.19)，选择创建新的边界文件或覆盖原存文件，同时在 “Surface” (表面) 中选择要定义的边界区域，在 “Value” (值) 中选择要指定的流场参数，点击 “Write” 按钮即可生成边界函数分布文件。

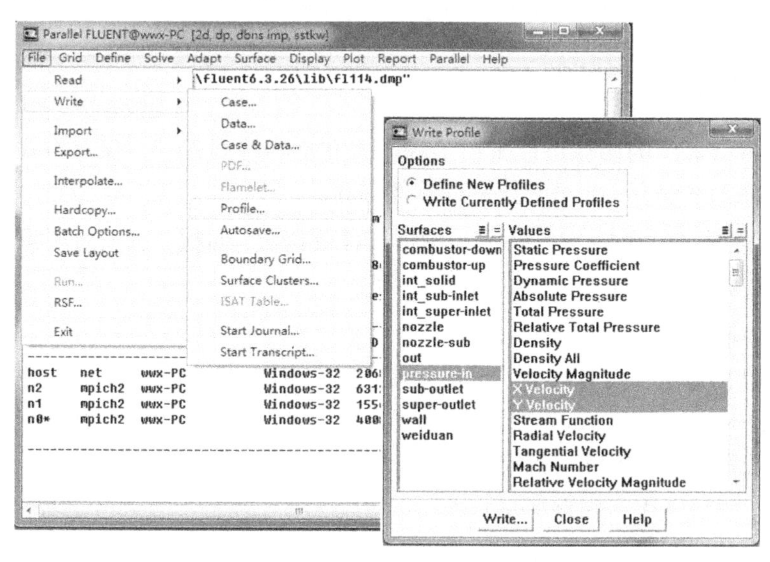

图 10.19 创建边界函数面板

边界函数分布文件既可用在原算例中，也可用在新算例中。例如在管道计算中，用户为入口定义了速度分布，并将它保存在一个边界函数分布文件中。在计算新算例时，用户可以读入该文件作为新管道计算的入口条件。

10.4.5 读写边界条件

对于一些计算设置比较复杂的计算，可以将所有计算设置信息保存在一个文件中，操作如下：

File → Write-bc 或 wbc

Fluent 将边界条件、求解器和计算模型的设置全部保存在一个文件中。

执行以下操作读入边界条件：

File → Read-bc 或 rbc

读入边界条件文件后，Fluent 将把边界条件文件中的边界名称与计算模型中定义的边界名称进行对比，名称相同的边界采用相同的边界条件。如果边界条件文件中的边界名称在计算模型中没有与之对应的边界，这部分边界条件忽略不计。读入边界条件后，需要进行边界条件检查，保证边界条件与其对应的边界相吻合。

如果边界条件文件中的一系列设置应用到名称相似或名称还未确定的边界上，可以使用星号做省略处理。比如边界条件准备应用到壁面 wall-1、wall-2 和 wall-3 上，在编辑边界条件文件中将边界名称设置为 “wall-*” 即可。

另外，可以将边界网格写入单独的文件，操作如下：

File → Write → Boundary Grid

指定目录保存文件即可。用户对网格不满意时，可以将边界网格先保存起来，然后再用 Tgrid 软件读入这个网格文件，并重新生成满意的网格。

10.4.6 保存图像文件

图形显示窗口显示的图像可以采用多种方式和文件格式保存。保存方式包括：①使用 Fluent 软件内部工具保存；②第三方图形软件保存。

在 Fluent 软件 Graphics Hardcopy (图形文件硬拷贝) 面板，可以对图像文件的保存格式、颜色等进行设置，如图 10.20 所示。操作如下：

File → Hardcopy...

该面板可以设定图像文件格式、颜色方案、文件类型、分辨率和方向，并可以预览图像文件。图像文件格式差别不大，根据需要选择。颜色方案包括：彩色图像、灰度图像或单色图像。文件类型包括：光栅格式和矢量格式，光栅格式的文件读写速度较快，但图像质量较差；矢量格式读写速度慢而图像质量较高。

设置完成后，点击 Preview (预览) 检查图像是否满足需要，如不满意可以重新调整；如满足需要，点击 Save (保存) 按钮保存图像。

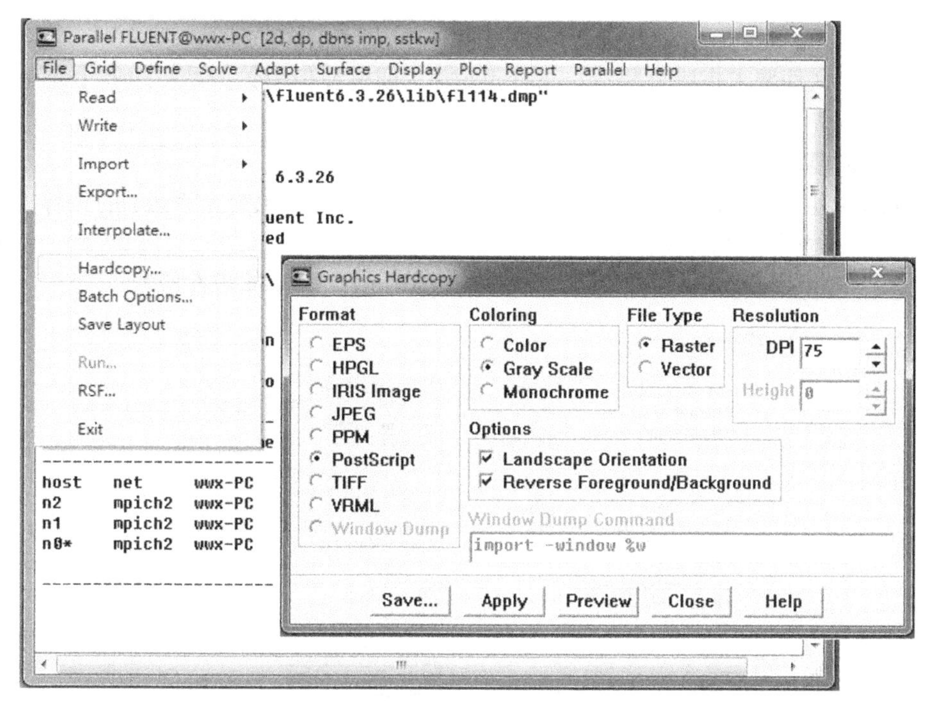

图 10.20　图像文件硬拷贝面板

10.4.7　导出数据

Fluent 软件中设置了与其他软件的数据接口，通过这些接口可以与其他软件进行数据交换，比如 Fluent 的计算结果和网格信息可以保存为与之兼容的软件的数据格式，方便利用其他软件对 Fluent 的数据结果进行处理。Fluent 兼容的数据导出格式包括：ABAQUS、ANSYS、ASCII、AVS、CGNS、Data Explorer、EnSight、FAST、Fieldview、I-deas Universal、NASTRAN、PATRAN、RadTherm 和 Tecplot 格式。

Fluent 不支持表面 (surface) 数据。如果导出文件包含指定的表面，该文件不能重新导入 Fluent。

Fluent 在导出数据面板中完成数据导出，如图 10.21 所示，操作如下：

File → Export

弹出导出数据面板，执行如下操作导出文件：

(1) 在 File types (文件类型) 中选择准备导出的文件类型。

(2) 如果选择 ABAQUS、ASCII、Data Explorer、I-deas Universal、NASTRAN、PATRAN 或 Tecplot 文件类型，需要在 Surfaces (表面) 列表中选择需要导出数据的表面。如不做任何选择，则将整个计算域内的数据导出。

(3) 除了 ANSYS、FAST Solution 和 RadTherm 三种文件格式，其他文件格式均需在 Function to Write 中选择导出变量。

(4) ABAQUS、ASCU、I-deas Universal、NASTRAN 和 PATRAN 五种文件格式需要指定载荷类型，载荷类型包括：力、温度和热流通量。这些载荷构成有限元计算的载荷矩阵。如上所述，如没有指定边界面，整个计算域数据将被输出到导出文件中，载荷数据被写在计算域的外边界面上。

(5) ASCII 文件要求指明分隔符与采样点位置，即需要指明数据是在边界上还是网格格心上。

(6) 如有需要，可以设置 transient (瞬态) 导出参数。

(7) 使用 Radtherm 格式时，需要确定 heat transfer coef.(热交换系数) 的计算方法，即选择 flux based 或 wall function 形式。

(8) 除了 EnSight 格式，其他文件格式均使用 Write... 键保存所有设置。

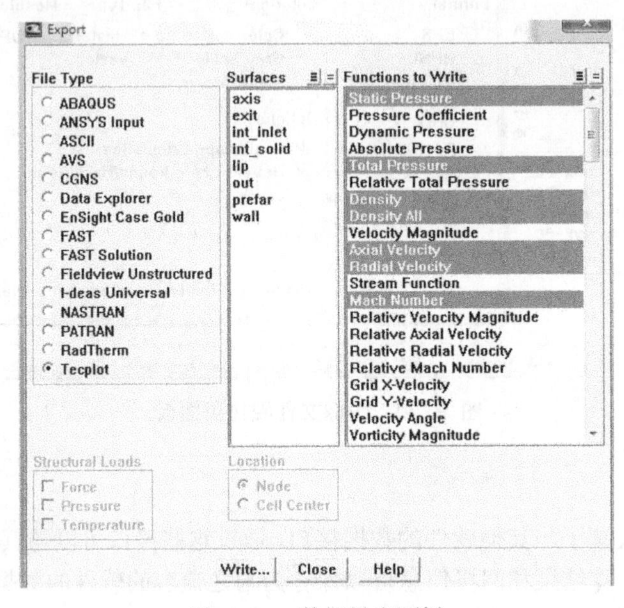

图 10.21　数据导出面板

10.5　单 位 设 置

只要选择正确的转换因子，就可以在 Fluent 软件中混合使用不同的单位制。比如在热力学计算中，使用英制功率单位瓦特，同时可以使用国际单位制的米作为长度单位。Fluent 软件内部以国际单位制进行计算，混合单位只是在输入输出过程中照顾用户的习惯，最终所有单位制在 Fluent 内部统一为国际单位制。

10.5.1　单位限制

Fluent 中下述问题只能使用国际单位制输入：

(1) 边界函数分布文件；

(2) 源项；

(3) 自定义场变量；

(4) 由外部绘图软件生成的数据；

(5) 用户自定义函数 (UDF)；

(6) 材料性质采用温度的多项式定义，则温度单位必须是开尔文温度或兰金温度。

10.5.2　网格数据单位

网格生成软件允许采用多种单位制作为网格长度单位，但 Fluent 软件只允许使用国际单位制，因此使用非国际单位制定义网格数据时需要进行单位制转换。

10.5.3　Fluent 内部单位制

Fluent 软件有四种内部单位制：英制、国际单位制、厘米–克–秒制和“缺省”单位制。图 10.22 所示的单位设定面板中，使用 Set All to (将全部数据转换为) 下面的按钮可以将各种单位转换为统一单位。执行以下操作弹出单位设定面板：

Define → Units

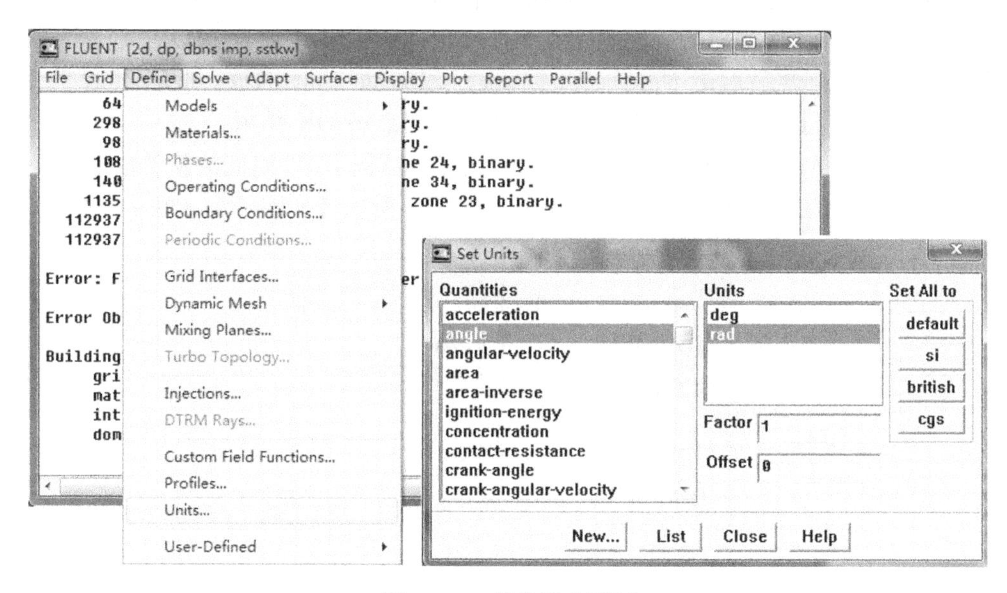

图 10.22　单位设定面板

单位制转换步骤如下：

(1) 在 Quantities(数量) 下选定需要转换单位的变量。

(2) 在 Units(单位) 下显示当前使用的单位，点击 Set All to 下方的按钮，原来的单位制转换为按钮所对应的单位制。

例如将面积的单位从国际单位制平方米转换为英制单位平方英尺，可以先选择变量 area(面积)，此时 Units 下面反白显示当前的单位是 m^2，点击 british(英制) 按钮，则反白的显示条从当前单位 m^2 位置跳 ft^2 位置。

Fluent 软件中的“缺省”单位制与国际单位制的唯一区别是：角度单位是“度”，而不是“弧度”。

10.5.4　调整数据单位

如不习惯使用 Fluent 软件提供的四种单位制，可使用单位设定面板 (图 10.22) 选择需要改变的变量，给定转换因子 Factor 设定新的单位。

1) 列出现有单位

点击单位设定面板下面的 List (列表) 按钮可以将系统内部所有的变量和单位以列表的形式显示在窗口中，同时显示各种单位的转换因子 (Factor) 和偏离值 (Offset)。

2) 更改变量单位

更改变量单位的方法有两种。首先在单位设定面板选定需要更改单位的变量，第一种方法：点击 Set All to 下方按钮将单位转换到另一个单位制；第二种方法：在 Units (单位) 列表中选择一个单位作为变量的单位。

3) 定义新单位

在单位设定面板中点击 New...(新) 按钮打开 Define Unit (定义单位) 面板定义新的单位，如图 10.23 所示。例如将时间变量定义为一个新的单位 h(小时)，可以在 Quantities 选项中选择变量 time，然后点击 New...(新) 按钮进入 Define Unit 面板。指定 Unit 为 h (小时)、Factor (转换因子) 为 3600、Offset (偏离值) 为 0，点击 OK 结束。

转换因子为新单位与国际单位制之间的比例系数。该例子中，时间的新单位 h (小时) 是国际单位制 s (秒) 的 3600 倍，即 1 小时等于 3600 秒，所以转换因子为 3600。

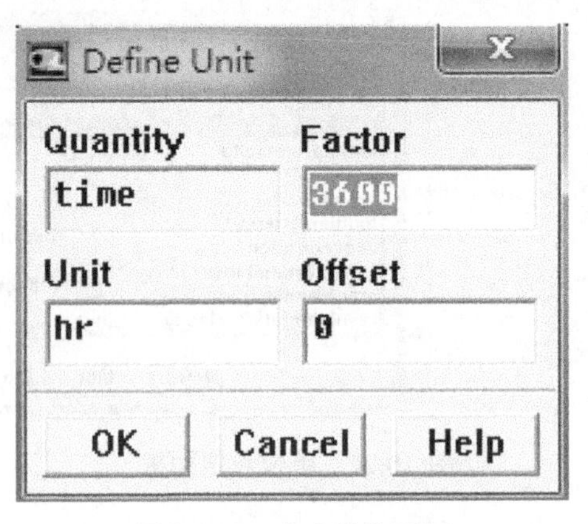

图 10.23　定义单位面板

10.6 计算策略

采用 Fluent 软件进行计算前需要制订一个计划。

10.6.1 制订计划

制订计划之前，需要了解下列问题：

(1) 确定工作目标：即明确计算内容、计算精度。

(2) 选择计算类型：需要考虑流场划定、计算域界定、边界条件设定、网格拓扑结构等，同时考虑是否可以采用二维计算。

(3) 选择物理模型：流态 (无黏流、层流、湍流)、流动的可压缩性 (可压缩流、不可压缩流)、流动稳定性 (定常流动、非定常流动)、流动的传热问题等。

(4) 确定求解流程：考虑系统缺省设置是否可行、如何加快计算收敛、计算机的内存是否够用、计算所需时间等问题。

仔细思考以上问题可以更好地完成计算，提高工作效率。

10.6.2　计算步骤

工作计划确定后，可以按照以下基本步骤开展计算：

(1) 设定流场的几何参数并生成网格；

(2) 启动相关求解器；

(3) 输入网格；

(4) 检查网格；

(5) 调整单位；

(6) 设置求解器；

(7) 设置计算模型：层流/湍流 (湍流模型)、有无化学反应、考虑传热与否；是否需要其他的物理模型，比如是否使用多孔介质模型、风扇模型、使用换热器模型等；

(8) 定义物理属性；

(9) 定义边界条件；

(10) 设置求解控制参数；

(11) 设置求解监控参数；

(12) 初始化流场；

(13) 开始求解；

(14) 计算结束后检查计算结果；

(15) 保存结果；

(16) 如结果不理想，可以调整网格或者物理模型重新计算。

计算简要步骤见表 10.1，具体操作步骤见第 12 章。

表 10.1　计算步骤及对应菜单

求解步骤	对应菜单项
1. 输入网格	File→Read→Case
2. 检查网格	Grid→Check
3. 调整单位	Grid→Scale
4. 选择求解格式	Define→Models→Solve
5. 选择基本方程	Define →Models
6. 物质属性	Define→Materials
7. 边界条件	Define→Boundary Conditions
8. 设置求解控制参数	Solve→Control→Solution
9. 设置求解监控参数	Solve→Monitors
10. 初始化流场	Solve→Initialize
11. 计算求解	Solve→Iterate
12. 检查结果	Display 或 Plot 或 Report
13. 保存结果	File→Write→Case/Date
14. 根据结果对网格做适应性调整	Adapt

10.7 计算方法

Fluent 软件主要包含基于压力的求解器和基于密度的求解器，其中基于压力的求解器又分为分离求解器和耦合求解器；基于密度的求解器，其求解方法又分为显式计算与隐式计算。多种求解器可以使 Fluent 软件用于求解从不可压缩流到高超音速流动范围内的各种复杂流场。

基于压力的求解算法主要用于求解不可压缩流场，根据压力与速度的计算方法可以分为 Simple、Simplec、Piso、Coupled。Simple、Simplec 算法属于分离算法，主要用于求解定常流场；Piso 算法主要用于求解非定常流动；Coupled 算法属于压力与速度的耦合算法，计算效率高。本书 5.2.3 节介绍了 Simple 算法。

分离计算与耦合计算的区别在于求解连续、动量、能量和组分方程的方法不同。分离计算分别求解上述方程，最后得到全部方程的解，计算流程如图 10.24 所示。耦合计算采用求解方程组的方式，同时进行计算并获得方程组的解，计算流程如图 10.25 所示。两种计算方式的共同点是在求解附带的标量方程时，比如湍流模型或辐射换热模型，单独求解，即先求解控制方程，再求解湍流模型方程或辐射方程。

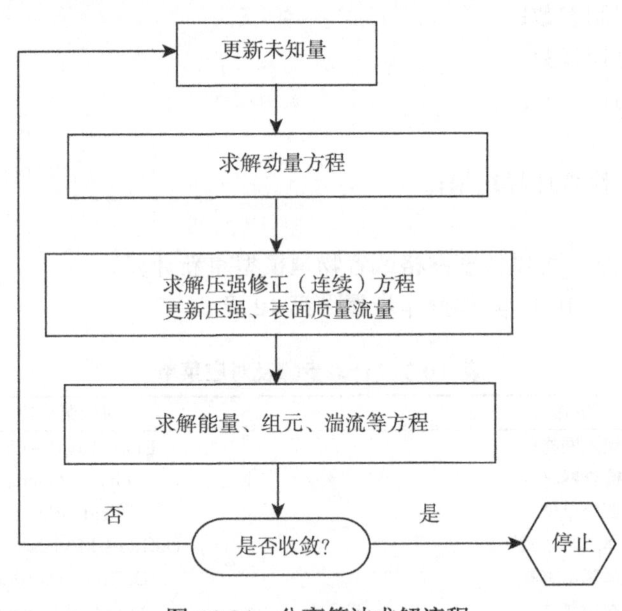

图 10.24　分离算法求解流程

基于密度的求解器采用耦合求解方法，连续方程、动量方程、能量方程等控制方程耦合求解，主要用于求解可压缩流场。

根据时间推进方式求解方法又分为显式算法和隐式算法。显式算法计算简单，对计算机内存需求较小，但其时间步长受稳定性条件限制，导致时间步长较小，所需迭代步数较多，收敛速度慢，计算机时长。隐式算法通常涉及大型矩阵运算，计算复杂，所需计算机内存较大，但其时间步长不受稳定性条件限制，事实上，某些隐式方法是无条件稳定，这样可以用较大的时间步长进行求解，所需迭代步数少、收敛速度快。

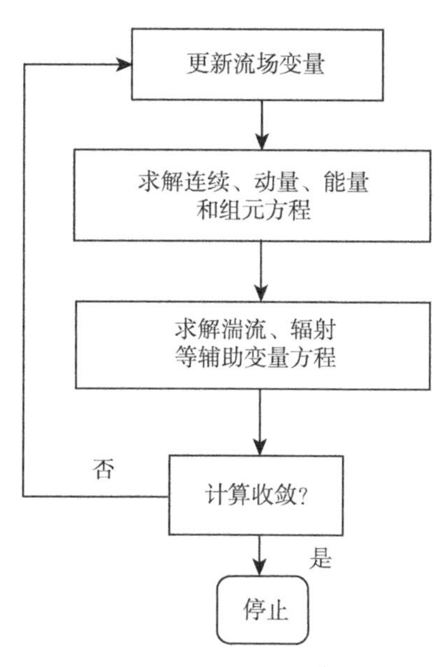

图 10.25 耦合算法求解流程

对于定常流动，时间推进只是获得定常解的手段，不要求时间是精确的，隐式和显式计算对结果没有影响。对于非定常流动，求解的是流动随时间的非定常变化，需要求解时间的精确解，此时采用隐式算法给定较大的时间步长时，时间项的截断误差较大，不能精确描述流动随时间的变化。因此，隐式算法在非定常计算中精度不如显式算法。本书第 6 章对显式算法与隐式算法有所介绍。

Fluent 求解器的缺省计算方法是基于压力求解器。

需要注意的是，以下物理模型仅在基于压力的求解器中存在，模型如下：

(1) 多相流模型；

(2) 混合浓度/PDF 燃烧模型；

(3) 预混燃烧模型；

(4) 污染物生成模型；

(5) 相变模型；

(6) Rosseland 辐射模型；

(7) 确定质量流率的周期流模型；

(8) 周期性换热模型。

计算方法在 Solve(求解器) 面板中选择，如图 10.26 所示。操作如下：

Define→Models→Solve...

在 Solve 面板可以设置二维/三维、轴对称及轴对称旋流、定常/非定常求解等。基于压力求解器为隐式求解；基于密度求解器分为隐式与显式两种求解方法；缺省设置为基于压力求解器。选用基于压力求解器，可以在 Solve→Control→Solution 面板选择压力与速度的耦合方式，如图 10.26(b) 所示。

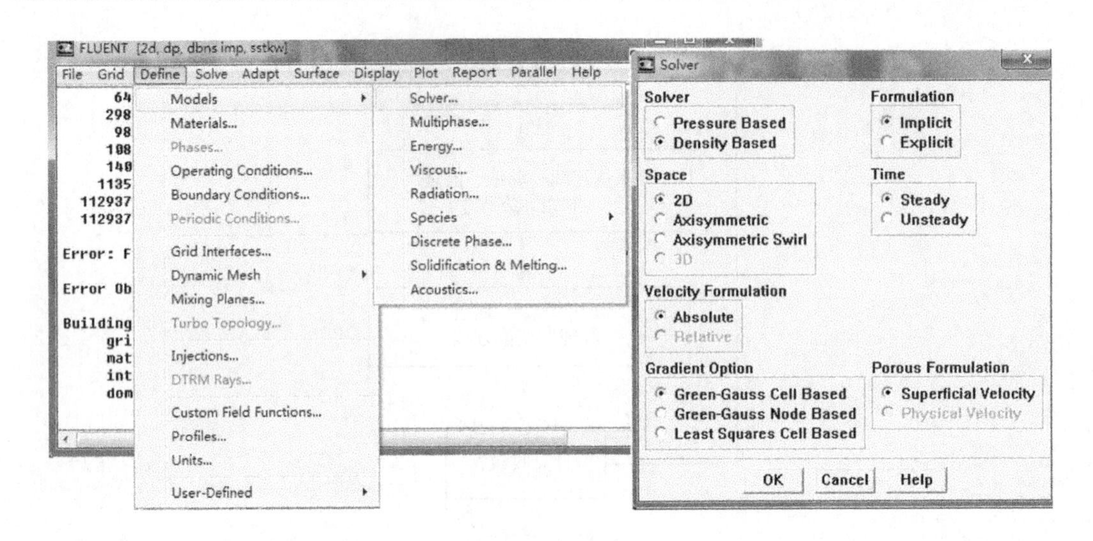

(a) Solve 面板

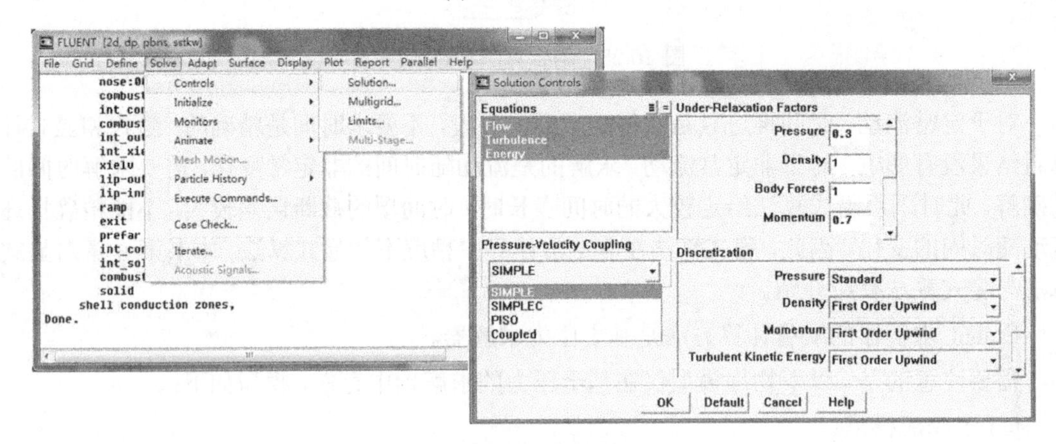

(b) 求解参数控制面板

图 10.26　求解器控制面板

10.8　物 性 参 数

在应用 Fluent 软件进行流动计算过程中，设定物质的物理性质是非常关键的一步，包括物性参数的描述方程及参数设定过程。初学者通过本节学习，掌握如何调用 Fluent 软件数据库中的已有物性参数，或对物性参数进行设定。

10.8.1　物性参数设定界面

Fluent 软件中物理性质在 Materials(材料) 面板中定义，如图 10.27 所示。其打开操作如下：

Define→Materials...

在该面板可以对所研究物质的物性参数进行设置，物性参数与温度、压力和组分等变量相关，在 Fluent 材料属性面板中可以将物性参数设置成温度的函数，并提供了多项式、分段函数等多种函数表述关系。涉及的物性参数包括：

(1) 密度或者分子质量；

(2) 黏性；

(3) 比热容；

(4) 热传导系数；

(5) 质量扩散系数；

(6) 标准状态焓；

(7) 分子运动论参数。

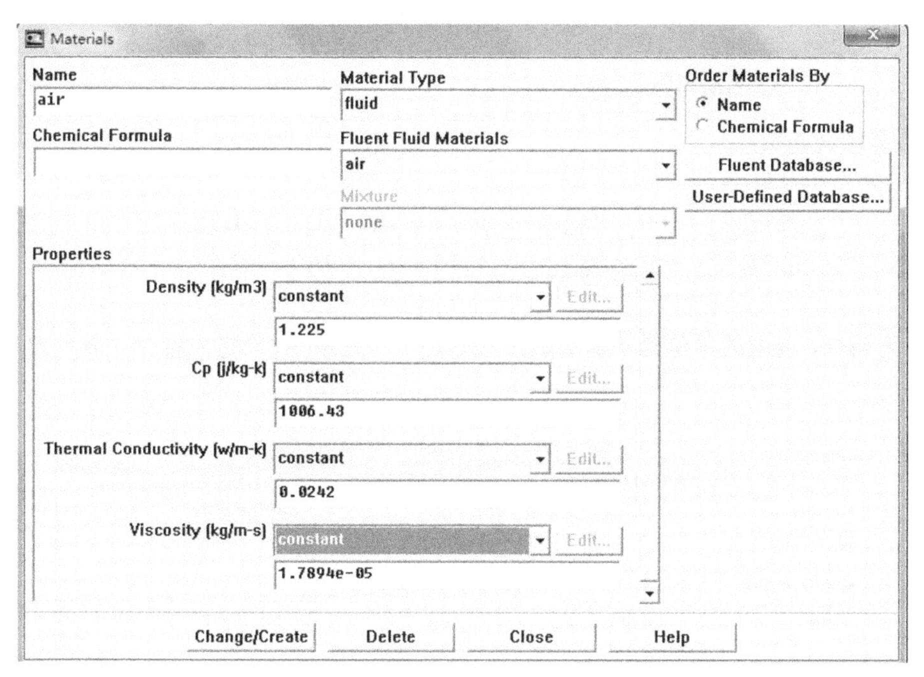

图 10.27　物性参数设定面板

在图 10.27 Materials 面板中可以选择材料类型 (Material Type)，分为两大类：固体和流体。设定所选物质的物性参数，具体步骤如下：

(1) 在 Material Type(材料类型) 下拉菜单中选择材料类型 (流体 fluid、固体 solid)；

(2) 在 Fluid Materials(流体)、Solid Materials(固体) 或其他材料下拉菜单中选择所要修改物性的材料；

(3) 根据需要在 Properties(属性) 栏中修改相关物性参数；

(4) 点击 Change/Create(改变/创建) 按钮完成设置。

对于固体材料，只需定义密度、热传导系数、比热容、辐射性质。热传导系数可以为常数，也可以定义为温度的函数或者自定义函数；比热容可以为常数或者温度的函数；密度一般为常数。流体的物性参数定义更加复杂，其密度、比热容、黏性系数、热传导系数在流场中均会变化。

在一定条件下，某些物性参数主要受温度影响，此时材料属性可以定义为温度的函数，比如可以描述成温度的多项式、分段线性或者分段多项式函数等，也可以通过 UDF(自定义函数) 自定义温度的函数，如图 10.28 所示。各自表达式如下：

多项式函数：

$$\phi(T) = A_1 + A_2 T + A_3 T^2 + \cdots \tag{10.1}$$

分段线性函数：

$$\phi(T) = \phi_n + \frac{\phi_{n+1} - \phi_n}{T_{n+1} - T_n}(T - T_n) \tag{10.2}$$

式中，$1 \leqslant n \leqslant N$，$N$ 为所分的段数。

分段多项式函数:

$$\begin{aligned} &\text{for } T_{\min,1} < T < T_{\max,1}: \quad \phi(T) = A_1 + A_2 T + A_3 T^2 + \cdots \\ &\text{for } T_{\min,2} < T < T_{\max,2}: \quad \phi(T) = B_1 + B_2 T + B_3 T^2 + \cdots \end{aligned} \tag{10.3}$$

式中，ϕ 为属性，温度的单位是 K。函数 1、2、3⋯ 与式中 A_1、A_2、$A_3\cdots$，B_1、B_2、$B_3\cdots$ 对应。

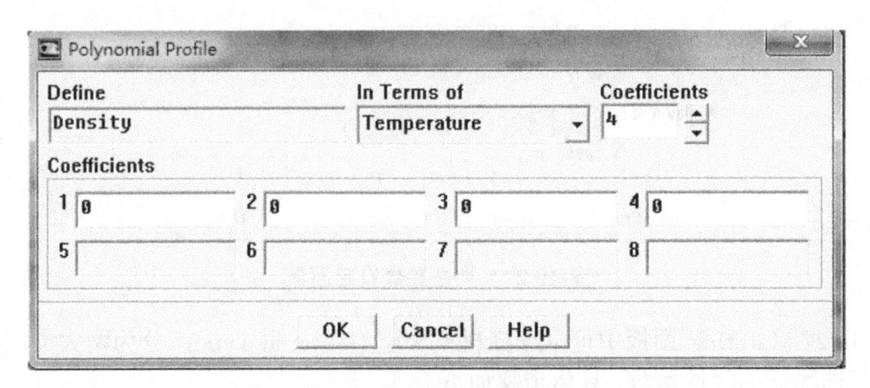

(a) 多项式设定面板

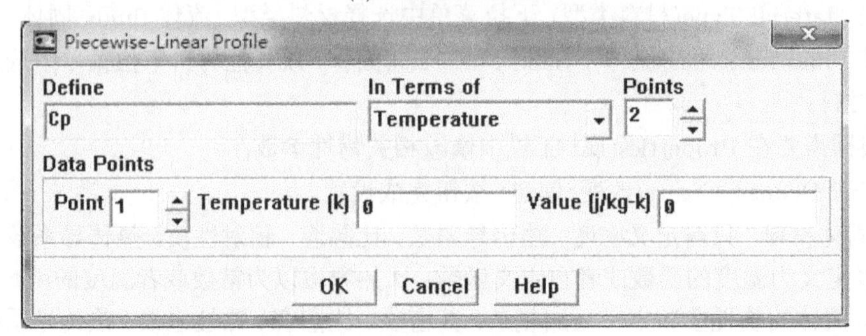

(b) 分段线性函数设定面板

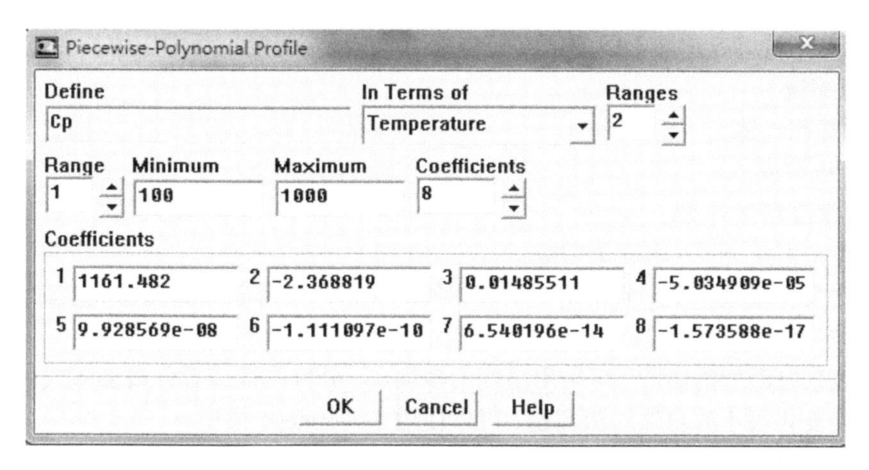

(c) 分段多项式设定面板

图 10.28　物性参数设定面板

10.8.2　密度设置

Fluent 为设定密度提供以下选项：常数、温度或组分的函数。所有设定均在 Materials (材料) 面板中完成。操作如下：

Define→Materials...

如图 10.29 所示。

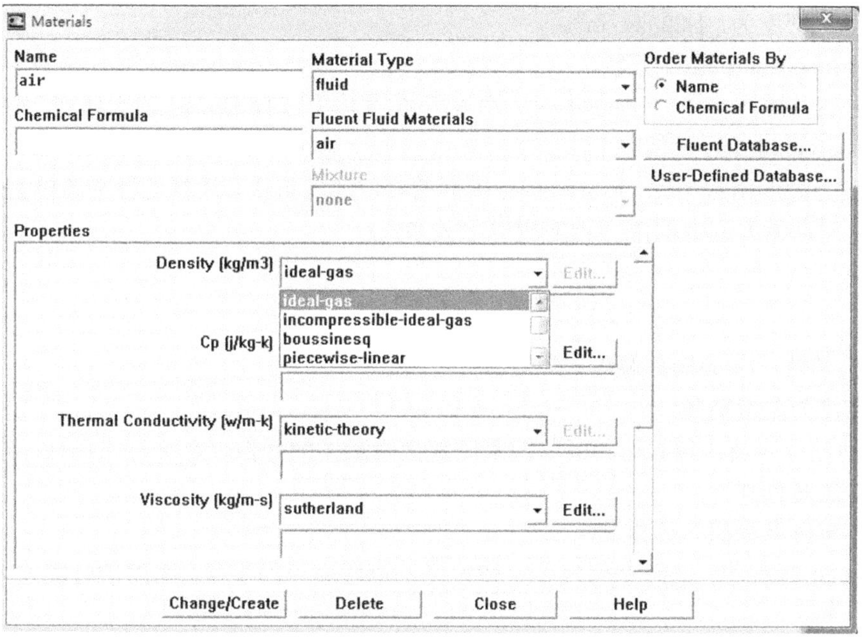

图 10.29　密度设置面板

不同流动区域可以定义不同的密度变化规律。在设定密度过程中应遵循以下原则：

1) 可压缩流

应采用理想气体。

2) 不可压缩流

有四种密度定义方式：

(1) 密度与温度无关，密度为常数。

(2) 压力变化极其微小，但希望使用理想气体关系定义密度与温度的关系时，选择不可压理想气体定律。

(3) 密度仅是温度的函数，可采用温度的多项式、分段线性或者分段多项式函数。

(4) 温度变化很小的自然对流问题，可以使用 Boussinesq 模型。

3) 多重区域混合密度关系

在流场中含有多块流动区域，而且各区域材料不同时，需注意如下问题：

(1) 对于基于压力解算器，即可压理想气体模型不能与其他气体密度定律混合使用。如某一材料使用理想气体定律，则所有材料必须使用理想气体定律。需要注意的是：基于密度解算器不受该限制。

(2) 计算模型中，操作压力与操作温度是唯一的，即对不止一种材料使用理想气体定律，其操作压力相同；如果对不止一种材料使用 Boussinesq 模型，则操作温度相同。

✧ 密度常数

如果流体的密度为常数，Materials(材料面板) 中 Density(密度) 右边的下拉菜单中选择 Constant(常数)，并输入材料的密度。

默认空气密度为：1.225kg/m^3。

✧ Boussinesq 近似模型

Materials(材料面板) 中 Density(密度) 的下拉菜单中选择 Boussinesq 选项，则指定密度定义方式为 Boussinesq 近似。

与密度为温度函数相比，Boussinesq 模型的收敛速度更快。计算过程中该模型把密度作为常数，只对动量方程中的浮力项应用以下关系式：

$$(\rho - \rho_0)\, g \approx -\rho_0 \beta\, (T - T_0)\, g$$

式中，ρ_0 为常数，T_0 为操作温度，β 为热膨胀系数。

✧ 密度为温度函数

当流动过程涉及热传导时，可以把密度定义为温度的函数，定义方式包括：分段线性、多项式、分段多项式。

✧ 不可压缩理想气体定律

在 Fluent 软件中，采用理想气体定律定义不可压缩流的密度，密度的计算式为

$$\rho = \frac{p_{\text{op}}}{RT}$$

式中，R 为普适气体常数、p_{op} 为操作压强。密度只与操作压强相关，与当地压强无关。

不可压缩理想气体密度输入步骤如下：

(1) Materials(材料面板) 中 Density(密度) 的下拉菜单中选择 Incompressible-ideal-gas(不可压缩理想气体) 选项。

(2) 在 Operating Conditions(操作条件) 面板中定义操作压压强，如图 10.30 所示。操作步骤如下：Define→Operating Conditions...。

(3) 操作压强对于采用理想气体定律计算密度至关重要。其缺省值为：101 325Pa。

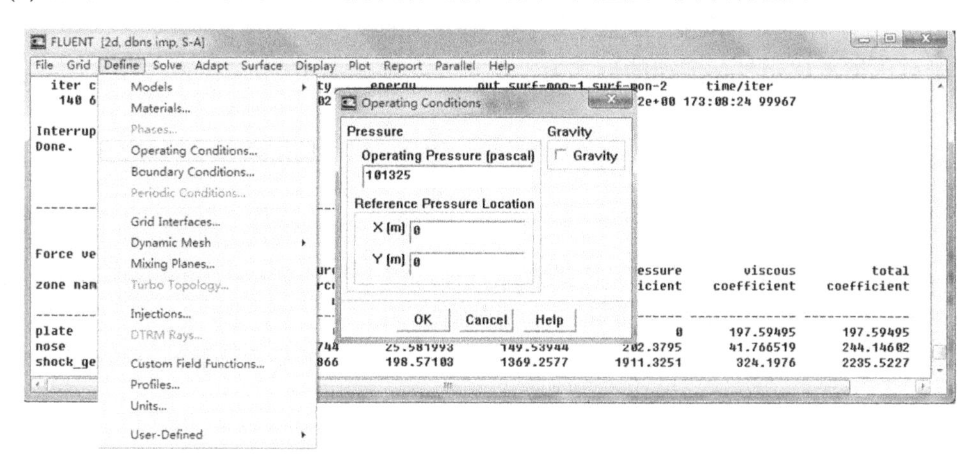

图 10.30 操作条件面板

✧ 可压缩流动的理想气体定律

对于可压缩流，气体定律的方程为

$$\rho = \frac{p_{\text{op}} + p}{RT}$$

式中，p 为 Fluent 预测的当地相对 (或标准) 压力，p_{op} 是操作压力。

可压缩流理想气体密度输入步骤：

(1) Materials(材料面板) 中 Density(密度) 右边的下拉菜单中选择 ideal-gas(理想气体) 选项。

(2) 在 Operating Conditions(操作条件) 面板中设定操作压强。

✧ 多组分混合物密度

如果求解组分输运方程，则需要为混合物和组分设定相关属性。设定混合物的组分密度步骤如下：

(1) 选择密度定义方法。密度定义方法在 Materials(材料面板) 中 Density(密度) 的下拉菜单中选择。与非理想气体混合物对应的为 volume-weighted-mixing-law(体积加权混合定律) 方法；与可压缩流动对应的是 ideal-gas(理想气体) 方法；如果采用理想气体定律模拟不可压缩流动，则选择 incompressible-ideal-gas。

(2) 点击 Change/Creat 按钮。

(3) 如果选择 volume-weighted-mixing-law(体积加权混合定律) 定义混合物的每一种组分的密度，可以将每一种组分定义为常数或温度的函数。

(4) 如果选择 user-defined-mixing-law(用户定义混合律) 定义混合物组分的密度，则可以用 UDF(用户自定义函数) 定义密度。

如果计算非理想气体混合物，Fluent 采用以下公式计算混合气体的密度：

$$\rho = \frac{1}{\sum_{i'} \frac{m'_i}{\rho'_i}}$$

式中，m'_i 是组分 i 的质量浓度，质量分数，ρ'_i 组分 i 的密度。

对于可压缩流理想气体定律的形式为

$$\rho = \frac{p_{\rm op} + p}{RT \sum_{i'} \frac{m'_i}{M'_i}}$$

式中，p 是当地相对 (或标准) 压力，R 是普适气体常数 [$R = 8.3145\mathrm{J/(mol{\cdot}K)}$]，$m'_i$ 是组分 i 的质量浓度，M'_i 是组分 i 的分子质量，$p_{\rm op}$ 是操作压力。

计算不可压缩流动理想气体定律的密度，Fluent 采用以下公式计算混合气体的密度：

$$\rho = \frac{p_{\rm op}}{RT \sum_{i'} \frac{m'_i}{M'_i}}$$

式中，R 是普适气体常数，m'_i 是组分 i 的质量浓度，M'_i 是组分 i 的分子质量，$p_{\rm op}$ 是操作压力。在这种形式中，密度只与操作压力有关而与当地相对压力无关。

10.8.3 黏性

Fluent 提供以下几种流体黏性设定选项：

(1) 常数；

(2) 温度或组分相关黏性；

(3) 分子运动论；

(4) 非牛顿黏性；

(5) 自定义函数。

所有计算中，黏度都在 Materials(材料) 面板中定义，如图 10.31 所示。

◇ 黏性为常数

流体的黏性为常数，Materials(材料) 面板中 Viscosity(黏性系数) 右边的下拉菜单中选择 Constant(常数)，输入流体的黏性系数。

默认空气黏性系数为: $1.7894\times10^{-5}\mathrm{kg/(m{\cdot}s)}$。

◇ 黏性为温度函数

如果所研究的流动现象流体温度是变化的，可以将黏性系数定义为温度的函数。Fluent 提供 5 种类型的函数：分段线性、分段多项式、多项式、Sutherland 定律、幂律。这里着重介绍 Sutherland 定律和幂律，Sutherland 定律应用较广。

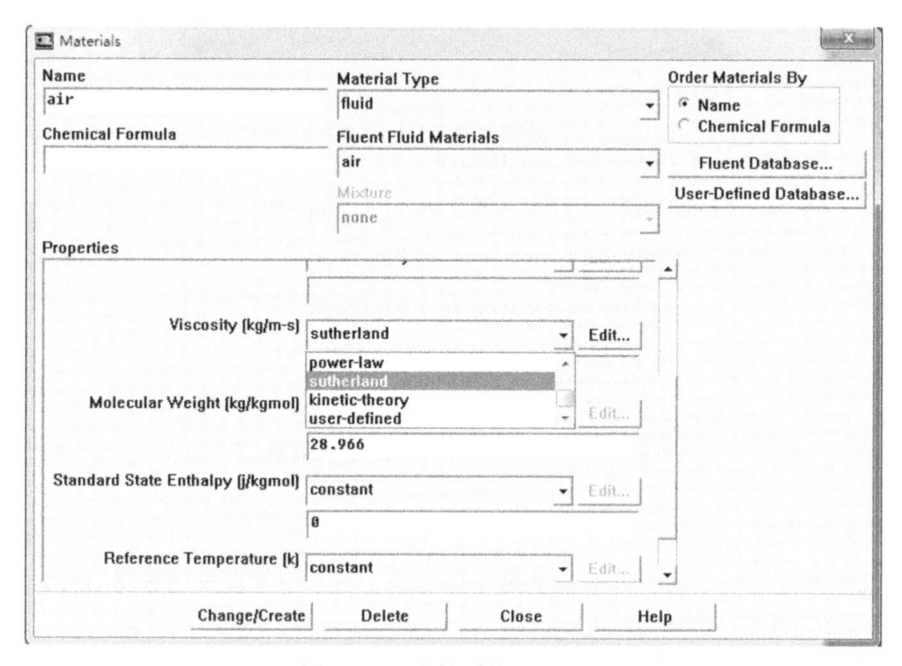

图 10.31　黏性系数设定面板

1. Sutherland 定律

Sutherland 采用理想化的分子间作用力势函数推出 Sutherland 黏性定律，该公式由两个或三个系数确定。

二系数的 Sutherland 定律为

$$\mu=\frac{C_1T^{3/2}}{T+C_2}$$

式中，黏性单位为 kg/(m·s)，温度的单位为 K，C_1 和 C_2 是系数。常温常压条件下的空气，$C_1=1.458\times10^{-6}\text{kg}/(\text{m}\cdot\text{s}\cdot\text{K}^{\frac{1}{2}})$，$C_2=110.4\text{K}$。

三系数的 Sutherland 定律为

$$\mu=\mu_0\left(\frac{T}{T_0}\right)^{3/2}\frac{T_0+S}{T+S}$$

式中，μ 为黏性，单位为 kg/(m·s)；T 是静温，单位为 K；μ_0 是参考值，单位为 kg/(m·s)；T_0 是参考温度，单位为 K；S 是有效温度，单位是 K，被称为 Sutherland 常数，它是气体所特有的。对于常温常压下的空气：$\mu_0=1.716\times10^{-5}\text{kg}/(\text{m}\cdot\text{s})$，$T_0=273\text{K}$，$S=111$ K。三系数公式应用较多。

采用 Sutherland 定律，在 Materials(材料面板) 中 Viscosity(黏性系数) 右边的下拉菜单中选择 Sutherland，此时 Sutherland 定律面板打开，如图 10.32 所示。按照如下步骤输入系数：

(1) 选择二系数或者三系数方法。需要注意的是，二系数方法必须采用国际标准单位。

(2) 对于二系数方法，设定 C_1 和 C_2 即可。对于三系数方法，设定参考黏性 μ_0、参考温度 T_0 以及有效温度 S，一般默认值即可。对于理想气体，Fluent 默认值即可。

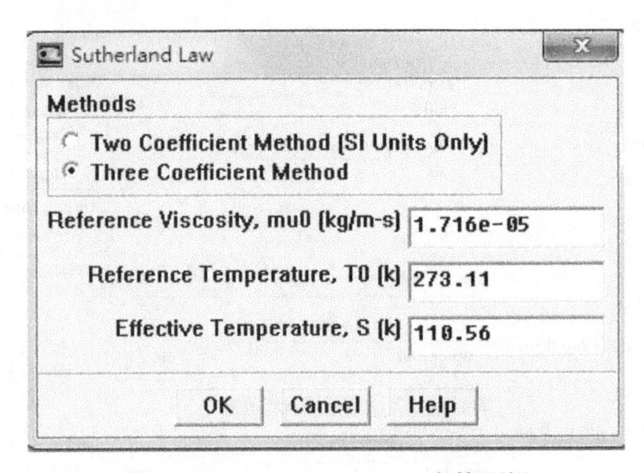

图 10.32 Sutherland Law 定律面板

2. 幂律黏性定律

稀薄气体黏性另一个常用近似模型是幂律公式。对于中等温度的稀薄气体，该定律比 Sutherland 定律的精度稍差一点。

二系数的幂率黏性定律形式为

$$\mu = BT^n$$

式中，μ 是黏性，单位为 kg/(m·s)；T 是静温，单位为 K；B 是无量纲系数，对于中等温度和压力的空气，$B = 4.093 \times 10^{-7}$，$n = 2/3$。

三系数的幂率黏性定律的形式为

$$\mu = \mu_0 \left(\frac{T}{T_0}\right)^n$$

式中，μ 是黏性，单位为 kg/(m·s)；T 是静温，单位为 K；μ_0 是参考值，单位为 kg/(m·s)。对于中等温度和压力的空气，$\mu_0 = 1.716 \times 10^{-5}$kg/(m·s)，$T_0 = 273$K，$n = 2/3$。

采用幂律模型，在 Materials(材料面板) 中 Viscosity(黏性系数) 右边的下拉菜单中选择 Power Law(幂律)。此时会打开幂律面板，如图 10.33 所示。按照如下步骤输入系数值：

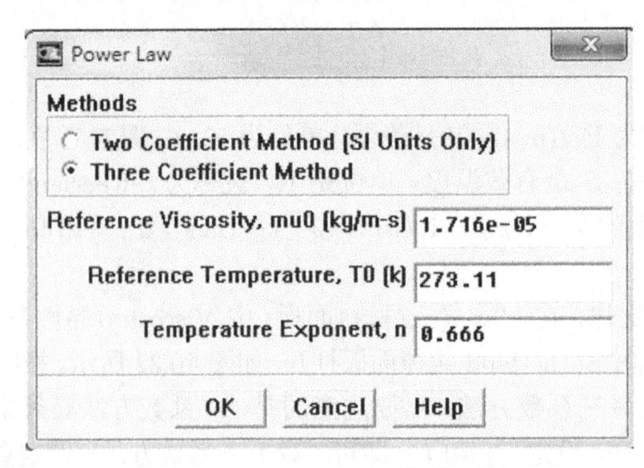

图 10.33 Power Law 定律面板

(1) 选择二系数或者三系数方法。需要注意的是，二系数方法必须采用国际标准单位。

(2) 对于二系数方法，设定 B 和温度指数 n。对于三系数方法，设定参考黏性 μ_0、参考温度 T_0 以及温度指数 n。

✧ **分子运动论定义黏性**

如果采用气体定律 (见密度一节所述)，可以选择分子运动论定义流体黏性：

$$\mu = 2.67 \times 10^{-6} \frac{\sqrt{MT}}{\sigma^2 \Omega_\mu}$$

式中，黏性系数 μ 的单位是 kg/(m·s)，T 的单位为 K，M 为分子质量，σ 的单位为埃，$\Omega_\mu = \Omega_\mu(T^*)$，式中：

$$T^* = \frac{T}{(\varepsilon/k)}$$

在 Materials(材料面板) 中 Viscosity(黏性系数) 右边的下拉菜单中选择 kinetic-theory(分子运动论) 计算黏性。

✧ **多组分混合物黏性**

计算多组分混合物流动时，可将混合物的黏性系数定义为各组分黏性系数的函数，也可将混合物的黏度定义为常数或者温度的函数。

Fluent 中定义组分黏性的步骤如下：

(1) 在 Materials(材料面板) 中 Viscosity(黏性系数) 的下拉菜单中可以选择 mass-weighted-mixing-law(质量加权混合律)；如果采用理想气体定律定义密度，则选择 ideal-gas-mixing-law(理想气体混合定律)；如果采用自定义函数定义黏性，则选择 user-defined(用户自定义)，或选择 user-defined-mixing-law(用户自定义混合律)。

(2) 点击 Change/Create 按钮。

(3) 定义混合物中各组分的黏性。

(4) user-defined-mixing-law(用户自定义混合律) 采用 UDF 定义混合物的黏度，其基本定义方法为先分别定义混合物各组分黏性，采用各组分的黏性参数计算混合物的黏性。

10.8.4　热传导系数

考虑热传导、模拟能量和黏性流动时，必须定义热传导系数。

Fluent 提供以下几种定义热传导系数的方法：

(1) 热传导系数为常数；

(2) 与温度、组分相关的热传导系数；

(3) 分子运动论；

(4) 自定义函数。

热传导系数的国际标准单位为：W/(m·K)，英制单位为：BTU/(h·ft·R)。设定面板如图 10.34 所示。

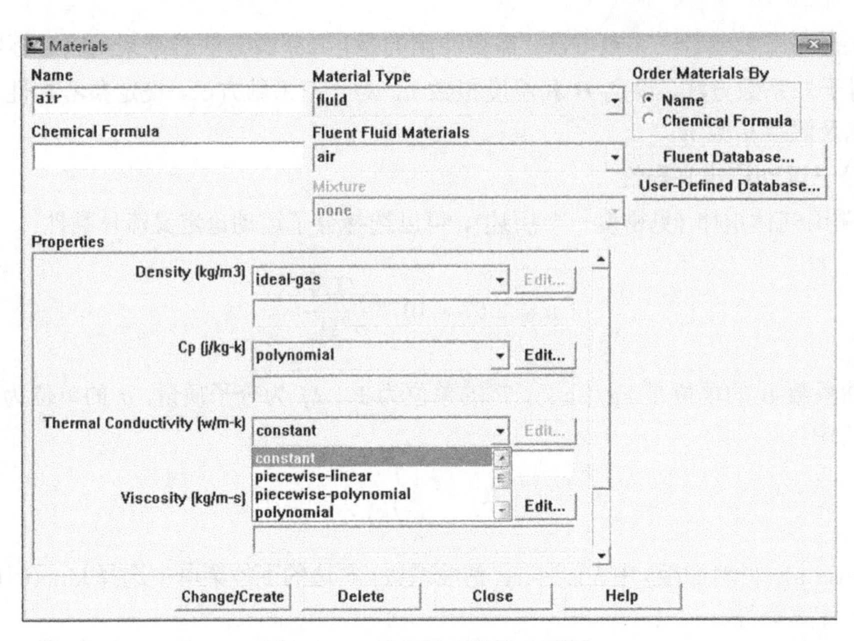

图 10.34　热传导系数设定面板

✧　热传导系数为常数

在 Materials(材料面板) 中 Thermal-Conducvity(热传导系数) 右边的下拉菜单中选择 constant(常数)，输入热传导系数的值即可。

默认空气热传导系数为 0.0242 W/(m·K)。

✧　热传导系数为温度函数

可以定义热传导系数为温度的函数，Fluent 提供了三种类型的函数：分段线性、分段多项式、多项式。

✧　采用分子运动论设定热传导系数

如果使用气体定律 (如密度一节所述)，可以采用分子运动论定义热传导系数：

$$k = \frac{15}{4}\frac{R}{M}\mu\left[\frac{4}{15}\frac{C_pM}{R} + \frac{1}{3}\right]$$

式中，R 是普适气体常数 $[R = 8.3145\text{J}/(\text{mol}\cdot\text{K})]$，$M$ 为分子质量，μ 为材料黏性，C_p 为材料热容。

在 Materials(材料面板) 中 Thermal-Conducvity(热传导系数) 右边的下拉菜单中选择 kinetic-theory(分子运动论)。

✧　多组分混合物的热传导系数

如果模拟的流动包含不止一种化学组分 (多组分流动)，可以选择定义与组分相关的热传导系数。可以定义热传导系数为常数、温度的函数或者采用分子运动论定义。

定义步骤如下：

(1) 混合材料，选择 mass-weighted-mixing-law(质量加权混合律)；采用理想气体定律，选择 ideal-gas-mixing-law(理想气体混合律)。

如果使用 ideal-gas-mixing-law 计算混合物的热传导系数，必须使用 ideal-gas-mixing-law 或者 mass-weighted-mixing-law 计算黏性，因为只有这两种方法计算出的黏性用于指定组分的黏性。

(2) 点击 Change/Create 按钮。

(3) 定义混合物中各组分的热传导系数。

(4) 如果采用理想气体定律，解算器会在分子运动论的基础上计算混合物的热传导系数。

10.8.5 热容

启动能量方程时，必须指定热容。Fluent 提供以下几种定义热容方法：

(1) 热容为常数；

(2) 与温度或组分相关热容；

(3) 采用分子运动论设置热容。

热容的国际标准单位为 J/(kg·K)、英制单位为：BTU/(lbm·R)，设定面板如图 10.35 所示。

注：燃烧计算，推荐采用温度相关方法指定热容。

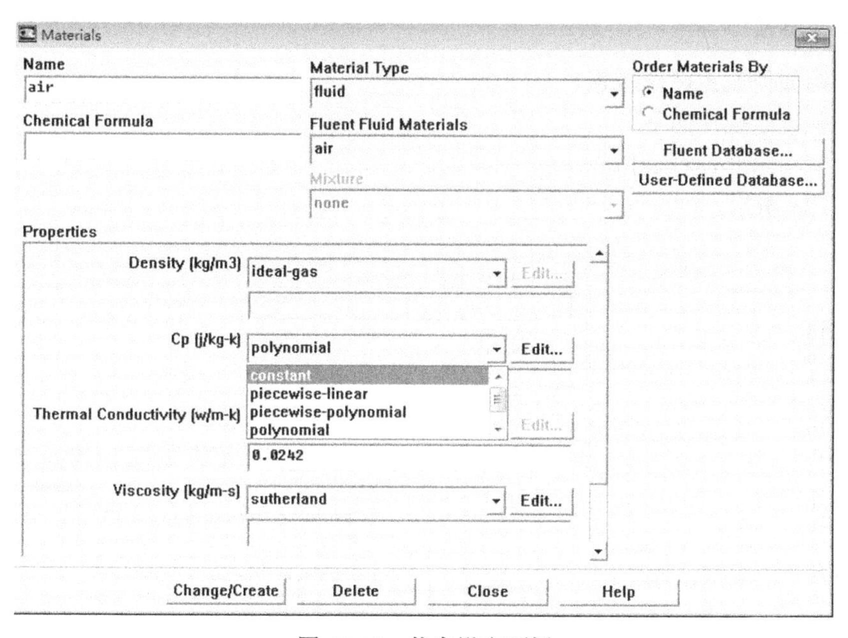

图 10.35 热容设定面板

✧ 热容为常数

在 Materials(材料面板) 中 C_p(定压热容) 右边的下拉菜单中选择 constant(常数)，输入定压热容的值即可。

默认空气的热容为 1006.43 J/(kg·K)。

✧ 热容为温度函数

当温度大于 600K 时，气体不再是量热完全气体，需要考虑热容的变化。对于完全气体，一般情况下热容是温度的函数，Fluent 提供三种类型的函数：分段线性、分段多项式、多项式。

✧ **采用分子运动论定义热容**

如果使用气体定律 (如密度一节所述)，可以用分子运动论定义热容：

$$C_{p,i'} = \frac{1}{2}\frac{R}{M_{i'}}(f_{i'}+2)$$

式中，$f_{i'}$ 是气体组分 i' 的能量模式的数量 (自由度)，可以在 Materials(材料面板) 中 C_p(定压热容) 右边的下拉菜单中选择 kinetic-thoery(分子运动论)。

✧ **热容为组分的函数**

如果所模拟的流动包含不止一种化学组分 (多组分流动)，可以选择定义组分相关热容。该情况下可以定义热容为常数、温度的函数或者使用分子运动论来定义。

步骤如下：

(1) 对于混合材料，选择 C_p 右边的下拉列表中的 mixing-law。

(2) 点击 Change/Create 按钮。

(3) 定义混合物各组分热容。

10.8.6　操作压强

本节介绍如何设定操作压强。

操作压强设定操作如下：

Define→Operating Conditions...

如图 10.36 所示。

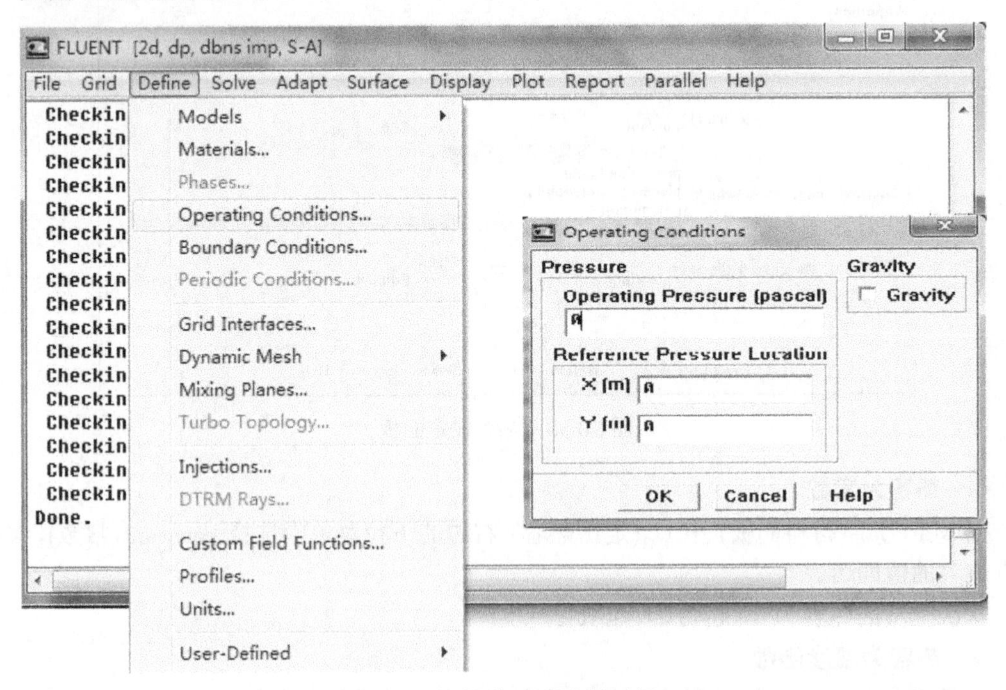

图 10.36　操作压强设定面板

✧ 低马赫数流动中截断误差对压力计算的影响

低马赫数可压缩流中，总的压降与绝对静压相比较小，因此数值截断会对其产生很大的影响。原因在于：当马赫数 $Ma \ll 1$ 时，压降 ΔP 与动压头 $\frac{1}{2}\gamma p Ma^2$ 相关，式中 p 为静压，γ 为比热比。由此可知 $\Delta P/P$ 与 Ma^2 的关系，即当 $Ma \to 0$ 时 $\Delta P/P \to 0$。因此，除非给予足够的注意，否则低马赫数流动计算很容易受到截断误差的影响。

为了减小截断误差对压降 ΔP 的不利影响，Fluent 引入了表压的概念。所谓表压即为绝对压强与操作压强之差，而操作压强大致等于流场的平均压强。在计算过程中实际使用的是表压，压强增量与表压相比已不再是一个小量，也就不会被计算误差淹没，降低截断误差对计算结果的影响。

Fluent 计算和显示中用到的压强均为表压。

✧ 操作压强设定

1. 操作压强的设定

如前所述，如何设置操作压强取决于马赫数的变化范围和密度的定义方式。例如，在不可压理想气体的计算中，应该将操作压强设定为流场压强的平均值。表 10.2 为设定操作压强的推荐方法。

表 10.2 操作压强推荐值

密度定义方式	马赫数范围	操作压强
理想气体定律	$Ma > 0.1$	0 或者流场平均压强
	$Ma < 0.1$	流场平均压强
温度函数	不可压缩流动	不用设置
常数	不可压缩流动	不用设置
不可压理想气体	不可压缩流动	流场平均压强

2. 操作压强的意义

操作压强对于不可压理想气体流动和低马赫数可压缩流动十分重要。不可压理想气体的密度用操作压强通过状态方程直接计算；低马赫数可压缩流动中操作压强起到了避免截断误差负面影响的作用。

高马赫数可压缩流动，操作压强意义不大。该情况下压力变化相对较大，截断误差负面影响较小，不需使用表压进行计算，使用绝对压力会更方便。因为 Fluent 使用表压进行计算，因此该类问题计算中将操作压强设置为零，即表压与绝对压强相等。

如果密度为常数或者密度是温度的函数，这种情况下不使用操作压强。操作压强的缺省值为 101 325Pa。

10.9 边界条件

边界条件是流场变量在计算边界上满足的数学物理条件。边界条件与初始条件一并称为定解条件，只有边界条件和初始条件确定后，流场的解才唯一存在。Fluent 软件中在初始化过程中给定流场初始案件，边界条件需要设定。本节将讲述边界条件的设定问题。

10.9.1 边界条件概述

边界条件大致分为以下几类：

(1) 进口边界条件：压力进口、速度进口、质量进口、进风口、进气扇、压力远场等条件。

(2) 出口边界条件：速度出口、压力出口、通风口、风扇等。

(3) 壁面条件：固壁条件。

(4) 对称边界条件：轴对称边界、面对称边界。

(5) 周期性边界条件。

(6) 内部表面边界条件：风扇、散热器、多孔跳跃、内部边界条件等。

(7) 流体、固体。

内部表面边界定义在网格块 (Block) 边界表面，没有厚度，仅是对风扇、多孔介质等内部边界流场变量发生突变的模型化处理。

边界条件设定在 Boundary Conditions(边界条件) 面板中完成，如图 10.37 所示。读入网格或算例文件后，通过以下操作启动边界条件面板：

Define→Boundary Conditions...

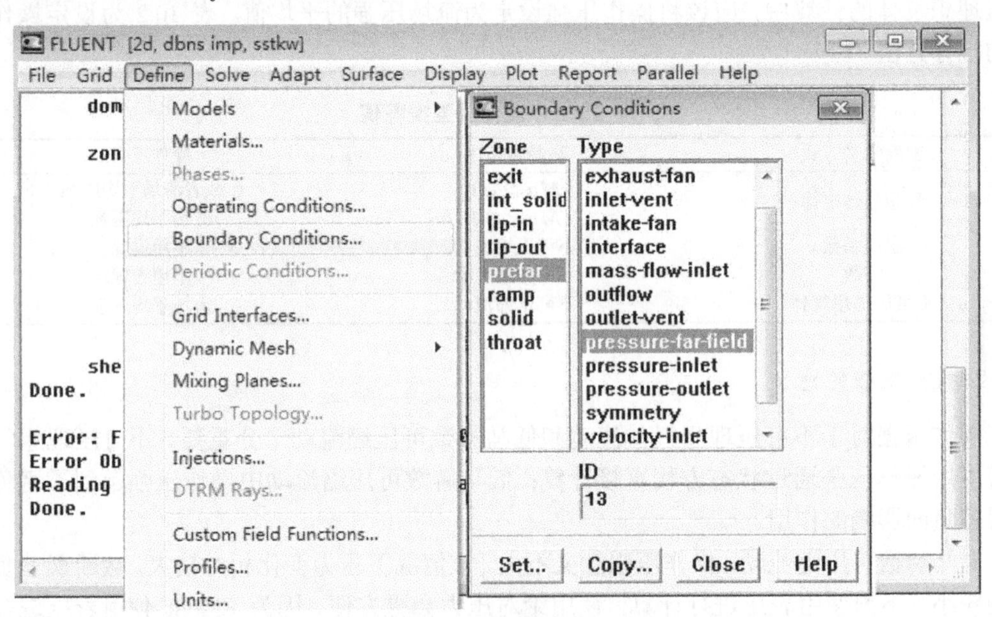

图 10.37　边界条件设定面板

设定边界条件之前必须检查边界类型，如有必要作适当修改。比如："prefar" 边界应该为 velocity-inlet(速度进口) 条件，但错误地设定为 pressure-far-field(压力远场) 条件，此时可以通过边界条件面板对边界类型进行变更。

变更边界类型的步骤如下：

(1) 在 Boundary Conditions 面板 Zone(区域) 下拉列表中选定需要修改边界类型的区域，例如 "prefar"。

(2) 在 Type(类型) 列表中选择正确的边界条件，例如 "velocity-inlet"。

(3) 当问题提示菜单出现时，点击 "Yes" 确认，如图 10.38 所示。

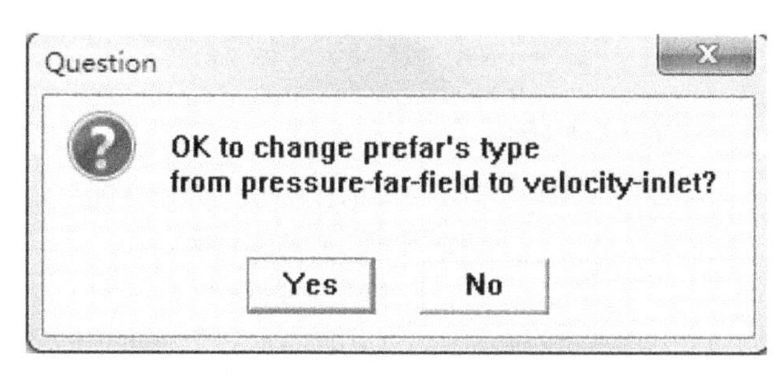

图 10.38　问题提示面板

确认变更后，区域 (Zone) 边界类型将会改变，设定区域边界条件的面板也将自动打开。

注意：周期性边界条件适用于边界类型与流场结构存在周期性变化特征的流场，因此不能简单地采用上述方法对周期性边界条件进行边界类型更改，详细设定方法见相关章节。

边界类型变更有一定的限制。边界类型分为四大类，所有边界类型都可以被划分到其中一个大类中，边界类型的变更只能在大类内部进行，分属不同大类的边界类型不能互换变更。边界条件分类如表 10.3 所示。

表 10.3　边界类型分类列表

大类	边界类型 (Zone Types)
Faces(面边界)	axis, outflow, mass flow inlet, pressure farfield, pressure outlet, pressure inlet, symmetry, velocity inlet, wall, inlet vent, intake fan, outlet vent, exhaust fan
Double-Sided Faces(双面边界)	fan, interior, porous jump, radiator, wall
Periodic(周期性边界)	Periodic
Cells(单元边界)	fluid, solid

✧ 边界条件设定

在 Boundary Conditions(边界条件) 面板中完成边界条件设定，操作如下:

(1) 在 Zone 下拉列表中选择需要设定边界条件的区域。

(2) 点击 Set... 按钮。

或者

(1) 在 Zone 下拉列表中选择需要设定边界条件的区域。

(2) 在 Type(类型) 列表中点击所选类型，或者在 Zone 列表中双击需要设定边界条件的区域，边界条件设定面板将会打开，如图 10.39 所示。

✧ 边界条件复制

如有两个或者更多具有相同边界类型且边界参数完全相同的 Zone(区域)，可以将已设定的边界条件直接复制到其他待设定同类边界条件的 Zone 中。操作如下：

(1) 在 Boundary Conditions 面板中点击 Copy 按钮，Copy BCs(边界条件复制) 面板自动打开。

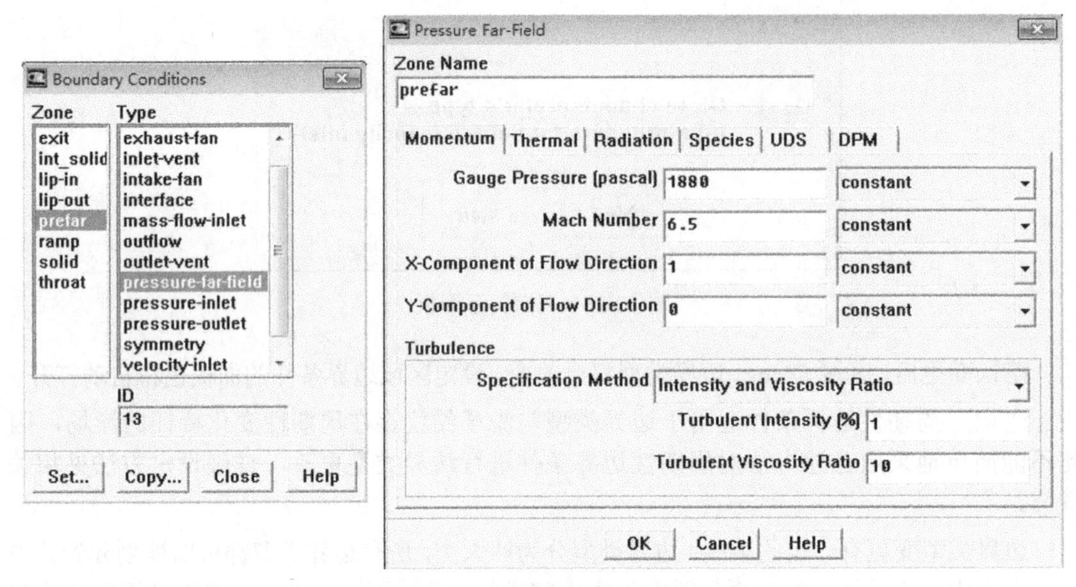

图 10.39　边界条件设定面板

(2) 在 From Zone(来源区域) 下拉列表中选择边界条件已经设置完毕的 Zone。

(3) 在 To Zones(目标区域) 下拉列表中选择目标 Zone。

(4) 点击 Copy 按钮，弹出警告提示框。

(5) 点击 OK 完成边界条件复制。

如图 10.40 所示。

注意：内部边界是双面边界，外部边界是单面边界，两者的边界条件不能互相复制，否则会出现警告，如图 10.40 右下图。

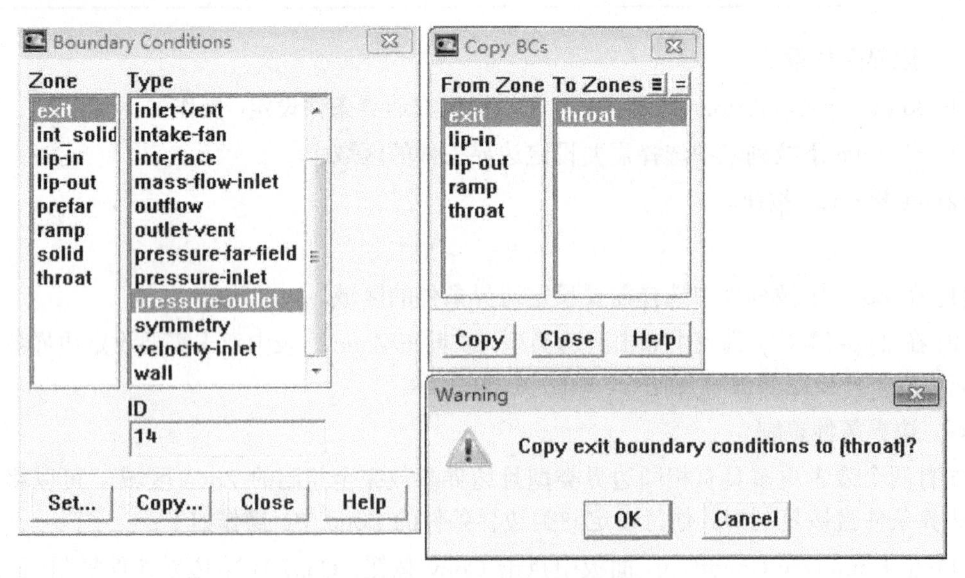

图 10.40　边界条件复制相关面板

10.9.2　进口边界

1. *压力进口边界* (Pressure Inlet)

压力进口边界条件需要给定总压、总温及流动方向，静压的给定详情见下文。该边界条件适用于可压缩流、不可压缩流。比如高压气罐高压驱动的流动、拉瓦尔喷管的进口可采用压力进口边界条件。

✧　**压力进口边界的输入参数**

压力进口边界条件需要输入如下信息：

(1) 总压 (Gauge Total Pressure)；

(2) 总温 (Total Temperature)；

(3) 流动方向 (Direction Specification Method)；

(4) 静压 (Supersonic/Intial Gauge Pressure)；

(5) 湍流参数 (Turbulence)

上述所有变量均在 Pressure Inlet(压力进口边界) 面板中输入，如图 10.41 所示。在 Boundary Conditions(边界条件) 面板中选择 Pressure Inlet，然后点击 Set 按钮即可进入压力进口边界条件设置面板。

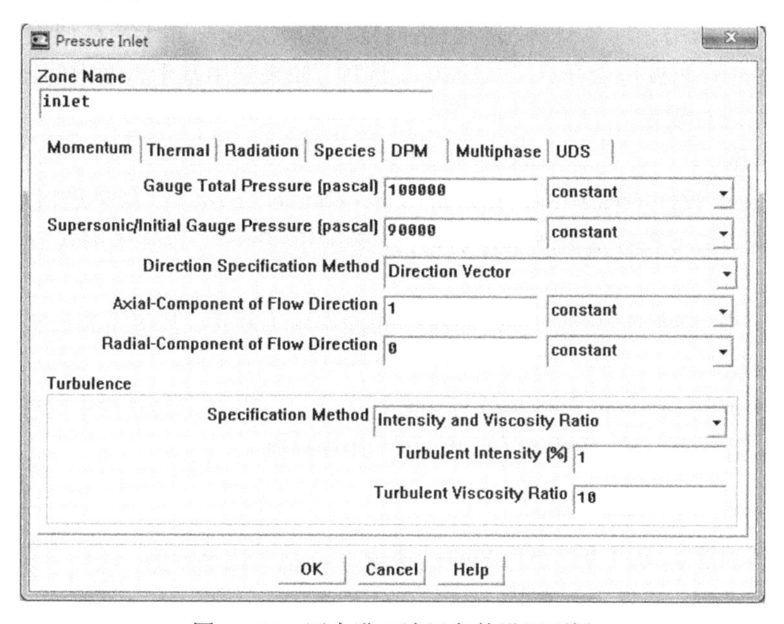

图 10.41　压力进口边界条件设置面板

✧　**设定总压和总温**

在 Pressure Inlet 面板 Gauge Total Pressure(表总压) 一栏中输入总压值，在 Thermal → Total Temperature(总温) 一栏输入总温。需要强调的是：总压值采用表压形式，与操作条件面板中设定的操作压力 (Operating Pressure) 有关。

不可压缩流中总压采用下式求解：

$$p_0 = p_s + \frac{1}{2}\rho\left|v\right|^2 \tag{10.4}$$

可压缩流总压采用下式求解：

$$p_0 = p_s\left(1+\frac{\gamma-1}{2}Ma^2\right)^{\gamma/(\gamma-1)} \tag{10.5}$$

式中，p_0 为总压；p_s 为静压；Ma 为马赫数；γ 为比热比。

在计算非对称旋转流动时，式 (10.4) 中的 v 包括旋转分量。

如果网格之间存在相对运动，并且采用基于压力求解器，式 (10.4) 中的速度与式 (10.5) 中的马赫数是否与网格速度相关取决于是否在 Solve(求解器) 面板开启了 Absolute(绝对) 速度选项。如果开启了 Absolute 选项，式 (10.4) 中的速度与式 (10.5) 中的马赫数均为与网格速度无关的绝对速度，反之则为相对速度。采用基于密度求解器时，上述两方程中的速度与马赫数均为绝对速度，与网格速度无关。

✧ 设定流动方向

在 Pressure Inlet 面板中可以用速度分量定义流动方向。当进口速度垂直于边界面时，可以直接将流动方向设定为 Normal to Boundary。采用速度分量定义流动方向时，既可以用直角坐标系 (Cartesian) 定义 x、y、z 3 个方向的速度分量，也可以用柱坐标系 (Cylindrical) 定义径向、切向、轴向 3 个方向的速度分量。

对于采用基于压力求解器计算移动网格问题，流动方向独立于网格速度还是相对于网格速度取决于 Solve 面板是否开启了 Absolute 选项。如果采用基于密度求解器，流动方向必须采用绝对速度进行设定。

✧ 设定静压

静压在 Fluent 软件中称为 Supersonic/Initial Gauge Pressure。如果进口是超声速流动，或者采用压力进口边界条件对流场进行初始化，必须指定静压。以便采用式 (10.4)、式 (10.5) 计算初始流场。

需要注意的是，该静压与操作条件面板中的操作压力相关，其值为流场绝对压力与操作压力之差，即表压。

对于亚声速流动，Fluent 忽略 Supersonic/Initial Gauge Pressure 栏中的输入数据，而由总压、进口马赫数 (可压流) 或速度 (不可压流) 计算得到。

2. 速度进口边界 (Velocity Inlet)

速度进口边界条件用于设定进口的流动速度以及相关流动参数。该边界条件中，为了满足进口处的速度条件，边界上总参数 (总温、总压) 不固定，在一定范围内波动，由流场计算得到。

由于该边界条件允许总参数波动，因此速度进口边界条件仅适用于不可压缩流。同时注意速度进口边界不能过于靠近流场进口内侧的障碍物，否则进口总参数的不均匀度将增大。

✧ 速度进口边界参数输入

速度进口边界条件中需要输入以下参数：

(1) 速度定义方法 (Velocity Specification Method)；

(2) 速度大小及方向，或者速度分量 (Velocity)；

(3) 旋转速度 (二维轴对称旋流问题)；

(4) 温度 (Thermal)；

(5) 出流表压 (Outflow Gauge Pressure)；

(6) 湍流参数 (Turbulence)。

以上所有参数均在 Velocity Inlet(速度进口) 面板中输入，如图 10.42 所示。在 Boundary Condition 面板中选择速度进口边界，点击 Set 按钮即可打开 Velocity Inlet 面板。

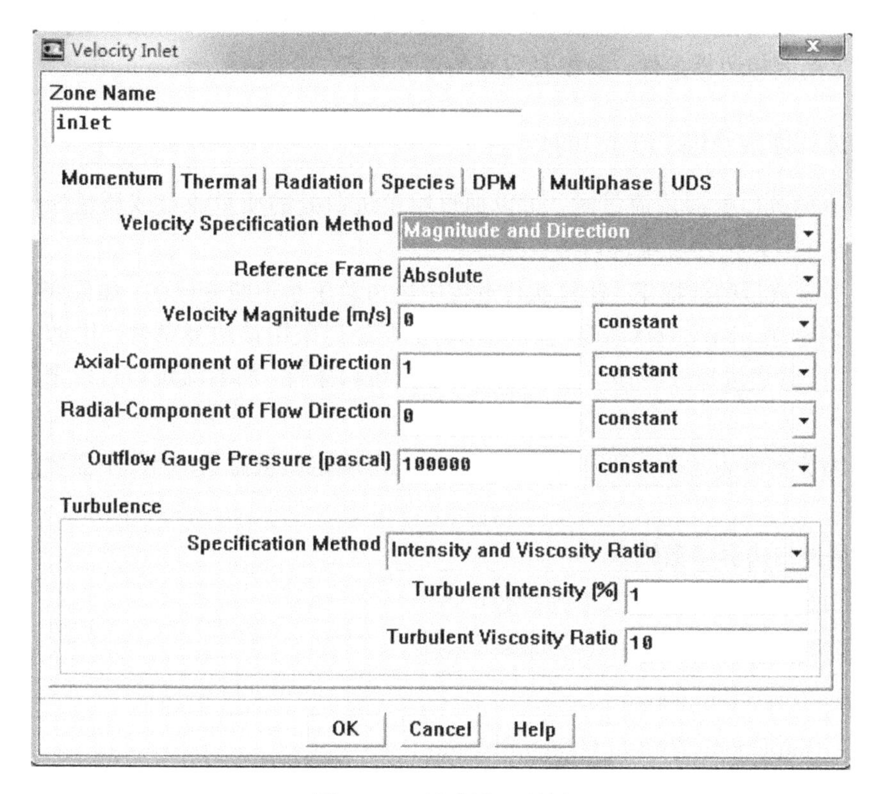

图 10.42　速度进口面板

✧ 设定速度类型

在 Velocity Specification Method(速度设定方法) 下拉菜单中选择速度定义类型，选项包括：Magnitude and Direction(速度大小和方向)、Components(速度分量)、Magnitude、Normal to Boundary(垂直于边界的速度大小)。

✧ 设定速度大小与各方向分量

Fluent 软件中可以使用相对速度和绝对速度设定速度。当网格无滑移时，这两种速度设定方式完全等价。如果进口为滑移网格，在设定速度时需要选择相对速度或绝对速度。

定义速度大小与方向需要确定坐标系，Fluent 提供直角坐标系、柱坐标系和局部柱坐标系 3 种坐标系。在设定速度时需要考虑采用哪种坐标系，根据选定的坐标系进行速度分量计算。

计算轴对称旋流 (axsiymetric swirl) 问题时，需要设定二维平面内的轴向速度、径向速度、切向旋转速度分量。

✧ **设定温度**

求解能量方程时，需要在速度进口边界设定静温。

如果采用基于密度求解器，可以在速度进口边界上设定出流表压 (Outflow Gauge Pressure)。如果在速度进口边界出现回流，则该边界面被作为压强出口边界，压强即为设定的出流表压。

在速度进口边界还可以设定湍流参数、组分浓度、辐射参数、非预混燃烧参数、预混燃烧边界条件、离散相边界条件、多相流边界条件等参数。

3. *质量进口边界* (Mass Flow Inlet)

在已知流场进口处质量流量时，可以通过给定进口处的质量流量或质量通量分布定义边界条件，该边界条件为质量进口边界条件。

在给定质量流量的前提下，计算迭代过程中进口总压是不断变化的，如果变化较大直接影响计算的稳定性。因此应尽量避免在流场的主要进口采用该边界条件。比如带射流的管道流动计算中，管道进口处应该尽量避免采用质量进口条件，而射流进口可以采用质量进口条件。

不可压缩流密度为常数，采用速度进口条件即可确定质量流量，因此不需要使用质量进口边界条件。

✧ **流量进口边界参数输入**

质量进口边界条件需要输入下列参数：

(1) 质量流量 (Mass Flow Rate、Mass Flux)；

(2) 总温 (Total Temperature)；

(3) 静压 (Supersonic/Initial Gauge Pressure)；

(4) 流动方向 (Direction Specification Method)；

(5) 湍流参数 (Turbulence)。

以上参数在 Mass-Flow Inlet(质量进口) 面板输入。在 Boundary Conditions 面板中选择质量进口边界，点击 Set 按钮即可进入该面板，如图 10.43 所示。

✧ **设定质量流量或质量通量**

可以在质量进口边界上设定质量流量，对于随时间变化的质量流量，可以给定平均流量，也可以采用型函数或者 UDF(用户自定义函数) 直接定义质量流量。

质量流量或者质量通量的设定方式如下：

(1) 在 Mass Flow Specification Method 下拉列表中选择质量流量设定方法，有以下选项：Mass Flow Rate(质量流量)、Mass Flux(质量通量)、Mass Flux with Average Mass Flux(平均质量通量)。

(2) Mass Flow Rate 为 Fluent 缺省设置。该方法直接给定进口的质量流量。需要注意的是，轴对称流场计算，给定的流量应该是整个圆或圆环截面上的流量。

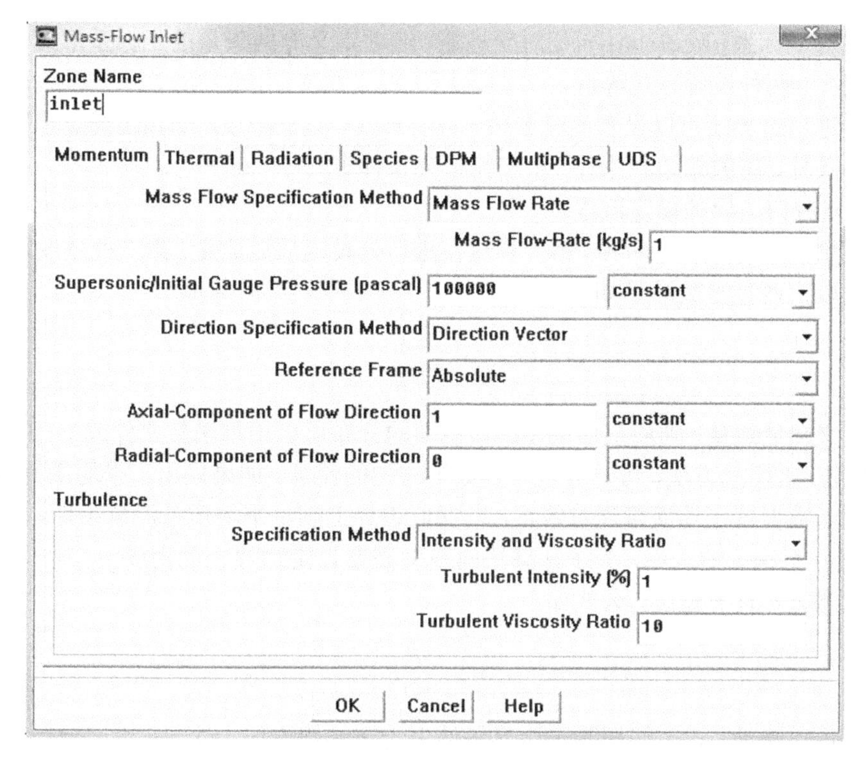

图 10.43 质量进口设置面板

选择 Mass Flux(质量通量) 设定方法，则在质量通量栏中输入流量通量值。在轴对称条件下，质量通量为 1 弧度扇面上的质量通量，这点与 Mass Flow Rate 不同。可以使用型函数文件准确定义进口的质量通量分布。

选择 Mass Flux with Average Mass Flux(平均质量通量) 设定方法，需要在质量通量和平均质量通量两栏中输入相应数值。质量通量可以给定常数，也可以用型函数定义其在边界上的分布；平均质量通量为边界上质量通量的积分。在轴对称流场中，该通量为 1 弧度扇面上的质量通量。

✧ 设定总温和静压

总温设定直接在 Mass-Flow Inlet 面板 Thermal 选项 Total Temperature(总温) 一栏输入总温值即可。

如果入口是超声速流动，必须在 Supersonic/Initial Gauge Pressure 一栏输入静压值。

如果是亚声速流动，Fluent 忽略 Supersonic/Initial Gauge Pressure 一栏中的值。

再次提醒，所输入的静压为表压，流场中绝对静压等于操作压强与输入静压之和。

✧ 设定流动方向

在 Direction Specification Mehtod(方向设定方法) 中可以选择质量进口边界上流动方向的定义方式。流动方向主要有两种方法：①Direction Vector(方向矢量) 方式，主要用于流动方向与边界面不垂直时；②Normal to Boundary(垂直于边界)，用于流动方向与边界垂直时。

如果与进口相邻网格是移动的，可以在 Reference Frame(参考坐标系) 下拉列表中选择

Absolute(绝对坐标系) 或 Relative(相对坐标系) 选项定义方向矢量的坐标系形式。如果为非移动网格，以上两种设置方式等价。

在质量进口边界还可以设置湍流参数、辐射参数、组分浓度、非预混燃烧模型参数、预混燃烧边界条件、离散相边界条件、多相流边界条件等。

✧ **质量进口边界的设定流程**

设定质量流量的方法有两种。第一种是在进口处设定质量流量；第二种是设定质量通量 ρv_n(密流)。以上两种参数满足如下关系：

$$\rho v_n = \frac{\dot{m}}{A} \tag{10.6}$$

如果定义质量通量，则质量通量在进口截面的分布可以用型函数文件或 UDF(用户自定义函数) 设定。采用此方法，可计算进口参数不均匀的流场。如果采用了平均质量通量方法，质量通量型函数根据平均质量通量修正，以保证边界上满足平均质量流量条件。

如果设定了 ρv_n 的大小，为了计算法向速度需要设定边界上的密度 ρ。对于理想气体，采用气体状态方程计算密度，公式如下：

$$\rho = \frac{p}{RT} \tag{10.7}$$

对于超声速流动，式中静压等于边界条件中给定的静压值；对于亚声速流动，静压由进口边界相邻网格的压强外插得到。

4. 进风口边界 (Inlet Vent)

进风口边界需要给定损失系数、流动方向、环境压强和温度。

该边界条件需要输入如下参数：

(1) 总压 (Guage Total Pressure)；

(2) 总温 (Total Temperature)；

(3) 流动方向 (Direction Specification Method)；

(4) 静压 (Supersonic/Initial Guage Pressure)；

(5) 湍流参数 (Turbulence)；

(6) 损失系数 (Loss Coefficient)。

上述所有参数均在 Inlet Vent(进风口) 面板中设置，如图 10.44 所示。该面板在 Boundary Conditions 面板中启动。

进风口边界上的压力损失正比于流体的动压头，关系如下：

$$\Delta p = k_L \frac{1}{2} \rho v^2 \tag{10.8}$$

式中，ρ 为密度；k_L 为无量纲损失系数。

在 Inlet Vent(进风口) 面板上，损失系数的设定方式在 Loss Coefficient(损失系数) 下拉列表中选择，包括以下几种方式：constant(常数)、polynomial(多项式)、piecewise-linear(分段线性)、piecewise-polynomial(分段多项式)。其他参数设定方法与压强进口边界条件相同。

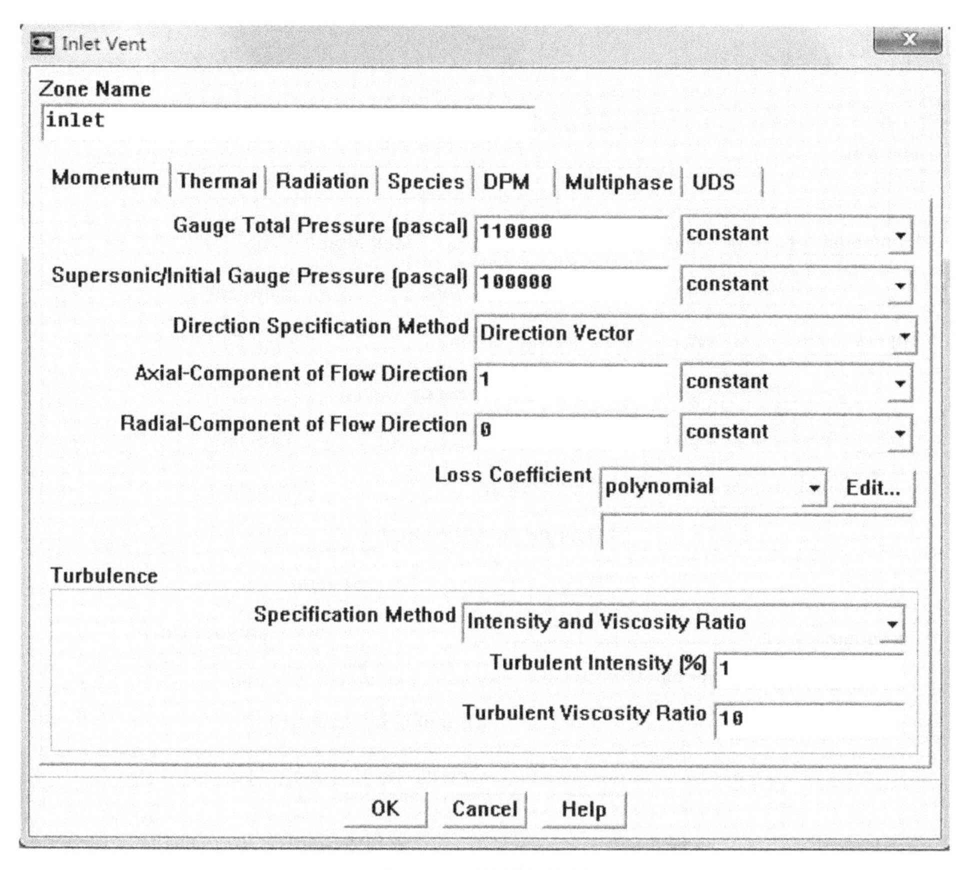

图 10.44　进风口面板

5. 进气风扇边界 (Intake Fan)

流场进口采用进气风扇边界条件时，可以用压强跃升、流动方向、环境压强、温度等参数的集合作为进气风扇的简化模型并作为进口边界条件。

进气扇边界条件输入参数如下：

(1) 总压 (Guage Total Pressure)；

(2) 总温 (Total Temperature)；

(3) 流动方向 (Direction Specification Method)；

(4) 静压 (Supersonic/Initial Guage Pressure)；

(5) 湍流参数 (Turbulence)；

(6) 压强跳跃 (Pressure Jump)。

上述所有参数均在 Intake Fan(进气风扇) 面板输入，如图 10.45 所示。该面板在 Boundary Conditions 面板中开启。

在进气风扇边界条件中，风扇被简化为一个无限薄平面。压强的跃升被定义为通过风扇的流动速度的函数。存在回流时，风扇边界被简化为损失系数为 1 的出气风扇。

压强跃升的设置方式在 Pressure Jump(压强跃升) 下拉列表中选择，包含以下几种方式： constant(常数)、 polynomial(多项式)、 piecewise-linear(分段线性)、 piecewise-polynomial(分段多项式)。

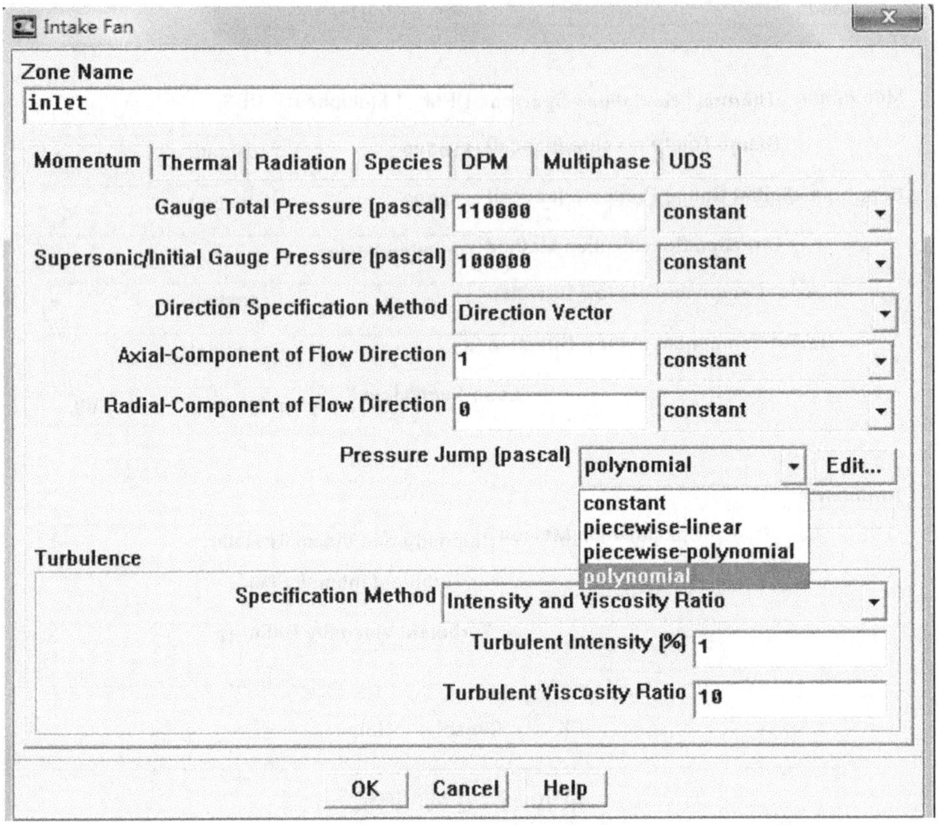

图 10.45　进气风扇面板

6. 压力远场边界 (Pressure Far Field)

压力远场边界用于设定无限远处的自由流边界条件，主要设置自由流马赫数和静参数。

压力远场边界要求采用理想气体模型 (ideal-gas)。为了满足 “无限远” 要求，避免远场边界受下游流场干扰，计算边界与物体之间距离需要足够远，特别是亚声速流动，超声速流动两者之间距离可以小一点。例如：计算机翼绕流时，要求远场边界距离模型约 20 倍弦长。

在压力远场边界条件中需要输入下列参数：

(1) 静压 (Supersonic/Initial Guage Pressure)；

(2) 马赫数 (Mach Number)；

(3) 温度 (Temperature)；

(4) 流动方向 (Direction Specification Method)；

(5) 湍流参数 (Turbulence)。

上述参数设置与压力进口边界条件相似，在此不再赘述。压力远场边界条件设置面板如图 10.46 所示。

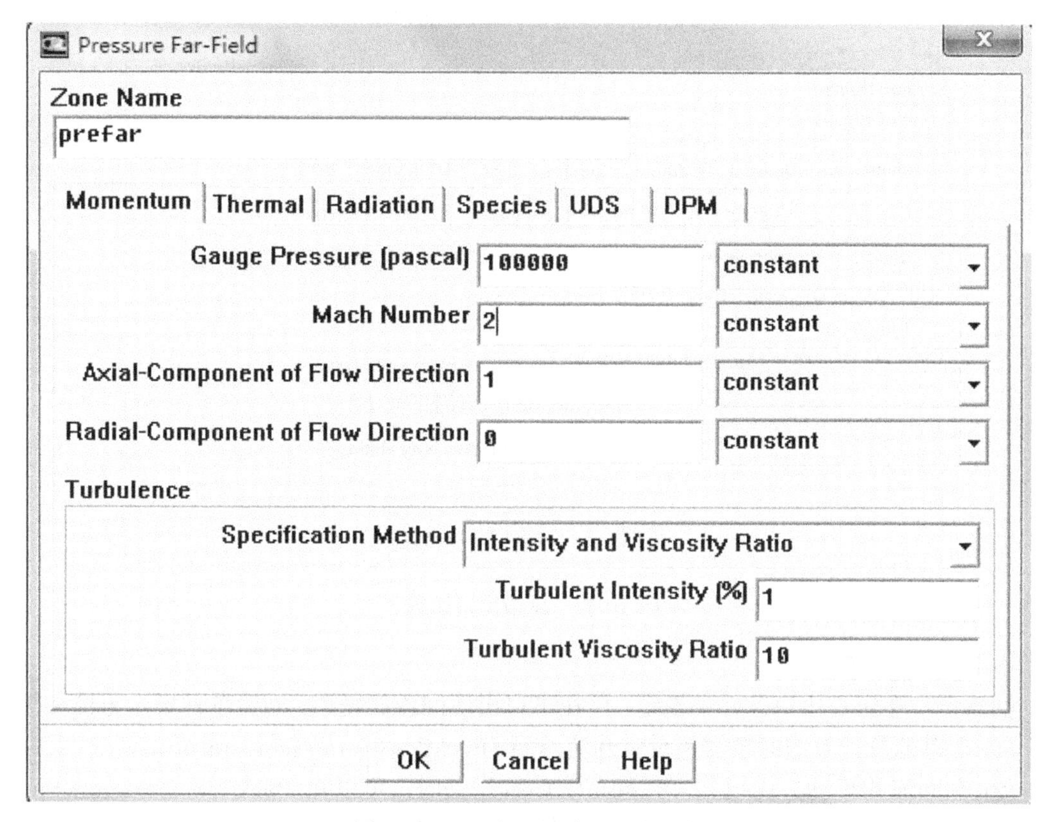

图 10.46　压力远场边界设定面板

10.9.3　出口边界

1. *压力出口边界* (Pressure Outlet)

压力出口边界条件需要在出口边界指定静压 (Gauge Pressure)，并且静压仅在亚声速流场计算中使用。如果出口边界为超声速流动，出口边界上的压强从流场内部插值得到。

在压力出口边界上还需设置 Back Flow(回流) 条件，该条件在出口边界出现回流时使用。采用实际流场的数据做回流条件，计算更容易收敛。在设计计算域时，应尽可能避免该边界上出现回流区。

Fluent 允许在压力出口边界上使用径向平衡条件，同时可以给定预期质量流量。

✧　**压力出口边界参数输入**

压力出口边界条件需要输入如下参数：

(1) 静压 (Supersonic/Initial Guage Pressure)；

(2) 总温 (Total Temperature)；

(3) 湍流参数 (Turbulence)。

上述所有参数均在 Pressure Outlet(压力出口) 面板中输入，如图 10.47 所示。该面板在 Boundary Conditions 面板中开启。

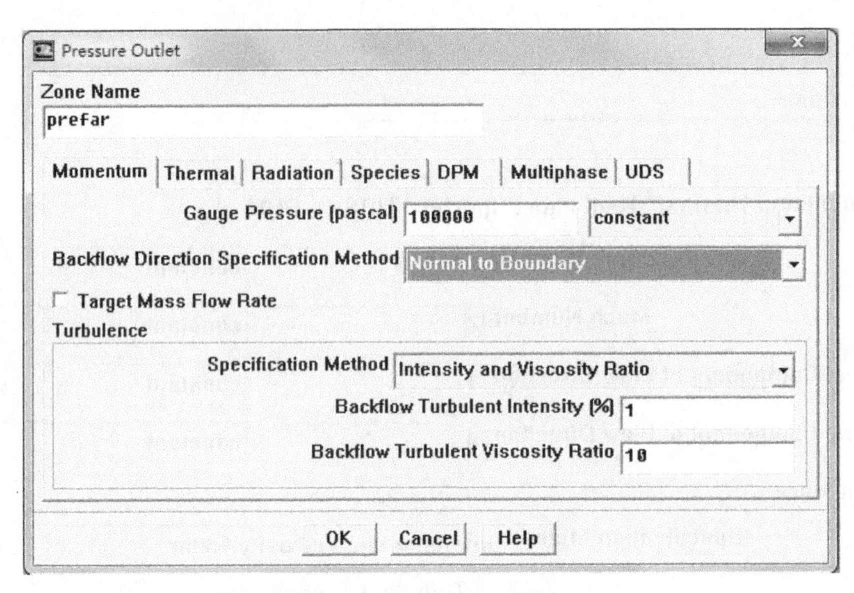

图 10.47　压力出口面板

✧　**设置回流条件**

回流条件在压力出口条件中设定，仅在出口出现回流时使用。回流条件设定方法如下：

(1) 含有能量计算的问题需要设定回流总温 (Backflow Total Temperature)。

(2) 在回流的流动方向已知，并且与流场解相关时，可以在 Backflow Direction Specification Method(回流方向设置方法) 下拉列表中选择一种方法设定回流方向。系统默认设置为 Normal to Boundary(垂直于边界)，即认为流动方向与边界垂直，该情况下不需另外输入其他参数。如果选择 Direction Vector(方向矢量) 选项，面板上需要输入回流的方向矢量。对于三维计算，还会出现坐标系列表。如果选择 From Neighboring Cell(来自邻近单元) 选项，Fluent 将使用邻近网格单元中的流动方向设置出口边界上的流动方向。

(3) 如果出现回流，Gauge Pressure(表压) 一栏中的压强值将被作为总压使用，同时认为回流方向垂直于边界。

如果压力出口边界存在移动网格，并且选择基于压力求解，则动压计算所采用的速度与 Solve(求解器) 面板中选择的速度相同，即选择了绝对速度，动压由绝对速度求出；选择相对速度，动压由相对速度求出。对于基于密度求解，速度永远采用绝对速度。

即使在计算结果中未出现回流，也应该将出口条件采用真实流场的值设定，这样可以在出现回流时加速收敛。

✧　**设定目标质量流量**

在压力出口边界上可以设定预期质量流量 (Target Mass Flow Rate)。设定该选项后，在迭代计算过程中不断调整出口压强，使得出口流量达到目标流量。

2. 出流边界 (Outflow)

如果流场出口流动速度和压强未知，可以采用出流边界条件 (outflow boundary conditions), Outflow(出流) 面板如图 10.48 所示。除非计算中包含辐射换热、离散相等问题，在出流边界不需设定任何参数，Fluent 通过流场内部参数插值得到出流边界上的参数。

需要注意的是下列情况不适合采用出流边界条件:

(1) 采用压力进口边界，必须采用压力出口边界。

(2) 可压缩流动。

(3) 密度变化的非定常流动。

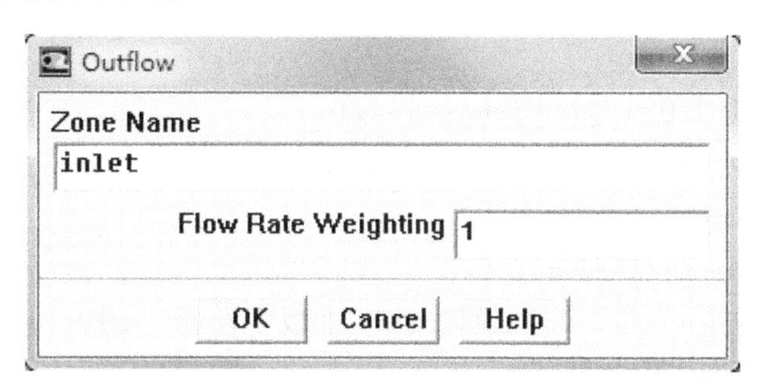

图 10.48 质量出口边界条件面板

✧ **出流边界处理方法**

出流边界使用的边界条件如下:

(1) 所有流动变量的扩散通量为零;

(2) 总体质量平衡修正。

出流边界上的零扩散通量条件是指出口边界上的流动参数均由流场内部参数外插得到，并且不影响内部流场。在假定出流为充分发展流动且出口面积不变的前提下，迭代过程中用外插计算更新边界上的速度和压强。

✧ **出流边界的应用**

出流边界条件服从充分发展流动假设，即所有流动参数的扩散通量在出口边界法向上为零。实际计算中只有在出口边界的流动满足或接近满足充分发展流动假设时，才可以使用出流边界，此时出口边界上的法向梯度可以忽略不计。当出流边界存在很大的法向梯度或回流时不应使用该边界条件。比如流动分离点前后，流场速度梯度很大，并可能出现回流，此时不应使用出流边界条件。

✧ **质量分流边界条件**

Fluent 软件中可以使用多个出流边界，并且可以设定每个边界出流的比率。在 Outflow 面板上，通过设置 Flow Rate Weighting(流量权重) 即可指定每个出口边界的流量比例。流量权重计算公式如下:

$$\text{边界流量比例} = \frac{\text{边界上的流量权重}}{\text{所有出流边界流量总权重}} \tag{10.9}$$

出流边界的流量权重默认为 1。如果出口边界只有 1 个，或者流量在所有边界上均匀分配，则不必修改该项设置，系统自动调整流量权重，以使流量在各出口边界均匀分布。如有两个出流边界且流量不同，则需修改流量权重。比如: 第一个边界的质量流量占总流量的 80%，则第二个边界的质量流量占总流量的 20%，此时需将第一个边界的流量权重修改为 0.8，第二个边界的流量权重修改为 0.2。

3. 通风出口边界 (Outlet Vent)

通风出口边界将出口处的通风设备简化为一个边界面，并用边界上的压力损失代替通风损失。

该边界条件需要输入如下参数:

(1) 静压 (Guage pressure);

(2) 回流总温 (Black flow Total Temperature);

(3) 回流流动方向 (Black Flow Direction Specification Method);

(4) 湍流参数 (Turbulence);

(5) 损失系数 (Loss Coefficient)。

上述所有参数均在 Outlet Vent(通风出口) 面板中设置，如图 10.49 所示。该面板在 Boundary Conditions 面板中开启。

前四项参数的设定方法与压力出口边界相同，不再赘述，仅对损失系数设定方法进行说明。

压力损失即总压损失，根据经验假定为与通风出口边界上的动压成正比，即

$$\Delta p = k_L \frac{1}{2}\rho v_n^2 \tag{10.10}$$

式中，Δp 为压力损失；k_L 为经验损失系数；ρ 为密度；v_n 为边界上的法向速度。

在 Loss Coefficient(损失系数) 下拉列表中有多种损失系数设置方法：constant(常数)、polynomial(多项式)、piecewise-linear(分段线性)、piecewise-polynomial(分段多项式)。根据实际流动选择合适的设置方法。

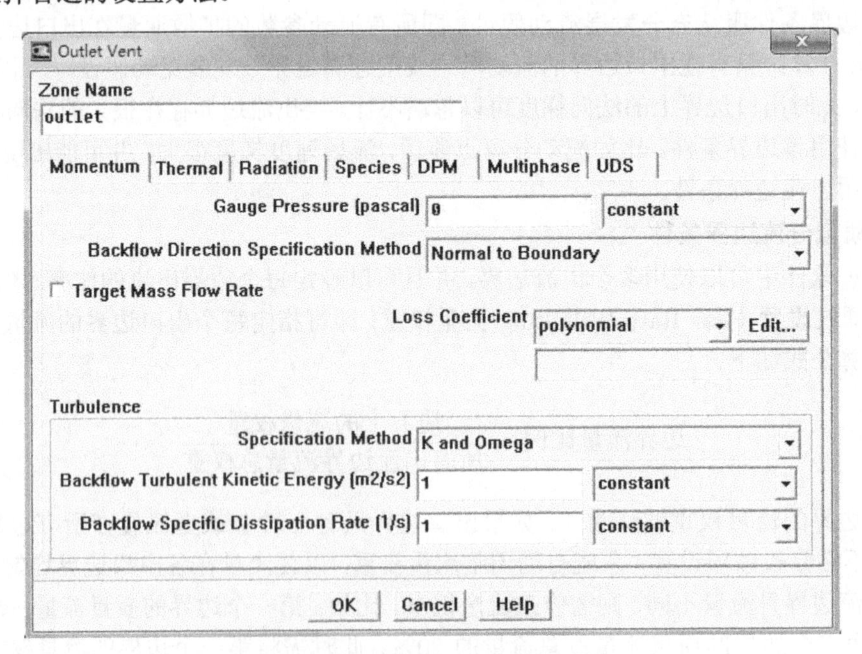

图 10.49　通风出口边界条件面板

4. 排气风扇边界 (Exhaust Fan)

排气风扇边界用压强跃升和环境压强定义外部排气风扇。

该边界条件需要输入下列参数：

(1) 静压 (Guage pressure)；

(2) 回流总温 (Back Flow Total Temperature)；

(3) 回流流动方向 (Bock Flow Direction Specification Method)；

(4) 湍流参数 (Turbulence)；

(5) 压强跃升 (Pressure Jump)。

以上参数均在 Exhaust Fan(排气风扇) 面板输入，如图 10.50 所示。

前四项的设定方法和压力进口边界的方法相同。在此，仅描述压强跃升的设定方法。

在 Pressure Jump(压强跃升) 下拉列表中有多种压强跃升设定方法：constant(常数) polynomial(多项式)、piecewise-linear(分段线性)、piecewise-polynomial(分段多项式)。

可以假定压强跃升是边界上法向速度的函数。排气风扇边界条件与回流条件配合使用可以使流体流出边界时出现压强跃升，在出现回流时则相当于采用无压力损失的入口通风条件。

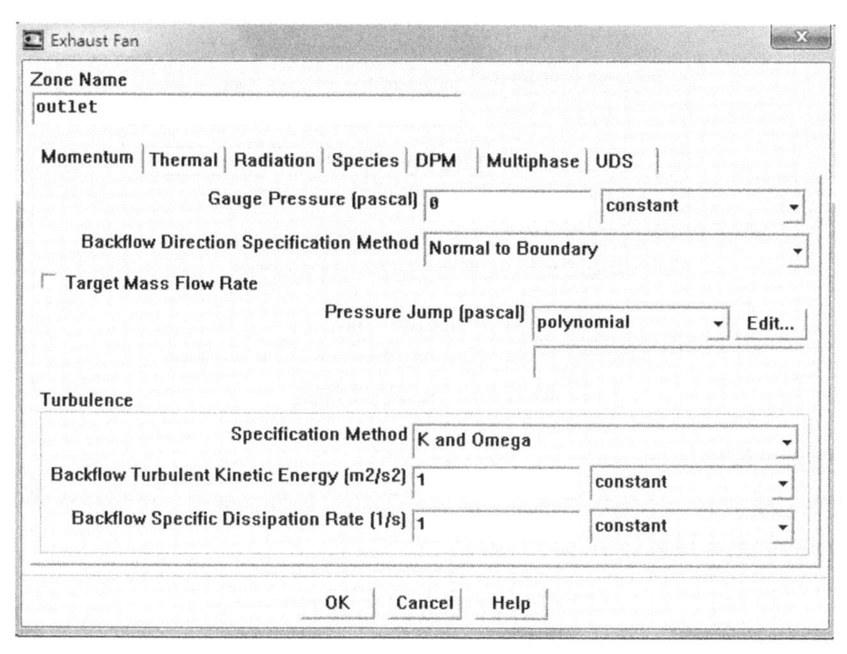

图 10.50　排气风扇面板

10.9.4　其他常用边界

1. 风扇边界 (Fan)

在已知风扇几何特征和流动特征的条件下，风扇特征可以参数化，用于计算风扇对流动的影响。在风扇边界中输入描述风扇前后压力与速度关系的经验公式，确定风扇旋转速度的径向与周向分量。风扇模型不是模拟风扇流动的精确模型，但该模型可以计算流经风扇的流量。风扇可与其他类型的源项共同使用，也可作为唯一的源项使用。作为唯一源项，流量计算在考虑流动损失及风扇前后压力与速度关系经验公式的基础上完成。

✧ **风扇计算参数输入**

风扇边界条件在 Fan(风扇) 面板中设置，如图 10.51 所示。该面板从 Boundary Conditions 面板中开启。

风扇边界输入项如下：

(1) 设置风扇区域 (Zone Average Direction)；

(2) 设定压强跃升 (Pressure Jump)。

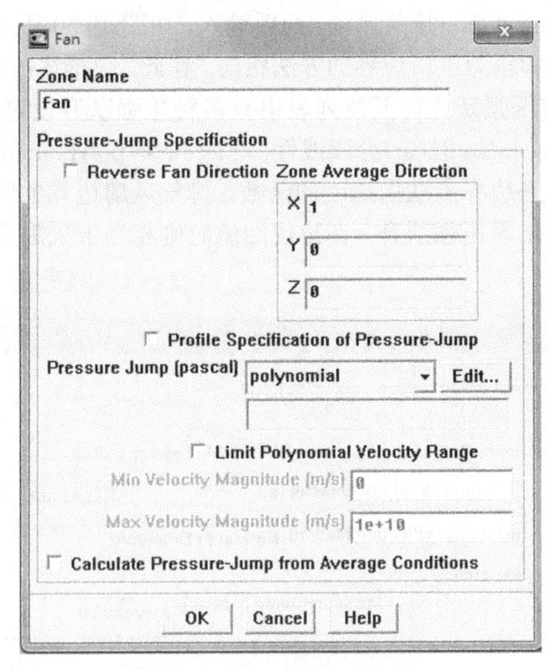

图 10.51　风扇边界面板

✧ **压强跃升模型**

风扇的物理模型是一个无限薄的面，流体压强经过该面时跃升，压强变化量是速度的函数，两者之间的关系可以表述成多项式函数：

$$\Delta p = \sum_{n=1}^{N} f_n v^{n-1} \tag{10.11}$$

式中，Δp 为压强跃升量；f_n 为多项式系数；v 为速度。该多项式中，速度 v 的正负表征流体相对风扇的流动方向，v 为正表示流体向前流过风扇，此时压强跃升，因此 v 应该保持正值。同时可以用垂直于风扇的质量平均速度计算压强跃升。

✧ **风扇旋转速度计算**

三维流动中，可以在风扇表面定义径向和周向速度模拟旋转流动。速度分量可以表述成径向距离的函数。注意：旋转速度必须使用国际单位制。

径向速度、周向速度的多项式表述如下:

$$U_\theta = \sum_{n=-1}^{N} f_n r^n, \quad -1 \leqslant N \leqslant 6 \tag{10.12}$$

$$U_r = \sum_{n=-1}^{N} g_n r^n, \quad -1 \leqslant N \leqslant 6 \tag{10.13}$$

式中，U_θ 和 U_r 分别为风扇表面周向和径向速度，f_n 和 g_n 为多项式系数，r 为径向距离。

2. 壁面边界 (Wall)

壁面边界即固体壁面边界。在黏性流计算中，Fluent 默认壁面为无滑移固壁。在壁面存在平动或转动时，可以设置一个切向速度分量作为边界条件，或定义剪切应力作为边界条件。

壁面边界条件在 Wall 面板中设置，如图 10.52 所示。该面板从 Boundary Conditions 面板中开启。

✧ 壁面边界参数输入

壁面边界条件需要输入下列参数:

(1) 热力学边界条件 (热传导计算) (Thermal);

(2) 壁面运动条件 (移动或旋转壁面) (Wall Motion);

(3) 滑移壁面中的剪切条件 (Shear Condition);

(4) 壁面粗糙程度 (湍流计算) (Wall Roughness)。

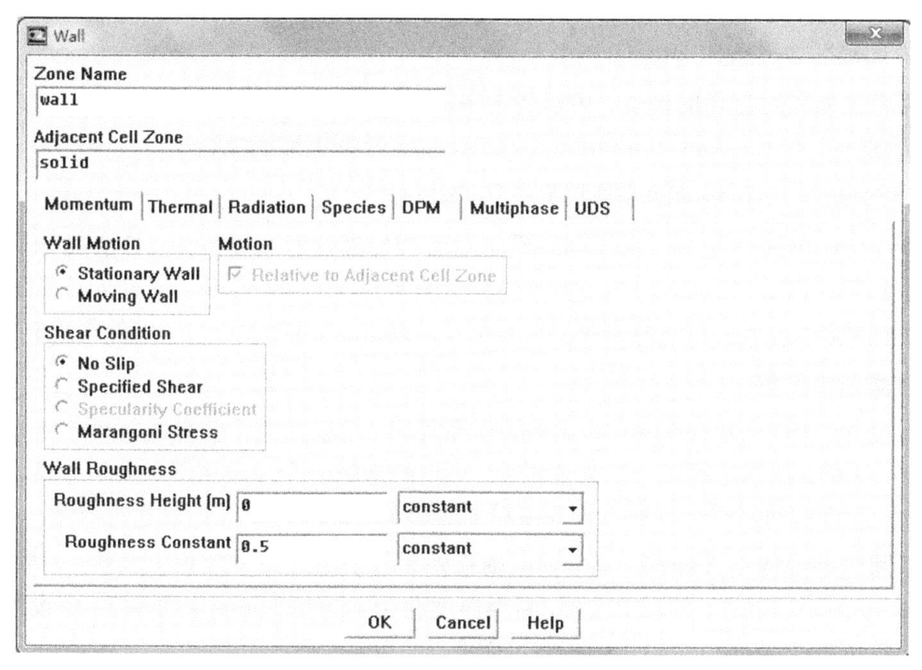

图 10.52　壁面边界面板

✧ 设置壁面热力学边界

求解能量方程，需要在壁面设置热力学边界条件。Fluent 提供五类热力学边界条件：

(1) 固定热流量；

(2) 固定温度；

(3) 对流热交换；

(4) 外部辐射热交换；

(5) 外部辐射与对流混合热交换。

热力学边界条件在 Wall(壁面) 面板的 Thermal(热力学) 选项下设置，如图 10.53 所示。下面详细介绍相关参数的设定。

1) 热通量边界条件 (Heat Flux)

壁面的热通量为定值时，可以点击 Heat Flux(热通量) 选项设置热通量。系统缺省设置为零，即绝热壁面。计算中根据实际情况，在该项输入已知的热通量数据。

2) 温度边界条件 (Temperature)

如果壁面温度是固定值，可以选择温度边界条件。点击 Temperature(温度) 选项，输入壁面温度即可。

3) 对流热交换边界条件 (Convection)

选择 Convection(对流) 选项，输入 Heat Transfer Coefficient(热交换系数) 和 Free Stream Temperature(自由流温度)，Fluent 可以进行壁面上的热交换计算。

4) 外部辐射边界条件 (Radiation)

如需考虑外界对流场的辐射，可以选定 Radiation(辐射) 选项，设定 External Emissivity(外部辐射率) 和 External Radiation Temperature(外部辐射温度)。

5) 外部辐射与对流混合热交换边界条件 (Mixed)

选择 Mixed(混合) 选项，可以同时设定对流与外部辐射边界条件。该情况下，可以设置的参数包括：Heat Transfer Coeffient(热交换系数)、Free Stream Temperature(自由流温度)、External Emissivity(外部辐射率) 和 External Radiation Temperature(外部辐射温度)。

6) 薄壁热阻参数

缺省设置中，壁面厚度为零。设定热力学条件时，可以在两个计算域之间定义一个带厚度的薄层。比如：流场中存在一个薄金属板，可以给薄板一个厚度用于热力学计算。该情况下，Fluent 在近壁面采用一维假设计算由壁面引起的热阻和壁面上的热量生成量。

为了将这些效应引入计算，需要定义薄板的材料类型、厚度和热生成率。材料类型在 Material Name(材料名称) 列表中选择，材料厚度在 Wall Thickness(壁面厚度) 中设置。材料的物理属性可以在 Material(材料) 面板中编辑。

壁面热阻为 $\Delta x/k$，其中 Δx 为壁面厚度，k 为壁面材料的热导率。

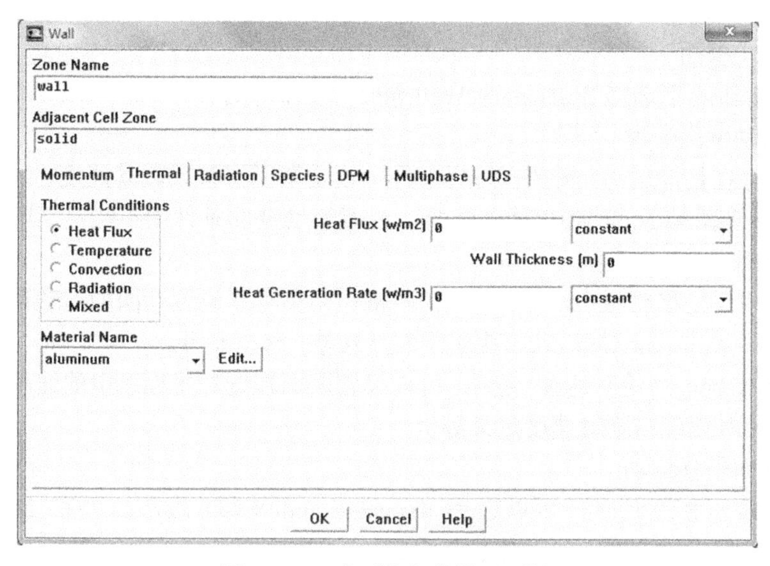

图 10.53　壁面热条件设置面板

✧ 定义移动壁面

壁面可以是静止的，也可以是移动的。移动壁面边界条件采用壁面平移或转动速度或速度分量定义。

壁面移动在 Wall 面板的 Momentum 部分设定，点击 Momentum 将显示与壁面运动相关的设置，如图 10.54 所示。

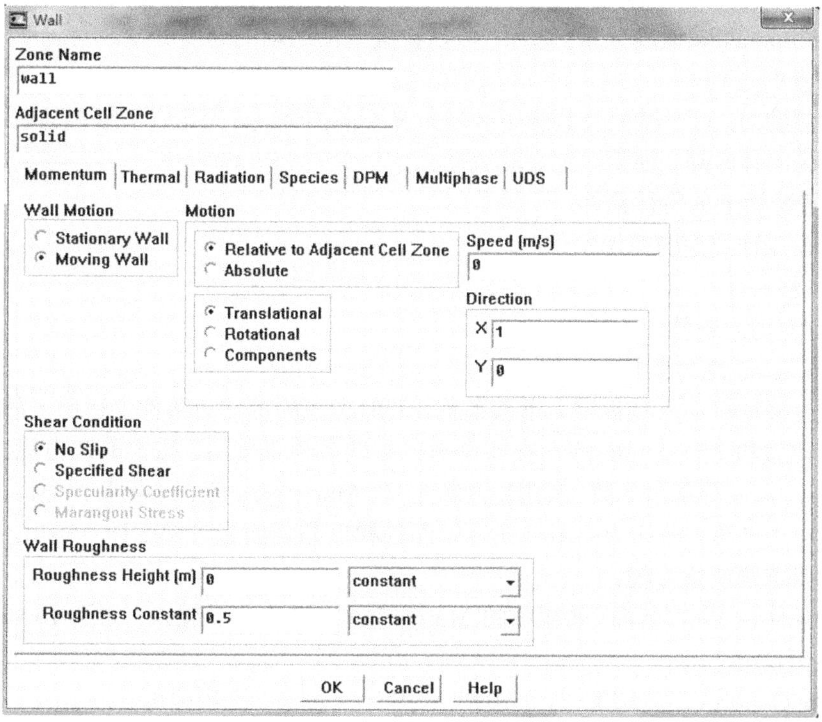

图 10.54　移动壁面设定面板

1) 设置静止壁面

在 Wall Motion 下选择 Stationary Wall(静止壁面) 即可。

2) 设置运动壁面速度

如果壁面存在切向运动，需要在边界条件中设定壁面平移或转动速度，或速度分量。在 Wall Motion 下选择 Moving Wall(移动壁面)。注意移动壁面条件中不能定义壁面法向运动。

3) 设置相对或绝对速度

如果壁面附近是移动网格，可以以移动网格作为参考系设置壁面的运动速度。此时点击选择 Relative to Adjacent Cell Zone(相对于邻近网格) 选项即可。

如果选择 Absolute(绝对速度) 选项，可以设置壁面在绝对坐标系中的速度。如果近壁面网格静止，则相对速度与绝对速度定义等价。

4) 设置壁面平移运动

壁面做直线平移运动时，可以选择 Translational(平移) 选项，并在 Speed(速度) 和 Direction(方向) 栏中设定壁面运动速度矢量。

5) 设置壁面旋转运动

选择 Rotational(旋转) 选项并确定绕指定转动轴的旋转速度，可以唯一确定壁面的旋转运动。通过 Rotation-Axis Direction(转动轴方向) 和 Rotation-Axis Origin(转动轴原点) 可以确定转动轴。三维计算中，转动轴为通过转动轴原点并平行于转动轴方向的直线。二维计算中，无需指定转动轴方向，只需指定转动轴原点，转动轴为通过原点并与 z 方向平行的直线。二维轴对称问题中，转动轴为 x 轴。

6) 速度分量定义壁面运动

选择 Components(速度分量) 选项，可以设置壁面运动的速度分量。

7) 双侧壁面运动

对于双侧壁面，可对壁面及其影子区域定义不同的运动，无论它们耦合与否。如与壁面相邻的区域为固体区域，则无法定义其运动。

✧ 设置壁面上的剪切条件

可以设置三种类型的剪切条件：

(1) 无滑移条件；

(2) 指定剪切力条件；

(3) Marangoni 应力条件。

对于所有移动壁面只能设定无滑移条件，其他类型的剪切力条件仅适用于静止壁面。

指定剪切力和 Marangoni 应力在剪切力已知的条件下使用。指定剪切力边界条件允许定义剪切力 x、y、z 分量为常数，或用型函数定义。Marangoni 应力边界条件允许根据壁面温度定义壁面应力梯度。剪切力由温度在近壁面的梯度与表面张力梯度计算得出。Marangoni 应力条件需要求解能量方程。

剪切力条件在 Wall(壁面) 面板中的 Momentum(动量) 部分输入，如图 10.55 所示。

1) 定义无滑移条件

在 Shear Condition(剪切条件) 下选择 No Slip(无滑移) 选项即可。

2) 指定剪切力条件

在剪切力条件下选择 Specified Shear(指定剪切力) 选项即可为壁面设定剪切力。剪切力给定后，湍流计算中的壁面函数条件不再使用。

3) Marangoni 应力

壁面上的剪切力定义如下：

$$\tau = \frac{\mathrm{d}\sigma}{\mathrm{d}T}\nabla_s T \tag{10.14}$$

式中，$\mathrm{d}\sigma/\mathrm{d}T$ 为温度引起的表面张力对温度的梯度，$\nabla_s T$ 为表面梯度。式 (10.14) 定义的剪切力直接用于动量计算。

在 Shear Condition(剪切力条件) 下选择 Marangoni Stress(Marangoni 应力) 选项，即可在壁面上定义 Marangoni 应力条件。

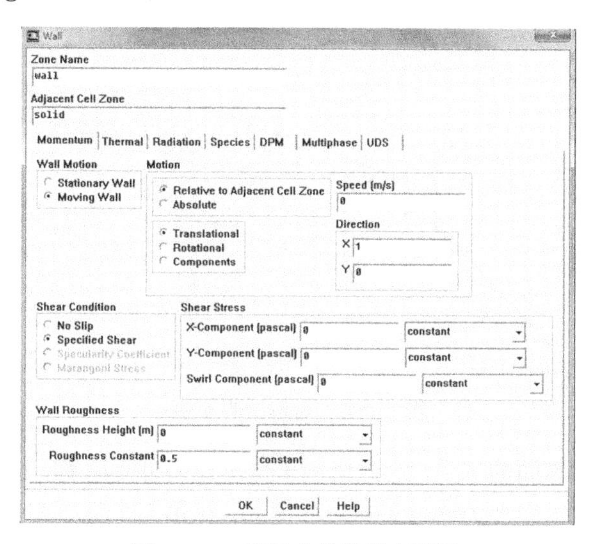

图 10.55　剪切力条件设定面板

✧ 壁面粗糙度影响

壁面粗糙度对流动阻力、传热、传质均有影响，在湍流计算中可以引入粗糙度对壁面进行修正。

粗糙度参数在 Wall 面板中的 Momentum 部分设定，需要输入两个参数：Roughness Height(粗糙颗粒高度)，K_s；Roughness Constant(粗糙度常数)，C_s。K_s 缺省值为零；对于均匀沙粒型粗糙颗粒，K_s 为沙粒高度；对于非均匀沙粒型粗糙颗粒，K_s 可取为颗粒的平均直径。

粗糙度参数 C_s 大小取决于粗糙颗粒类型，缺省值为 0.5，在与 κ-ε 模型结合使用时，C_s= 0.5 可以准确地计算均匀沙粒型粗糙度。

需要注意的是，没必要让近壁面网格尺度小于粗糙颗粒高度。为了获得较好结果，要求壁面到网格格心距离大于粗糙度高度 K_s。

3. 对称边界 (Symmetry)

流场及边界形状具有对称性时，在计算中可以使用对称边界，节省网格量。在对称边界上不需设定任何边界条件，但必须正确定义对称边界的位置。

需要注意的是，轴对称流场的对称轴应该使用轴 (Axis) 边界条件，而不是对称边界条件。

由于对称面上法向速度为零，因此对称面上所有流动参数的通量为零。对称面不存在扩散通量，流动参数在对称面上的法向梯度为零。对称边界条件可以总结为：

(1) 对称面上法向速度为零；

(2) 对称面上流动参数的法向梯度为零。

对称面上剪切应力等于零，黏性计算中对称面也被称为 "滑移" 壁面。

✧　**对称边界例子**

图 10.56 为一对称边界的实例，一个流动对称的矩形管道，计算域取管道空间的 1/4 即可。

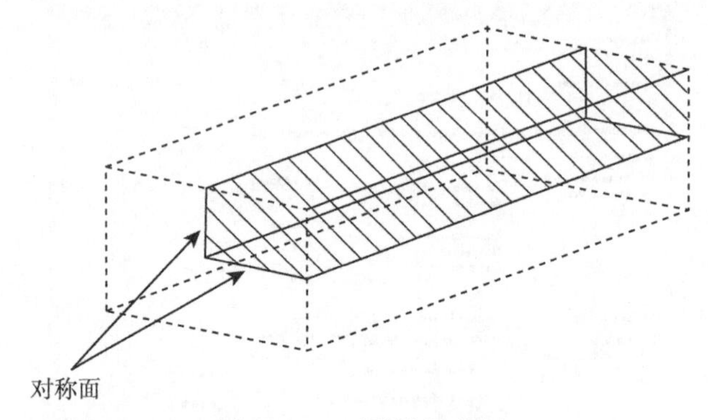

图 10.56　对称边界实例

图 10.57 为误用对称面的例子。这两个例子虽然几何外形对称，但流动本身不符合对称边界的要求。第一个例子中浮力诱导了非对称流动。在第二个例子中，流动中的涡流产生了一个垂直于对称平面的流动。

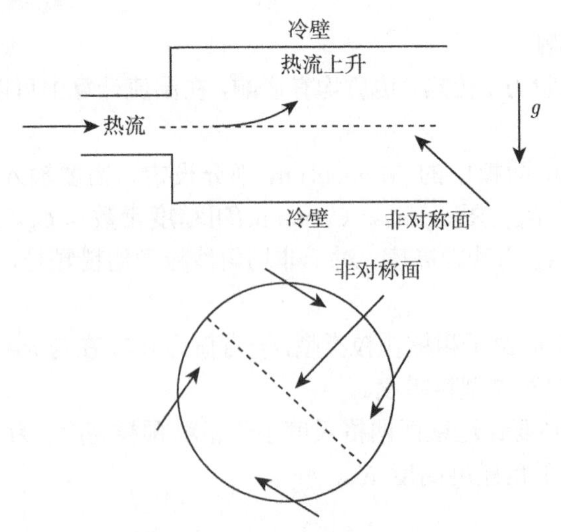

图 10.57　误用对称边界实例

4. 轴边界条件 (Axis)

轴边界类型必须是轴对称几何边界的中心线，或者是 1/4 圆柱、1/8 圆柱区域的转动轴，如图 10.58 所示。在轴边界上无需定义边界条件，轴上的流动参数由轴邻近网格单元中的流动参数计算得到。

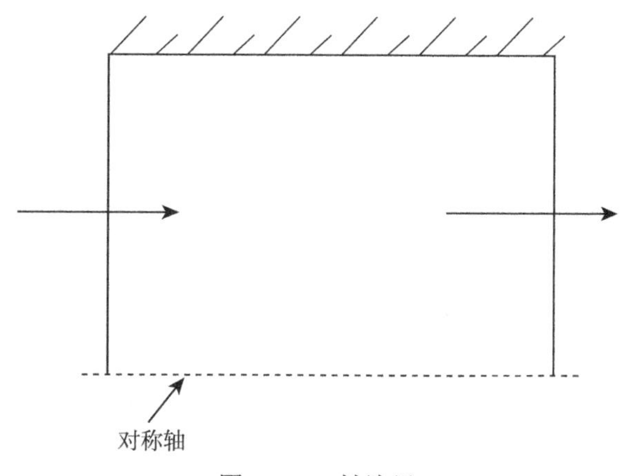

图 10.58　轴边界

5. 周期性边界 (Periodic)

在流场边界和流场结构存在周期性变化时，可以采用周期性边界。Fluent 中可以设置两种周期性边界。第一种周期性边界不允许在周期平面上出现压力降；第二种周期性边界条件允许在周期边界上出现压力降，可以计算 “充分发展” 的周期性流动。

旋转周期性边界是绕一个中心线转一定角度后出现的周期性边界；平移周期性边界是平移流场时出现的周期性边界。图 10.59 是旋转性周期，图 10.60 是平移性周期边界。图 10.60 例可用平面叶栅替代；图 10.59 例需要对流动进行简单描述。

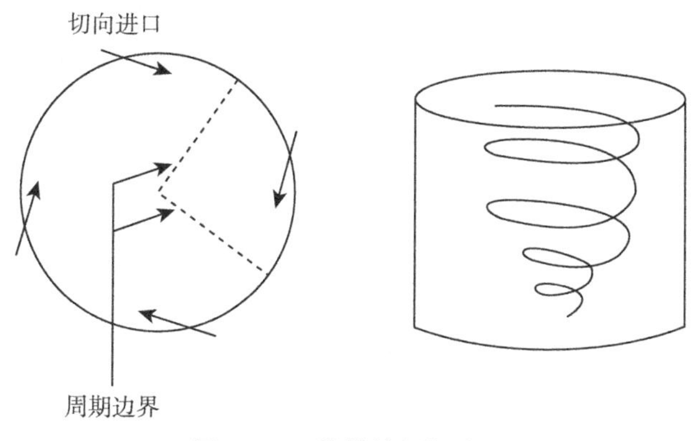

图 10.59　旋转性周期边界

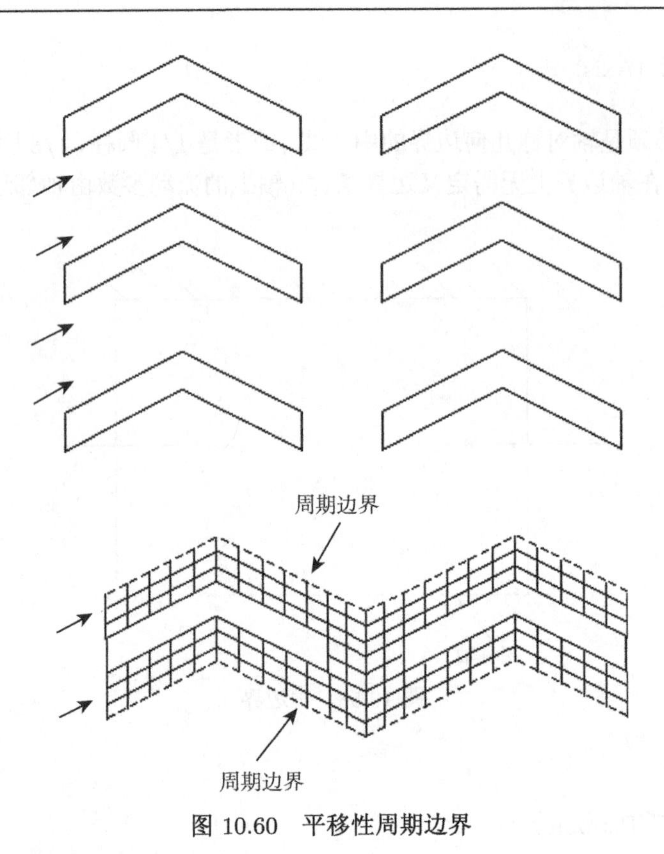

图 10.60　平移性周期边界

对于周期性边界，需要在 Periodic(周期性) 面板中指定平移性边界或旋转性边界，如图 10.61 所示。该面板从边界条件菜单中打开。

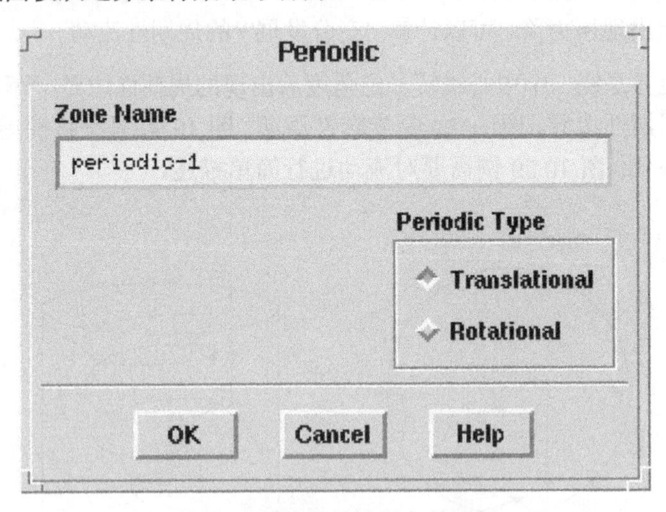

图 10.61　周期性边界条件面板

如果计算域为旋转周期性边界，则在 Periodic Type(周期类型) 中选择 Rotational(旋转)，如果是平移周期性边界，则选择 Translational(平移)。对于旋转周期计算域，求解器自动计算周期边界的转角，转动轴取邻近网格单元的转轴。

10.9.5 体积区域条件

1. 流动区域 (Fluid zone)

在 Fluid(流体) 面板中输入与流体相关的参数，如图 10.62 所示。该面板在 Boundary Conditions 面板中开启。其他可以选择输入的参数包括：源项、流体质量、动量、热或温度、湍流、组分等。

1) 设置流体属性

从材料列表中选择材料，可以修改材料属性。

2) 设置源项

在 Source Terms(源项) 选项中可以设置热、质量、动量、湍流、组分和其他流动参数的源项。

3) 设置固定参数

在 Fixed Values(固定值) 选项中可以为流体区域中的参数设定固定值。

4) 设定层流区

计算采用 κ-ε 模型、κ-ω 模型或 Spalart-Allmaras 模型时，可以在特定的区间关闭湍流设置，设定一个层流区域。该功能在已知转捩点位置时非常有用。

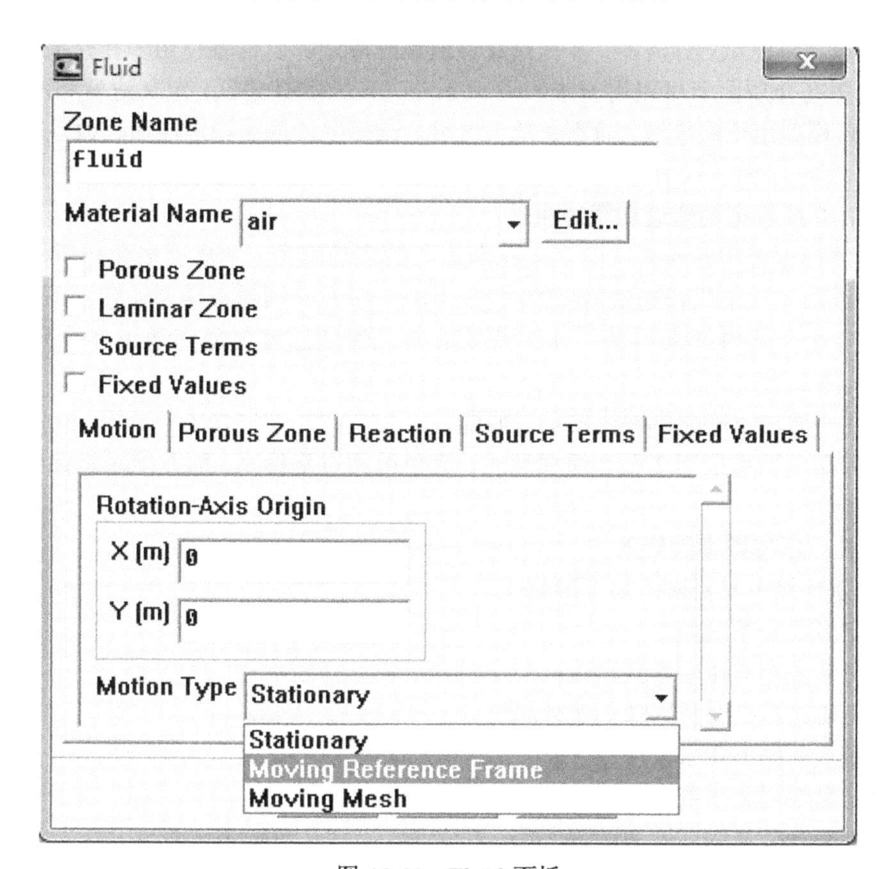

图 10.62 Fluid 面板

5) 设置化学反应机制

选中 Reaction(反应) 选项，可以在 Reaction Mechanisms(反应机制) 列表中选择需要的反应机制，从而可以开展带化学反应的组分输运计算。

6) 设置旋转轴

如果流体区域周围存在周期性边界，或者流体区域是旋转的，必须指定转动轴。通过定义 Rotation-Axis Direction(旋转轴方向) 和 Rotation-Axis Origin(转轴原点) 即可定义三维流动的转动轴。二维问题中只需指定转轴原点即可确定转动轴。

7) 设置区域运动

在 Motion Type(运动类型) 列表中选择 Moving Reference Frame(移动参考系)，可以为运动的流体区域设置转动或者平动的参考系。

如果为滑移网格设置区域运动，可以在 Motion Type(运动类型) 列表中选择 Moving Mesh(移动网格)，完成相关参数设置。

8) 设置辐射参数

计算中启用 DO 辐射模型，可以在 Participates in Radiation(是否参与辐射) 中确定流体区域是否参与辐射。

2. 多孔介质区域 (Porous zone)

流场中包含过滤纸、分流器、多孔板及管道集阵等边界时需要使用多孔介质条件。

在薄的多孔介质面上可以用一维假设 Porous jump(多孔跳跃) 定义速度和压强损失特征。多孔跳跃模型用于面区域，而不是单元区域。该模型计算的稳定性和收敛性较好，推荐采用。

✧ 多孔介质模型的假设和限制条件

多孔介质模型采用经验公式定义多孔介质上的流动阻力。本质上多孔介质模型就是在动量方程中添加了一个代表动量消耗的源项。因此，多孔介质模型需要注意以下几点：

(1) 在多孔介质内部采用基于体积流量的名义保证速度矢量在通过多孔介质时的连续性。

(2) 多孔介质对湍流的影响仅仅是近似的。

(3) 在移动坐标系采用多孔介质模型时，应使用相对坐标系，而非绝对坐标系，以保证获得正确的源项。

✧ 多孔介质模型参数输入

多孔介质计算中需要输入如下参数：

(1) 设定多孔介质区域；

(2) 定义多孔介质速度函数形式；

(3) 设定流过多孔介质区域的流体属性；

(4) 设定多孔区的化学反应；

(5) 设定黏性阻力系数；

(6) 设定多孔介质的多孔率；

(7) 计算热交换时选择多孔介质的材料；

(8) 设定多孔介质固体部分的体热生成率；

(9) 设定流动区域上的流动参数；

(10) 根据需要，将多孔区流动设定为层流或取消湍流计算；

(11) 定义旋转轴或区域的运动。

以上所有参数设置在 Fluid 面板选中 Porous Zone 选项完成。详细参数设置参阅 Fluent 帮助文件或相关书籍资料。

10.10 湍 流 模 型

10.10.1 湍流模型简介

本节主要介绍 Fluent 包含的各种湍流模型及使用方法。

湍流比较复杂，至今还没有一种方法能对所有流动的湍流现象进行全面、精确的模拟，因此涉及湍流计算，需要对所研究的流动现象与湍流模型的模拟能力综合评估后再选择适合的湍流模型。

湍流模型主要分为以下三类：

第一类：涡黏模型。该模型由 Boussinesq 于 1877 年提出，核心理念是将雷诺剪切应力表示成时均速度梯度与涡黏性系数的乘积，即

$$-\rho\overline{u'v'} = \mu_t\frac{\partial u}{\partial y} \tag{10.15}$$

该类湍流模型的主要任务是求解涡黏性系数 μ_t，目前常用的湍流模型大多属于此类。根据建立模型所需微分方程的数目，该类湍流模型又可以细分为：零方程模型 (代数模型，例如 BL 模型)、单方程模型 (例如 SA 模型) 和两方程模型 (例如 κ-ε、κ-ω 模型等)。

该类模型主要求解涡黏性系数 μ_t，计算量少。但 Boussinesq 假设涡黏性系数 μ_t 各向同性，这点对各向异性特征明显的复杂湍流流动不严格成立，比如强旋流动、应力驱动的二次流等，因此其应用受到一定限制。

第二类：直接建立雷诺应力与其他二阶关联量的输运方程，即雷诺应力模型 (RSM)。

该类模型求解雷诺应力各个分量的输运方程，方程数目较多，对计算机内存要求较高，计算时间较长。

第三类：大涡模拟。第一、二类以湍流的统计特性为基础，对漩涡进行统计平均。大涡模拟把湍流分为大尺度涡和小尺度涡，通过求解修正的 Navier-Stokes 方程，得到大涡的运动特性；采用第一、二类湍流模型计算小尺度涡。

以上三类湍流模型 Fluent 软件均提供，具体为 Spalart-Allmaras 模型 (单方程模型)；标准 κ-ε 模型、Renormalization-group (RNG) κ-ε 模型、Realizable κ-ε 模型、标准 κ-ω 模型、剪切力输运模型、SST 模型等两方程模型；雷诺应力模型 RSM(第二类模型)；大涡模拟。如图 10.63 所示。

目前一些新版本的 Fluent 软件，比如 13.0、14.0 版本还提供多种形式的边界层转换模型等。有兴趣的读者可以查询相关资料。

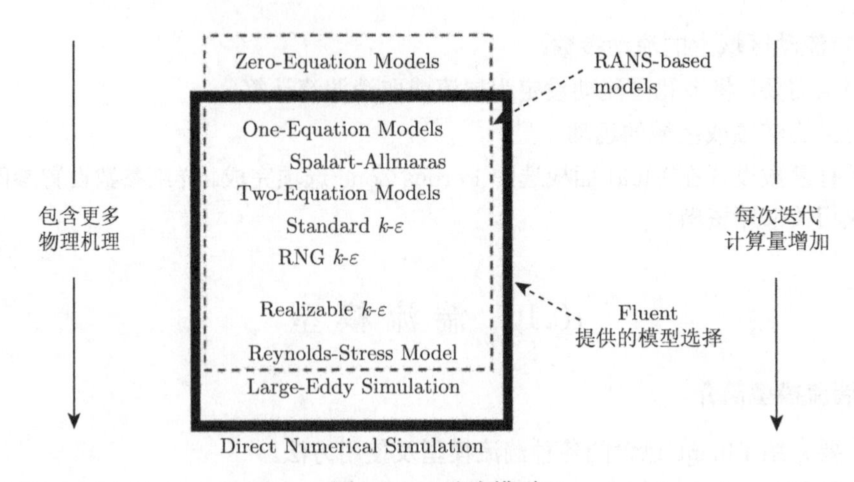

图 10.63　湍流模型

湍流模型在 Viscous Model 面板中选择，在该面板可以设定某些湍流模型输运方程的系数，如图 10.64 所示。启动该面板操作如下：

Define→Models→Viscous

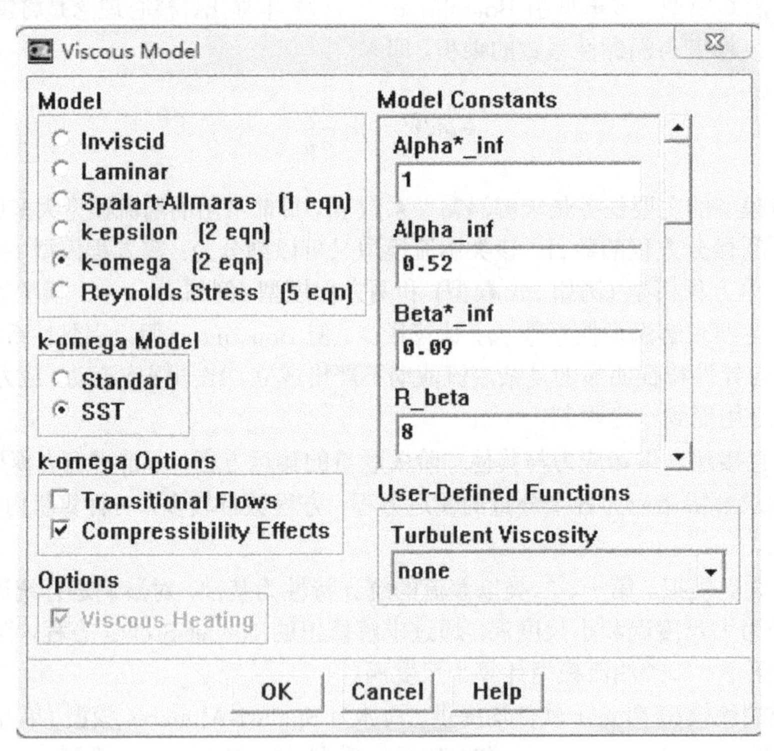

图 10.64　黏性模型面板

10.10.2　Spalart-Allmaras 模型

Spalart-Allmaras 属于第一类单方程湍流模型，该模型相对简单，只求解涡黏性输运方程，并不求解当地剪切层厚度的长度尺度。该模型对求解受壁面影响的流动、有逆压力梯度的边界层问题、涡轮机械湍流模拟效果较好。

与两方程 k-ε 模型相比，该模型的输运参数在近壁处的梯度较小，因此该模型对网格粗糙带来的数值误差不太敏感。

但是，Spalart-Allmaras 模型不能预测各向同性湍流的耗散。单方程模型没有考虑长度尺度的变化，对一些尺度变化比较大的流动问题不太适合。比如，平板射流问题，该问题中流动从受壁面束缚流动突然变到自由剪切流，流场尺度变化明显。

✧　**壁面条件**

在壁面，涡黏性 μ_t 为零。如果计算网格足够密，Spalart-Allmaras 模型可以求解获得层流底层，此时壁面剪切应力采用层流应力–应变关系求解，如果近壁面网格不足够密，不能求解层流底层。在此情况下则假设近壁面网格格心落在湍流边界层的对数区，根据壁面法则求解。

10.10.3　κ-ε 湍流模型

k-ε 湍流模型属于第一类两方程模型，需要求解湍动能 κ 和耗散率 ε 的输运方程，包括：标准 k-ε 湍流模型、Renormalization-group (RNG) k-ε 模型、Realizable k-ε 模型。下面分别介绍。

✧　**标准 k-ε 模型**

标准 k-ε 模型需要求解湍动能 κ 和耗散率 ε 的输运方程。湍动能输运方程通过方程推导得到，耗散率方程则是通过物理推理，数学上模仿湍动能输运方程结构形式得到。该模型假设流动为完全湍流，黏性影响忽略不计。因此，标准 k-ε 模型只适合完全湍流的流动模拟。

✧　**重整化群 k-ε 模型 (RNG)**

对瞬态 Navier-Stokes 方程采用重整化群数学方法 (renormalization group) 推导获得重整化群 k-ε 模型。与标准 k-ε 模型相比主要进行了如下改进：

(1) 在耗散率 ε 输运方程添加了一个附加项，对速度梯度较大的流场计算精度更高；

(2) 模型考虑旋转效应，对强旋流动计算精度更高；

(3) 湍流普朗特数 (Prandtl) 不是常数。

涡黏性系数计算公式为

$$d\left(\frac{\rho^2 k}{\sqrt{\varepsilon\mu}}\right) = 1.72\frac{\tilde{\nu}}{\sqrt{\tilde{\nu}^3 - 1 - C_\nu}}d\tilde{\nu} \tag{10.16}$$

式中，$\tilde{\nu} = \mu_{eff}/\mu$，$C_\nu \approx 100$。

对以上方程积分可以得到有效雷诺数 (涡旋尺度) 对湍流输运的影响，便于模拟低雷诺数与近壁面流动。

对于高雷诺数流动，以上方程可以得出：

$$\mu_t = \rho C_\mu \frac{k^2}{\varepsilon}$$

式中，$C_\mu = 0.0845$，与标准 k-ε 模型半经验推导出的常数 $C_\mu = 0.09$ 近似。

Fluent 软件中，重整化群 k-ε 模型默认设置针对高雷诺数流动。

◇ **重整化群 k-ε 模型有旋修正**

旋流对湍流有重要影响，Fluent 中重整化群 k-ε 模型通过修正涡黏性系数考虑该影响因素。

涡黏性系数的修正方程为

$$\mu_t = \mu_{t_0} f\left(\alpha_s, \Omega, \frac{k}{\varepsilon}\right) \tag{10.17}$$

式中，μ_{t_0} 为不考虑涡旋计算出来的涡黏性系数，Ω 为 Fluent 计算出来的特征旋流数，α_s 为旋流常数，该值表示涡旋强度。默认 $\alpha_s = 0.05$，针对中等旋度的流动，对于强旋流动，可以设置较大的值。

与标准 κ-ε 模型相比，RNG 湍流模型能够更好地模拟瞬变流和流线弯曲。

◇ **可实现 k-ε 模型**

作为标准 k-ε 模型和 RNG k-ε 湍流模型的补充，Fluent 提供了一种称为带旋流修正的 k-ε 模型，即 realizable(可实现)κ-ε 模型。

与标准 k-ε 相比，可实现 k-ε 模型做如下改进:

(1) 采用了新的涡黏性求解公式，令 C_μ 可变，使其能感知平均应变率和湍流 (k，ε) 的变化，从而解决上述矛盾。

(2) 建立新的耗散率 ε 输运方程，从涡量扰动量均方根推导精确输运方程。

C_μ 计算公式如下：

$$C_\mu = \frac{1}{A_0 + A_s \dfrac{U^* K}{\varepsilon}} \tag{10.18}$$

式中，$U^* = \sqrt{S_{ij}S_{ij} + \tilde{\Omega}_{ij}\tilde{\Omega}_{ij}}$，$\tilde{\Omega}_{ij} = \Omega_{ij} - 2\varepsilon_{ijk}\omega_k$，$\Omega_{ij} = \overline{\Omega}_{ij} - \varepsilon_{ijk}\omega_k$。

模型常数：$A_0 = 4.04$，$A_s = \sqrt{6}\cos\phi$。

$\phi = \dfrac{1}{3}\arccos(\sqrt{6}W), W = \dfrac{S_{ij}S_{jk}S_{kj}}{\tilde{S}}$，$\tilde{S} = \sqrt{S_{ij}S_{ij}}$，$S_{ij} = \dfrac{1}{2}\left(\dfrac{\partial u_j}{\partial x_i} + \dfrac{\partial u_i}{\partial x_j}\right)$。

可见，C_μ 为平均应变率与旋度的函数。在平衡边界层惯性底层，可以得到 $C_\mu = 0.09$，与标准 k-ε 模型相同。

该模型适合的流动类型比较广泛，包括：有旋均匀剪切流，自由流 (射流和混合层)，腔道流动和边界层流动。对以上流动过程模拟结果均优于标准 k-ε 模型。可实现 k-ε 模型对圆口射流和平板射流模拟中，能给出较好的射流扩张角。

10.10.4 κ-ω 湍流模型

◇ **标准 k-ω 模型**

标准 k-ω 模型是两方程模型，基于湍流动能 κ 方程和比耗散率 ω 输运方程，考虑了低雷诺数影响、可压缩性影响和自由剪切流动等。标准 k-ω 模型对自由剪切流动、尾迹流、射流、近壁湍流边界层、适度分离湍流具有较高的计算精度。

◇ **剪切应力输运 k-ω 模型 (SST)**

剪切应力输运 k-ω 模型即 SST 模型由标准 k-ω 模型与标准 k-ε 模型通过一个混合函数相加构建而成，该模型综合了标准 k-ω 模型在近壁低雷诺数区计算精度高的优点与 k-ε 模型在湍流核心区计算精度高的优点。近壁区，混合函数值为 1，因此在近壁区该模型等价于标准 k-ω 模型；远离壁面湍流核心区混合函数值为 0，该模型等价于标准 k-ε 模型。

与标准 k-ω 模型相比，SST k-ω 模型考虑了横向耗散，涡黏性考虑了湍流剪切应力的输运过程，使得该模型应用范围更广，可以用于含有逆压力梯度的流动、翼型、跨声速激波等计算。

10.10.5　雷诺应力模型 (RSM)

雷诺应力模型没有采用涡黏性各向同性假设，直接求解雷诺平均 Navier-Stokes(N-S) 方程中的雷诺应力项与耗散率方程，理论上比第一类湍流模型更加精确，对于雷诺应力各向异性特征明显的流动比较合适，比如龙卷风、燃烧室内流动等强旋流动。直接求解雷诺应力，在二维流动问题中需要求解 5 个附加方程，三维问题中需要 7 个附加方程。

对于大涡模拟 (LES)、分离涡模拟 (DES)、直接数值模拟 (DNS) 请感兴趣读者自行查阅相关资料。

10.10.6　近壁面流动处理

✧　概述

壁面抑制了近壁处附面层内湍流脉动；而外部区域，湍动能受时均流速影响较大，湍流运动加剧。

固壁对近壁区湍流的影响主要体现在：

(1) 减小了湍流的长度尺度，增强了湍动能的耗散。

(2) 对压力脉动起反射作用，抑制了湍动能壁面法向方向分量的转化 (压力再分配项)。

(3) 强化了无滑移条件，致使黏性底层湍流应力可以忽略，黏性对输运起主导作用 (黏性扩散项)。

k-ε 模型、k-ω 模型、RSM 模型以及大涡模拟 (LES) 仅适用于湍流核心区域 (一般都远离壁面)，因此以上湍流模型不能直接应用于受黏性影响较大的近壁区，在近壁面流动需要处理。

如果近壁面网格足够密，Spalart-Allmaras 和 k-ω 模型可以求解边界层的流动。

试验表明，近壁面湍流边界层分为三层，即黏性底层、过渡层、湍流核心区，如图 10.65 所示。黏性底层处于最底层，为层流流动，黏性在动量、热量及质量交换中起主导作用；湍流核心区又称为对数律层，该层涡黏性对流动起主导作用；过渡层处于黏性底层与湍流核心区之间，该区域黏性力、涡黏性作用相当。

✧　壁面函数

近壁区流动建模方法有两种。

第一种：不求解受黏性力影响的区域 (黏性底层及过渡层)，采用被称为 “壁面函数” 的半经验公式将湍流核心区与近壁面流动连接起来。壁面函数能够很好地修正湍流模型，解决壁面对流动的影响。

第二种：修正湍流模型，使湍流模型能够求解近壁面受黏性影响的区域，该方法称为 “近壁面模型” 法。两者区别如图 10.66 所示。

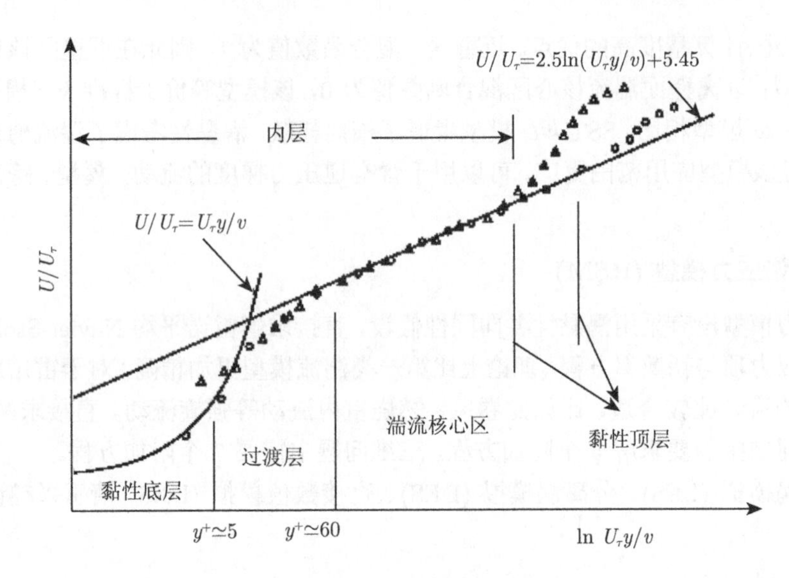

图 10.65　近壁面速度分布

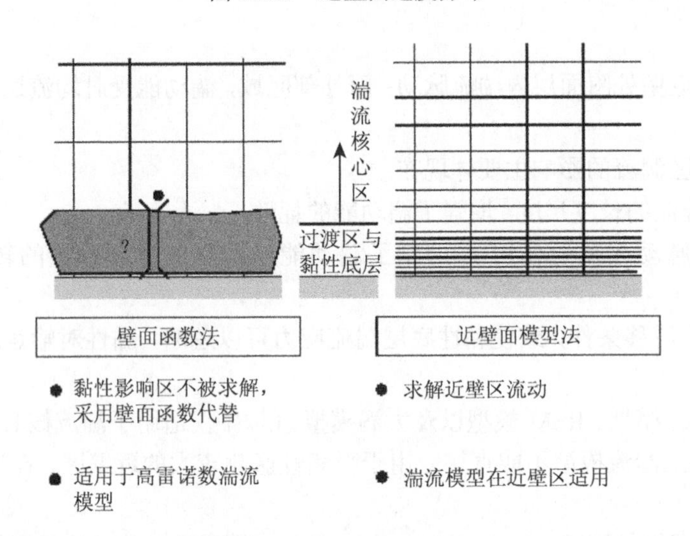

图 10.66　近壁面流动处理方法

壁面函数法对网格要求较低，可以节省计算资源，对于高雷诺流动比较适合。但其对低雷诺数流动不理想，该情况下需要采用“近壁面模型”求解近壁面流动。

Fluent 提供标准壁面函数、非平衡壁面函数两类壁面函数。

1) 标准壁面函数

标准壁面函数采用 Launder and Spalding 近壁处理方法。湍流边界层时均速度分布规律为

$$U^* = \frac{1}{k}\ln(Ey^*) \tag{10.19}$$

式中：

$$U^* \equiv \frac{U_P C_\mu^{1/4} k_P^{1/2}}{\tau_w/\rho}, y^* \equiv \frac{\rho C_\mu^{1/4} k_P^{1/2} y_P}{\mu}$$

式中，κ 为卡门常数：$\kappa = 0.42$，E 为试验常数：$E = 9.81$，U_P 为 P 点的流体平均速度；k_P 为 P 点的湍动能；y_P 为 P 点到壁面的距离；μ 为流体的黏性系数。

一般，在 $y^* > 30 \sim 60$ 区域，时均速度满足对数律分布。Fluent 中该条件改为 $y^* > 11.225$。在 $y^* < 11.225$ 的区域，采用层流应力应变关系，即 $U^* = y^*$。需要指出的是，Fluent 采用 y^*，而不是 $y^+ (\equiv \rho u_\tau y/\mu)$。对于平衡湍流边界层流动，两者近似相等。

κ 在近壁处的边界条件为

$$\frac{\partial \kappa}{\partial n} = 0 \tag{10.20}$$

式中，n 为壁面法向。

标准壁面函数能够为大多数高雷诺数近壁区流动提供合理、精确的计算结果。

但标准壁面函数基于局部平衡假设处理边界层中湍动能的生成与耗散，即湍动能生成与耗散相同，蕴含了定常剪切流动的前提条件。当近壁面流动存在很强的压力梯度，并且湍动能的生成与耗散严重不等时，标准壁面函数的计算精度大大降低。此时需要考虑压力梯度的影响、湍动能生成与耗散的非平衡效应，为此 Fluent 提供了非平衡壁面函数解决上述问题。

2) 非平衡壁面函数

非平衡壁面函数抛弃了标准壁面函数中的局部平衡假设，基于双层理论求解壁面流动。该壁面函数假定近壁面边界层由黏性底层与完全湍流组成，在湍流核心区求解湍动能 k，如图 10.67 所示。

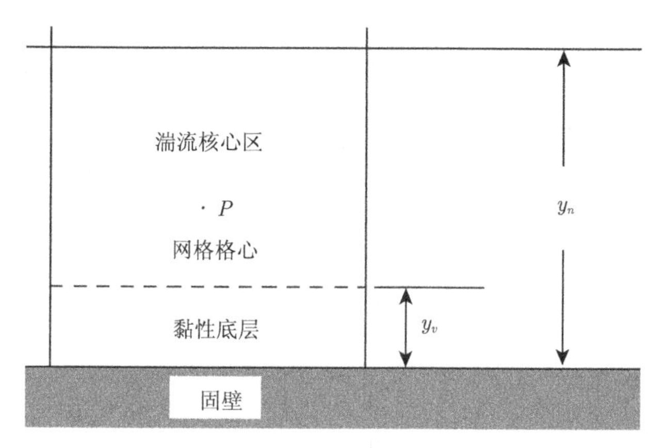

图 10.67　壁面双层模型

速度分布考虑了压力梯度的影响，速度分布对压力梯度更加敏感：

$$\frac{\tilde{U} C_\mu^{1/4} k^{1/2}}{\tau_w/\rho} = \frac{1}{k} \ln\left(E \frac{\rho C_\mu^{1/4} k^{1/2} y}{\mu}\right) \tag{10.21}$$

式中：

$$\tilde{U} = U - \frac{1}{2}\frac{\mathrm{d}P}{\mathrm{d}x}\left[\frac{y_\nu}{\rho k^* k^{1/2}} \ln\left(\frac{y}{y_\nu}\right) + \frac{y - y_\nu}{\rho k^* k^{1/2}} + \frac{y_\nu^2}{\mu}\right]$$

y_ν 为黏性底层厚度：

$$y_\nu = \frac{\mu y_\nu^*}{\rho C_\mu^{1/4} k_P^{1/2}}，y_\nu^* = 11.225$$

湍流参数计算公式为

$$\tau_t = \begin{cases} 0, & y < y_\nu \\ \tau_w, & y > y_\nu \end{cases}, \quad k = \begin{cases} \left(\dfrac{y}{y_\nu}\right)^2 k_P, & y < y_\nu \\ k_P, & y > y_\nu \end{cases}, \quad \varepsilon = \begin{cases} \dfrac{2\nu k}{y^2}, & y < y_\nu \\ \dfrac{k^{3/2}}{C_l y}, & y > y_\nu \end{cases} \tag{10.22}$$

式中，$C_l = kC_\mu^{-3/4}$，y_ν 为有量纲黏性底层厚度，$y_\nu = \dfrac{\mu y_\nu^*}{\rho C_\mu^{1/4} k_P^{1/2}}$。

采用式 (10.22) 可以计算出湍动能生成率与耗散率，考虑非平衡因素的影响。

非平衡壁面函数可用于回流等复杂流动的模拟，对壁面摩擦力和热传导的计算精度较高。

3) 壁面函数方法的局限性

当流动条件严重偏离壁面函数理想的成立条件时，壁面函数对边界层流动的计算精度大大降低，壁面函数处理近壁面流动不再可靠。例如：

(1) 雷诺数较低或存在近壁面影响 (例如：通过小裂缝或者黏性很大的流动)；

(2) 沿壁面存在大量的耗散；

(3) 逆压力梯度导致边界层分离；

(4) 强大的强迫力 (例如：旋转盘附近的流动，浮力流)；

(5) 近壁面流动具有强的三维特性。

✧　近壁面模型

近壁面模型分为低雷诺数修正模型和双层模型，本书主要介绍双层模型。

1) 双层模型

在双层模型中，把近壁流动分成两个区域，即黏性影响区和湍流核心区。采用基于离壁距离 y 的雷诺数 Re_y 区分以上两个区域。

$$Re_y = \frac{\rho\sqrt{k}y}{\mu} \tag{10.23}$$

y 是网格到壁面的垂直距离，在 Fluent 中 y 是离壁最小距离：

$$y = \min_{\boldsymbol{r}_w \in \Gamma_w} \|\boldsymbol{r} - \boldsymbol{r}_w\| \tag{10.24}$$

式中，$\boldsymbol{r}$ 为点在流场中的位置矢量；$\boldsymbol{r}_w$ 为边界上的位置矢量；Γ_w 为所有壁面边界的集合。y 与网格结构形状没有关系，对非结构网格同样适用。

在湍流核心区 ($Re_y > 200$)，采用雷诺应力模型或者 k-ε 模型；在黏性影响区 ($Re_y < 200$)，采用 Wolfstin 一方程模型。涡黏性计算公式为

$$\mu_t = \rho C_\mu \sqrt{k} l_u \tag{10.25}$$

耗散率 ε 计算公式：

$$\varepsilon = \frac{k^{3/2}}{l_\varepsilon} \tag{10.26}$$

式中：

$$l_u = c_l y[1 - \mathrm{e}^{-\frac{Re_y}{A_u}}]$$

$$l_\varepsilon = c_l y[1 - \mathrm{e}^{-\frac{Re_y}{A_\varepsilon}}]$$

式中，模型系数为 $c_l = kC_\mu^{-3/4}$，$A_u = 70$，$A_\varepsilon = 2c_l$。

在黏性影响区 ($Re_y < 200$)，不需求解耗散率输运方程，采用式 (10.26) 求解耗散率。

2) 增强壁面函数

将双层模型应用到近壁流动的计算 (即黏性底层、过渡区和湍流核心区)，需要拟定单一的壁面法则。Fluent 采用 Kader 提出的函数将黏性底层 (线性区) 和湍流核心区 (对数区) 的壁面法则统一起来：

$$u^+ = \mathrm{e}^{\Gamma} u^+_{lam} + \mathrm{e}^{\frac{1}{\Gamma}} u^+_{turb} \tag{10.27}$$

式中，

$$\Gamma = -\frac{a(y^+)^4}{1+by^+},\quad c = \exp\left(\frac{E}{E''} - 1.0\right),\ a = 0.01c, b = \frac{5}{c}$$

表 10.4 给出了不同近壁面处理方法优缺点的对比，读者可根据具体的研究对象选择合适的壁面处理方式。

表 10.4　几种壁面处理方法比较

类型	优点	缺点
标准壁面函数	应用广泛，计算量小，精度较好	适合高雷诺数流动，对低雷诺数、压力梯度大、强体积力及强三维特性流动不适合
非平衡壁面函数	考虑了压力梯度影响，能够计算流动的分离，再附及撞击问题	对低雷诺数、强压力梯度、强体积力及强三维特性流动不适合
壁面模型	不依赖壁面法则，对于复杂流动，特别是低雷诺数流动适合	网格密，计算时间长，内存大

10.10.7　湍流模拟近壁处网格划分规则

与层流相比，湍流流动的计算结果更加依赖于网格。当流动参数变化较大并且存在剪切层时需要足够密的网格。

近壁面的网格尺度与近壁面处理方式有关。需要注意的是：y^+、y^*、Re_y 不仅与网格尺度有关，也与当地流动相关。

✧　壁面函数近壁面网格划分

采用壁面函数时，首选需要考虑湍流对数律的有效范围，然后确定底层网格尺寸。该网格尺寸常用壁面单位：$y^+ (= \rho u_\tau y/\mu)$ 或 y^* 度量。当底层网格位于对数律层时，y^+ 和 y^* 值相同。近壁处网格设置具体考虑因素如下：

(1) 对数律有效范围为 y^+：30～60。

(2) 壁面函数在黏性底层不再有效，避免在近壁面采用较密的网格，y^+ 在对数律有效范围内即可。

(3) 对数律层上边界依赖于压力梯度和雷诺数。

随着雷诺数增加，对数律层上边界上浮。y^+ 值过大会使对数层上方的尾流区域变大。

(4) y^+ 的值接近下边界 ($y^+ \approx 30$) 最好。

(5) 避免网格在壁面法向过度拉伸。

(6) 边界层内至少要有一定量的网格。

✧ 壁面模型近壁面网格设置

壁面模型能够求解近壁面黏性影响区的流动，因此要求近壁面网格足够密。网格要求如下：

(1) 采用壁面模型求解黏性底层时，底层网格的 y^+ 应该取为 1。

(2) 为了求解近壁流动的平均速度和湍流度，在黏性影响区域 ($Re_y < 200$) 内至少需要 10 个单元格。

10.11 小　结

本章主要介绍了 Fluent 软件的基础知识与基本操作，包括软件主要功能、边界条件及设置、物性参数设置、湍流模型与处理以及相关操作等内容，读者通过本章内容能够对 Fluent 软件有个整体认识。

计算网格拓扑结构合理、网格质量优良是 CFD 计算的前提条件。网格划分就是将计算域按照一定的拓扑结构划分成需要的子区域，并确定每个子区域的节点，也就是说按照一定的拓扑结构将计算空间离散化。用离散的空间代替连续的空间，就可以用差分方程代替偏微分方程，进而展开迭代求解。

11.1 网格基本知识

11.1.1 网格划分的几何要素

网格包含以下几何要素：

(1) Cell：单元体，离散化的控制体计算域。

(2) Face：面，Cell 的边界。

(3) Edge：边，Face 的边界。

(4) Node：节点，Edge 的交点/网格点。

(5) Block：块，一定数量的 Cell 组成的特定区域。

(6) Zone：区域，一组节点、面和单元体。

如图 11.1 所示。

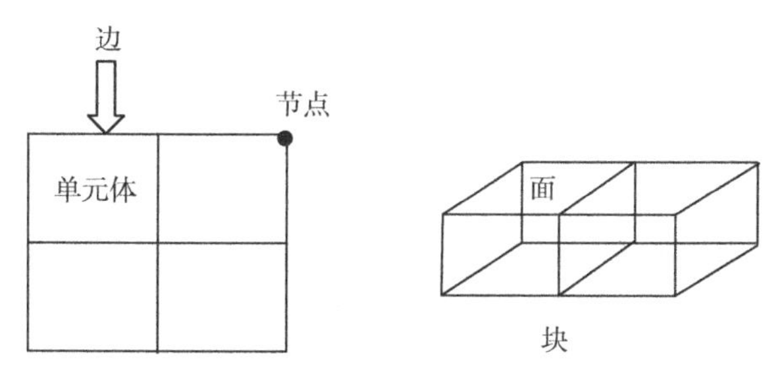

图 11.1 网格几何要素

边界条件存储在 Face 中，材料数据和源项存储在 Zone 的 Cell 中。

11.1.2　网格形状与拓扑结构

1. 网格形状

Fluent 可以处理二维和三维网格，具体可以处理的网格形状如下所述。

1) 四边形网格

四边形是最常用的网格形状，网格质量较高。

2) 三角形网格

三角形网格是二维、三维非结构网格的基本单元，是非结构网格的标志。在 Fluent 中，三角形网格与四边形网格可以混合使用。

3) 六面体网格

长方体、立方体是比较规整的六面体网格，该网格为结构化网格，网格质量较高。在近壁处，六面体网格正交性好，计算精度高，速度快。

4) 四面体网格

四面体网格由三角形网格构成，是非结构网格的主要组成部分，该网格生成迅速，逼近实体程度高，但计算精度低，网格数量大，计算量大。如图 11.2 所示。

5) 三棱柱网格

三棱柱网格在非结构网格边界层中应用较多，由三角形网格和四边形网格构成。三角形网格贴体性相对较好，四边形网格生成的棱柱层能较好地模拟边界层内流体的流动，因此非结构网格的边界层采用三棱柱网格可以提高计算精度。如图 11.2 所示。

6) 金字塔网格

在生成混合网格时，金字塔网格作为四面体网格与六面体网格之间的连接网格，是一种辅助性质的网格。如图 11.2 所示。

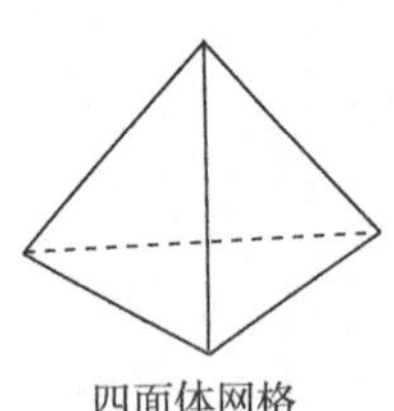

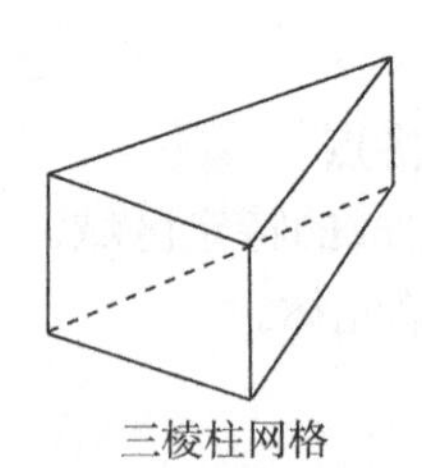

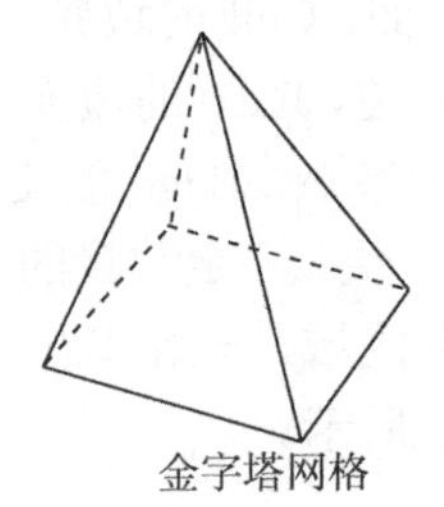

图 11.2　网格形状

2. 网格拓扑结构

依据拓扑结构，结构化网格一般分为 O 型、C 型、H 型。O 型拓扑结构适合于两端都是钝截面的物体，如横截面是圆形或椭圆形截面物体；C 型拓扑结构适合于横截面一端是钝头另一端是尖头的物体，如锥形截面物体；H 型拓扑结构适合于两端都是尖头的物体。如图 11.3 所示。

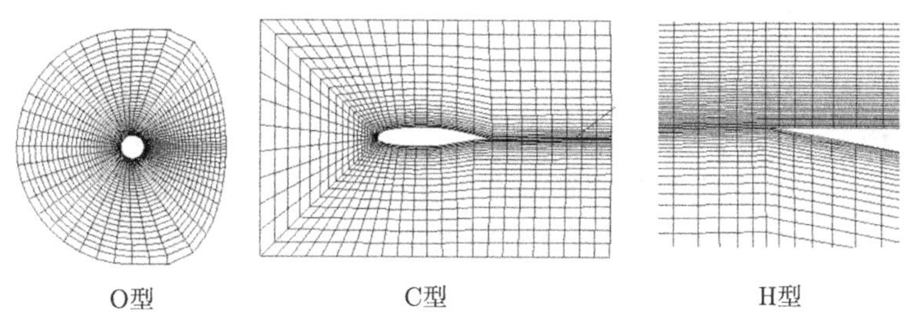

图 11.3　网格拓扑关系

3. 结构与非结构网格

按照网格节点之间的邻接关系，网格可以分为结构网格、非结构网格、混合网格三类。如图 11.4 所示。

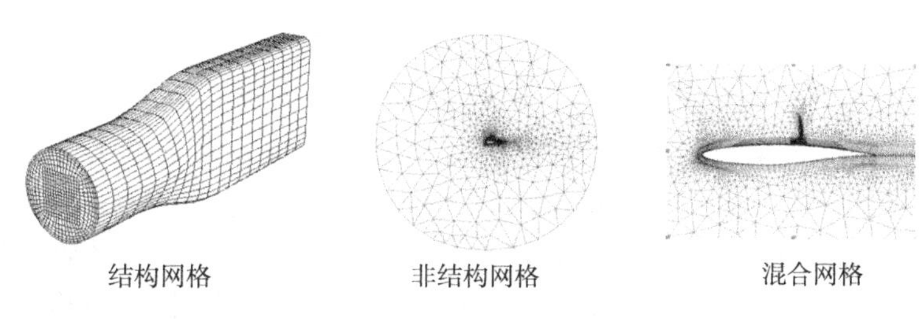

图 11.4　网格类型

✧　**结构网格**

结构网格节点之间的邻接关系是有序并且规则的，除边界点外，内部网格点都有相同的邻接网格数 (一维 2 个、二维 4 个、三维 6 个)。

结构网格的数据按照顺序存储；结构网格与计算域中流体流动方向具有很好的一致性，能较好地模拟壁面边界层、激波、自由剪切流等，计算精度高于非结构网格。

结构网格优点：

(1) 网格质量高。

(2) 网格数据简单。

(3) 网格生成消耗时间短。

(4) 计算收敛性好。

(5) 网格贴体性好。

✧　**非结构网格**

非结构网格节点之间的邻接关系是无序并且不规则的，每个网格节点可以有不同的邻接网格数。常用的非结构网格包括：三角形网格、四面体网格、金字塔网格。

非结构网格不受网格节点结构性限制，节点和单元的分布是任意的，能较好处理边界，对于复杂几何外形具有很强的适应性。对于复杂的计算域，非结构网格生成速度较快。但要达到相同的计算精度，非结构网格的网格数量远远大于结构网格。

非结构网格优点：

(1) 网格生成人为参与少。

(2) 网格容易贴体，拟合实体精确。

(3) 适用于外形复杂的实体。

(4) 对于未知方向的流动适应性好。

✧ **混合网格**

混合网格将结构网格与非结构网格混合布置，在对于网格正交性要求较高的流场区域采用结构网格，在一些流动比较复杂且对网格正交性要求不高的流场区域采用非结构化网格。

混合网格的优点:

(1) 网格质量好。

(2) 适用于外形复杂的实体。

(3) 能较大限度地模拟流动的真实性。

4. 网格质量评价标准

网格质量直接影响计算精度，对网格质量的把控十分重要，需要一定的标准衡量。

网格质量包括所有网格节点的压扁程度，节点压扁程度定量描述了节点偏离其相应正交面的程度。节点的分布方式主要取决于流动状态，而在流动状态未知的情况下，需要在划分网格前对流动的基本情况有一定的认识，根据已有的流体力学知识、经验调整节点的密度与聚集度。比如，边界层内部、尖点附近等流动参数变化较剧烈的区域网格应该加密。

网格单元的质量一般由扭曲率和拉伸比来确定判断。

扭曲率为实际单元的形状与同体积等边单元的比例。一般而言，扭曲率越高越不易收敛。理想的四边形网格是正方形，理想的三角形网格是等边三角形，理想的六面体网格是正方体。根据经验，三角形与四面体网格的扭曲率不宜大于 0.95，平均不宜大于 0.33。

拉伸比是指网格最短边与最长边之比，反映网格节点被拉伸的程度。根据经验，流动核心区拉伸比尽量保持在 1，不宜低于 0.2，边界层网格不宜低于 0.05。

本章主要介绍 Gambit 与 Icem 网格生成软件的基本功能与基本操作。

最后，网格块 I、J、K 方向要满足右手法则，否则数值上将导致负体积，网格出现负体积将无法开展计算。

11.2 Gambit 软件

11.2.1 软件介绍与功能

1. 软件介绍

Gambit 软件是面向 CFD 的专业前处理器软件，它包含全面的几何建模能力，既可以在 Gambit 内直接建立点、线、面、体，也可以从主流的 CAD/CAE 软件如 PRO/E、UG、Ideas、Catia、Solidworks、Ansys、Patran 导入几何文件。

Gambit 包含功能强大的网格划分工具，可以划分出包含边界层等 CFD 特殊要求的高质量网格, 可以生成 Fluent、Fidap、Polyflow、Nekton、Ansys 等求解器所需要的网格。

2. 软件主要功能

1) 线段上分布节点

在线段上分布网格节点，进行面上划分网格。Gambit 提供了满足 CFD 计算特殊需要的五种网格节点分布规律。

2) 生成面网格

对于平面及轴对称流动问题，只需要生成面网格。对于三维问题，也可以先划分面网格，然后进一步生成三维体网格。

3) 边界层网格

考虑到壁面黏性效应，CFD 计算要求在近壁处采用较密的贴体网格，并且网格的稀疏程度与流场参数变化趋势一致，即流动参数变化较大处网格较密，流动参数分布较均匀处网格较稀。边界层网格功能模块用于在近壁处网格加密。

4) 生成体网格

三维流动问题，必须生成三维实体网格。Gambit 提供五种体网格的生成方法：映射网格、子映射网格、Cooper 方法、Tgrid 方法、混合网格。

11.2.2　用户界面

Gambit 的图形用户界面如图 11.5 所示，用户界面包含菜单栏、视图、命令面板、命令显示窗、命令输入窗和视图控制面板等。

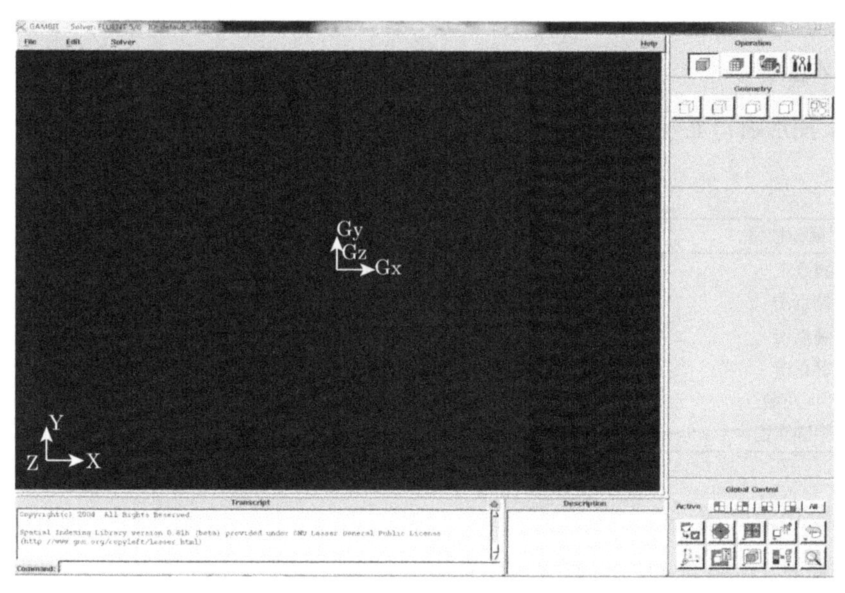

图 11.5　Gambit 操作界面

1. 菜单栏

菜单栏位于操作界面的上方，最常用的是 File 命令下的 New、Open、Save、Save as 和 Export 等命令。Gambit 可识别文件的后缀为.dbs。将 Gambit 生成的网格导入 Fluent，需要输出后缀为.msh 的网格文件。

2. 视图和视图控制面板

Gambit 中可显示四个视图，以便建立三维模型 (图 11.6)。

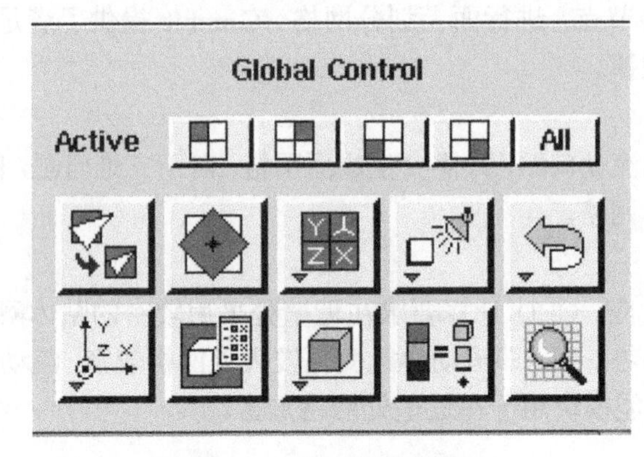

图 11.6　视图控制面板

视图控制面板中常用的命令有:

全图显示

选择显示视图

选择视图坐标

选择显示项目

渲染方式

11.2.3　基本操作

Gambit 图形窗口显示基本操作见表 11.1。

表 11.1　Gambit 基本操作

键盘/鼠标按钮	鼠标运动	描述
左键点击	拖曳着指针往任一方向走	旋转模型
中键点击	拖曳着指针往任一方向走	移动模型
右键点击	往垂直方向拖曳指针	缩放模型
右键点击	往水平方向移动指针	使模型绕着图形窗口中心旋转
Ctrl+ 左键	指针对角移动	放大模型，保留模型比例
两次中键点击	—	在当前视角前直接显示模型

11.2.4　命令功能介绍

命令面板是 Gambit 的核心部分，如图 11.7 所示。通过命令面板上的命令图标，可以完成绝大部分网格生成工作。

在命令面板上，网格生成分为三步：①建立模型，②划分网格，③定义边界。这三个部分分别对应 Operation 区域中的 Geometry(几何体)、Mesh(网格) 和 Zones(区域) 命令按钮。Operation 中的 Tools 用来定义视图中的坐标系统，一般取默认值。

命令显示窗和命令输入栏位于 Gambit 的左下方 (图 11.8)。

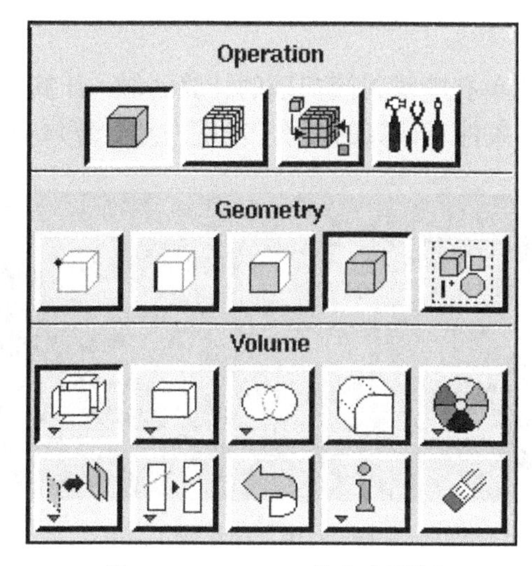

图 11.7　Gambit 的命令面板

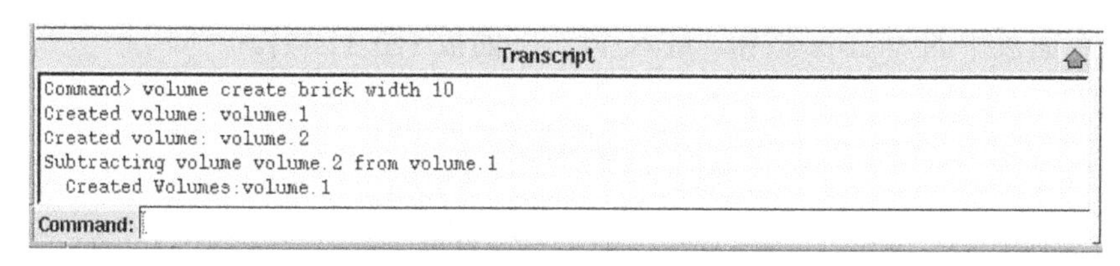

图 11.8　命令显示窗和命令输入栏

命令显示窗中记录了每一步操作的命令和结果，而命令输入栏则可以直接输入命令，其效果和单击图 11.7 中的命令按钮相同。

以下通过几个典型网格生成实例学习应用 Gambit 生成网格的基本操作。

11.2.5　二维轴对称喷嘴自由射流计算网格

创建网格的第一步是建立模型。模型可以采用 CAD/CAE 软件生成，简单的也可以在 Gambit 中创建。本节采用 Gambit 生成模型。

在命令面板中单击 Geometry 按钮，进入几何体面板，如图 11.9 所示，图中自左往右依次是创建点、线、面、体和组的命令。

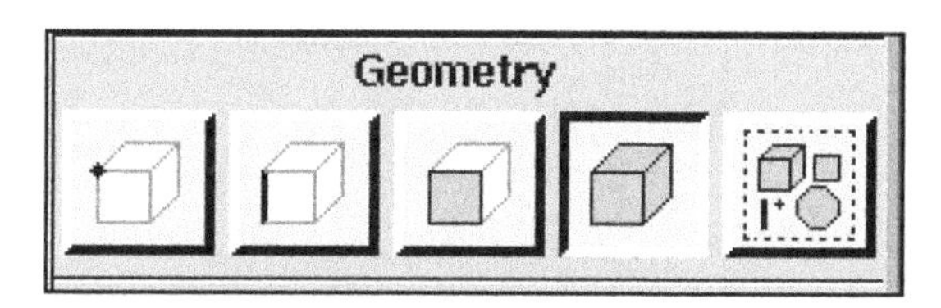

图 11.9　几何体面板

对于二维网格的建立，一般要遵循从点到线，从线到面的原则。以二维轴对称单孔喷嘴的网格划分为例介绍二维网格的生成。

1. 确定计算域

图 11.10 是二维轴对称单孔喷嘴射流问题的计算区域，计算区域大小为 $4D \times 12D$，D 为喷嘴直径。为了减小边界条件对计算的影响，喷嘴左边计算域向左延伸 $2D$ 长度。

图 11.10　计算域

对于上述的计算域，按照点、线、面的顺序建立计算域。

1) 创建点 (Vertex)

单击命令面板中的 Vertex 按钮，进入 Vertex 面板 (图 11.11)。

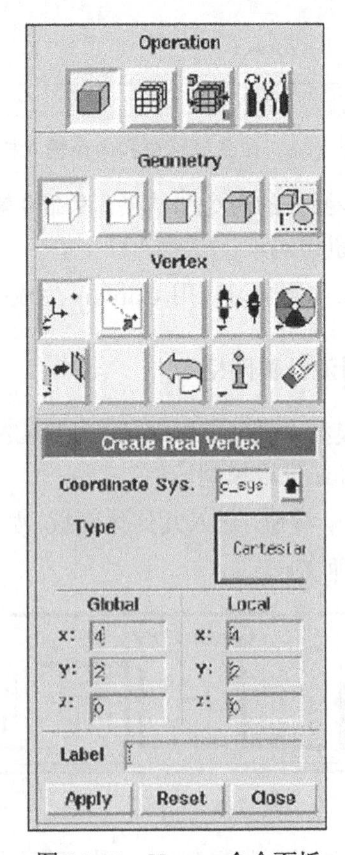

图 11.11　Vertex 命令面板

在 Gambit 中点的创建方式有四种：根据坐标创建、在线上创建、在面上创建和在体上创建。我们可以根据不同的需要来选择不同的创建方式 (图 11.12)。

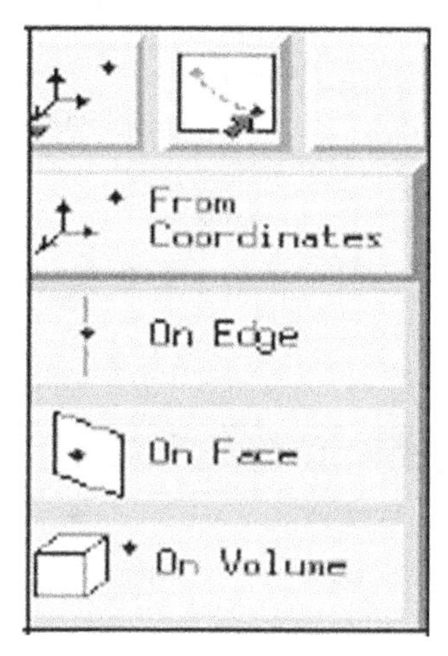

图 11.12　创建点方式

以坐标创建点方式为例。单击 Vertex Create 按钮，在 Create Real Vertex 对话框中输入点的坐标，单击 Apply 按钮即可。根据各点坐标依次创建点 (图 11.13)。

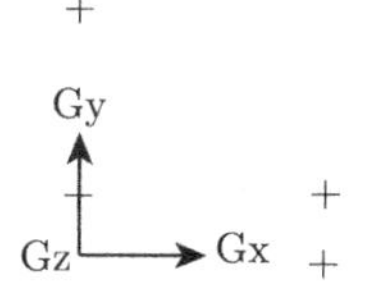

图 11.13　创建点

Vertex 中常用的命令还有：Move/Copy、Undo 和 Del。

✧ **Move/Copy 命令**

该命令标示为，图 11.14 为 Move/Copy Vertex 对话框。

当复制或移动一个点时，首先选择需要复制或移动的点。

在 Gambit 中选择对象的方法有两种：

(1) 按住 Shift 键，用鼠标左键单击选择的对象，该对象被选中，以红色显示。

(2) 单击输入栏右方的向上箭头，出现一个对话框，从对话框中选择需要的点 (图 11.15)。

同时，Gambit 提供了三种不同的坐标系，即直角坐标系、柱坐标系和球坐标系。在命令面板的坐标类型中，可以选择不同的坐标系。

✧ **Undo**

Undo 命令可以取消上一步操作，标示为。需要注意的是，Gambit 中只有 Undo 命令没有 Redo 命令。

✧ **Del**

Del 命令用于删除一些误操作或不需要的对象，标示为。单击 Del 按钮，在视图中选择需要删除的对象，再单击 Apply 按钮即可。

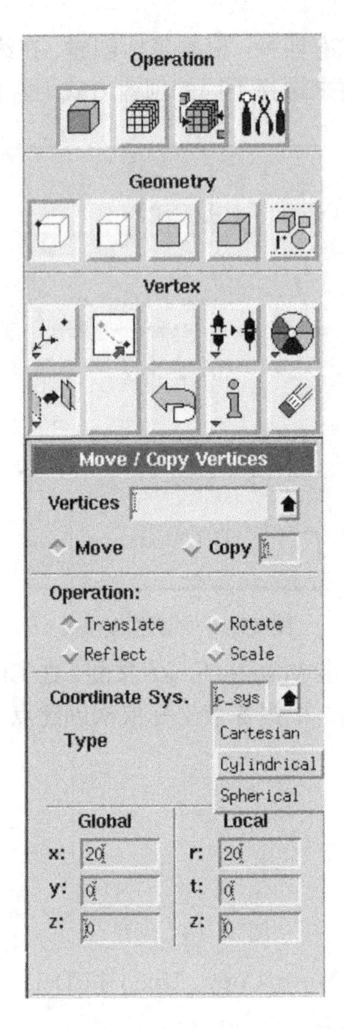

图 11.14　Move/Copy Vertex 对话框

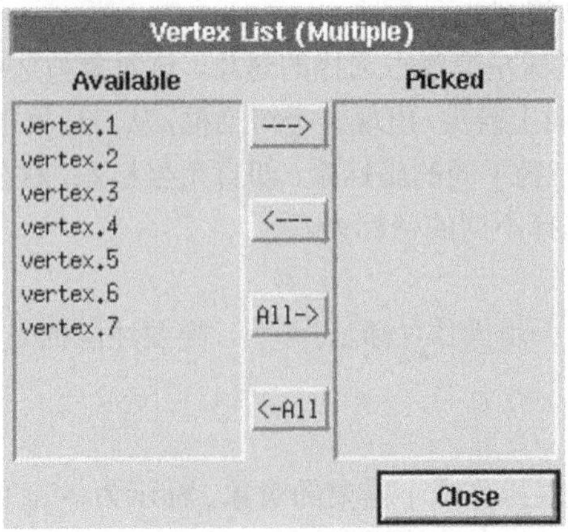

Vertex List (Multiple)
Available　Picked
vertex.1
vertex.2
vertex.3
vertex.4
vertex.5
vertex.6
vertex.7
--->
<---
All->
<-All
Close

图 11.15　点列表

2) 创建线 (Line)

操作如下：

(1) 命令面板中单击 Edge，打开线创建面板，如图 11.16 所示。

(2) 创建直线，单击 Create Straight Edge 按钮 。

(3) 选择两个点。

(4) 单击 Apply 按钮即可，如图 11.17 所示。

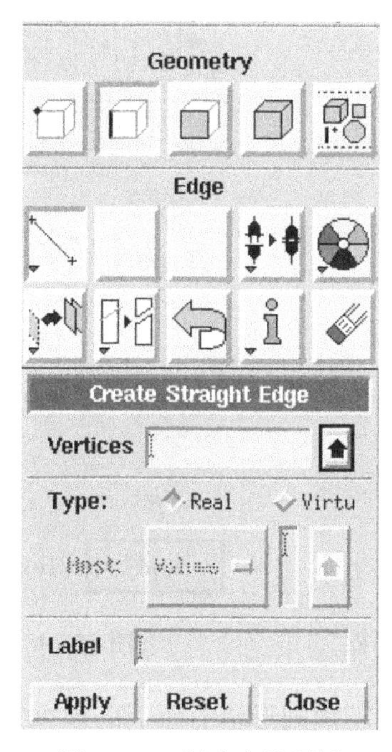

图 11.16　创建直线面板

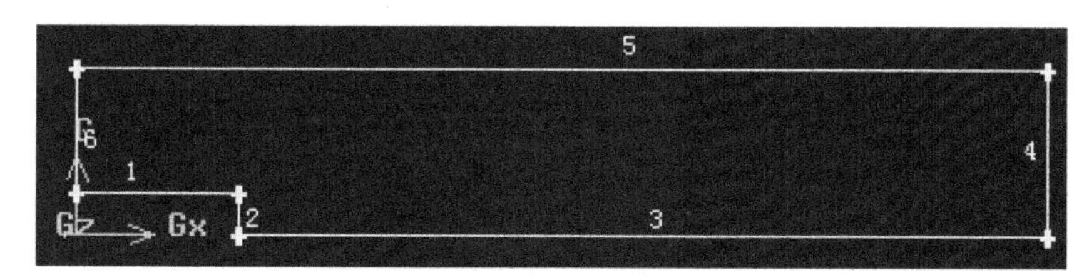

图 11.17　创建直线

除创建直线外，Gambit 还可以创建其他一些线段，如圆弧、圆、倒角、椭圆等，如图 11.18 所示。

Edge 命令中常用的还有合并 、分离 等命令，可以进行线段的合并与分离。

3) 创建面 (Face)

创建面十分简单，只需选择组成该面的线，单击 Apply 按钮即可 (图 11.19)。需要注意的是这些线必须是封闭的，同时创建二维网格，必须创建面，只有线不行。同样的道理，创建三维网格，必须创建体。

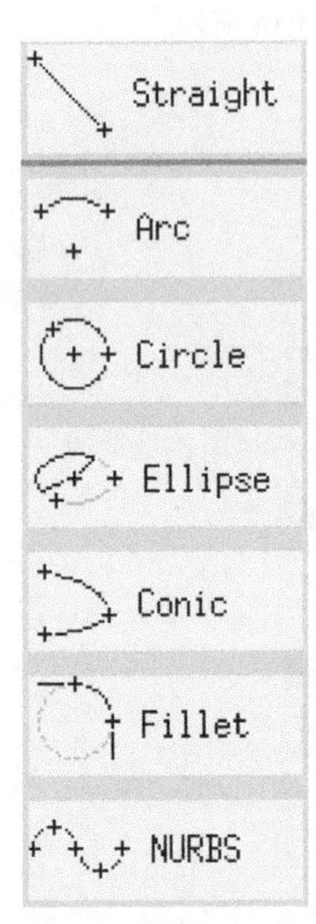

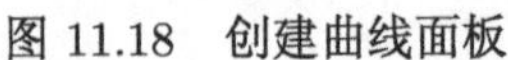

图 11.18　创建曲线面板　　　　图 11.19　创建面面板

采用布尔运算操作可以创建不规则形状的面 (图 11.20)。布尔运算包括 3 种方式：加、减、交。

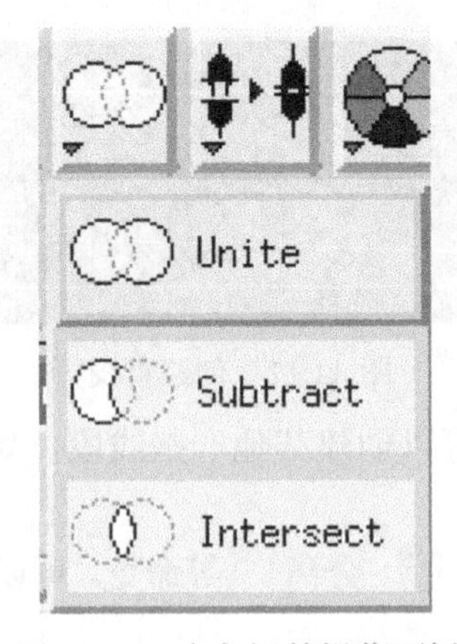

图 11.20　布尔运算操作面板

2. 创建网格

在命令面板中单击 Mesh 按钮，打开网格划分命令面板。

Gambit 中，可以分别针对边界层、边、面、体和组划分网格。图 11.21 给出了各功能键对应的功能。

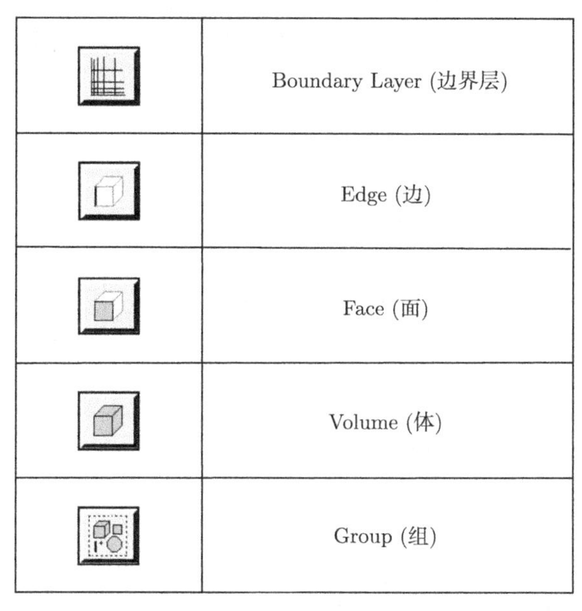

	Boundary Layer (边界层)
	Edge (边)
	Face (面)
	Volume (体)
	Group (组)

图 11.21　网格划分命令

1) 创建边界层网格

在命令面板中单击按钮，即可进入边界层网格创建面板 (图 11.22)。

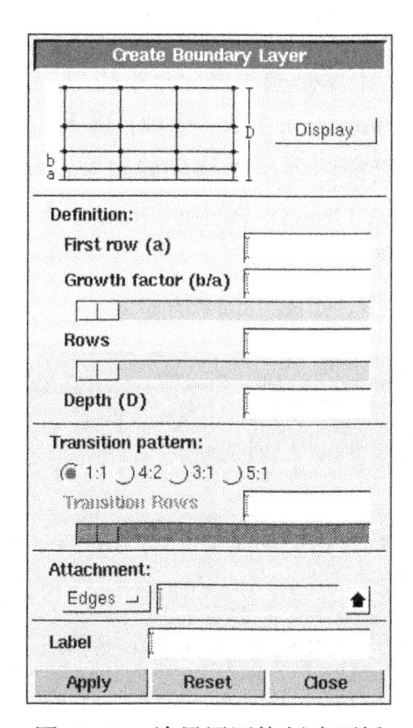

图 11.22　边界层网格创建面板

创建边界层网格需要输入四组参数，分别是：底层网格尺寸 (First Row)，网格增长因子 (Growth Factor)，边界层网格点数 (Rows，垂直于边界方向)，边界层厚度 (Depth)。任意输入三组参数值即可创建边界层网格。

在命令面板的 Transition Pattern 区域，系统提供了四种边界层网格创建方式 (图 11.23)。

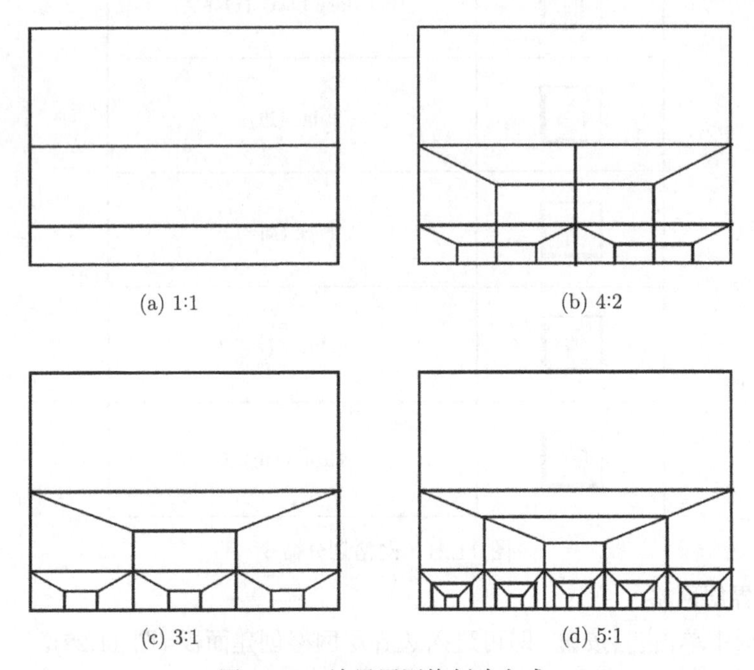

图 11.23 边界层网格创建方式

以上述二维轴对称喷嘴射流计算模型为例，介绍边界层网格的生成。操作如下：

(1) 单击 Mesh 按钮，选择 Boundary layer 选项，进入边界层网格创建命令面板。

(2) Shift+ 鼠标左键，单击选择边界层网格创建对象。本例选择图 11.17 中的线段 1。

(3) 输入参数值为 First Row、Growth Factor、Rows。本例分别给定：0.05、1.01、10。

(4) 选择创建形式。本例选择 1:1。

(5) 单击 Apply 完成创建工作，如图 11.24 所示。

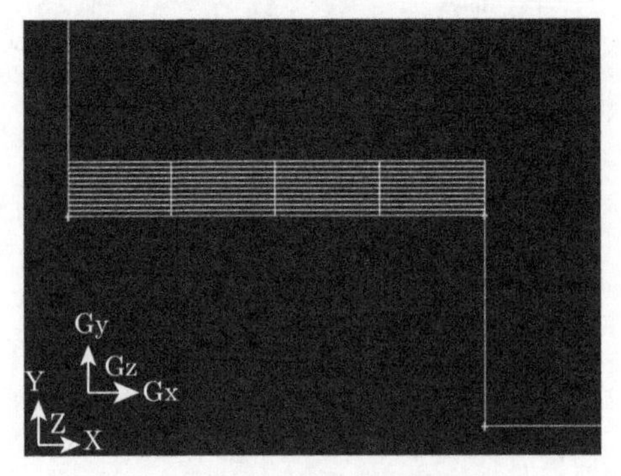

图 11.24 创建边界层网格

✧ 设定边上的网格点数

当网格需要局部加密或者划分不均匀网格时，首先要设定边上的网格点数及其分布规律。

边上网格点的分布规律有两种：①单调递增或单调递减；②中间密 (疏) 两边疏 (密)。网格点设定步骤如下所述。

(1) 单击命令面板中的按钮，进入边网格设置面板 (图 11.25)。

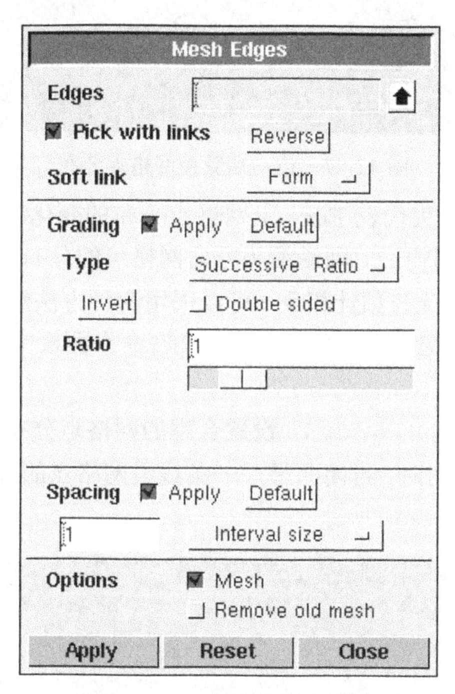

图 11.25　边网格设置面板

(2) 选择需要设置点分布的线段。以图 11.17 中线段 2 为例。

(3) 单击 Double Sided，设置 Ratio1 和 Ratio2。在此给定 1.05。

(4) 单击 Interval Size，选择 Interval Count 选项，输入参数，在此给定 20。

(5) 单击 Apply 即可。

线段 2 上生成如图 11.26 所示的网格点。

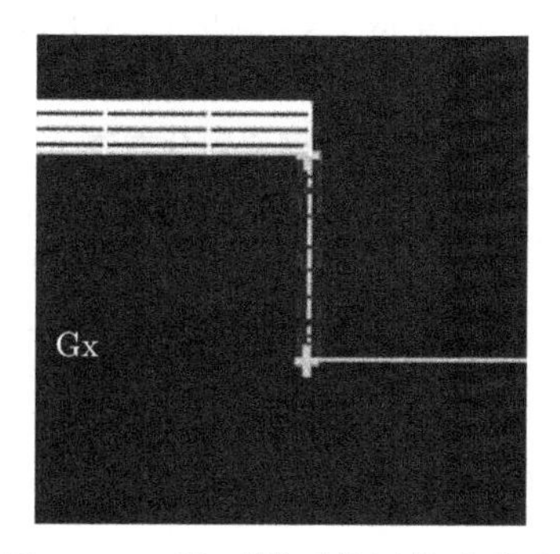

图 11.26　边两端受控网格点分布

(6) 选择图 11.17 中线段 3，取消 Double Sided 选项，设置 Ratio 为 1.01，Interval Count 为 80，线段 3 上网格点的分布情况如图 11.27 所示。

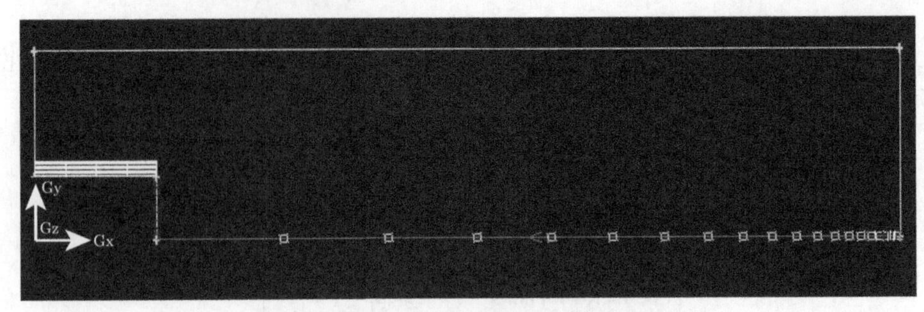

图 11.27　边一端受控网格点分布

图中线段 3 上的红色箭头代表 Edge 上网格点分布的变化趋势。Ratio 大于 1，则沿箭头方向网格点的分布变疏；小于 1，则沿箭头方向网格点的分布变密。

如发现网格点的分布情况与预计相反，可以采用两种方法解决：①按住 Shift 按钮，在所选择的线段上单击鼠标中键改变箭头的方向；②在命令面板中单击 Invert，将 Ratio 值变为其倒数值。

(7) 依次选择视图中的边 4、5、6、1，设置合理的网格点分布，如图 11.28 所示。

注意：在设置网格点分布时，封闭面最后一条线段网格点的分布可以通过系统自动计算得到。

图 11.28　边上网格点分布

2) 创建面网格

Gambit 提供三种二维面的网格类型：四边形、三角形和四边形/三角形混合；提供了 5 种网格划分方法。表 11.2、表 11.3 列举了 5 种网格划分方法及适用类型。

表 11.2　网格划分方法

方法	描述
Map	创建四边形结构网格
Submap	将一个不规则的区域划分为几个规则区域并分别划分结构网格
Pave	创建非结构网格
Tri Primitive	将一个三角形区域划分为三个四边形区域并划分规则网格
Wedge Primitive	在一个楔形的尖端划分三角形网格，沿着楔形向外辐射，划分四边形网格

表11.3　网格划分方法的适用类型

方法	Quad(四边形)	Tri(三角形)	Quad/Tri
Map	√		×
Submap	√		
Pave	√	√	√
Tri Primitive	√		
Wedge Primitive			√

面网格创建步骤如下：

(1) 单击命令面板中的按钮，进入面网格创建面板 (图 11.29)。

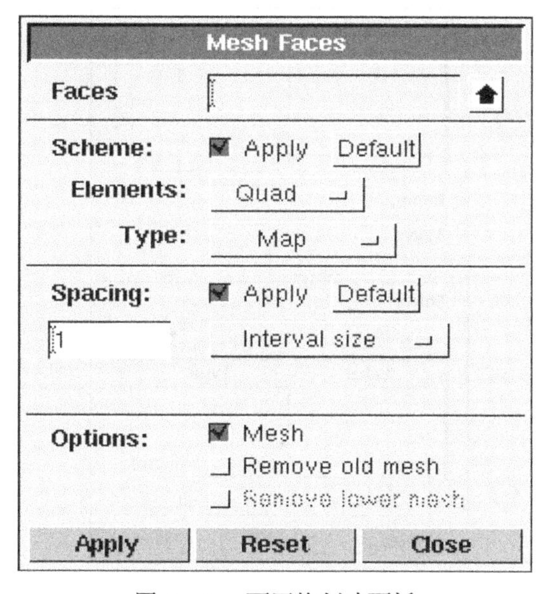

图 11.29　面网格创建面板

(2) 选择面。

(3) 单击 Apply 按钮，生成图 11.30 所示网格。

系统默认的网格点类型为四边形结构网格。

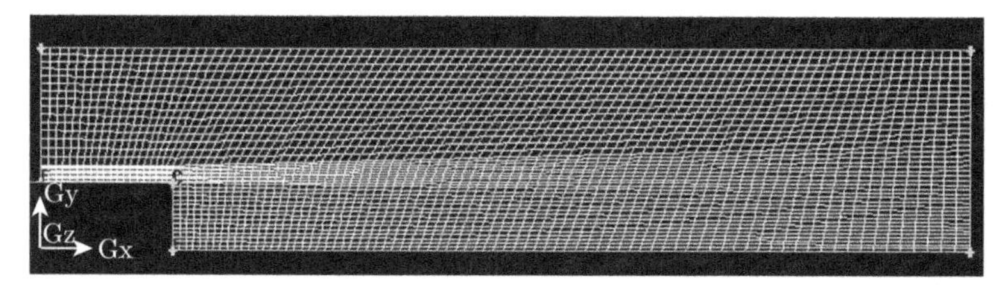

图 11.30　四边形结构网格

至此，网格创建完毕。需要注意在生成四边形网格时，要保证计算域边界可构成四边形拓扑结构，且对应两个边上网格节点数相同。如上例，虽然是由 6 个边构成的计算域，但可想象成由两个四边形构成，因此要求边 6 和 2 网格节点之和等于边 4 的网格节点；边 1 和 3 网格节点之和等于边 5 上网格节点。

3. 定义边界

Gambit 中，可以设定边界类型。步骤如下：

(1) 在菜单栏中选择求解器。本例选择 Fluent/Fluent6。

(2) 在命令面板中单击，进入区域类型定义面板。

(3) 单击，打开 Specify Boundary Types 对话框 (图 11.31)。

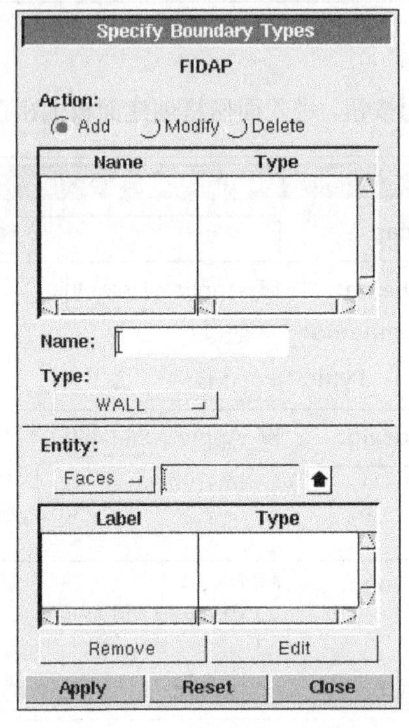

图 11.31　边界类型对话框

(4) 选择 Entity(实体) 类型为 Edge。

选择 Edge1，在 Name 区域中输入 Wall，选择 Type 为 Wall，即定义 Edge1 为固壁条件，取名为 Wall。

依次选择 Edge2，定义边界条件为压力入流条件 (Pressure Inlet)，取名为 Inflow；

选择 Edge4，定义边界条件为压力出流条件 (Pressure Outlet)，取名为 Outflow；

选择 Edge5、Edge6，定义边界条件为远场压力条件 (Pressure Far-field)，取名为 Outflow1。

选择 Edge3，定义边界条件为轴对称条件 (Axis)，取名为 Axis。

4. 保存和输出

(1) 保存：File/Save as，在对话框中输入文件的路径和名称。

(2) 输出：File/Export/Mesh，输入文件的路径和名称。

11.2.6　二维平面叶栅计算网格生成

本节针对大弯度高亚声速叶栅流场计算进行创建网格。

1. 导入叶型数据

本节叶型数据由设计软件生成，首先需要将叶型数据导入 Gambit。

操作如下：

打开 Gambit 文件，出现如图 11.32 所示对话框，修改工作目录路径为叶型数据所在文件，单击 Run 按钮。

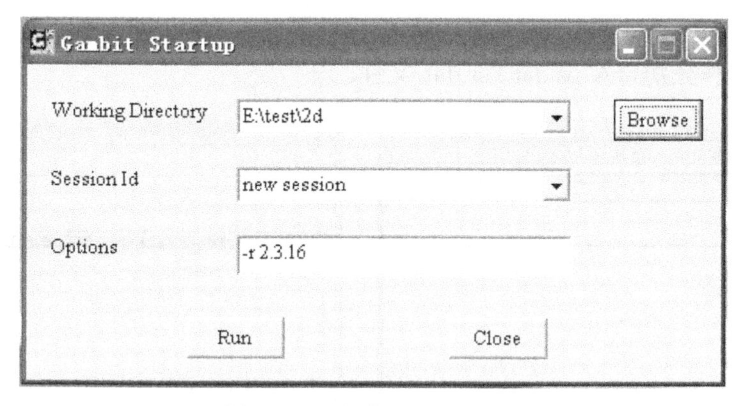

图 11.32　启动 Gambit 软件

叶型数据格式如图 11.33 所示，第一行 150 表示节点数。

ps - 记事本

文件(F)　编辑(E)　格式(O)　查看(V)　帮助(H)

```
150      1
0             0               0
0.07174287    -0.030419789    0
0.1596828     -0.029162601    0
0.2409842     0.0076506916    0
0.3139278     0.062581368     0
0.3863383     0.1257326       0
0.4594894     0.1934223       0
0.5340556     0.263997        0
0.6103921     0.3369034       0
0.6887444     0.4120038       0
0.7693184     0.4893445       0
0.8523131     0.5690542       0
0.9379333     0.6513044       0
1.026397      0.7362935       0
1.117936      0.8242405       0
1.212801      0.9153847       0
1.311263      1.009985        0
1.413611      1.10832         0
1.52016       1.21069         0
1.631248      1.317421        0
1.747236      1.428861        0
1.868525      1.54536         0
1.995585      1.667149        0
2.129128      1.794431        0
2.270029      1.927839        0
2.41822       2.067875        0
2.574229      2.21517         0
2.738642      2.370348        0
2.912095      2.534038        0
3.095274      2.706896        0
3.288909      2.889618        0
3.493795      3.082899        0
3.7109        3.287069        0
3.941712      3.502014        0
4.1889        3.729165        0
4.451391      3.969456        0
```

图 11.33　文件数据格式

依次执行如下操作：

(1) File→ Import→ ICEM Input，打开如图 11.34 所示对话框。

(2) 选中 Vertices 和 Edges，点击 Browse，出现如图 11.35 所示 Select File 对话框，选择 Files 目录下的叶型数据文件。

(3) 点击 Accept，返回图 11.34 对话框，File Name 中会显示所选中的数据文件。

(4) 点击 Accept，Gambit 主控制面上显示出叶型及其节点，如图 11.36 所示。

采用以上操作分别导入 ps.dat、ss.dat 文件。

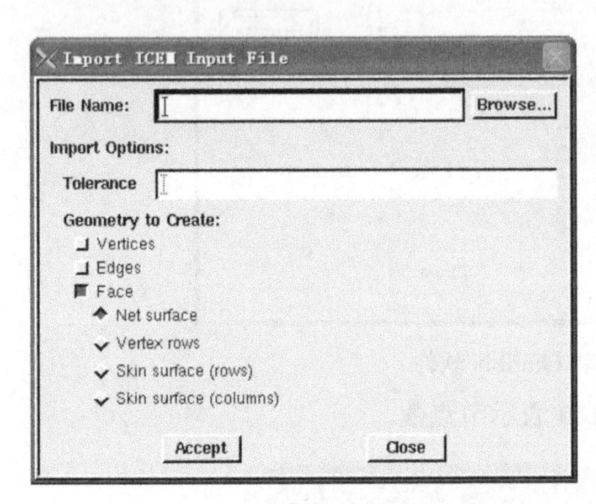

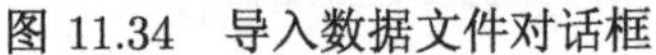
图 11.34　导入数据文件对话框

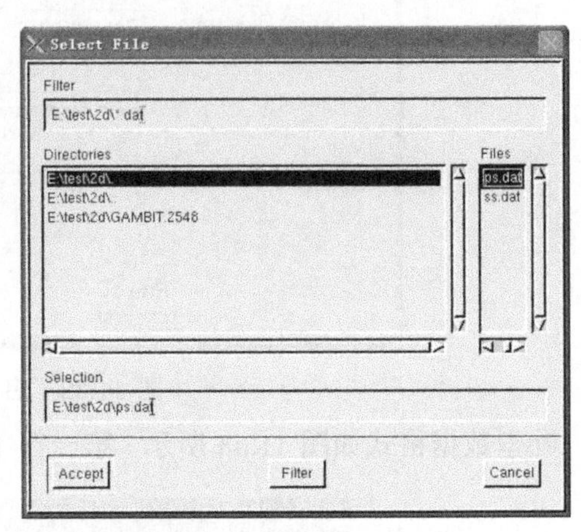

图 11.35　选择数据文件

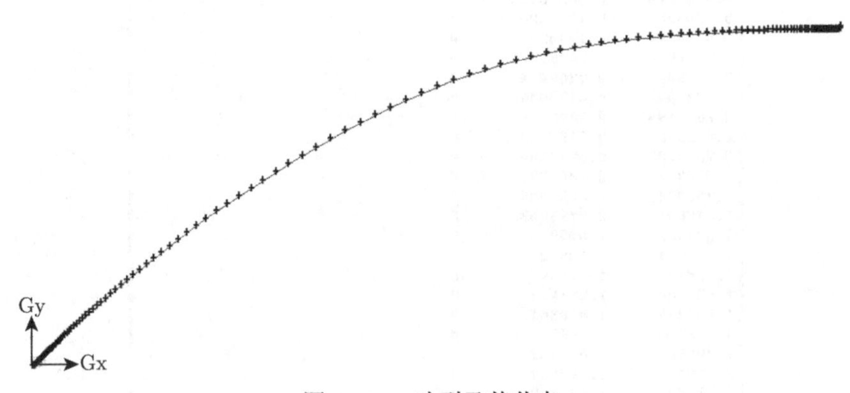

图 11.36　叶型及其节点

(5) 执行如下操作：Geometry →Vertex →Delect Vertices ，打开如图 11.37 所示对话框。

(6) 单击图 11.37 Vertices 文本框后面的向上箭头，出现如图 11.38 所示对话框。

(7) 单击 All→，将 Available 列表中所有的点转移到 Picked 列表中。

(8) 单击 Close→，单击图 11.37 中 Apply，删除叶型节点，如图 11.39 所示。

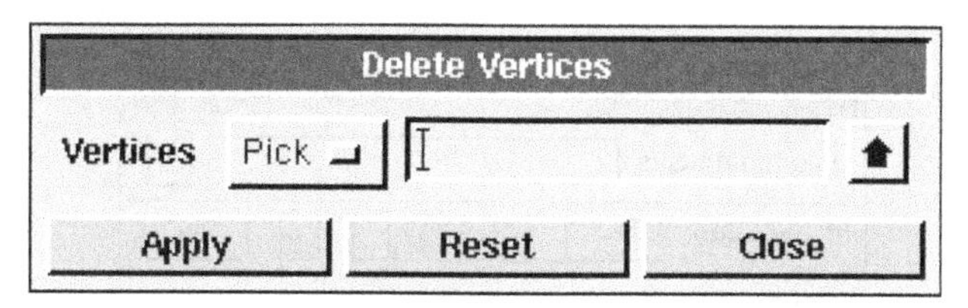

图 11.37　Delete Vertices 对话框

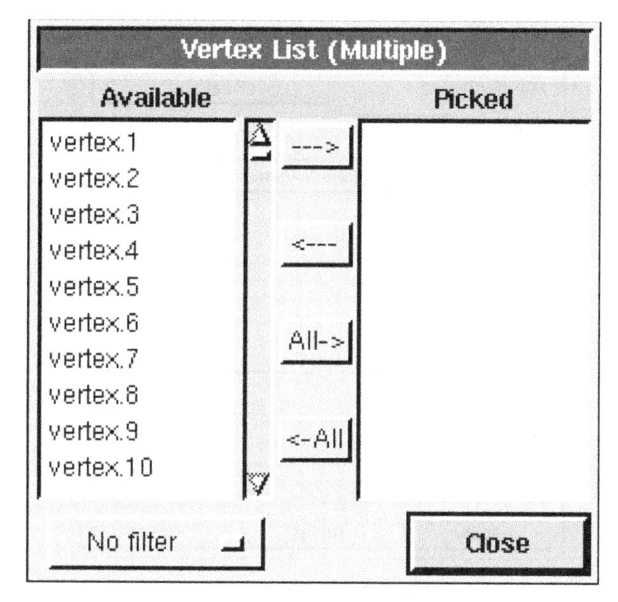

图 11.38　Vertex List 对话框

图 11.39　叶型曲线

2. 创建坐标网格图

执行操作：Tools→Coordinate System→Display Grid，打开“Display Grid”对话框 (图 11.40) 并进行如下设置：

(1) 选中 Visibility。

(2) 在 Plane 选项选中 XY；在 Axis 选项选中 X。

(3) 在 Minimum、Maximum、Increment 项输入最小值、最大值及步长，在此分别输入 −100、200、1。

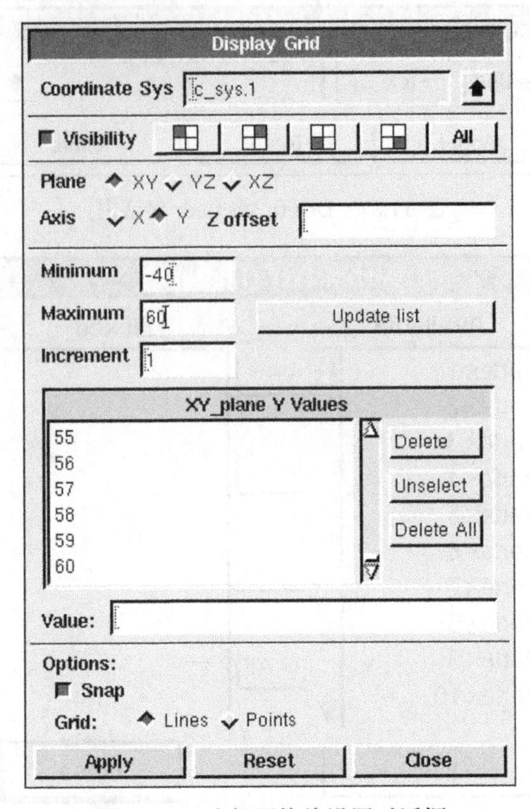

图 11.40　坐标网格线设置对话框

(4) 点击 Update list。

(5) 在 Axis 选项选中 Y。

(6) 在 Minimum、Maximum、Increment 分别输入 −40、60、1。

(7) 点击 Update list。

(8) 选中 Options 下的 Snap。

(9) 选中 Grid 一栏的 Lines。

(10) 点击 Apply。

在 Gambit 主控制面上将显示如图 11.41 所示的网格线图。

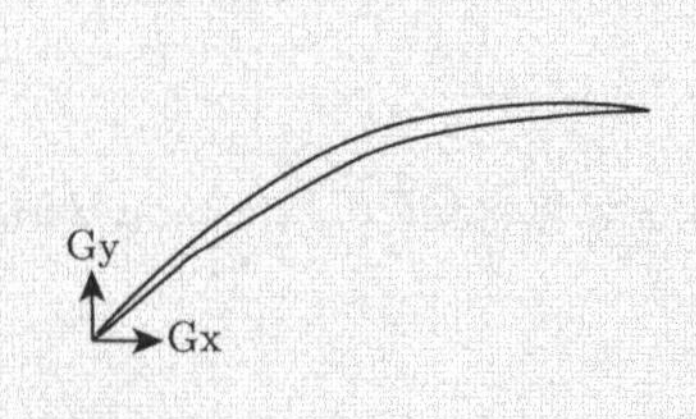

图 11.41　坐标网格线图

3. 创建周期性边界

平面叶栅流动的重要特征是每个叶片通道内流动相同，即流动呈周期性，因此只需进行一个叶片通道的流场计算，需要创建周期性边界。在此首先建立两条相距一个栅距、形状相同的周期性边界。

1) 创建周期性边界所需节点

操作如下：

Ctrl+ 鼠标右键，在坐标网格线图上点击周期性边界所需的节点。

在 Display Grid 对话框中，再次点击 Visibility 选项，并点击 Apply，坐标网格将被隐藏，可以清晰地显示所创建节点，如图 11.42 所示。

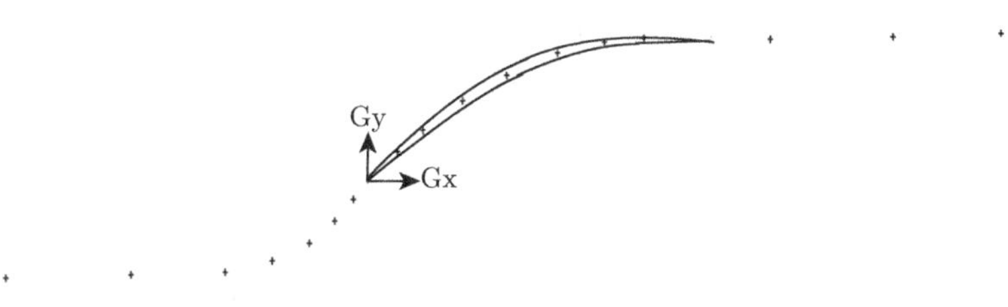

图 11.42　创造周期性边界所需节点

2) 创建曲线

操作如下：

(1) Geometry → Edge → 右击 Create Straight Edge → 选择 Create Edge from Vertices，打开图 11.43 所示对话框。

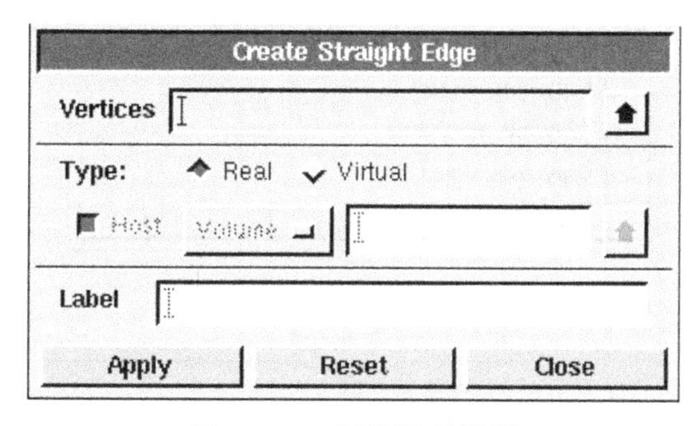

图 11.43　创建线对话框

(2) 单击 Vertices 右侧黄色区域，依次点击所创建节点。

(3) 点击 Apply 即可生成曲线，如图 11.44 所示。

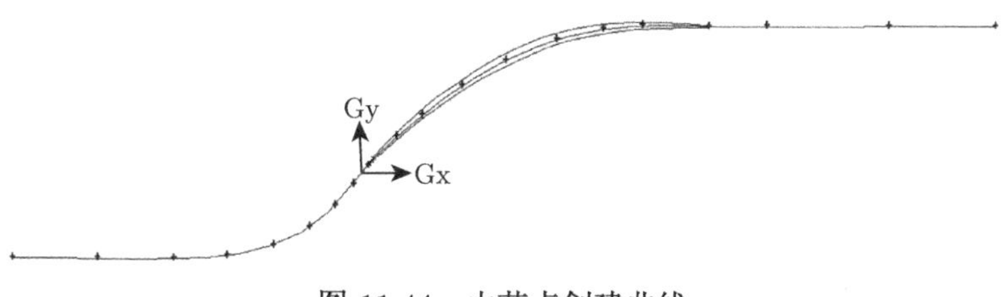

图 11.44　由节点创建曲线

3) 创建周期性边界

由上步所创建曲线，通过曲线的移动/复制创建周期性边界。操作如下：

(1) Geomotry →Edge →Move/Copy Edges ，打开图 11.45 对话框。

(2) 点击 Edges 右侧黄色区域。

(3) Shift+ 鼠标左键，选中所创建曲线。本例为 edge.3。

(4) 选中 Copy，在 Global 表中，y 项输入 25。

(5) 点击 Apply，创建上周期边界 edge.4。

同理创建下周期边界 edge.5，如图 11.46 所示。

(6) 执行 Geomotry →Edge →Delect Edge 操作，删除 edge.3。

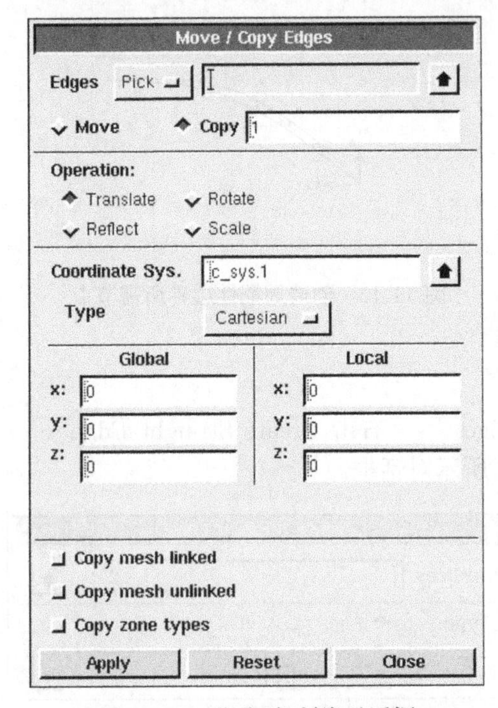

图 11.45　移动/复制线对话框

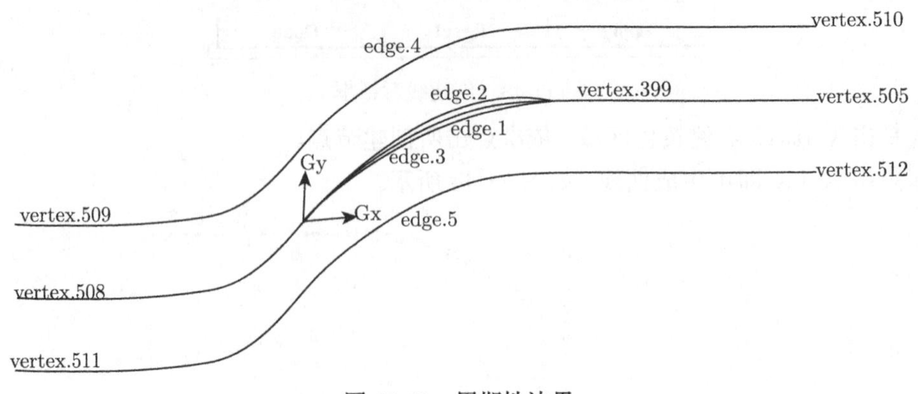

图 11.46　周期性边界

4) 创建进、出口及内部边界

✧ **进出口边界**

执行操作：Geomotry →Edge →Create Straight Edge ，以上下周期边界端点创建进出口边界。如图 11.47 中直线 edge.6、直线 edge.7。

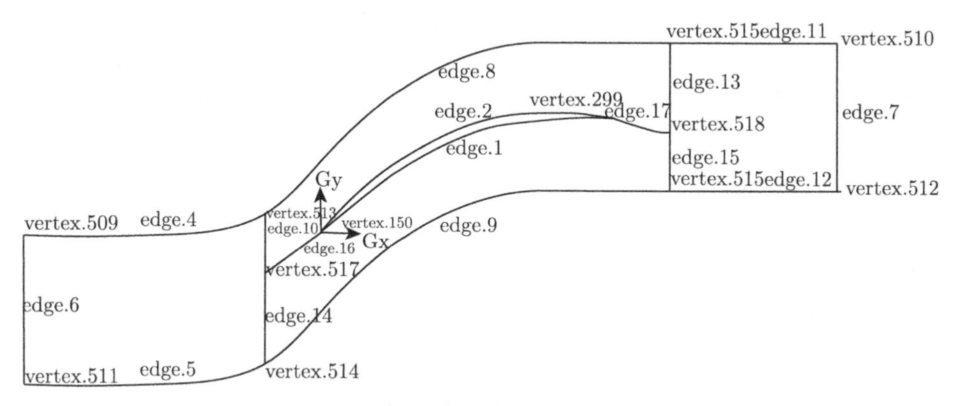

图 11.47 叶型及外部边线图

✧ **内部边界**

(1)Geomotry →Edge →Split Edge ，打开图 11.48 对话框，对曲线执行切断操作。

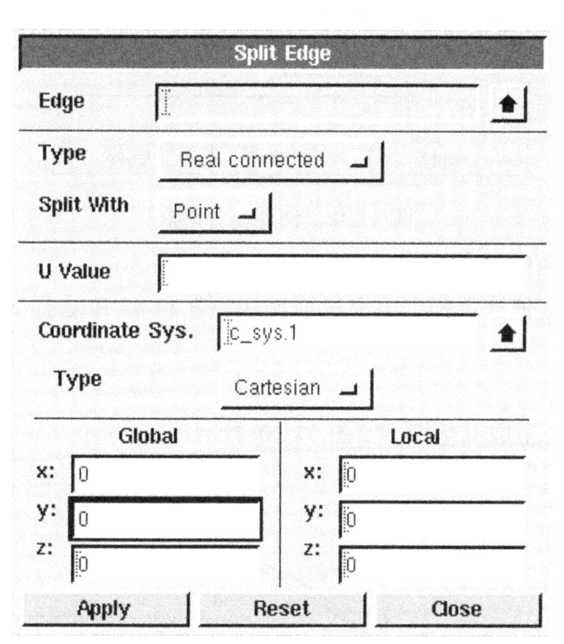

图 11.48 打断曲线对话框

(2) 点击 Edge 右侧的黄色区域；Shift+ 鼠标左键选择需打断曲线，本例为图 11.46 中上周期边界 edge.4。

(3) 单击 Apply，edge.4 被打断成两条线并创建断点，如图 11.47 中 vertex.513。

(4) 执行 Geometry →Vertex →Move/Copy Vertices，将断点复制到下周期边界 edge.5 上。

(5) 点击 Apply，断点复制完成即图 11.47 中 vertex.514。

(6) 在 Split With 下拉列表中选择 Vertex，用 vertex.514 打断下周期边界 edge.5。

(7) 连接点 vertex.513 和 vertex.514，创建内部边界线 edge.10。

(8) 重复操作，创建内部边界线 edge.13。

(9) 用任意点打断线 edge.10 和 edge.13 并创建断点 vertex.517 和 vertex.518。

(10) 连接创建直线 edge.16、edge.17，如图 11.47 所示。

至此内部边界创建完成。

5) 由边线创建面

✧ **创建面**

(1) 执行操作：Geomotry →Face →Create face，打开图 11.49 对话框。

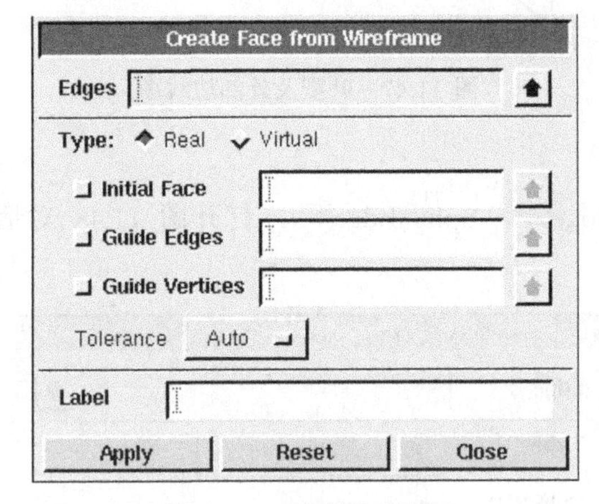

图 11.49　创建面对话框

(2) 点击 Edges 右侧的黄色区域。

(3) Shift+ 鼠标左键依次选择创建面所需曲线。图 11.47 中选择 edge.4、edge.5、edge.6、edge.10、edge.11。

(4) 点击 Apply。

(5) 重复以上操作，生成其他面，如图 11.50 所示。

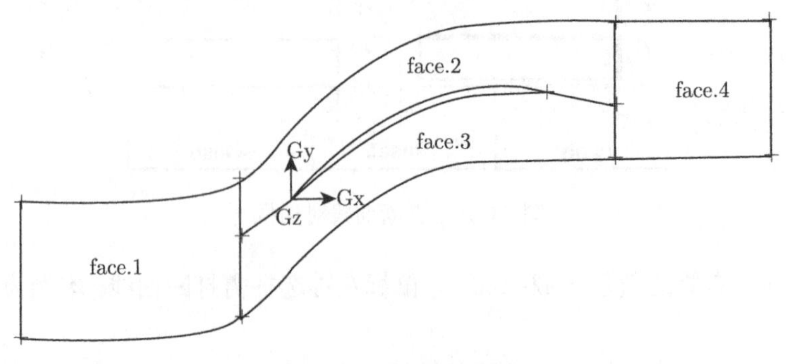

图 11.50　边线创建面

◇ **合并面**

(1) 执行操作：Geomotry →Face ，选择 Merge Faces ，打开图 11.51 对话框。

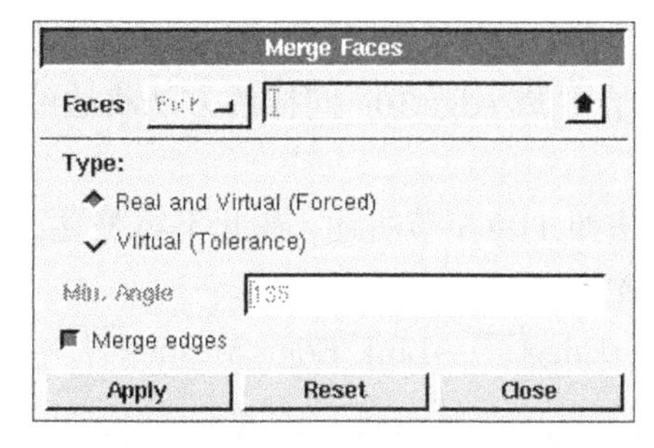

图 11.51　合并面对话框

(2) 点击 Faces 右侧黄色区域。

(3) Shift+ 鼠标左键选择需要合并的面，如图 11.50 中 face.2 和 face.3。

(4) 点击 Apply。

face.2 和 face.3 合并成了 face.2，如图 11.52 所示。

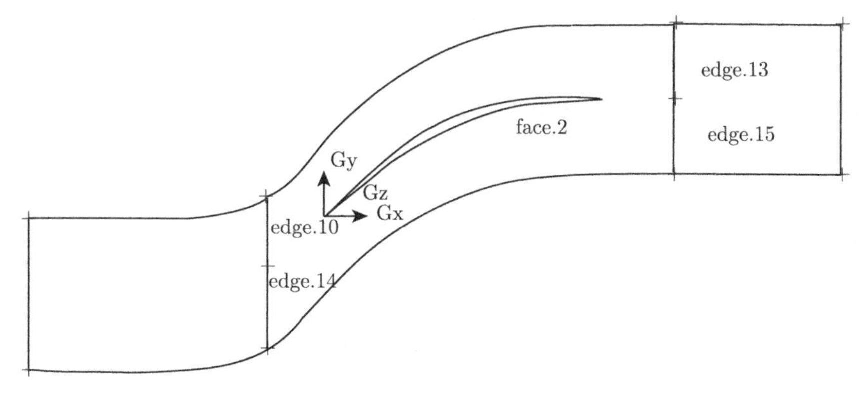

图 11.52　合并面

◇ **合并线**

(1) 执行操作：Geomotry →Edge ，选择 Merge Edges ，打开图 11.53 对话框。

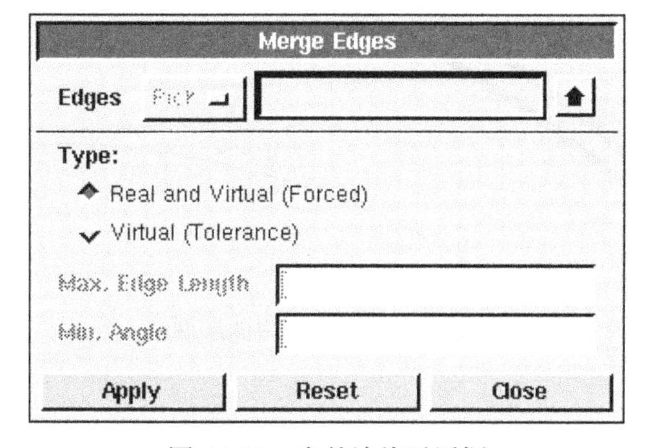

图 11.53　合并边线对话框

(2) 点击 Edges 右侧黄色区域。

(3) Shift+ 鼠标左键选择需要合并的曲线，如图 11.52 中 edge.10 和 edge.14。

(4) 点击 Apply。

边线 edge.10 和 edge.14 合并成 edge.10。同样的方法将边线 edge.13 和 edge.15 合并。

6) 设置网格点分布

边上网格点分布设置方法如 11.2.5 节所述，在此不再赘述。

✧ **关联周期性边界网格**

(1) 执行操作：Mesh →Edge →Link Edge Meshes，打开图 11.54 对话框。

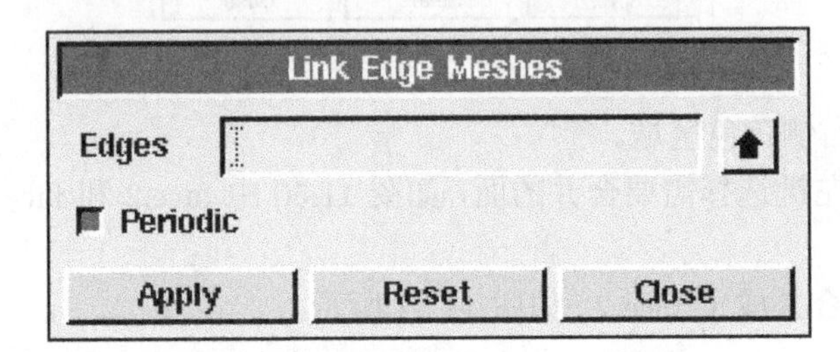

图 11.54 边线网格关联对话框

(2) 点击 Edges 右侧黄色区域。

(3) Shift+ 鼠标左键选择需要关联的边界。

(4) 点击 Apply。

本例中需要关联 edge.4 和 edge.5、edge.8 和 edge.9、edge.11 和 edge.12 的网格。

4. 创建网格

1) 创建叶型表面的附面层网格

需要在近壁面创建附面层网格，附面层网格创建方法如 11.2.5 节所述。创建的叶型表面附面层网格分布如图 11.55 所示。

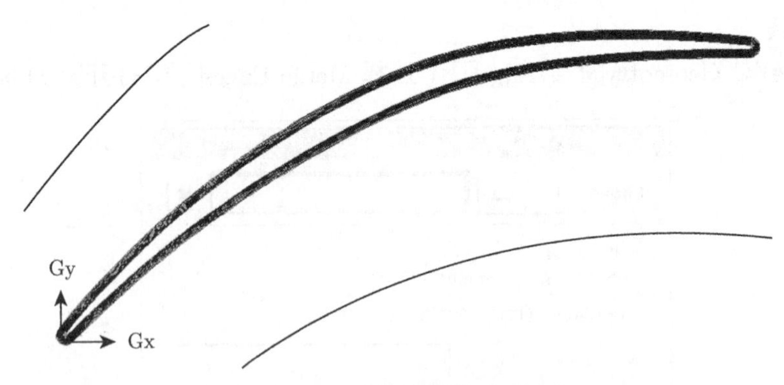

图 11.55 叶型表面附面层网格

2) 创建面网格

面网格创建方法如 11.2.5 节所述，本例中 face.1 和 face.4 创建结构面网格，face.2 创建非结构面网格，网格如图 11.56 所示。

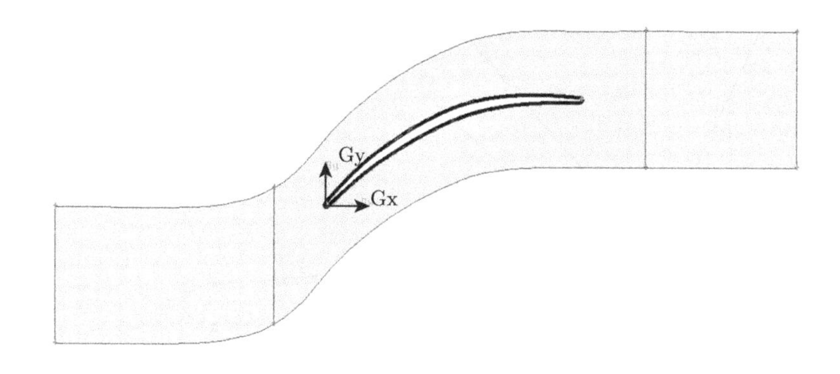

图 11.56　计算域网格

5. 设置边界类型

边界类型设置方法如 11.2.5 节所述，本例中 edge.6 为压力进口边界、edge.7 为压力出口边界、edge.1 与 edge.2 为固壁边界、edge.4、edge.5、edge.8、edge.9、edge.11 和 edge.12 为周期性边界。

6. 输出网格

操作如下：File →Export→Mesh...

11.2.7　三维叶片计算网格生成

本节对直叶片构成的三维环形叶栅进行建模及网格生成，叶型采用 11.2.6 节的叶型。该环形叶栅叶根半径 5000mm，叶高 200mm，叶片 635 个，叶根栅距 50mm，叶尖栅距 52mm。由于流动的周期性，只需进行一个通道流场计算。

1. 导入叶型数据文件

操作方法如 11.2.6 节所述。

2. 创建三维网格

1) 网格块结构

创建图 11.57 所示的网格块结构，前缘点和尾缘点处网格块划分如图 11.58 和图 11.59 所示。周期性边线、进口边线和内部边线按照平面叶栅实例的方法创建。

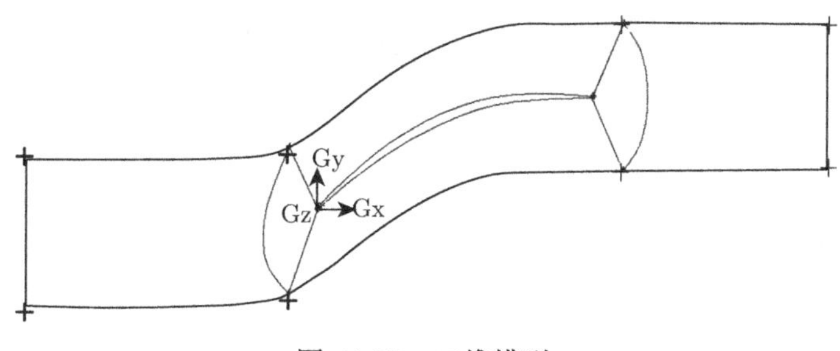

图 11.57　二维模型

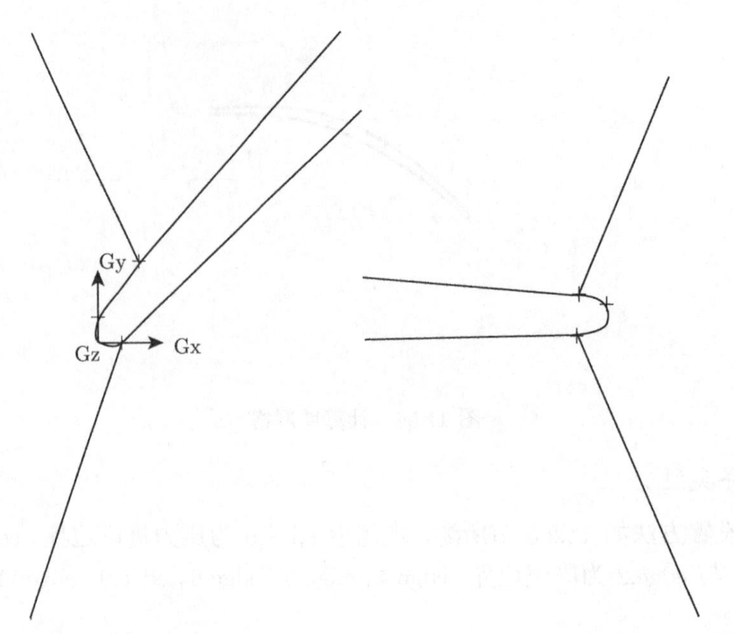

图 11.58　前缘点附近网格块划分　　　图 11.59　尾缘点附近网格块划分

2) 创建三维计算域

✧　**创建三维计算模型**

执行操作：Geometry→Edge→Create Straight Edge，将机匣与轮毂通道二维网格块各对应节点连接，创建三维计算模型，如图 11.60 所示。

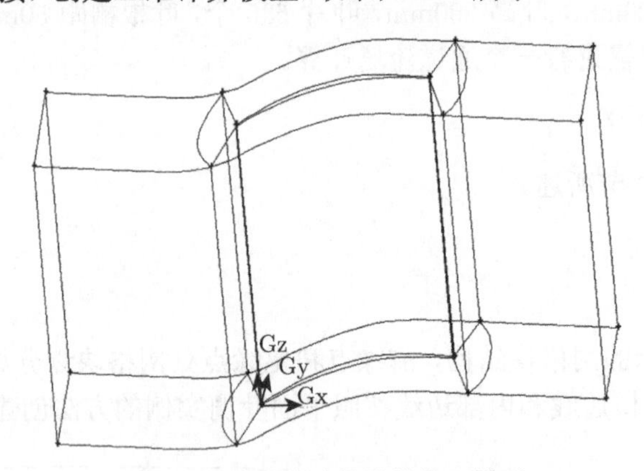

图 11.60　三维叶栅计算物理模型

✧　**由边线创建面**

执行操作：Geomotry→Face→Create face，创建所有的面。

✧　**由面创建体**

操作如下：

(1) 操作：Geomotry→Volume→Stitch Faces，打开对话框，如图 11.61 所示。

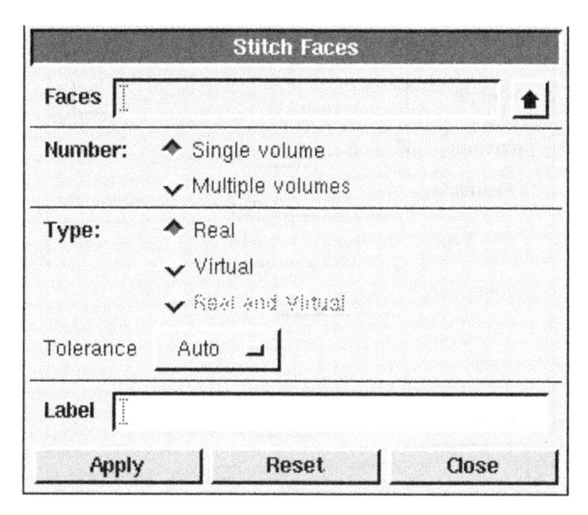

图 11.61　创建体对话框

(2) 点击 Faces 右侧黄色区域。

(3) Shift+ 鼠标左键，选中创建体的 6 个面。

(4) 点击 Apply。

3) 定义边上的点分布

依据 11.2.5 节所述方法根据需要设置各边上的网格点分布。如图 11.62 所示。

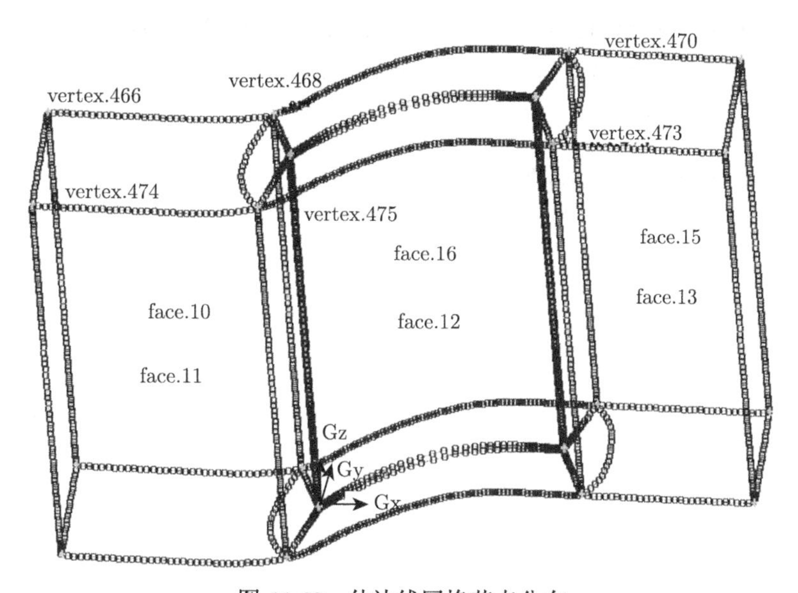

图 11.62　体边线网格节点分布

4) 关联周期性边界面网格

依据 11.2.6 节所述方法关联周期性边界面网格。图 11.62 中 face.10 与 face.11、face.16 和 face.12、face15 和 face.13 需要关联。

5) 创建体结构化网格

操作如下：

(1) Mesh →Volume →Mesh Volumes ，打开图 11.63 所示对话框。

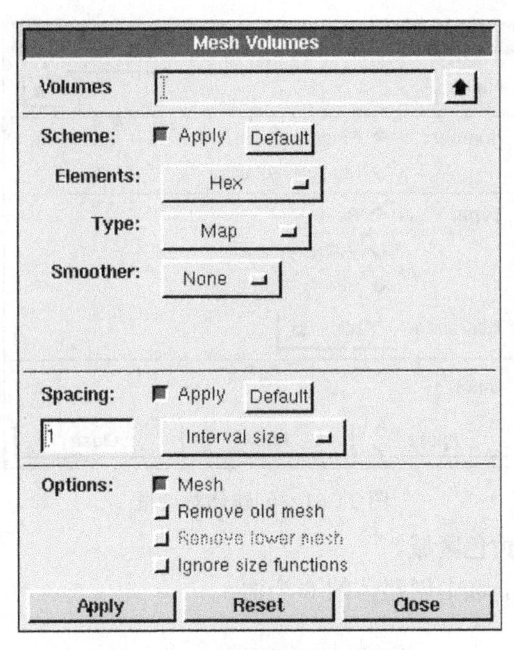

图 11.63　体网格设置对话框

(2) 点击 Volumes 右侧黄色区域，Shift+ 鼠标左键，选中所有的体。

(3) 在 Elements 项中选择 Hex，在 Type 项中选择 Map。

(4) 点击 Apply。

所创建的三维网格如图 11.64 所示。

图 11.64　三维叶栅计算网格

6) 检查网格

(1) 点击 Examine Mesh，打开图 11.65 所示对话框。

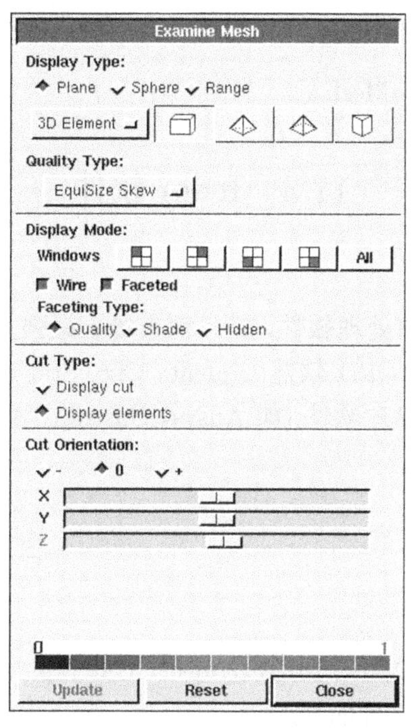

图 11.65　网格检查对话框

(2) 在 Display Type 项选择 Plane。

(3) 选择 3D Element 以及 。

(4) 在 Cut Orientation 项，用鼠标左键分别拖动 X、Y、Z 轴滑动，则会分别显示不同 X、Y、Z 值平面上的网格，如图 11.66 所示。

(5) 点击 Close 关闭。

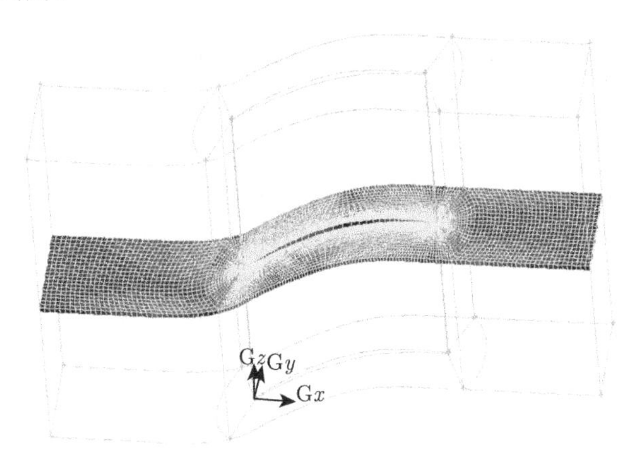

图 11.66　等 Z 平面上的网格图

3. 设置边界类型

依据 11.2.5 节所述操作方法设置边界类型。本例中 face.10、face.11、face.12、face.13、face.15 和 face.16 设置为周期性边界。

4. 输出网格文件

操作如下：File →Export→Mesh...

11.3 Icem 软件

11.3.1 软件介绍与功能

Icem 是一款功能强大的前处理软件，是目前市场上最强大的六面体结构化网格生成工具。该软件不仅可以为主流的 CFD 软件 (Fluent、Cfx、Star-cd、Star-ccm+) 提供高质量的网格，而且还可以完成多种 CAE 软件 (如 Ansys、Nastran、Abaqus、LS-dyna 等) 的前处理工作。

1. Icem 特点

Icem 软件具有如下特点：

(1) 操作界面友好。

(2) 几何接口丰富。支持 Catia、Pro/Engineer、Unigraphics、SolidWorks、Ideas 等接口；支持 Iges、Step、Dwg 等格式文件的导入。

(3) 完善的几何修改、创建功能。该功能能够快速地检测修补几何模型中存在的缝隙、孔等瑕疵；具有强大的几何建模能力。

(4) 几何文件和网格块文件分别存储。当几何模型轻微变化时，只需要略微改变映射关系就可以生成新的网格。

(5) 网格装配。可以轻松实现不同类型网格之间的装配，尤其是对于拓扑结构复杂的模型，例如复杂几何部分的非结构网格与简易几何部分的结构网格装配。可以大大减小工作量。

(6) 先进的 O 型网格技术。O 型网格及其变形 C 型网格和 L 型网格，可以显著提高曲率较大处网格的质量，对外部绕流问题尤为适用。

(7) 拓扑结构建立灵活，可以自上向下建立，类似于雕塑过程；也可以自下向上建立。

(8) 网格生成速度快，可快速生成以六面体网格为主的网格 (Hex Core)。

(9) 多种标准定义网格质量。可自动对整体网格进行光顺处理，坏单元自动重划，可视化修改网格质量。

(10) 丰富的求解器接口。求解器接口包括 Fluent、Cfx、Cfd++、Nastran、Ansys 等。

2. Icem 术语与文件类型

1) 术语

本节介绍 Icem 中的几何模型、块、网格中各元素的定义，便于后面学习。

Geometry 为几何模型，Surface、Curve、Point 分别为构成 Geometry 的面、线、点。Block 为网格的拓扑结构，Face、Edge、Vertex 分别为构成 Block 的面、线和点。

Geometry 和 Block 之间存在如下的对应关系：

Geometry↔Block

Surface↔Face

Curve↔Edge

Point↔Vertex

Body 在非结构化网格生成的过程中，用于定义封闭面构成的体，定义不同区域的网格。

网格由网格单元 (Element) 构成。

Part 是 Geometry 和 Block 的详细定义，Part 中可包含几何元素，也可包含 Block，比如可以把边界条件相同的几何面放入同一个 Part。合理定义 Part 会大大减少数值计算中边界条件定义的工作量，便于控制显示以及创建不同的区域等。

2) 文件类型

Icem 中的文件格式主要有 prj、tin、blk、uns、fbc、par、rpl、jrf 8 种。

prj 文件为工程文件，所有其他文件都与它相关联，可以通过打开 prj 文件打开所有与之相关的文件。

tin 为几何文件，包含几何模型信息、材料的定义、全局以及局部网格尺寸定义。

blk 文件为网格块文件，保存着网格块的拓扑结构。

uns 文件为网格文件。

fbc 文件保存有边界条件、局部参数等信息。

par 文件保存有模型参数等信息。

rpl 文件用于记录用户的操作信息。

jrf 文件为 Icem 的脚本文件，可以用于批处理和二次开发。

各种类型的文件分别存储不同的信息，可以单独读入或者导出 Icem，大大提高使用过程中文件的输入、输出速度。

11.3.2　软件操作界面

如图 11.67 所示，Icem 操作界面主要由菜单栏、工具栏、标签栏、数据输入窗口、主窗口、模型树、信息窗口、柱状图窗口等组成，下面将依次介绍各部分的作用。

1. 菜单栏

菜单栏主要是一些宏观操作，比如打开文件、设定工作目录、控制模型的显示角度、设定显示精度、查看几何信息和网格信息等。下面简单介绍几个常用的操作。

(1) 设定工作目录：设定工作目录是 Icem 的第一个操作，方便文件的保存和读取。操作如下：

File→Change Working Dir，选择工作目录。

(2) 导入几何模型：Icem 支持多种 CAD 软件模型文件的直接导入。以常用的三维造型设计软件 UG 为例，可以将几何文件输出为 *.igs 文件，通过如下操作导入 Icem：

File→Import Geometry→STEP/IGES

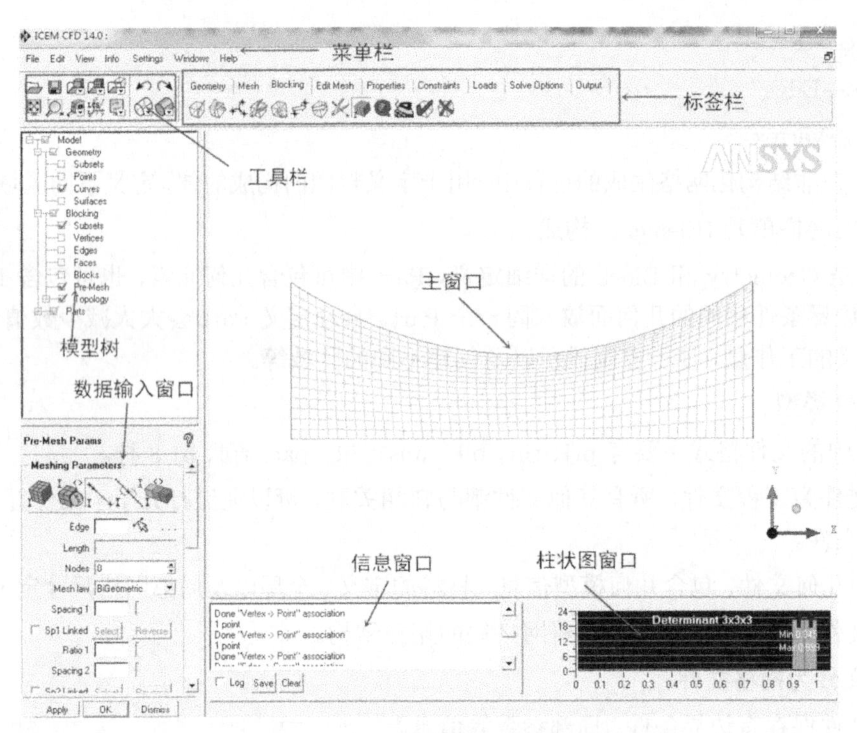

图 11.67　Icem 软件操作主界面

(3) 查看网格信息，操作如下：

Info→Mesh Info，查看网格的单元数和节点数。

Info→Mesh Report，生成网格报告，包含网格数目、质量等信息。

(4) 应用工具，操作如下：

Info→Toolbox，可以使用计算器、记事本、单位换算等小工具。如图 11.68 所示。

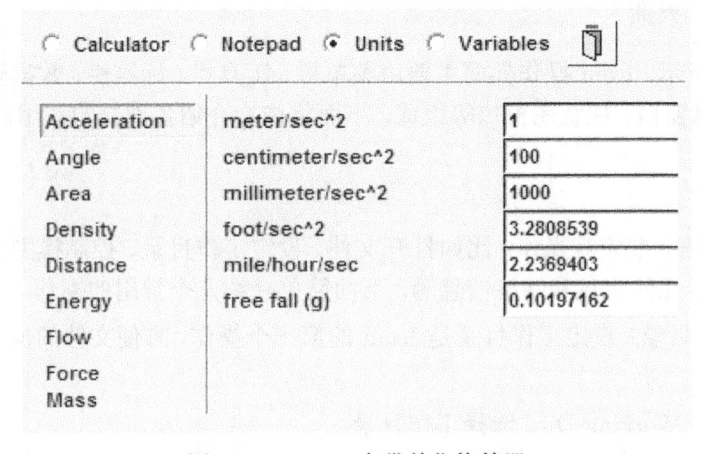

图 11.68　Icem 自带单位换算器

(5) 获取帮助：选择菜单栏中的 Help 可以获得软件自带的帮助文件。

在数据输入窗口，单击问号图标可以迅速地获取与之相关的帮助，如图 11.69 所示。

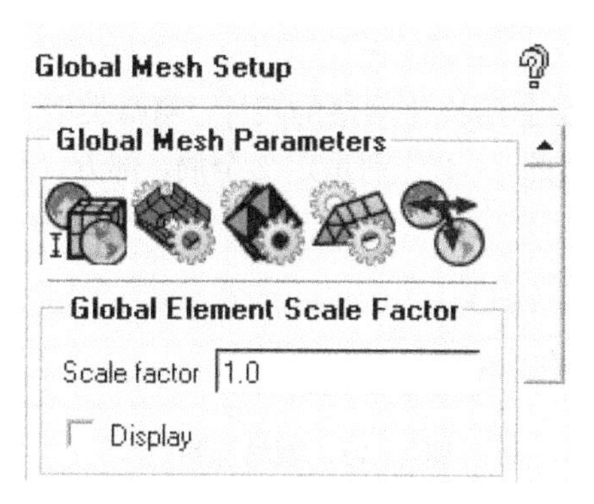

图 11.69　数据输入窗口

2. 工具栏

工具栏主要是一些常用的操作，表 11.4 列出了其具体功能。

表 11.4　工具栏常用功能

图标	功能
	打开工程文件
	保存工程文件
	打开、保存、关闭几何文件
	打开、保存、关闭网格文件
	打开、保存、关闭块文件
	测量距离、角度、坐标
	显示当地坐标系
	撤销操作
	恢复操作
	显示简单线框图
	显示实体图

3. 标签栏

标签栏内主要是一些基本的操作按钮，这里主要介绍几何标签栏 (Geometry)、网格标签栏 (Mesh)、块标签栏 (Blocking)、网格编辑标签栏 (Edit Mesh) 和输出标签栏 (Output)。

✧　**几何标签栏**

几何标签栏主要用来创建与修改几何模型，如图 11.70 所示。从左至右依次编号，常用的 1~4 分别是创建与编辑点、线、面、体。9~12 分别是删除点、线、面、体。

图 11.70　几何标签栏

◇ **网格标签栏**

网格标签栏主要用于定义非结构化网格的尺寸、网格类型和生成方法等，如图 11.71 所示。从左至右依次编号，常用的 1~4 分别是定义全局、部分、面、线网格参数，8 是生成非结构网格。

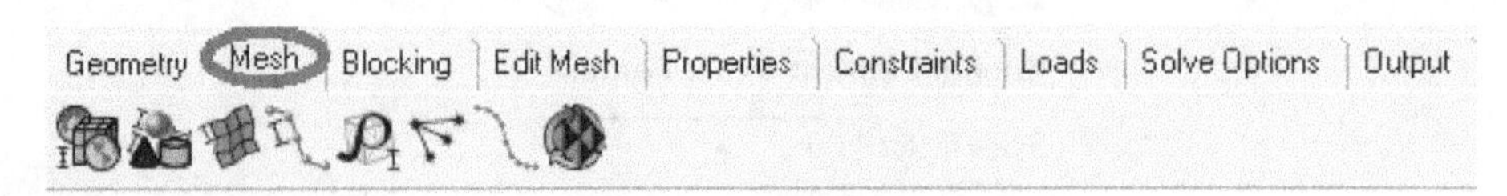

图 11.71 网格标签栏

◇ **块标签栏**

块标签栏在生成结构化网格时包含块的创建、划分修改等操作，如图 11.72 所示。从左至右依次编号，常用的 1~7 分别是创建块、分割块、合并点、编辑块、关联 Geometry 和 Block、移动点。9~10 是设定结构化网格参数以及检测网格质量。12~13 分别是选择块、删除块。

图 11.72 块标签栏

◇ **网格编辑标签栏**

网格编辑标签栏主要用于检查网格质量、修改网格、光顺网格等针对网格的操作，如图 11.73 所示。从左至右编号，常用的 3~4 分别是检查非结构化网格以及显示网格质量。

图 11.73 网格编辑标签栏

◇ **输出标签栏**

输出标签栏主要用于将网格输出到指定的求解器，如图 11.74 所示。从左至右依次编号，1 为选择求解器，2 为边界类型设定，4 为输出网格的类型、路径等设置。

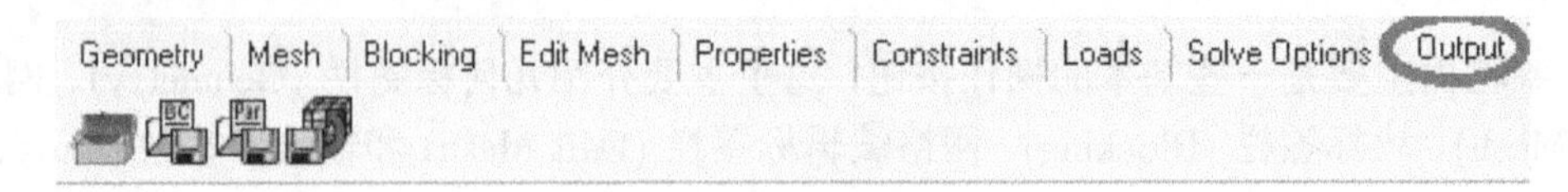

图 11.74 输出标签栏

4. 数据输入窗口

数据输入窗口主要用于网格生成过程中数据的输入以及元素的选择等操作。

5. 主窗口

主窗口主要用于显示几何模型、块、网格。

6. 模型树

模型树窗口主要控制几何、块、网格等的显示，如图 11.75 所示。模型树中主要有 Geometry、Mesh、Blocking、Local Coord Systems 和 Part 等子目录，主要控制几何模型、网格、块、局部坐标系和 Part 的显示。

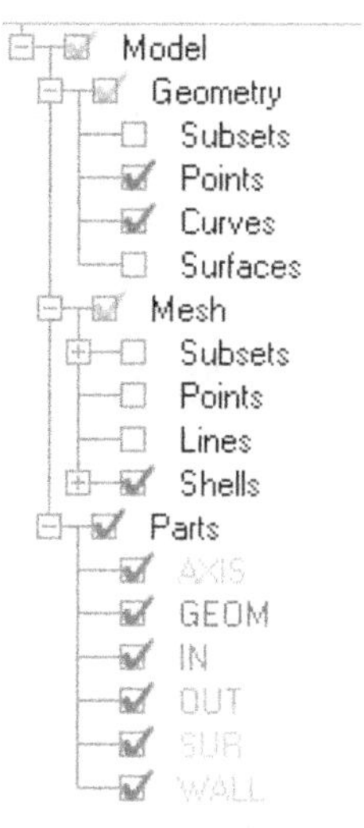

图 11.75　模型树窗口

7. 信息窗口

信息窗口用于显示操作过程中一些必要的提示、报错信息等。

8. 柱状图窗口

柱状图窗口用柱状图表示网格的质量及分布。

11.3.3　基本操作

Icem 软件操作性很强，对鼠标的依赖性较高，其基本操作如表 11.5 所示。

表 11.5　鼠标基本操作

基本操作	操作效果
单击左键	选择
单击中键	确定
单击右键	取消
按住左键并拖动	旋转
按住中键并移动	平移
按住右键并前后移动	缩放
按住右键并左右移动	在当前平面内旋转

Icem 有选择模式和视图模式。当鼠标为 “十” 字时表明处于选择模式，用于选择几何、网格等元素并进行相关操作；当鼠标为箭头时表明处于视图模式，此时可以旋转、移动、放大视图以便观察。在处理复杂问题时，经常需要在两种模式之间转换，使用快捷键 F9 可实现两种模式的快速切换。

当处于选择模式时，V 键可以选择所有可视的待选元素，A 键将选择所有的待选元素。

11.3.4　网格生成流程

图 11.76 展示了 Icem 软件生成网格的基本流程。详细流程如下：

(1) 设定工作目录，打开或创建新的工程。

(2) 导入或在 Icem 中创建几何模型，修改并简化，定义 Part 名称并添加几何型面。

(3) 非结构化网格需要定义网格尺寸，设定网格的类型、生成方法及其他参数；结构化网格，创建并划分 Block，建立映射关系，设定网格点参数，生成网格。

(4) 检查并编辑网格。

(5) 输出网格。

在输出网格操作过程中，需要选择求解器，可以设定边界类型。

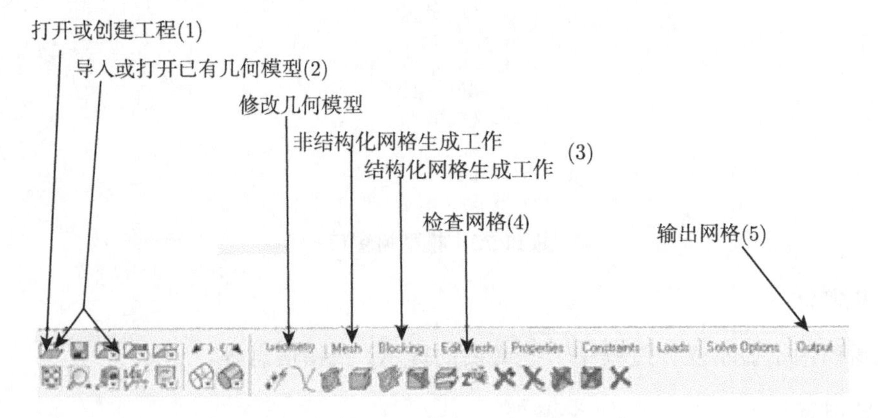

图 11.76　Icem 网格生成流程

11.3.5　非结构网格生成方法

本节以拉瓦尔喷管二维非结构网格的生成为例，讲解 Icem 非结构壳/面网格的类型和生成方法。

1. 问题描述

轴对称拉瓦尔喷管型线描述如下：

$$r = 0.15 + (x - 0.5)^2 \qquad 0 < x < 1$$

式中，r 为喷管沿轴向的截面半径。

2. 创建几何模型

此喷管构型简单，采用 Icem 的几何建模功能创建喷管模型。步骤如下所述。

1) 设定工作目录

操作如下：

File→Change Working Dir，选择合适的文件存储路径，注意路径名称需要全英文。

2) 创建 Point

(1) 执行操作 Geometry→ →XYZ，直接输入坐标创建点 P_1、P_2，如图 11.77 所示。P_1 坐标为 (0，0，0)，P_2 坐标为 (1，0，0)。

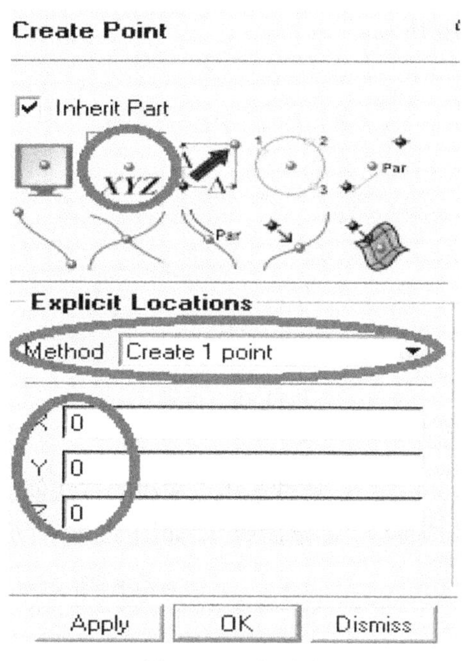

图 11.77　创建点

(2) 执行操作 Geometry→ →XYZ，在 Explicit Locations 下拉菜单中选择 Create multiple points 创建点集 3、4。按照图 11.78 所示输入数据，点击 Apply 按钮确定。

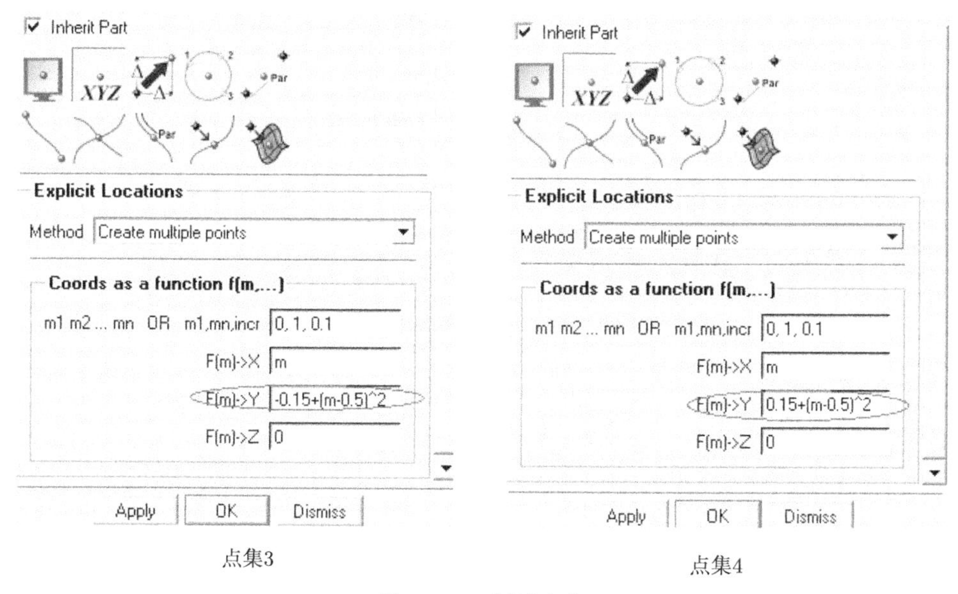

图 11.78　创建点集

图 11.78 中 Coords as a function f(m...) 各项意义如下：

m_1，$m_2 \ldots m_n$ OR m_1，m_n，incr 表示变量 m 的两种不同定义方法。第一种是依次列出 m 的值；第二种是通过定义 m 最大值、最小值以及增益值的方法定义参数 m。此例采取第二种定义方法，若是输入 0，0.1，0.2，0.3，⋯，1 则可以用第一种方法实现相同的定义。

最终创建的点如图 11.79 所示。

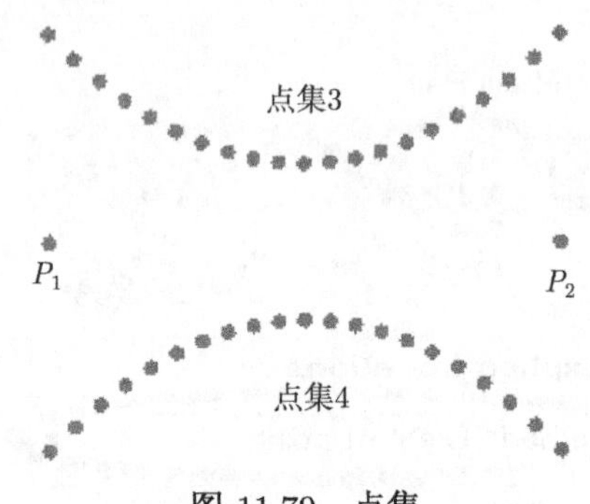

图 11.79　点集

3) 创建 Curve

执行操作：Geometry→ 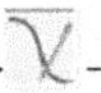 → ，通过连接点成线的方法创建 Curve，如图 11.80 所示。依次选择点集 3 中的各点连成曲线，创建曲线 2，如图 11.81 所示。

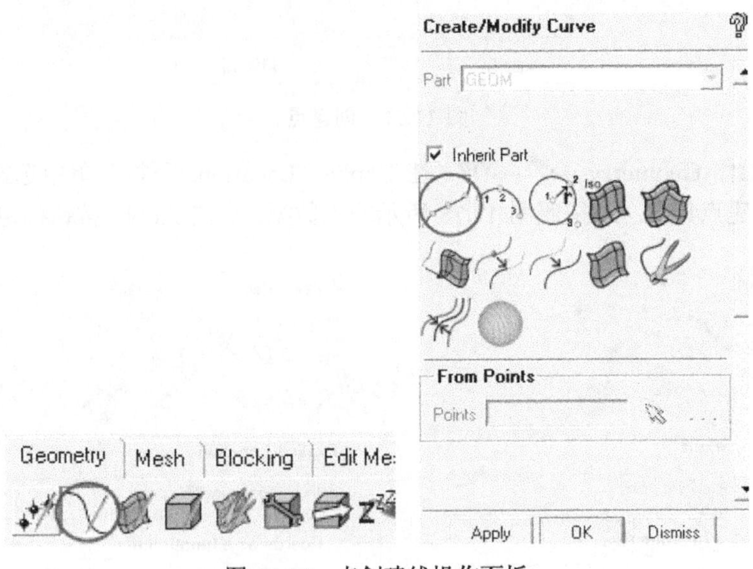

图 11.80　点创建线操作面板

图 11.81　创建的曲线

依照上述方法创建其余三条 Curve，如图 11.82 所示。

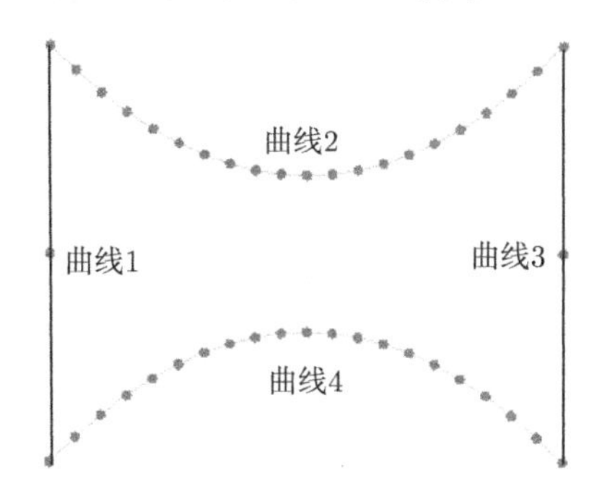

图 11.82　创建的曲线

4) 创建 Surface

二维问题中 Surface 提供了网格数据的一个指针，如果该指针不存在，求解器不能读取其他网格节点的数据。三维问题中，必须保证模型封闭，即无孔、裂缝等，否则不能成功生成网格。同时在使用多块网格生成结构化网格过程中，合理创建 Face 到 Surface 的映射可以显著减少工作量。

Icem 提供多种 Surface 生成方法。可以根据 Point 或 Curve 创建，可以拉伸、旋转 Curve 创建面，可以分割、合并 Surface 等。下面介绍根据 Curve 创建 Surface 的方法。操作如下：

(1) 执行操作：Geometry→ →，在 Method 的下拉菜单中选择 From 2-4 Curves。如图 11.83 所示。

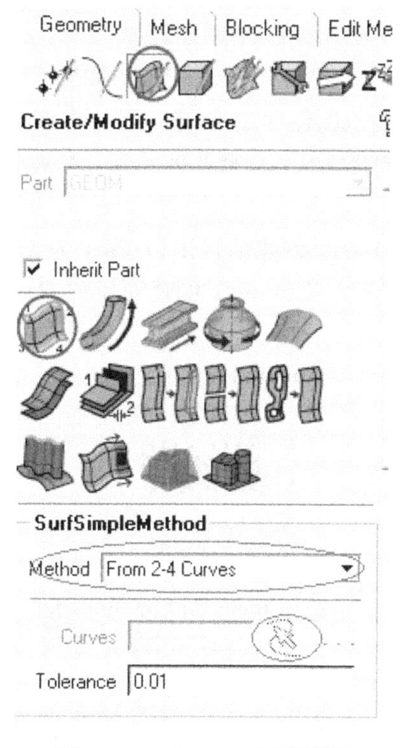

图 11.83　Surface 创建面板

(2) 点击 ，依次选择 Curve 1、2、3、4，单击中键确定。所创建面如图 11.84 所示。

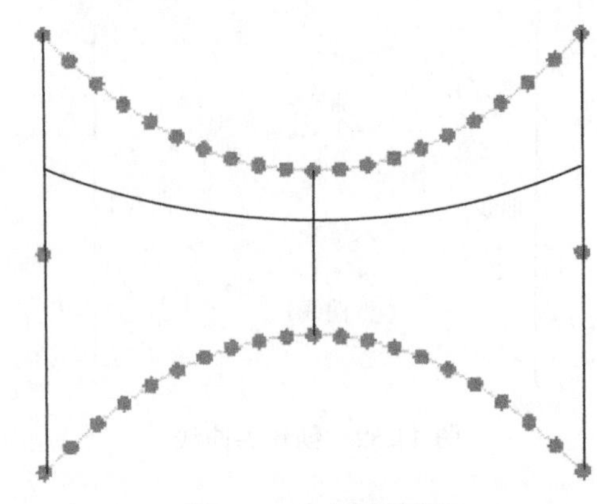

图 11.84　创建的面

5) 创建 Part

创建 Part 可以根据需要把相同边界类型的线、面、网格块添加到同一个 Part 里面，并且可以给所创建的 Part 命名，该 Part 的名称同时也是边界的名称，可以在 Icem 中直接定义边界类型。在非结构化网格生成过程中，合理定义 Part 便于定义网格尺寸。

需要注意：任一元素，如一条 Curve，只能存在于一个 Part。

对于二维问题，计算边界即为 Curve；对于三维问题，计算边界为 Surface。在该实例中，边界条件主要由三部分构成：喷管入口、喷管出口、喷管壁面。在定义 Part 时也要根据这 3 个主要的边界进行定义。

以创建喷管入口的 Part 为例讲述 Part 创建过程。Part 创建操作如下：

(1) 右键单击模型树 Model→Parts→Create Part，如图 11.85 所示。

(2) 进入 Part 创建窗口，输入所创建 Part 的名称。本例取名为 IN，如图 11.86 所示。

(3) 依次单击 ，下方的选择箭头，选择几何元素。本例选择 Curve 1，此时 Curve 1 的颜色将会改变。

采用上述方法创建其余的 Part。创建喷管出口 Part 为 OUT，选择 Curve 3。创建喷管壁面 Part 为 WALL，选择 Curve 2、Curve 4。创建完毕的 Part 如图 11.87 所示。

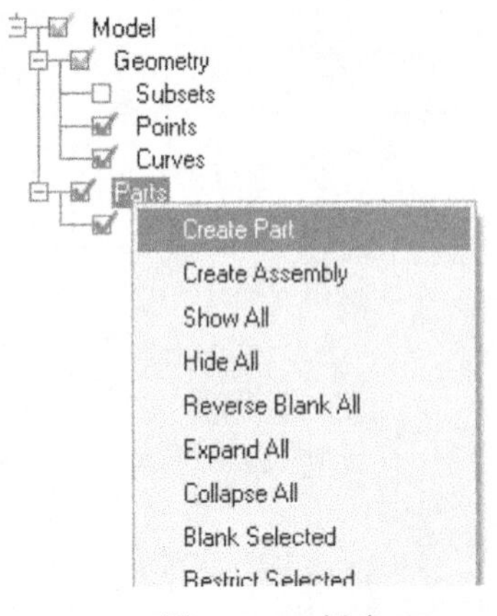

图 11.85　创建 Part

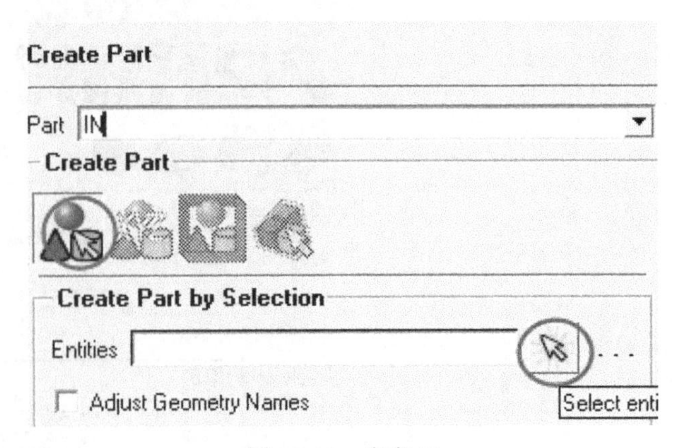

图 11.86　定义 Part

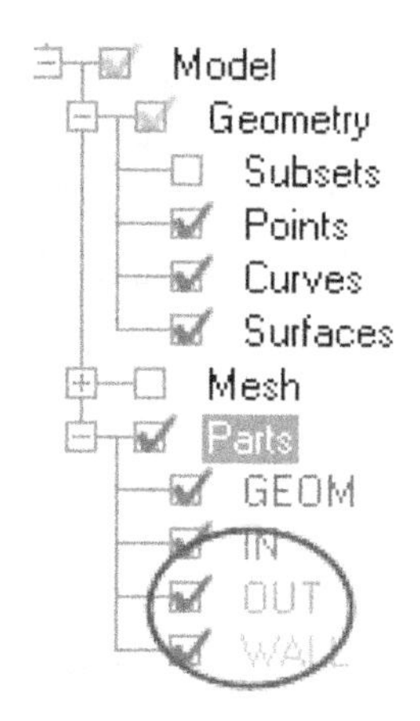

图 11.87　创建完成的 Part

6) 保存几何模型

执行如下操作: File→Geometry→Save Geometry As, 保存当前的几何模型为 Nozzle.tin。

3. 设置网格参数

1) 设置全局网格参数

主要是设置网格的全局尺寸、边界层网格的大小。如图 11.88(a) 所示，在 Mesh 标签栏中，点击进入定义全局网格操作。

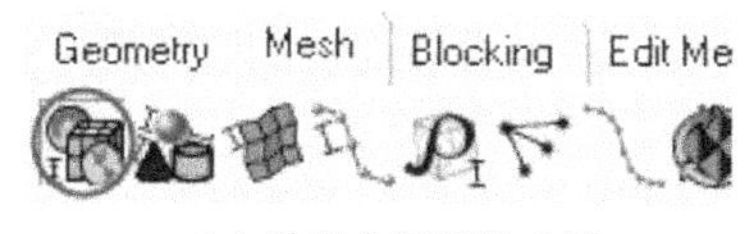

(a) 设置全局网格功能

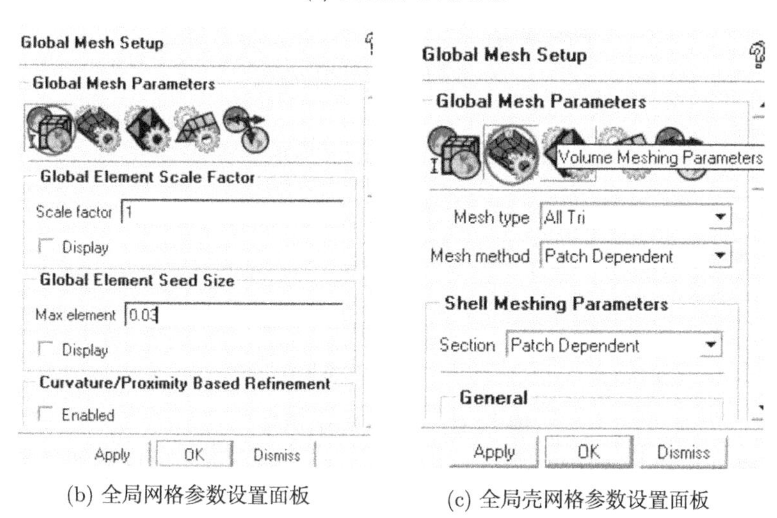

(b) 全局网格参数设置面板　　(c) 全局壳网格参数设置面板

图 11.88　全局网格参数设置面板

(1) 设置全局网格尺寸。单击，设置 Scale factor 为 1，Max element 值为 0.03，其他项保持默认，单击 Apply 按钮。

(2) 定义全局壳网格参数，单击，定义网格类型为 All Tri，定义网格生成方法为 Patch Dependent，其他项保持默认，单击 Apply 按钮。设置面板如图 11.88(c) 所示。

说明：Scale factor 是一个控制全局网格尺寸的系数，其必须为正值。Max element 值与 Scale factor 值相乘所得的结果即为全局允许存在的最大网格尺寸。

壳/面网格共有四种网格类型与四种网格生成方法，如图 11.89 所示。

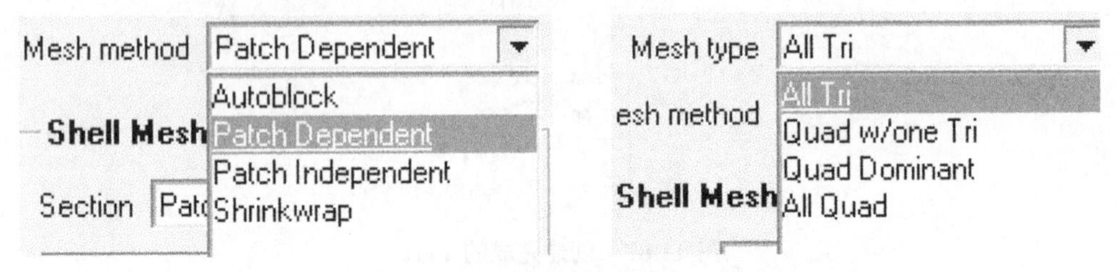

图 11.89　网格类型与网格生成方法

对于壳/面网格，只有 Patch Dependent 方法才能生成边界层网格，此处选取该方法。

2) 设置 Part 的网格尺寸

不同的 Part 设置不同的网格尺寸。对计算结果影响较大或者流动参数分布不均匀变化较大的区域采用较密的网格，即尺寸较小的网格。对计算结果影响较小或流动参数分布比较均匀的区域采用比较稀疏的网格，即尺寸较大的网格。这样可以减小网格数量，提高计算效率。

操作如下：

(1) 在 Mesh 标签栏中点击，进入设置 Part 网格尺寸操作面板。如图 11.90(a) 所示。

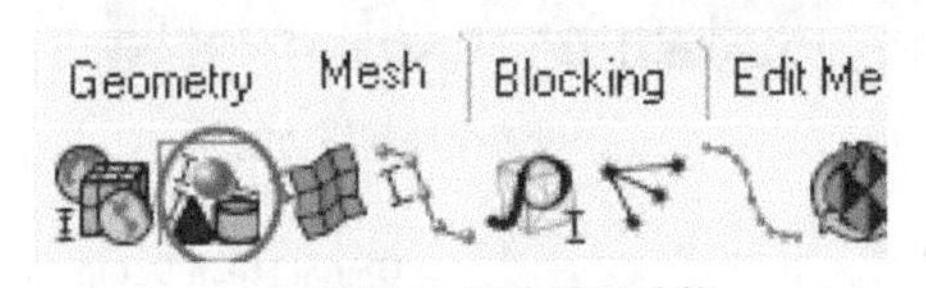

(a) 选定Part网格设置功能

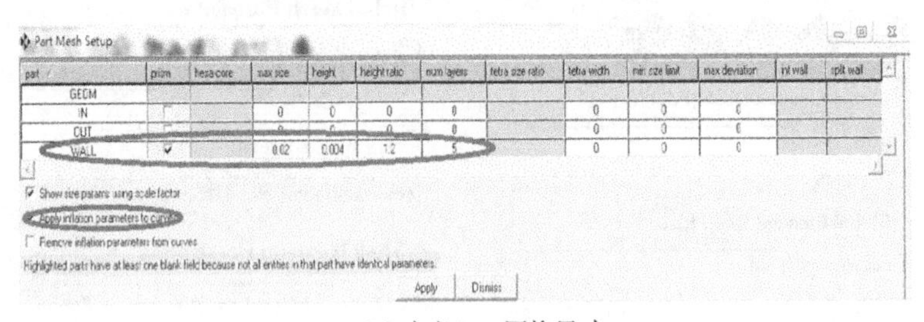

(b) 定义Part网格尺寸

图 11.90　设置 Part 网格

由于 Icem 默认生成三维边界层网格，因此在设置二维边界层网格参数时需要选中 Apply infiation parameters to curves 复选框。如图 11.90(b) 所示。

(2) 定义 WALL 的网格参数；选中 Prism，设置 maxsize、height 、height ratio、mun 参数，此处本例分别给定 0.02、0.004、1.2、5。如图 11.90(b) 所示。

(3) 单击 Apply。

4. 生成网格

操作如下:

(1) 在 Mesh 标签栏中单击，如图 11.91(a) 所示。

(2) 在数据输入窗口单击，参数选取默认设置，如图 11.91(b) 所示。

(3) 点击 Compute 生成网格，如图 11.91(c) 所示。

(a) 选择网格生成面板

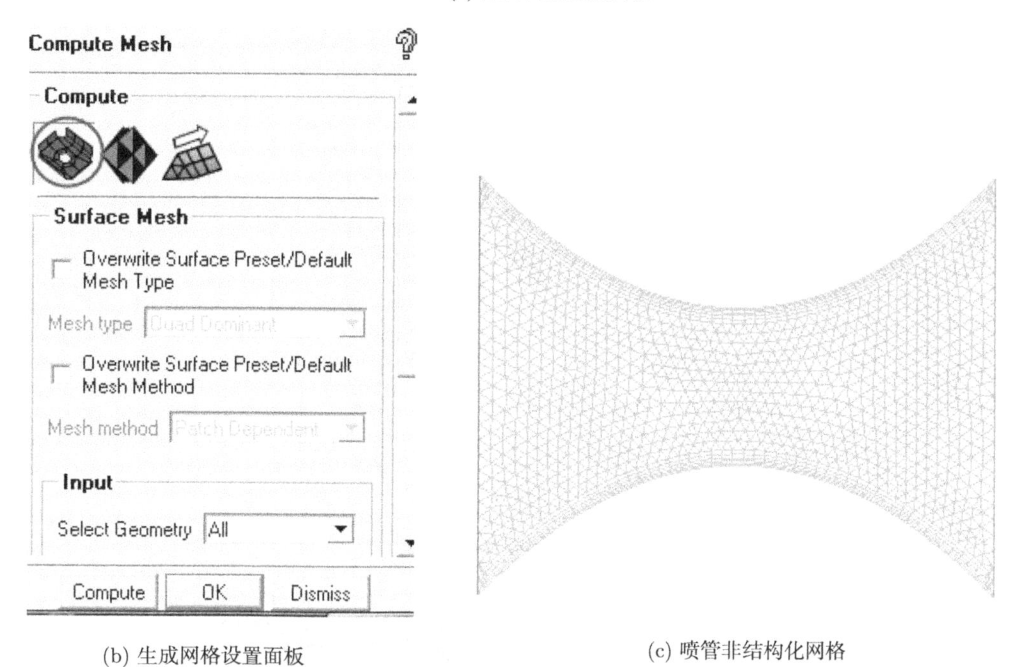

(b) 生成网格设置面板　　(c) 喷管非结构化网格

图 11.91　创建网格

5. 检查网格质量

操作如下:

(1) 点击 Edit Mesh 标签栏中，打开网格检查面板。如图 11.92(a) 所示。

(2) 在 Mesh types to check 栏中选择 TRI_3 和 QUAD_4，检查三角形和四边形网格单元；在 Elements to check 中选择 All，检查所有的网格单元，在 Criterion 下拉菜单中选择 Quality 作为质量好坏的评判标准。如图 11.92(b) 所示。

(3) 单击 Apply 确定。

网格质量如图 11.92(c) 所示。

说明: 在网格质量柱状图中，横轴表示网格质量，纵轴为相应的网格质量区间对应的网格单元数。Icem 中正常网格质量在 0~1，值越大表明网格质量越好，值越小表明网格质量越差，不允许有质量为负值的网格存在。

(a) 选择网格检查面板

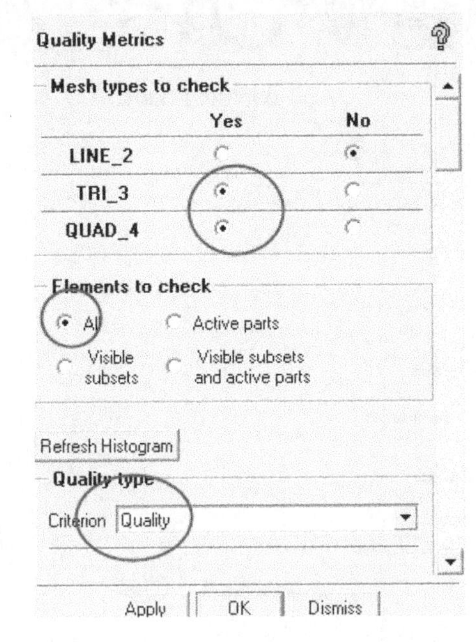

(b) 网格检查设置面板

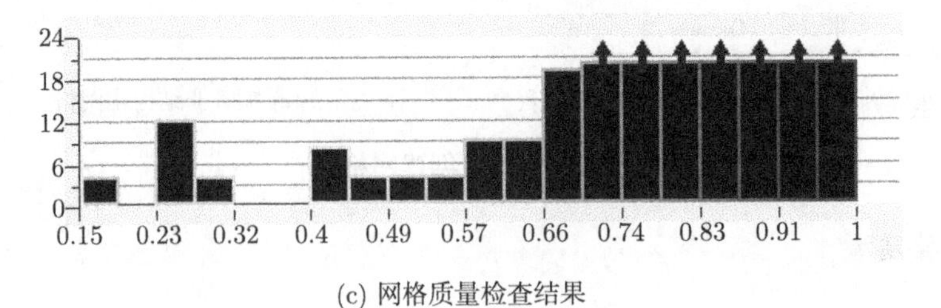

(c) 网格质量检查结果

图 11.92　网格质量检查

6. 导出网格

操作如下：

(1) File→Mesh→Save Mesh As，保存当前的网格为 Nozzle.uns。

(2) 在 Output 标签栏中点击，选择求解器。

本例选择 Fluent 作为计算软件，因此在弹出的对话框的 Output Solver 下拉菜单中选择

Fluent#V6。

(3) 单击 Apply 确定，如图 11.93(a) 所示。

(4) 在 Output 标签栏中点击，打开导出网格设置面板。

该处保存 fbc 和 atr 文件为默认名，在弹出的对话框中选择 No 按钮，不保存当前的项目文件，随后在弹出的窗口中选择几何文件 Nozzle.uns。在 Grid dimension 栏中选中 2D，即输出二维网格。选择合适的文件保存路径，将文件名改为 Nozzle。

(5) 点击 Done 导出网格，如图 11.93(b) 所示。

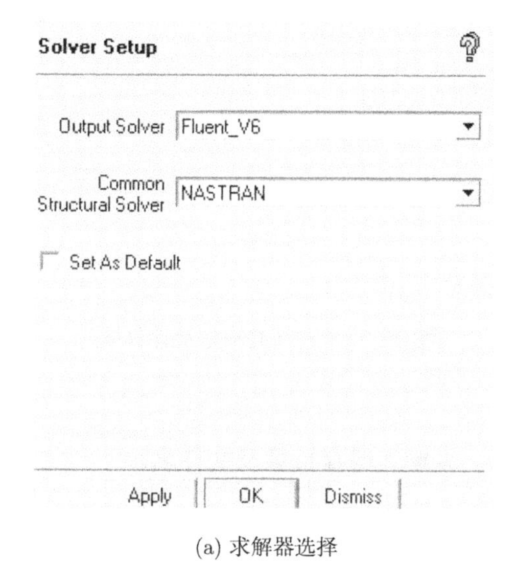

(a) 求解器选择

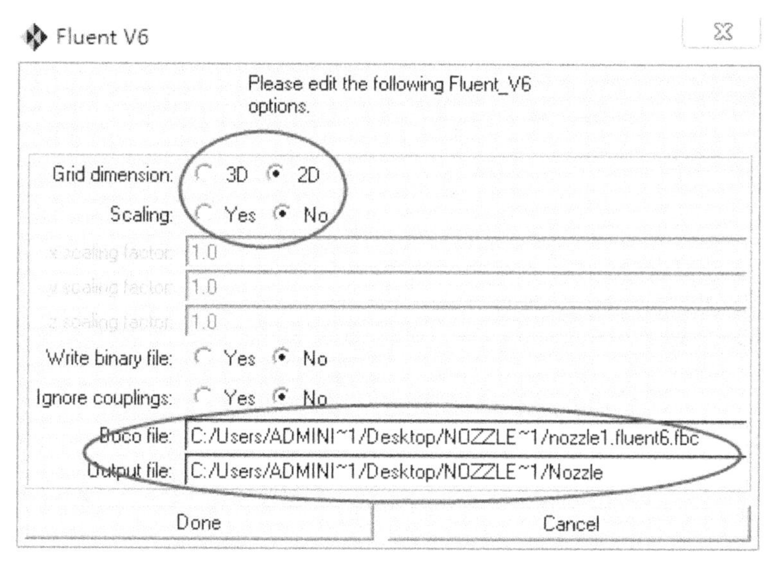

(b) 导出网格设置面板

图 11.93　导出网格

11.3.6 二维结构网格生成方法

本节以二维高超声速进气道计算域网格生成为例，讲述二维结构网格的生成方法。

1. 问题描述

图 11.94 给出了进气道的几何构型及其流场计算域，该进气道为高超声速混压式进气道。进气道及计算域采用 UG 软件生成，导出 *.igs 或 *.step 格式。

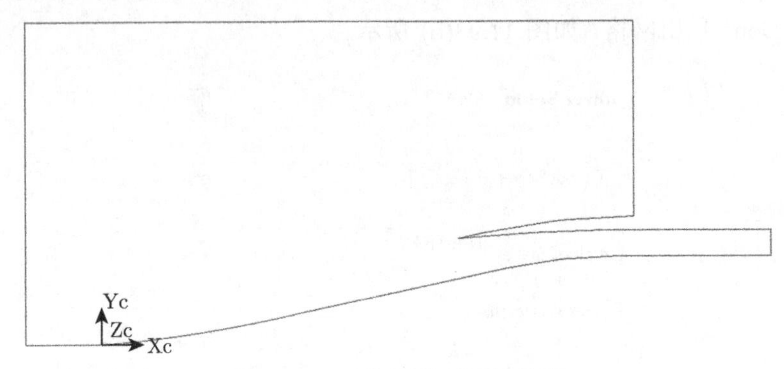

图 11.94 进气道构型及计算域

2. 建立网格文件

首先新建一个网格文件，设置其保存目录及文件名。

操作如下：

File→New Project...

如图 11.95 所示。

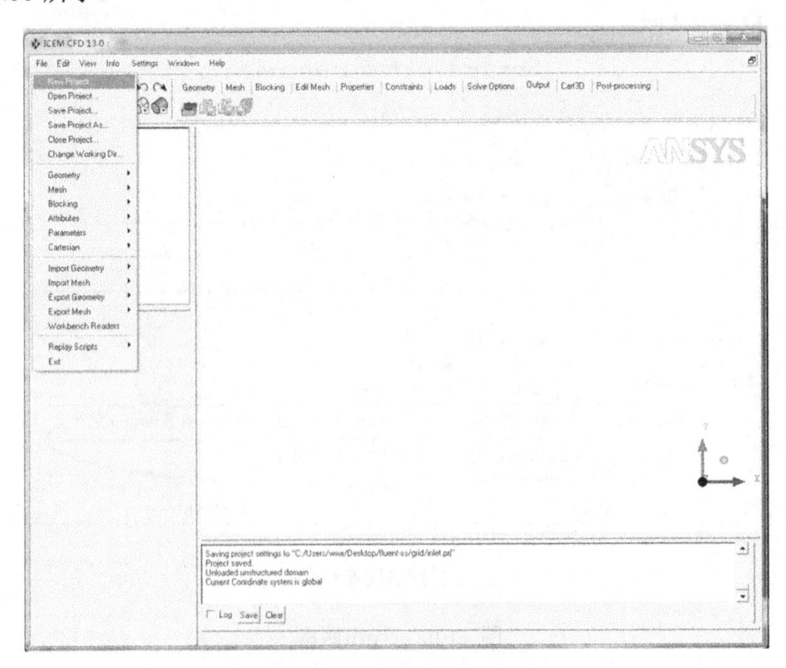

图 11.95 新建网格文件

3. 导入几何文件

导入由几何造型软件生成的几何文件。

操作如下：

File→Import Geometry→STEP/IGS...

读入相应的几何文件，如图 11.96 所示。

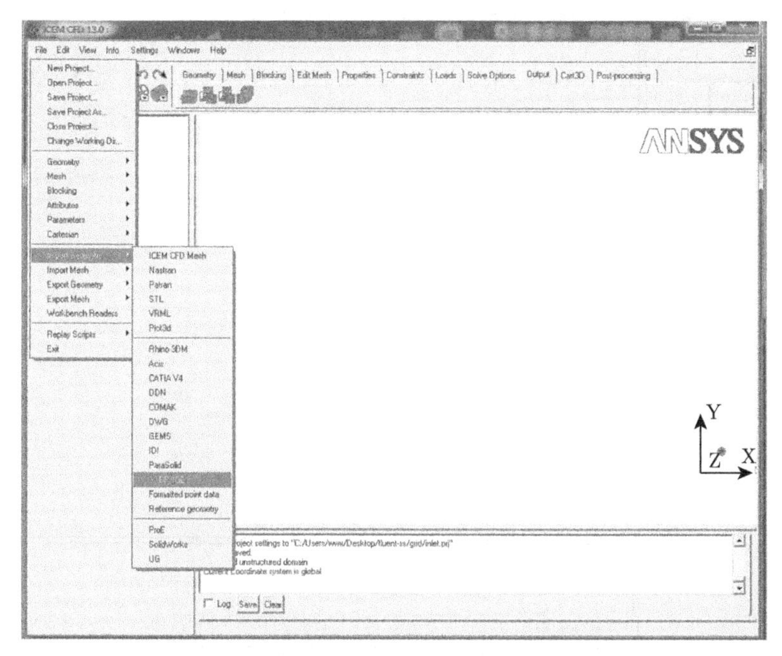

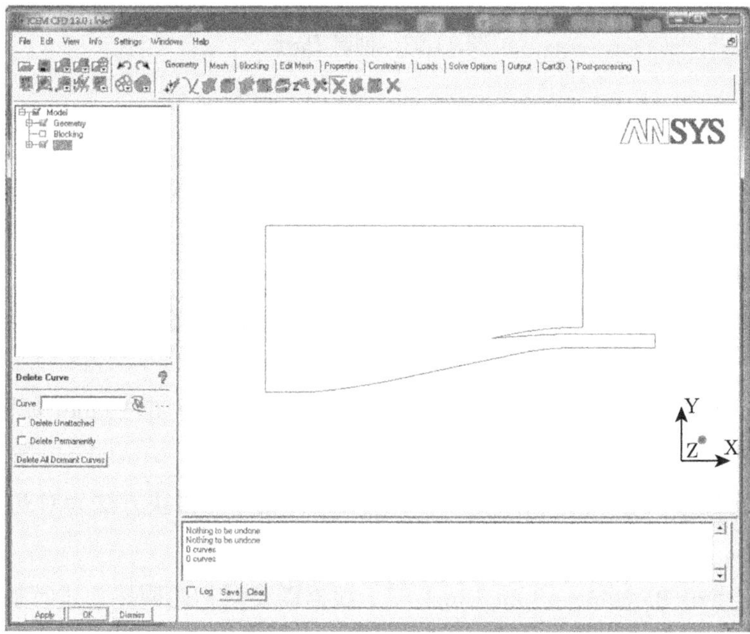

图 11.96　导入几何文件

4. 创建 Part

将导入的几何文件的线 (二维)、面 (三维)、网格块根据需要放入不同的 Part 文件里面。创建方法参阅 11.3.5 节第二部分内容。图 11.97 给出了所创建的 Part。

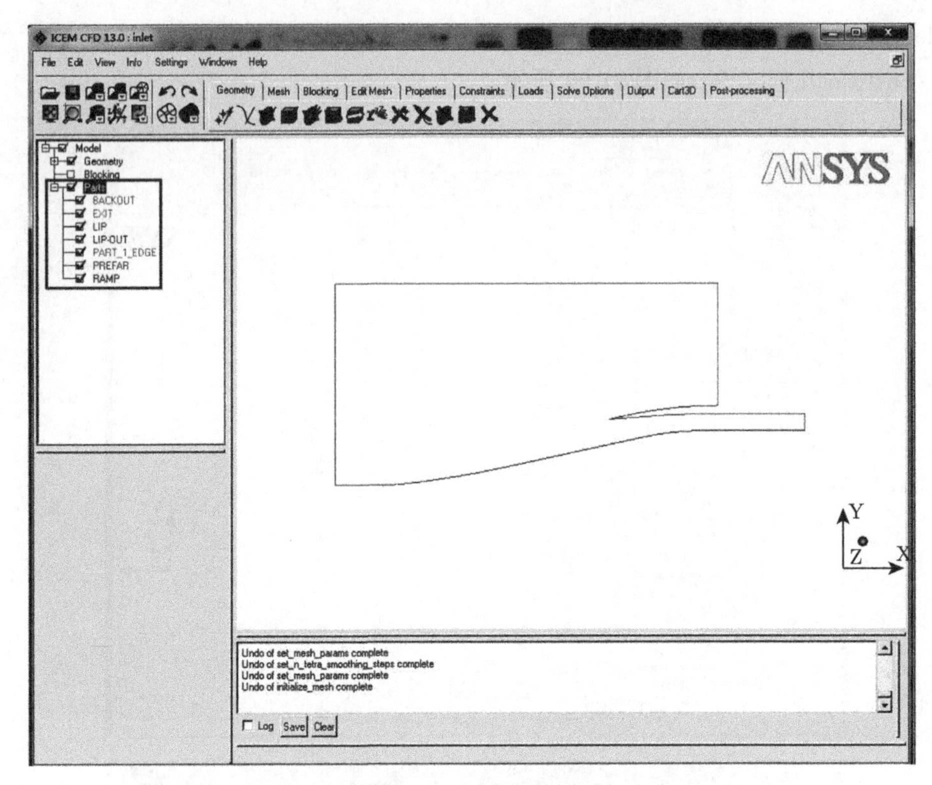

图 11.97 创建 Part

5. 创建网格

本节采用 Icem 创建结构化网格，采取从整体到局部、由大到小的网格划分方法。步骤如下。

1) 建立初始网格块

根据计算域大小建立一个包含整个计算域的初始网格块，该网格块二维为矩形，三维为长方体。

执行操作：点击 Blocking→Creat Block。初始网格类型选择 2D Plane，如图 11.98 所示。

2) 划分网格块

根据计算域边界、几何构型等划分网格块。Icem 划分网格块方法为对初始网格块进行块状分割。

执行操作：点击 Blocking→Split Block 。根据需要对初始网格块进行初步划分，如图 11.99 所示。

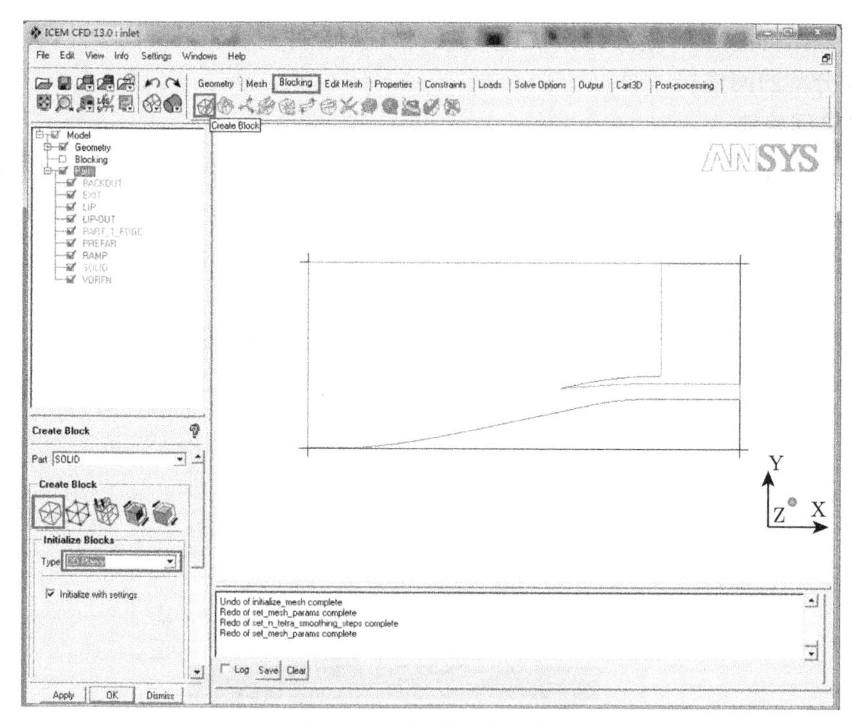

图 11.98　创建初始网格块

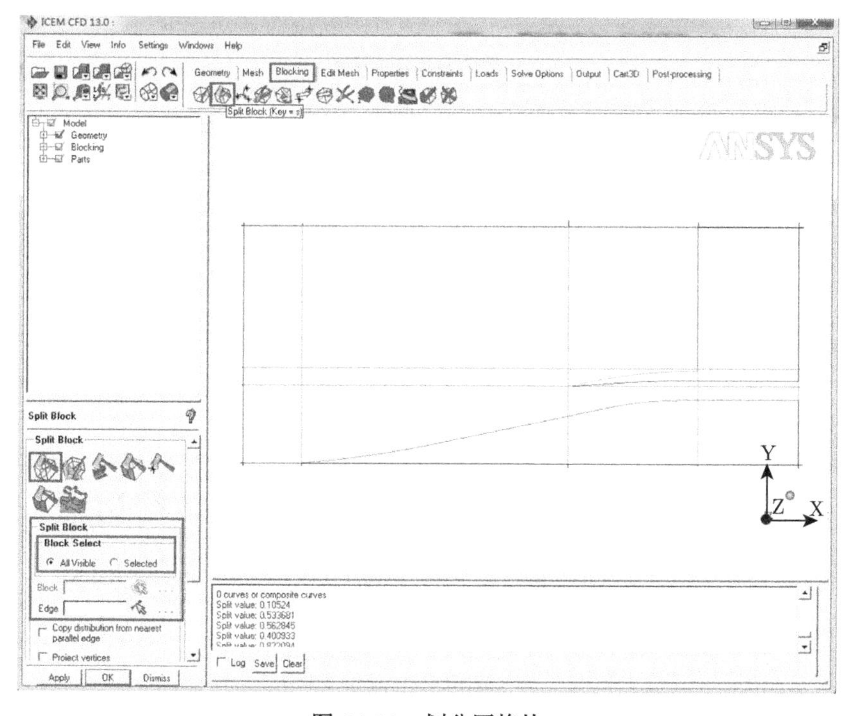

图 11.99　划分网格块

3) 删除/合并网格块

从图 11.99 可知初步划分的网格块并不能与几何构型及计算域完全对应，此时需要对网格块进行删除/合并操作。删除计算域之外的网格块，合并需要映射到同一几何点的网格点或者不需要分割的网格块。

✧　删除网格块

执行操作：点击 Blocking→Delete Block，左键依次点击需要删除的网格块，中键确定。本例需要删除编号 22、27、28 的网格块，如图 11.100(a) 所示，删除后如图 11.100(b) 所示。

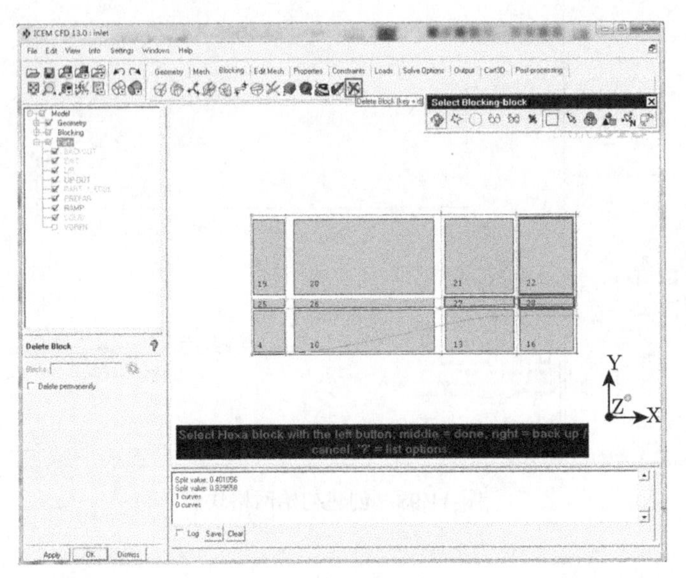

(a) 选择待删除网格块

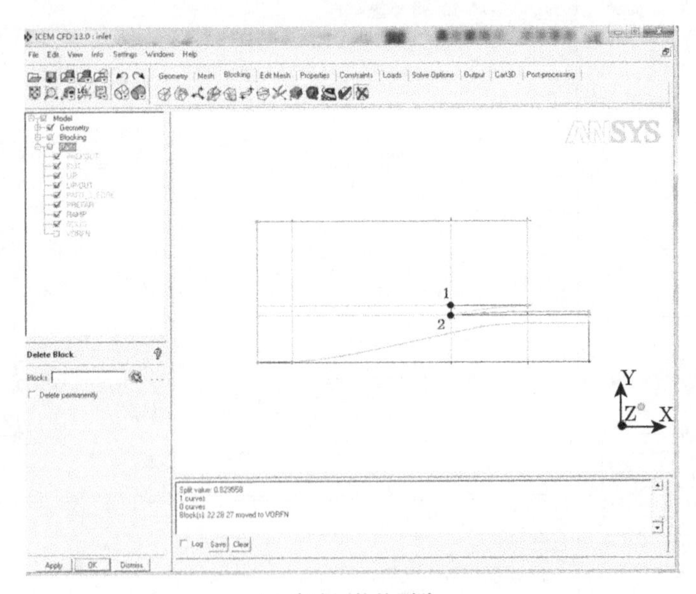

(b) 完成网格块删除

图 11.100　删除网格块

✧　合并点

本例进气道唇罩前缘为尖点，网格块删除之后，图 11.100(b) 中的网格点 “1”“2” 需要同时与该唇罩前缘尖点建立映射关系，这是不允许的。需要把点 “1”“2” 逻辑上合并成一个点，此时需要进行点合并操作。

执行操作：点击 Blocking→Merge Vertex。打开点合并窗口，Icem 提供多种点合并方式，默认选项即可，如图 11.101(a) 所示。

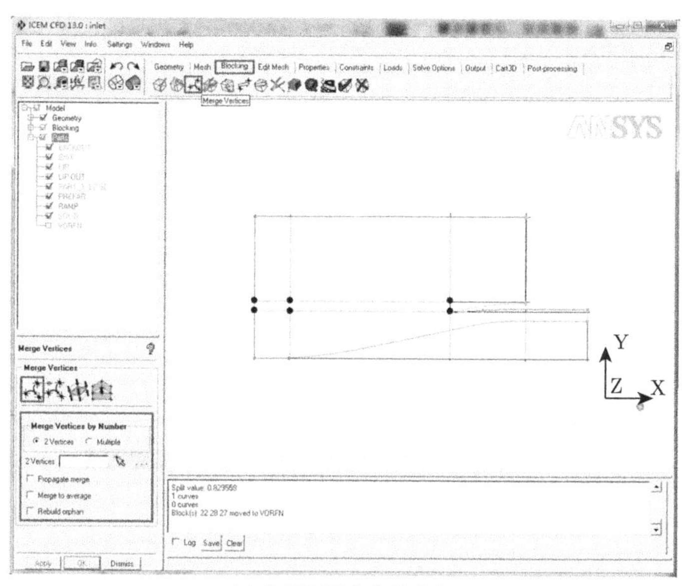

(a) 选择网格点合并功能

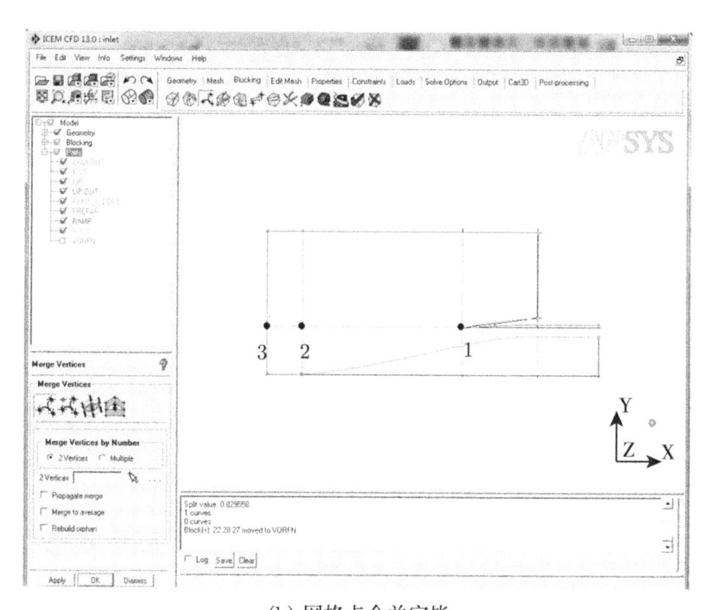

(b) 网格点合并完毕

图 11.101　合并网格点

左键依次点击需要合并的网格点即可。本例中需要将图 11.101(a) 中标出的上下对应的点一一合并，否则将出现三角形网格块。操作完成后网格如图 11.101(b) 所示。

4) 建立映射关系

网格块仅仅把计算域分割完毕，为了使网格与计算域完全贴合，此时需要建立网格与几何构型的映射关系。映射包括网格点、边、面与几何构型点、线、面的映射。

执行操作：点击 Blocking→ 点击 Associate 。打开映射窗口，如图 11.102(a) 所示。

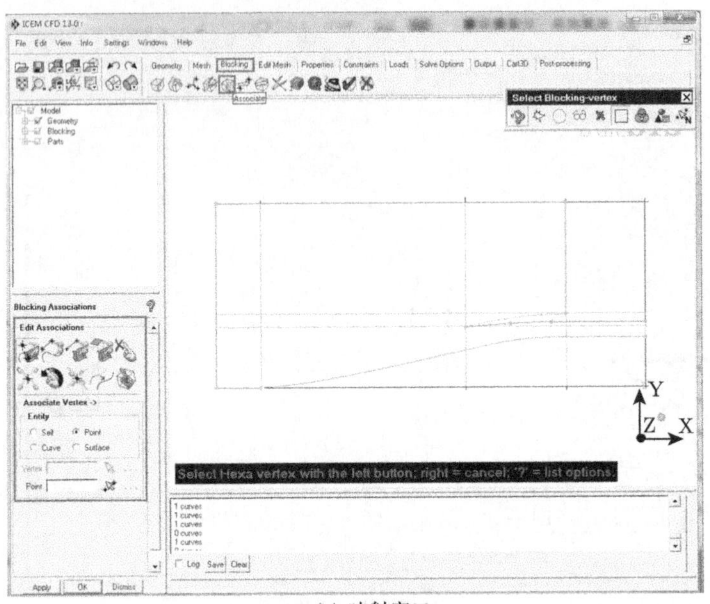

(a) 映射窗口

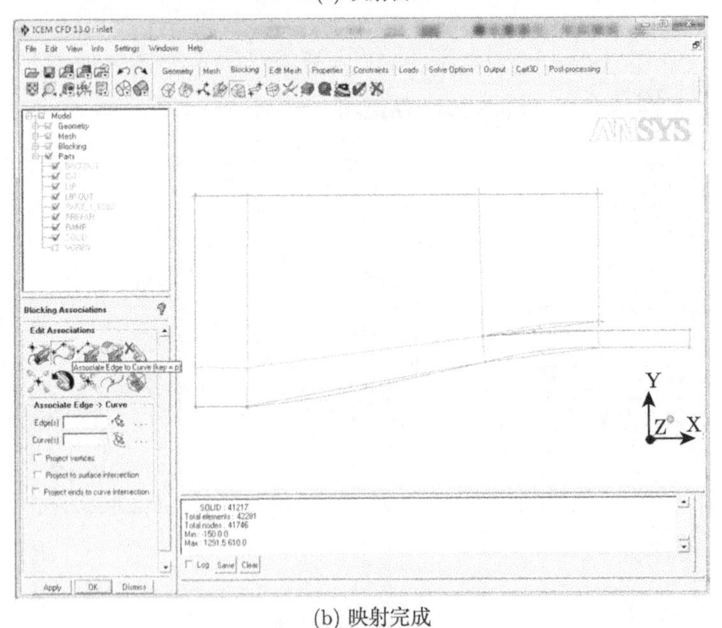

(b) 映射完成

图 11.102　建立映射

操作方法为左键选中需要映射的网格块的点、边或者面，中键确定；然后左键选中被映射的几何对象即几何构型的点、曲线、曲面，中键确定。映射关系建立后如图 11.102(b) 所示。映射关系建立后，网格的边由蓝色变为绿色。

Icem 提供多种映射关系，常用的有网格块的点与几何构型的点、线、曲面的映射；网格块的边与几何构型的线、曲面之间的映射；网格块的面与几何构型的曲面之间的映射。根据需要建立合理的映射关系。

5) 设置网格点分布

完成以上操作后需要设置网格块边上网格点的分布，这样才能把计算域离散化。

执行操作：点击 Blocking→Pre-Mesh ，打开如图 11.103 所示的网格点分布设置窗口。

在此处可以设置网格点数目、分布规律、边两端的起始网格点尺寸及网格尺寸的增长率，显示网格边上最大的网格尺寸。

操作方法为：左键点中需要设置网格点分布的边，此时边将变色并出现箭头，箭头代表边的方向。输入网格点数目、边两端的网格尺寸 (Space1、Space2) 及其增长率 (Ratio1、Ratio2)，选取网格点分布规律。

设置完毕，点击 Apply 即可。

网格边两端网格尺寸及增长率输入窗口右侧显示计算得到的实际值，如果与输入值不一致，此时可以通过调整网格点数目使其一致。

网格点尺寸一般要求在流场参数分布变化剧烈的地方采用小尺度网格，比如壁面附近。网格尺寸的增长比一般不超过 1.2，拉伸比 (网格宽高比) 不能太大 (一般小于 100)。

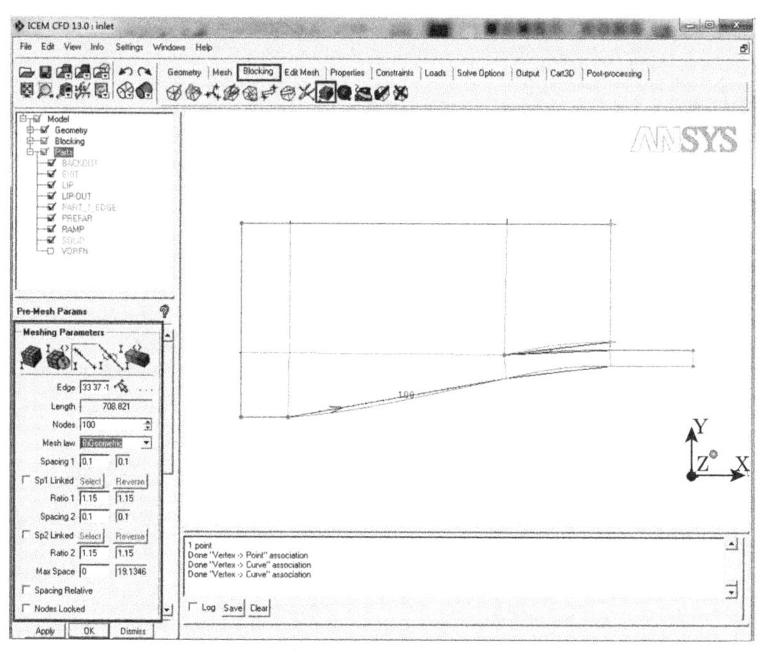

图 11.103　设置网格点分布

6) 生成网格

完成上述操作后即可进行生成网格操作。

操作如下：

File→Mesh→Loading From Blocking，如图 11.104(a) 所示。

创建的网格如图 11.104(b) 所示。

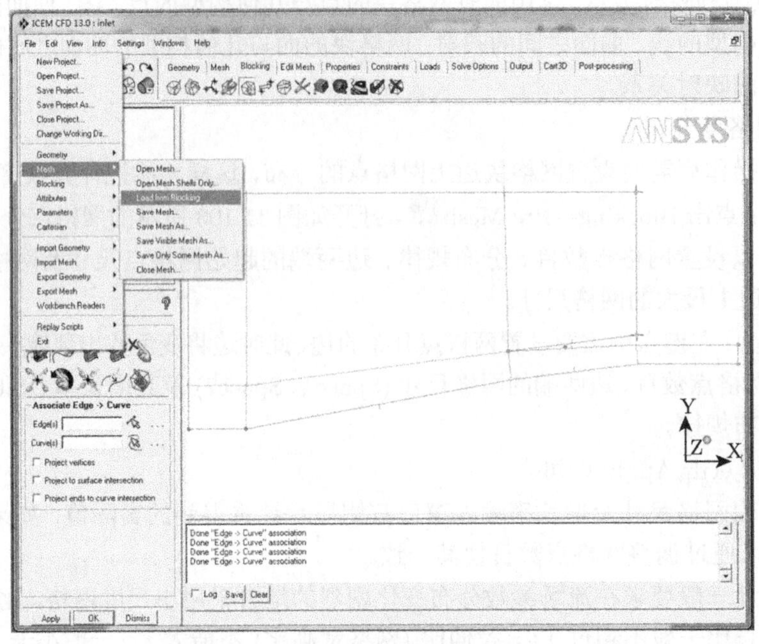

(a) 网格生成操作

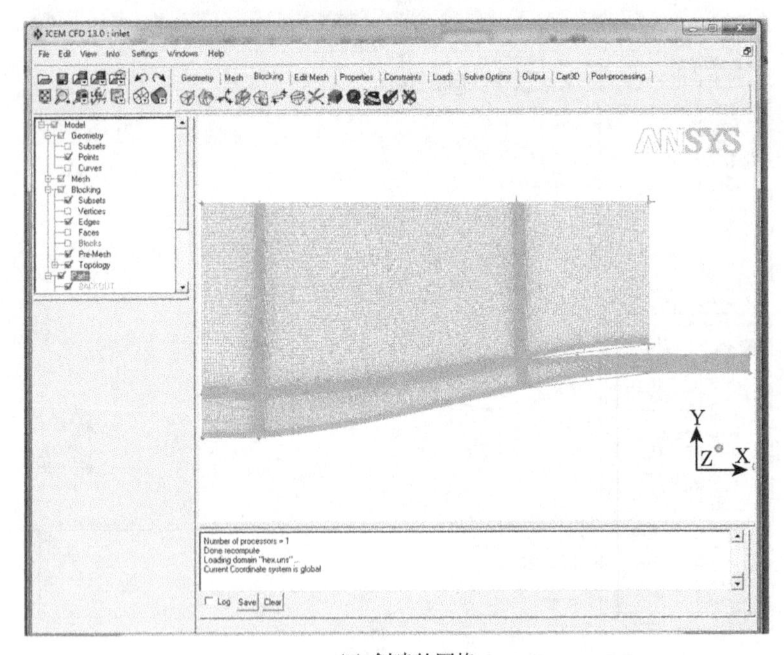

(b) 创建的网格

图 11.104　生成网格

6. 检查网格

网格质量影响计算收敛速度与计算结果精度，甚至不能进行计算，因此网格创建完毕后需要检查网格质量。

执行操作：点击 Blocking→Pre-Mesh Quality Histograms 。打开如图 11.105 所示的网格检查窗口。

在 Critetion 下拉菜单中选择评价网格质量的参数，一般二维网格选择 Deteminant2X2X2，三维网格选择 Deteminant3X3X3。

在 Histogram Options 选项 Min-X value、Max-X value 分别输入 −1、1；Active parts only 选项不要选中，否则仅显示网格质量值为正的结果。要求网格质量大于 0。

检查结果如图 11.105 所示。

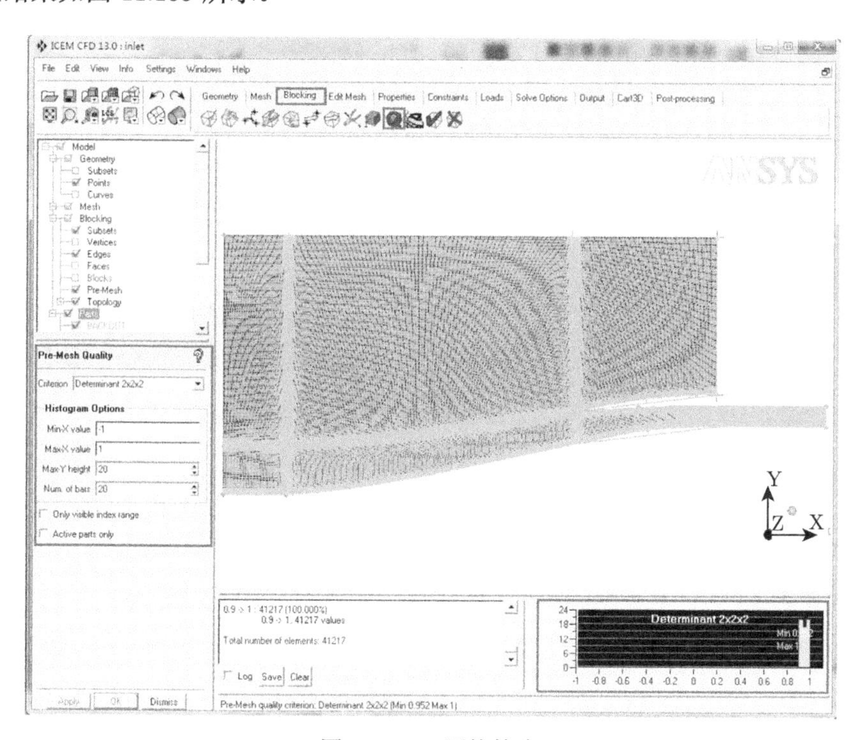

图 11.105　网格检查

7. 网格输出

网格质量检查完毕、满足要求后，此时需要将网格输出。

执行操作：点击 Output，打开输出窗口，如图 11.106 所示。

该标签下包含求解器选择 (图 11.106(a))、边界条件设置 (图 11.106(b))、网格输出 (图 11.106(c)) 等。

点击 Output→ 点击 Select Solve，在图 11.106(a) 求解器下拉菜单中选择求解器，本例选取 Fluent.V6。

点击 Output→Boundary Conditions，打开边界条件设置面板，如图 11.106(b) 设置，进行边界条件设置。设置完毕后点击 Accept 即可。

点击 Output→Write input，输出 fluent.mesh 文件。

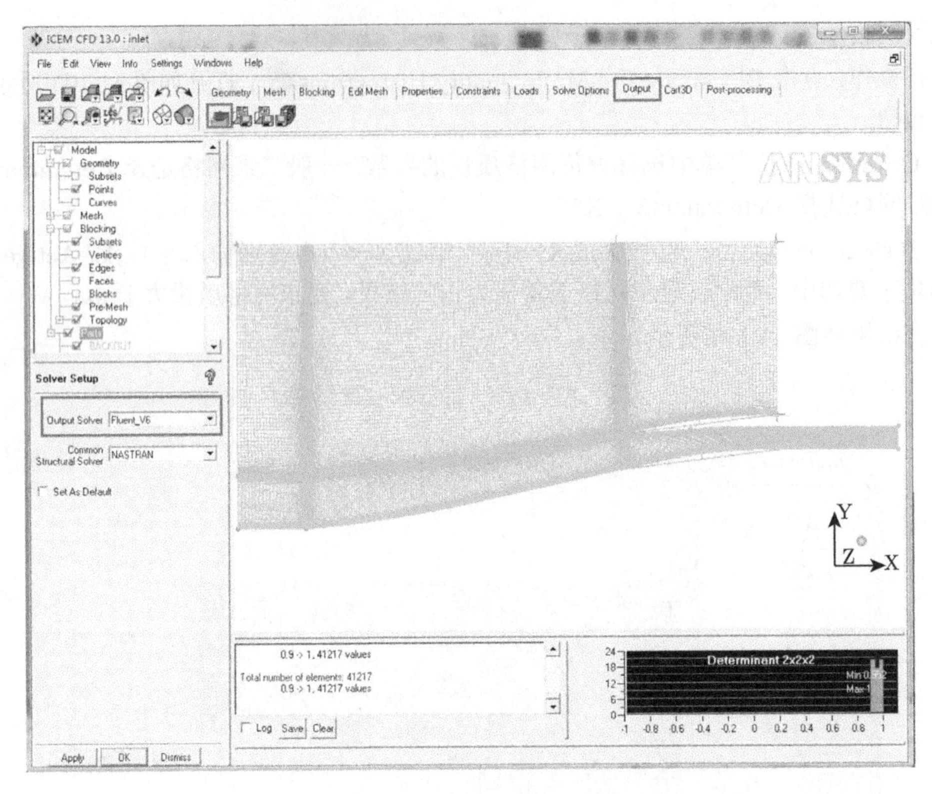

(a) 求解器选择

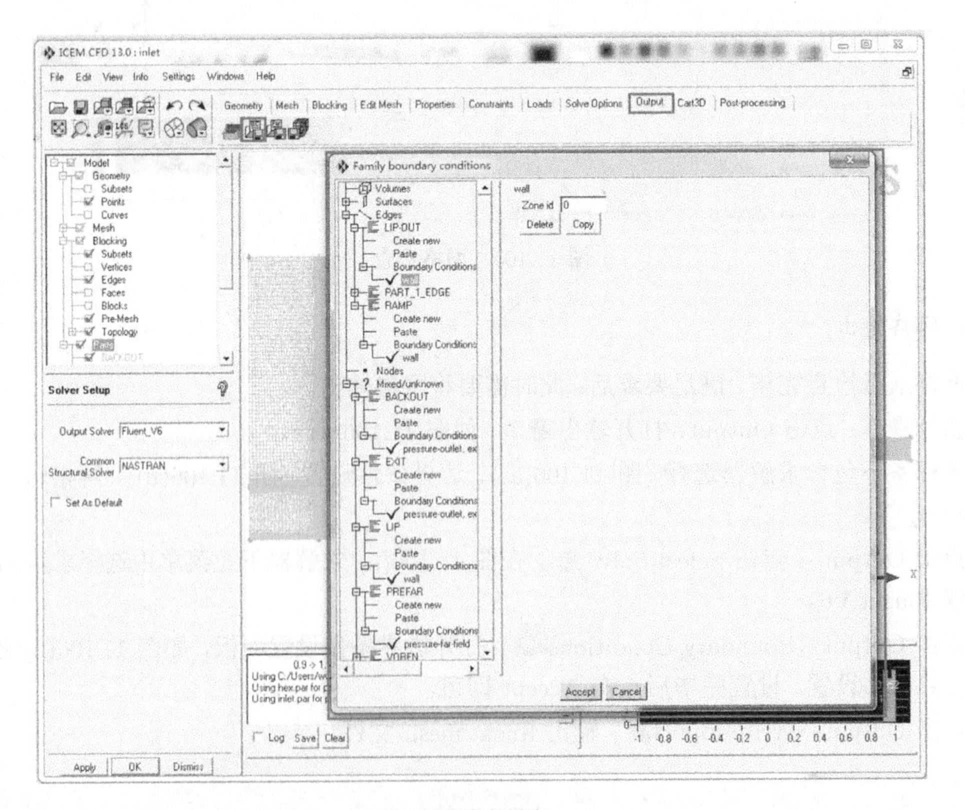

(b) 边界条件设定

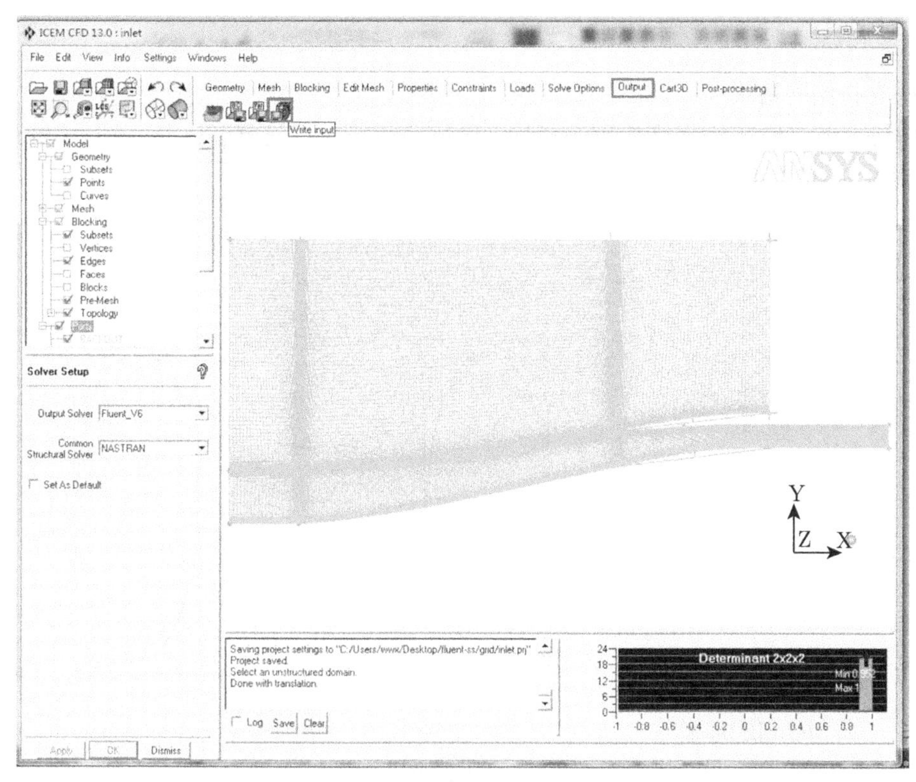

(c) 网格输出

图 11.106　网格输出

11.3.7　三维结构网格生成方法

本节以三维轴对称喷管计算域网格生成为例讲述三维结构网格的生成方法。基本操作与二维结构网格生成方法相同，更加复杂。

1. 导入几何模型

喷管物理模型由 UG 创建，导入 Icem 文件后创建 Part。

操作方法如上所述。图 11.107 为喷管构型。

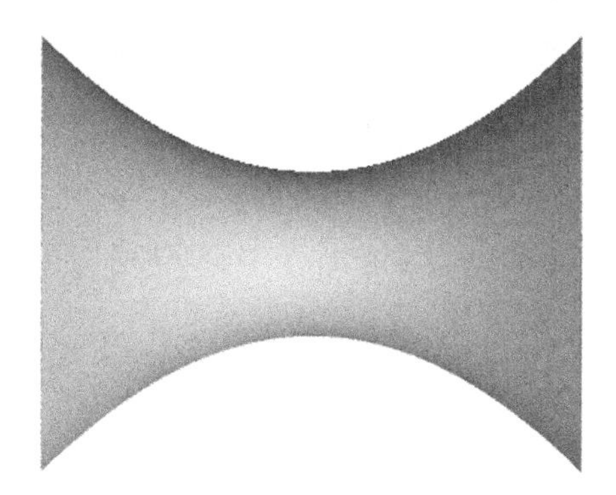

图 11.107　喷管构型

2. 创建网格

1) 建立初始网格块

操作与上节二维初始网格块创建相同，区别是 Type 栏选择 3D Bounding Box。注意 Part 栏输入 Fluid。创建的 Block 如图 11.108 所示。

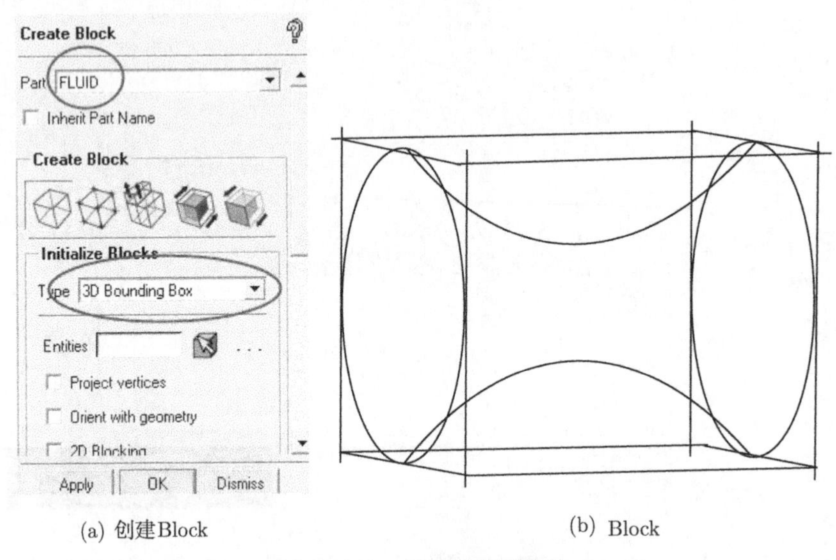

(a) 创建Block　　(b) Block

图 11.108　创建初始网格块

2) 创建 O 型 Block

喷管截面为圆形，圆形截面网格划分采用矩形网格会导致 4 个角局部网格正交性较差。Icem 具有 O 型网格划分功能，圆截面区间划分成铜钱状，可以获得更好的网格质量。

操作如下：

(1) 点击 Blocking→Split Block，如图 11.109(a) 所示。

(2) 点击，如图 11.109(a) 所示。

(3) 在 Ogrid Block 选项单击选择待划分的 Block，中键确定，如图 11.109(b) 所示。

(4) 随后单击选择需要分割的网格面，如图 11.109(c) 所示。

(5) 单击 Apply 按钮确定。

划分结果如图 11.109(d) 所示。

网格映射、创建网格点分布、生成网格、网格质量检查、求解器选择、边界条件设置及输出与二维网格相同，在此不再赘述。区别为网格映射除了网格点与边的映射还有网格块面的映射。

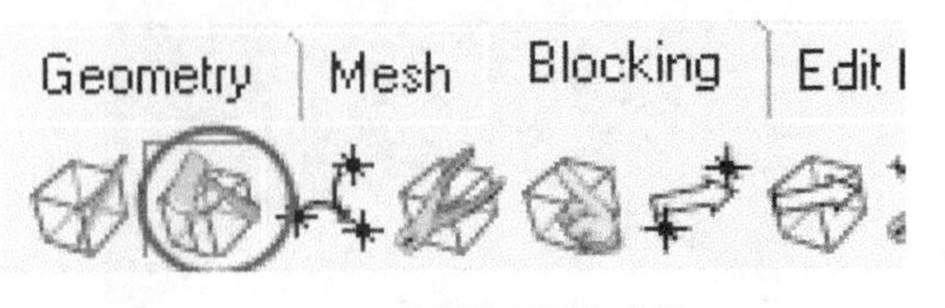

(a) 选择分割网格功能

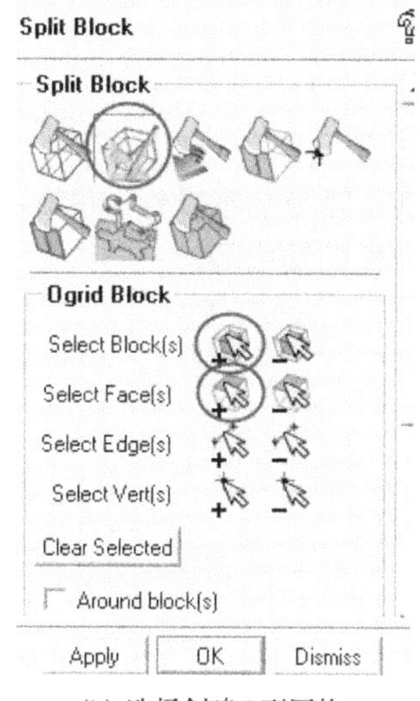

(b) 选择创建O型网格

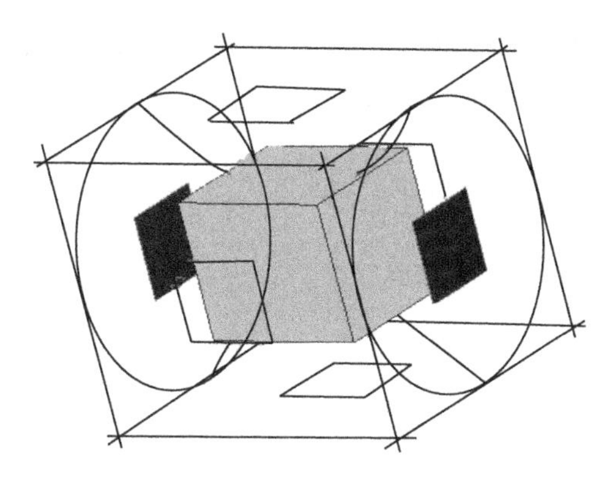

(c) 选择创建O型网格的块及待分割网格面

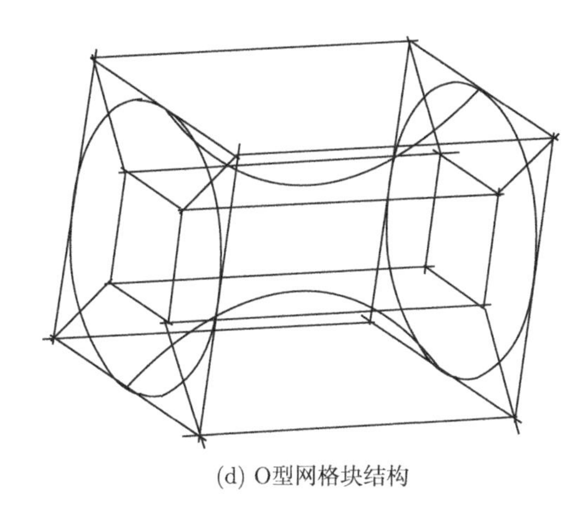

(d) O型网格块结构

图 11.109　创建 O 型网格

喷管三维网格如图 11.110 所示。

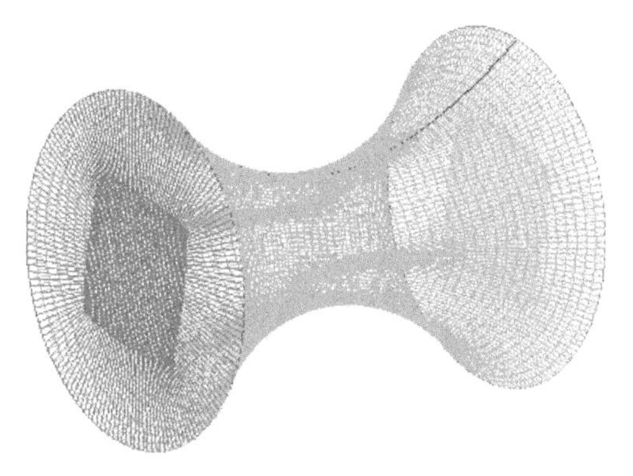

图 11.110　喷管三维网格

11.4　小　　结

本章主要介绍了 Gambit、Icem 网格生成软件的基本功能与基本操作，并结合一些例子讲述了二维、三维网格的创建，边界条件设定以及网格文件的输出等。

第12章 流场计算实例

本章将通过实例介绍 Fluent 软件的基本应用。

12.1 拉瓦尔喷管流场

12.1.1 问题描述

拉瓦尔喷管是气流实现从亚声速加速到超声速的关键部件，在航空发动机、超声速风洞喷管、火箭发动机都有广泛的应用。拉瓦尔喷管中的流动存在静温变化大、马赫数变化大等特点，流动过程中需要考虑气体比热容的变化。

拉瓦尔喷管流动问题涉及的方法与设置主要有：

✧ **压力进口边界条件**

✧ **压力出口边界条件**

✧ **可压缩流动**

✧ **变比热容**

本算例拉瓦尔喷管出口设计马赫数为 $Ma3.5$，入口采用压力进口边界条件，出口采用压力出口边界条件，喉道给定内部边界条件。喷管构型如图 12.1 所示。采用第 11 章讲述的 Icem 生成网格方法创建计算域网格并输出，如图 12.2 所示 (由于为二维轴对称流动，仅计算上半部分)。

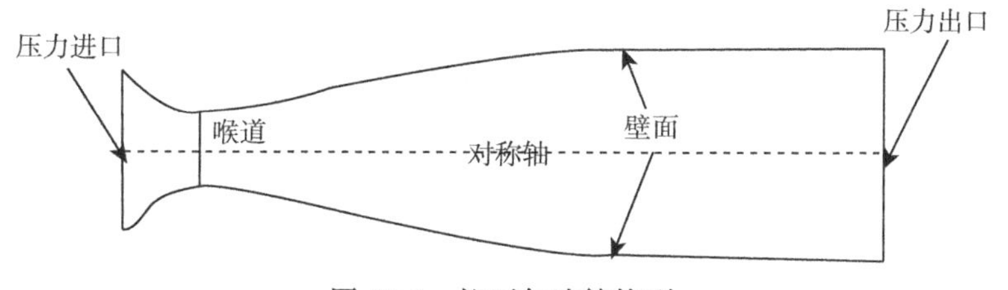

图 12.1 拉瓦尔喷管构型

图 12.2　拉瓦尔喷管计算域网格

12.1.2　计算设置

采用 Fluent 软件进行流场计算，需要对网格、物理模型、湍流模型、差分格式以及监控参数等进行设置。

1. 网格

1) 读入网格

执行以下操作读入网格：

File→Read→Case/Mesh...

网格读入完成后 Fluent 工作页面会显示网格信息。

2) 检查网格

执行以下操作检查网格：

File→Grid→Check...

如果网格不存在负体积、符合右手法则 (否则将出现负体积网格)，则网格检查成功，显示 “Done”，如图 12.3 所示。否则会显示检查失败 “Check Failed”，此时需要调整网格。

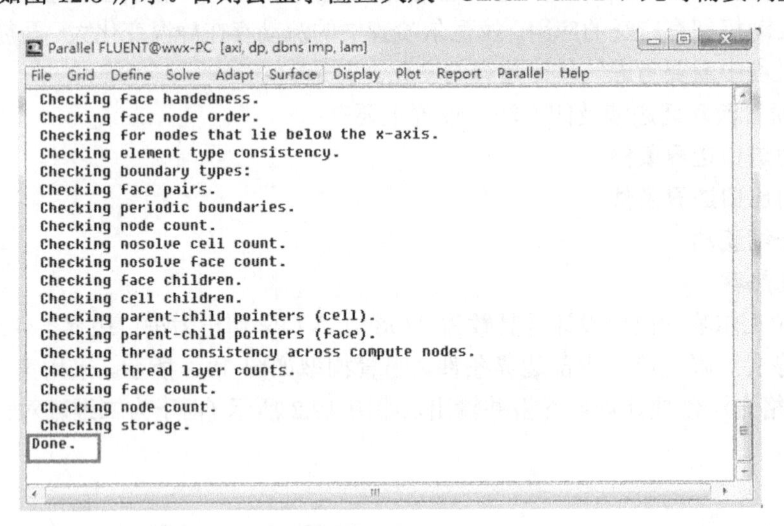

图 12.3　网格检查

3) 单位换算

由于 Icem 默认单位为 mm，Fluent 默认单位为 m，比如 Icem 里面 1000mm，到 Fluent 中为 1000m。因此开始计算前必须进行单位换算。

执行以下操作进行单位换算：

File→Grid→Scale...

打开如图 12.4 所示对话框，此时在 Unit Conversion→Grid Was Created In 选项中选择 mm。

点击 Scale 即可。

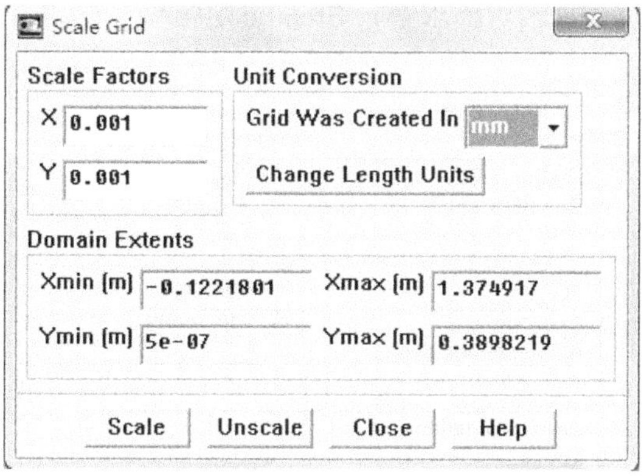

图 12.4 单位换算

4) 显示网格

执行以下操作显示网格：

Display→Grid...

打开如图 12.5 所示对话框，二维网格在 Options 选项选择 Edges，Surfaces 选项全选，点击 Display 按钮即可在窗口中显示网格。

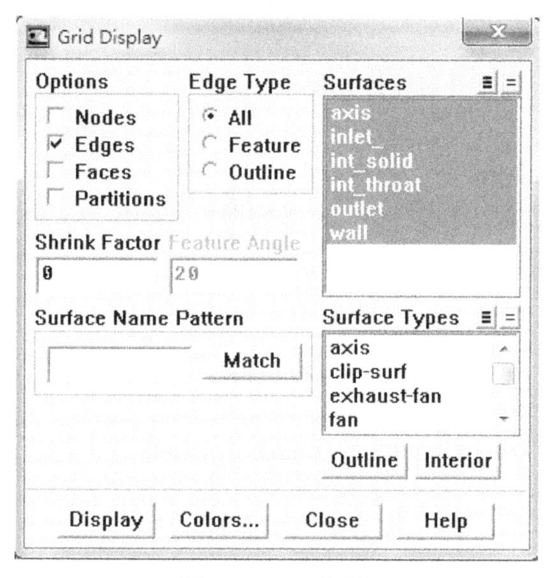

图 12.5 显示网格

2. 模型设置

1) 设置求解参数

Fluent6.3 执行以下操作设置求解参数：

Define→Models→Solver...

高版本 Fluent 则执行以下操作：

Define→General...

打开求解参数设置面板，如图 12.6 所示。本算例选择 Density Based(基于密度求解)、Implicit(隐式)、Axisymmetric(轴对称求解)、Steady(定常)。

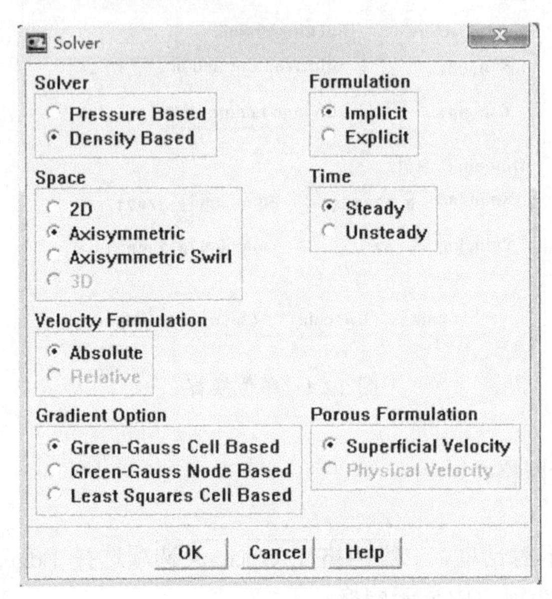

图 12.6　求解参数设置

2) 开启能量方程

对于可压缩流求解，需要开启能量方程。

操作如下：

Define→Models→Energy...

打开能量方程设置面板，选中点击 OK 按钮即可，如图 12.7 所示。

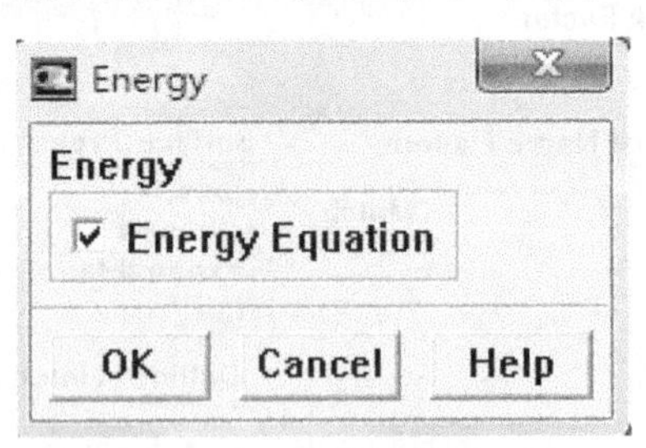

图 12.7　启动能量方程

3) 选择湍流模型

根据流动特点选择合适的湍流模型。

操作如下：

Define→Models→Viscous...

打开湍流模型设置面板，如图 12.8 所示。本算例选择标准 κ-ε 模型，壁面处理采用标准壁面函数。设置完毕点击 OK 即可。

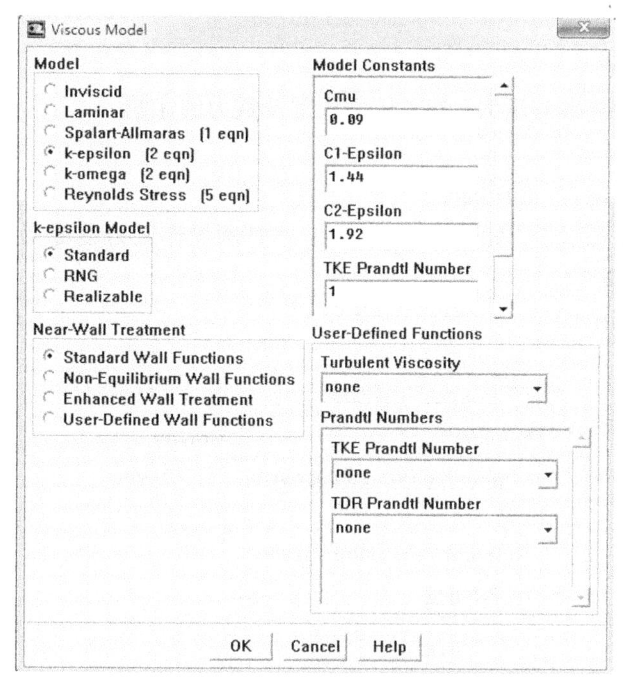

图 12.8　湍流模型设置面板

3. 材料设置

Fluent 默认的流体材料为空气，本算例涉及密度、比热容以及黏性系数随温度的变化，因此需要对材料属性进行设置。操作如下：

Define→Materials...

打开材料属性设置面板，如图 12.9 所示。本算例 Density 选择 ideal-gas，Cp 选择 polynomial 描述，Viscosity 选择 sutherland 描述。

设置完毕单击 Change/Create 即可。

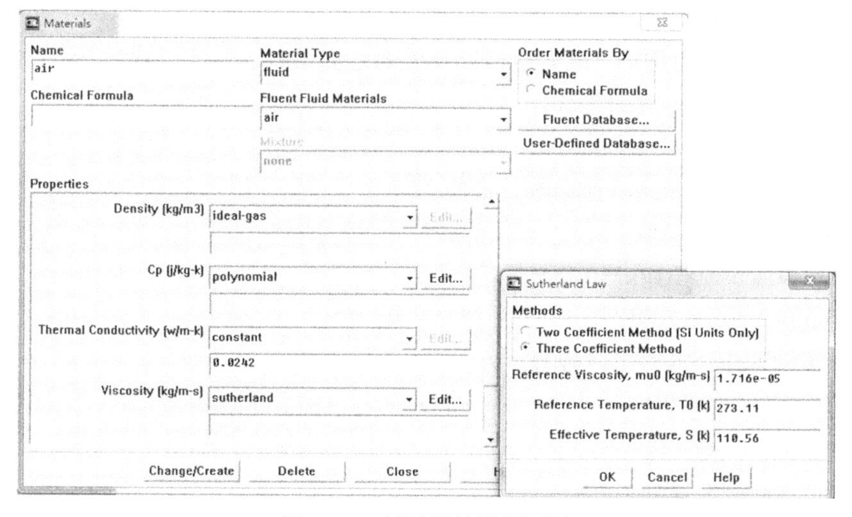

图 12.9　材料属性设置面板

4. 操作条件

操作条件主要设置参考压力、参考压力位置及重力的影响。

操作如下：

Define→Operating Conditions...

打开操作条件设置面板，如图 12.10 所示。本算例操作压力设置为零，即计算中给定绝对压力，不考虑重力影响。

设置完毕单击 OK 即可。

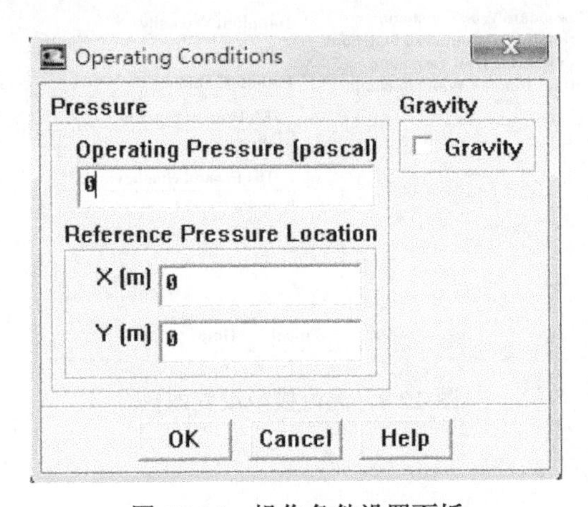

图 12.10 操作条件设置面板

5. 边界条件设置

需要设置流体区域条件和边界条件。

操作如下：

Define→Boundary Conditions... 或 Cell Zone Conditions

打开边界条件设置面板，如图 12.11 所示。

本算例需要设置压力进口、压力出口以及壁面边界条件。具体设置如下：

1) Pressure-Inlet(压力进口边界)

Gauge Total Pressure：600000Pa

Supersonic/Initial Gauge Pressure：590000Pa

Turbulent Intensity：1%

Turbulent Viscosity Rtio：10

Total Temperature：700K

2) Pressure-Outlet(压力出口边界)

Gauge Pressure：5000Pa

Turbulent Intensity：1%

Turbulent Viscosity Rtio：10

Backflow Total Temperature ：700K

3) Wall(壁面)

如图 12.12 所示，即无滑移绝热壁。

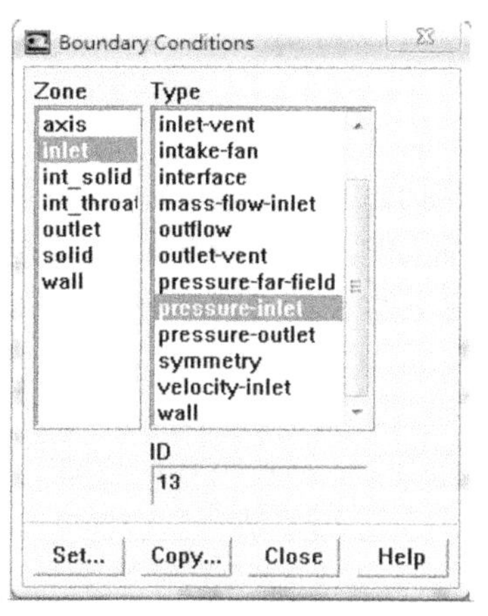

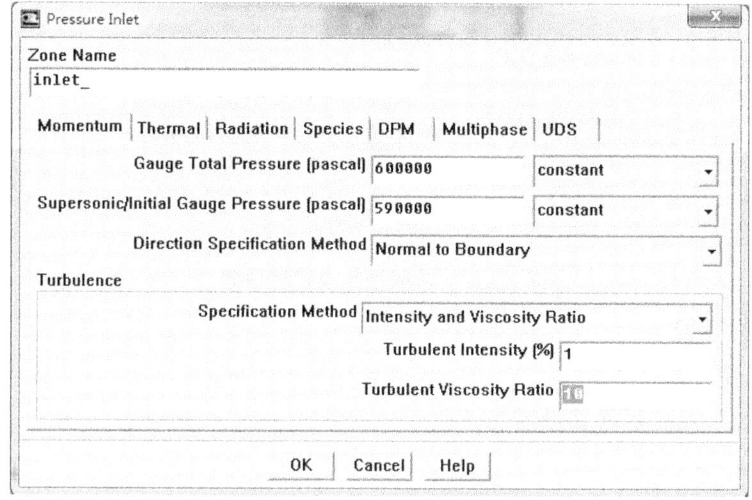

图 12.11　边界条件设置面板

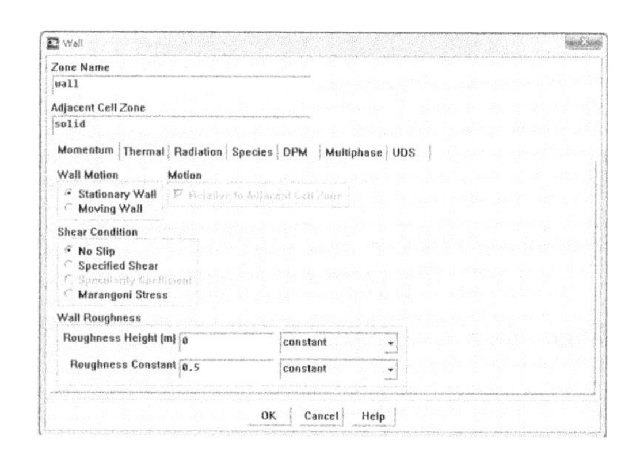

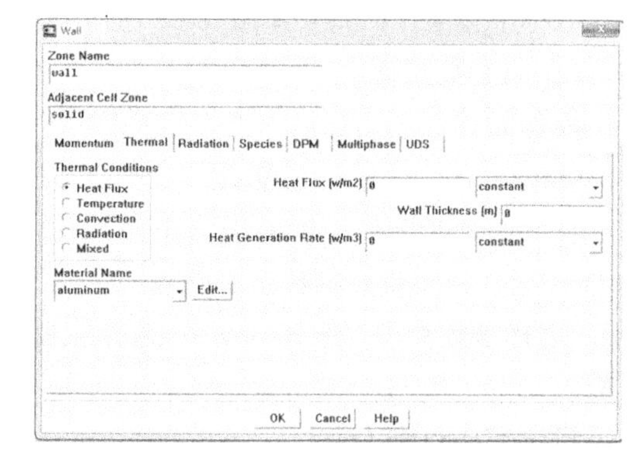

图 12.12　壁面边界条件设置

6. 求解设置

求解方法设置合理可以加快计算收敛速度。

1) 求解控制设置

操作如下：

Solve→Controls→Solution...

打开求解控制设置对话框，如图 12.13 所示。在该对话框可以设置 Courant Number，Flux Type 以及 Discretization，初始设置如图 12.13 所示即可。随着计算进行，可以增大 Courant Number 以及把 Discretization 项目下的 Flow 设置为 Second Order Upwind(二阶迎风格式)。

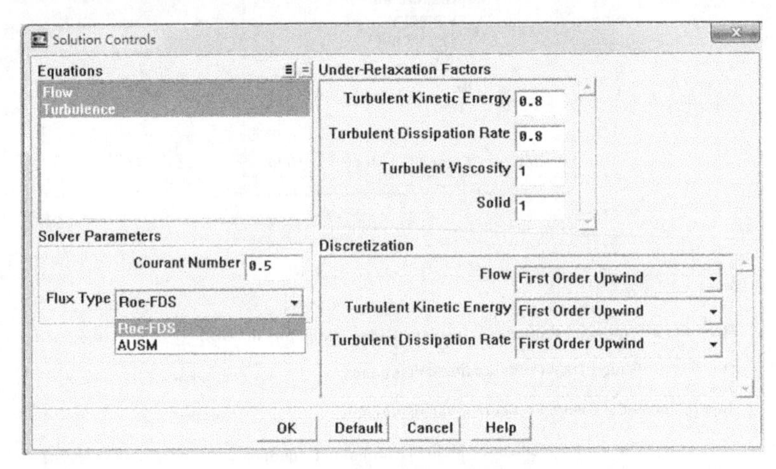

图 12.13　求解控制设置对话框

2) 求解监视设置

(1) 残差监视。

对残差曲线监视需要将其激活。

操作如下：

Solve→Monitors→Residuals...

打开残差监视设置面板，选中 Plot 即可。同时 Monitor Convergence Criteria 任选一项把收敛标准设置小一点，如图 12.14(a) 所示。

(2) 面参数监视。

操作如下：

Solve→Monitors→Surfaces...

打开面参数监控设置面板 (图 12.14(b))，在 Surface Monitors 设置面参数监控个数；点击 Define 打开面监控参数定义面板 (图 12.14(c))，在 Surfaces 选择需要监视的面，在 Report Type 选择参数类型，在 Report of 选择监视的面参数，图中显示监控喷管出口流量平均的马赫数。

设置完毕点击 OK。

要求监控参数不随迭代步数变化。

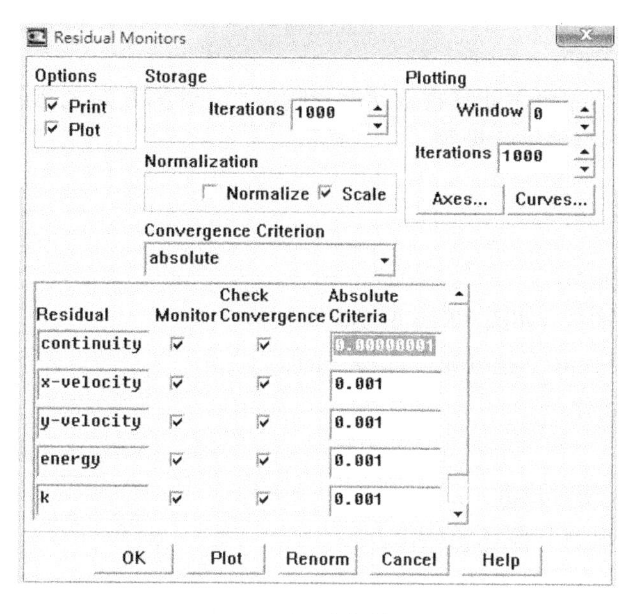

(a) 残差监视

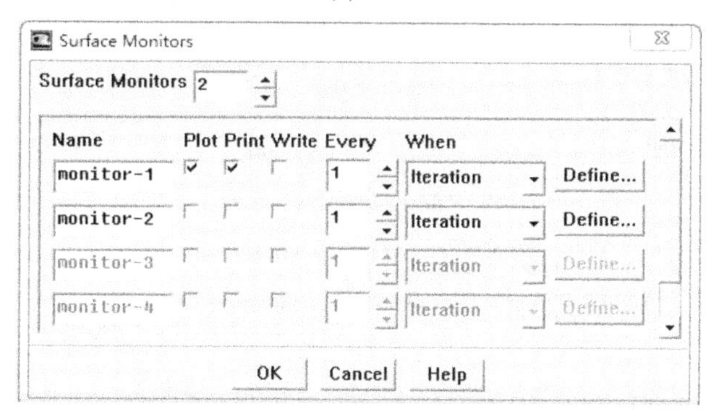

(b) 监控面设置面板

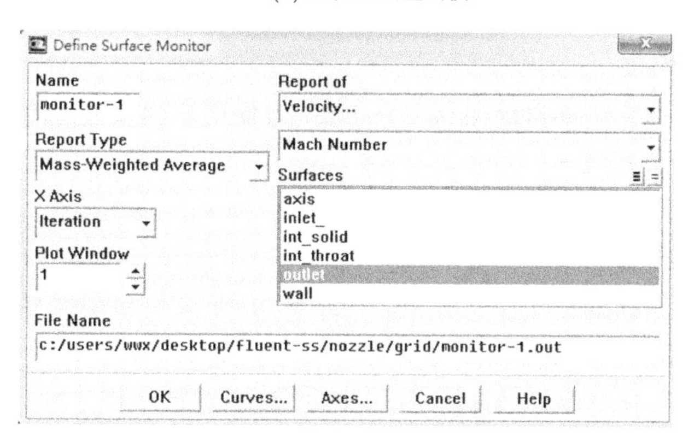

(c) 监控参数设置面板

图 12.14　求解过程监控设置

7. 初始化与求解设置

在计算时，流场初始化对计算收敛速度影响很大，计算开始之前需要对流场进行初始化，迭代步数、自动保存等进行设置。

1) 初始化设置

操作如下：

Solve→Initializations...

打开初始化设置面板，如图 12.15 所示。

(1) 在 Compute From 下拉列表中选择 inlet；

(2) 点击 Init 初始化；

(3) 点击 Apply；

(4) 点击 Close 关闭对话框。

此处也可输入参数进行流场初始化。

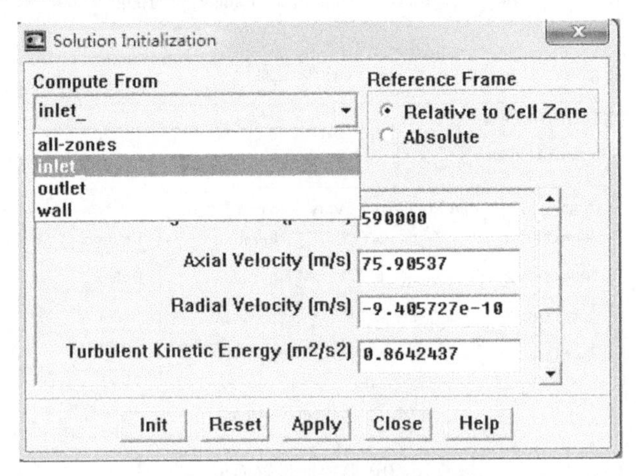

图 12.15 流场初始化设置面板

2) 自动保存设置

间隔一定步数将计算结果自动保存十分必要，方便用户读取之前的数据，同时防止计算意外停止导致计算结果丢失。

操作如下：

File→Write→Autosave...

打开自动保存设置面板，可以分别设置 case 和 data 文件自动保存的间隔步数。

3) 运行计算设置

所有设置完成后，首先保存当前的 case 文件，然后进行迭代计算。

操作如下：

Solve→Iterate/Run Calculation...

打开计算设置面板，如图 12.16 所示。在 Number of Iterations 设置迭代步数，迭代步数可以设置大一点，达到收敛条件，终止计算即可。

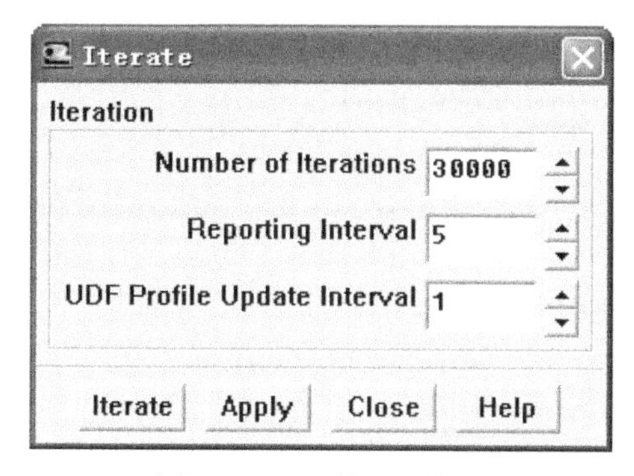

图 12.16　计算设置面板

12.1.3　计算结果输出与显示

计算结束后，可以把计算结果输出、流场显示，也可以把计算结果输出为结果后处理软件数据格式，采用数据后处理软件进行流场分析。

1. **结果输出**

执行如下操作：

Report → Surface Integrals...

打开对话框，如图 12.17 所示。

(1) 在 Report Type 下拉列表中选择 Mass-Weighted Average。

(2) 在 Field Variable 下拉列表中选择 Velocity 和 Mach Number。

(3) 在 Surfaces 项选择 outlet。

(4) 点击 Compute。

(5) 在 Fluent 主控面上显示质量平均的出口马赫数，如图 12.18 所示。

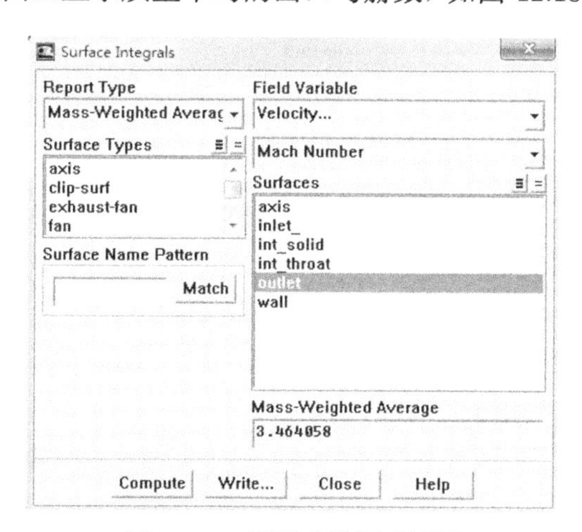

图 12.17　面积分设置对话框

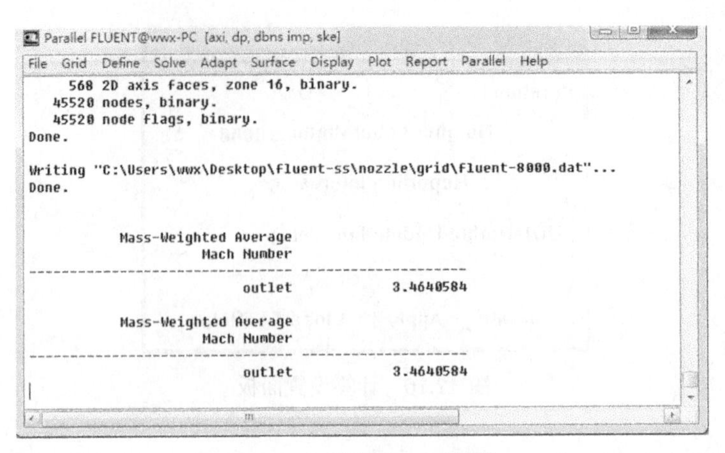

图 12.18　喷管出口马赫数

2. 流场显示

执行如下操作：

Display → Contours...

打开对话框，如图 12.19 所示。

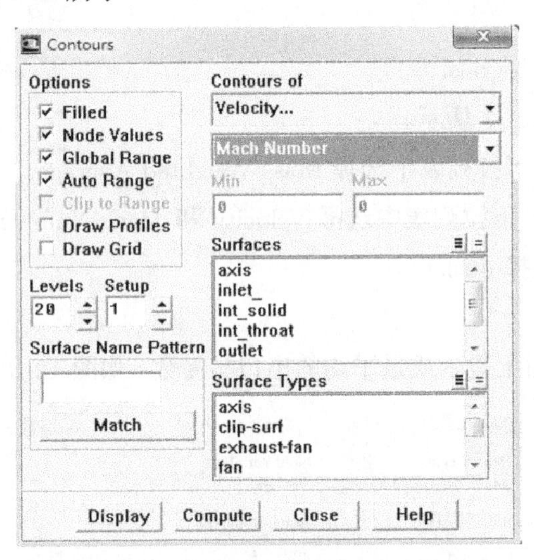

图 12.19　马赫数云图设置对话框

(1) 在 Options 项选中 Filled。

(2) 在 Contours of 项选择 Velocity 和 Mach Number。

(3) 保留其他默认设置，点击 Display。

流场马赫数云图分布，如图 12.20 所示。

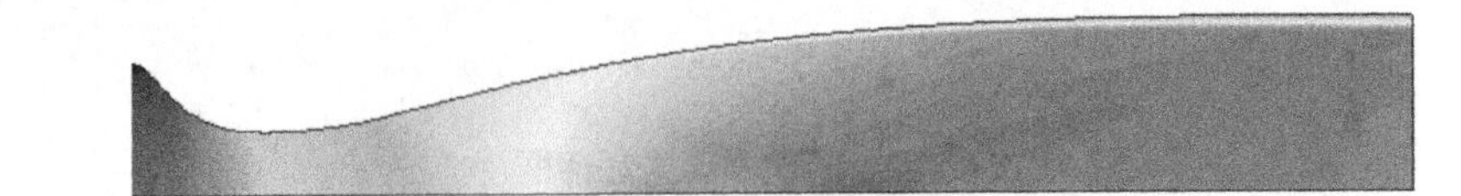

图 12.20　马赫数云图分布

3. 沿程参数显示

执行如下操作:

Plot → XY Plot...

打开对话框，如图 12.21 所示。

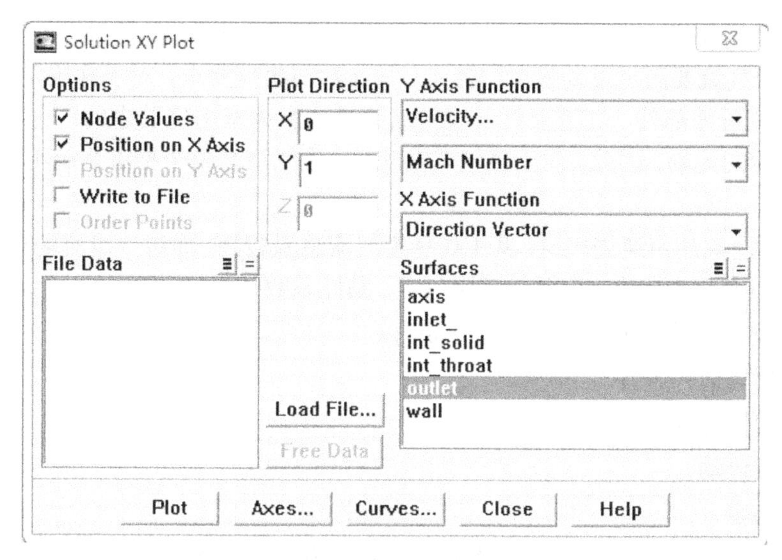

图 12.21　XY 曲线设置对话框

(1) 在 Y Axis Funtion 下拉列表中选择 Velocity 和 Mach Number。

(2) 在 Surfaces 项选择 outlet。

(3) 点击 Plot。

得到喷管出口马赫数沿程分布曲线，如图 12.22 所示。

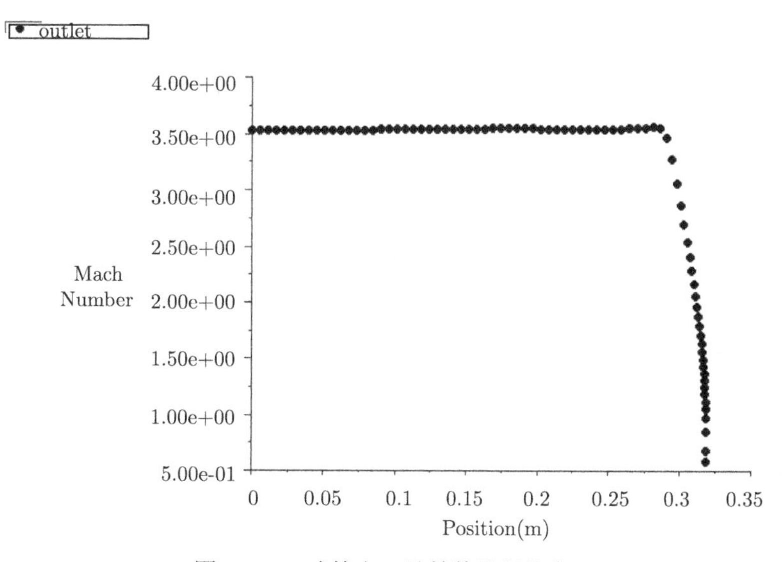

图 12.22　喷管出口马赫数沿程分布

12.2　进气道流场

12.2.1　问题描述

与喷管的功用相反，进气道是发动机主要的气流捕获、压缩与整流装置。对于涡喷发动机，进气道出口气流要满足发动机所需流量、马赫数与畸变要求；对于冲压发动机，进气道是其主要的气流压缩部件，其需要将气流压缩到满足燃烧室燃烧要求的压力和速度以及提供便于燃烧组织的流场。因此，对于吸气式发动机，进气道是整个推进系统不可或缺的关键部件。

对于超声速、高超声速进气道，其工作环境气流总温较高，而进气道流场马赫数变化大，因此其静温分布变化也较大，需要考虑比热容、黏性系数随温度的变化。

进气道流动问题涉及的方法与设置主要有：

✧ **压力远场边界条件**

✧ **压力出口边界条件**

✧ **可压缩流动**

✧ **变比热容**

由 10.9.2 节第六部分压力远场边界介绍可知压力远场边界可用于设定无限远处的自由流边界条件，主要设置自由流马赫数和静参数。本算例进气道来流马赫数为 $Ma5.5$，上游参数不受下游影响，来流参数稳定是其工作条件的主要特征，因此本算例进口条件采用压力远场边界条件，设置来流马赫数、静温、静压。出口条件采用压力出口边界条件；壁面采用无滑移绝热壁。进气道构型与计算域如图 12.23 所示。

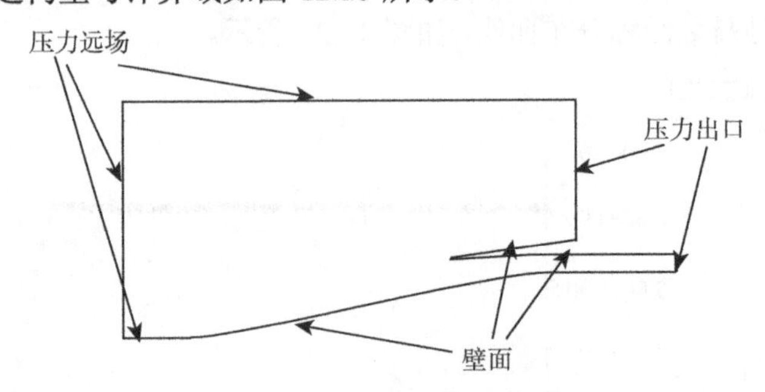

图 12.23　进气道构型与边界条件

12.2.2　计算设置

采用 Fluent 计算需要对网格、物理模型、湍流模型、差分格式以及监控参数等进行设置，才能展开计算求解。

1. 网格

计算网格为 11.3.6 节采用 Icem 生成的网格，网格的相关设置和操作与 12.1 节算例相同，在此不再赘述。

2. 模型设置

1) 设置求解参数

Fluent6.3 执行以下操作设置求解参数:

Define→Models→Solver...

高版本 Fluent 则执行以下操作:

Define→General...

打开求解参数设置面板，如图 12.24 所示。本算例选择 Density Based(基于密度求解)、Implicit(隐式)、2D(二维)、Steady(定常)。

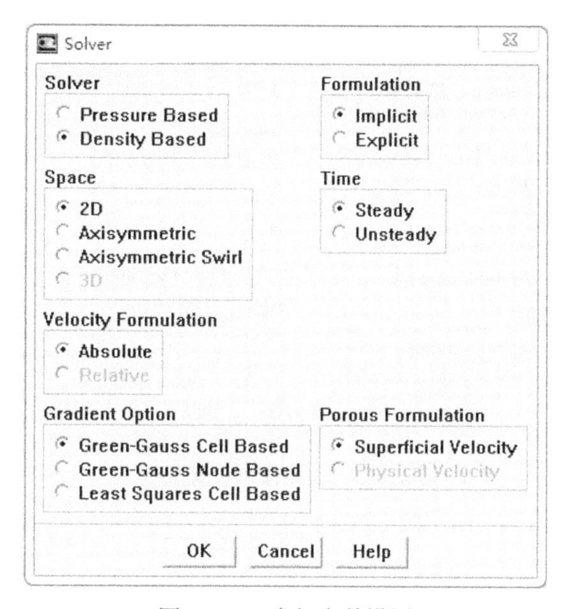

图 12.24　求解参数设置

2) 开启能量方程

对于可压缩流计算，需要开启能量方程。

操作如下:

Define→Models→Energy...

打开能量方程设置面板，选中点击 OK 按钮即可，如图 12.25 所示。

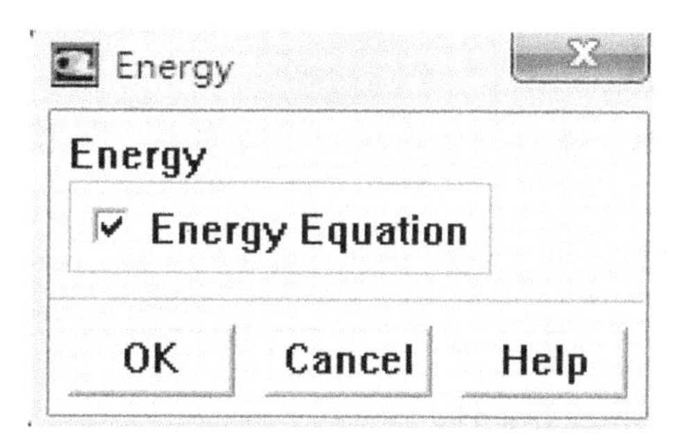

图 12.25　启动能量方程

3) 选择湍流模型

根据流动特点选择合适的湍流模型。

操作如下：

Define→Models→Viscous...

打开湍流模型设置面板，如图 12.26 所示。本算例选择 SST 模型，设置完毕点击 OK 即可。

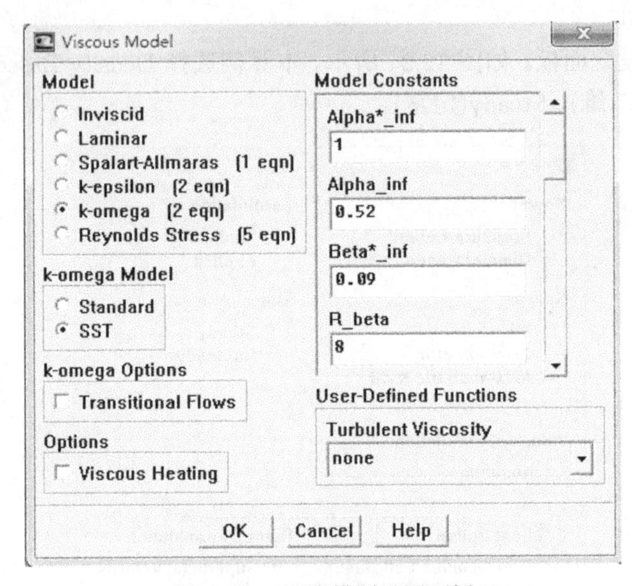

图 12.26　湍流模型设置面板

3. 材料设置

Fluent 默认的流体材料为空气，本算例涉及密度、比热容以及黏性系数随温度的变化，因此需要对材料属性进行设置。操作如下：

Define→Materials...

打开材料属性设置面板。本算例设置如下：

Density 选择 ideal-gas；Cp 选择 polynomial 描述；Viscosity 选择 sutherland 描述。

4. 操作条件

操作如下：

Define→Operating Conditions...

打开操作条件设置面板。本算例操作压力设置为零，即采用绝对压力，不考虑重力影响。

设置完毕单击 OK 即可。

5. 边界条件设置

需要设置流体区域条件和边界条件。

操作如下：

Define→Boundary Conditions... 或 Cell Zone Conditions

打开边界条件设置面板，如图 12.27 所示。

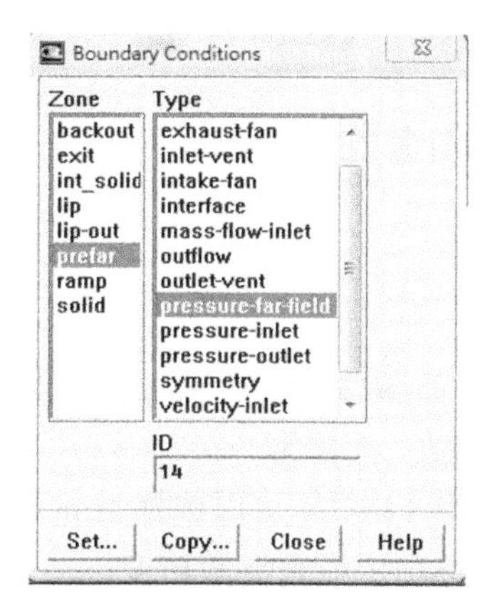

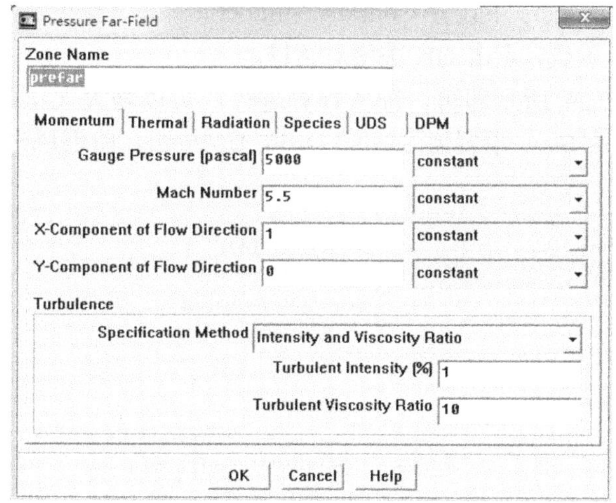

图 12.27　边界条件设置面板

本算例需要设置压力远场、压力出口以及壁面边界条件。具体设置如下：

1) Pressure-Far-Field(压力远场边界)

Gauge Pressure：5000Pa

Mach Number：5.5

Turbulent Intensity ：1%

Turbulent Viscosity Ratio：10

Temperature：216.65K

2) Pressure-Outlet(压力出口边界)

Gauge Pressure：5000Pa

Turbulent Intensity：1%

Turbulent Viscosity Ratio：10

Backflow Total Temperature：1530K

3) Wall(壁面)

无滑移绝热壁 (Stationary Wall、No Slip)。

6. 求解设置

求解方法设置合理可以加快计算收敛速度。

1) 求解控制设置

操作如下：

Solve→Controls→Solution...

打开求解控制设置对话框，如图 12.28 所示。在该对话框可以设置 Courant Number, Flux Type 以及 Discretization 参数。具体为

(1) 在 Flux Type 选项选择差分格式，可以选择 Roe 和 AUSM 格式。

(2) 在 Discretization(离散) 选项中设置离散精度。

(3) 在 Solver Parameters 下设置 Courant Number。

(4) 保留其他默认设置，点击 OK 关闭对话框。

初始设置如图 12.29 所示即可。随着计算进行，可以增大 Courant Number 以及把 Discretization 项目下的 Flow 设置为 Second Order Upwind(二阶迎风格式)。

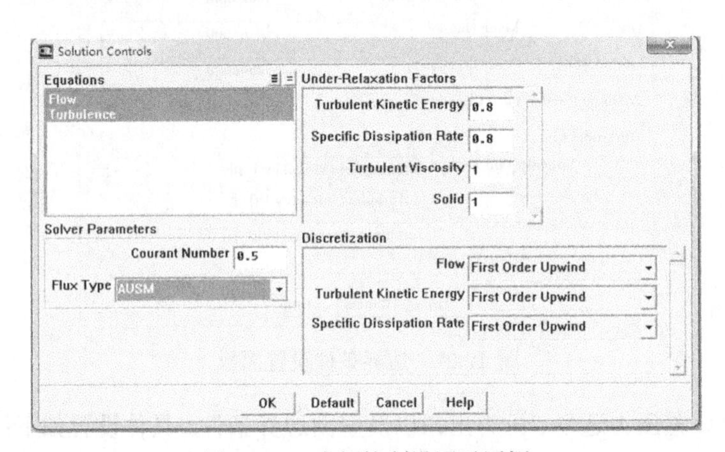

图 12.28　求解控制设置对话框

2) 求解监视设置

(1) 残差监视。

对残差曲线监视需要将其激活。

操作如下：

Solve→Monitors→Residuals...

打开残差监视设置面板，选中 Plot 即可。要求残差随着迭代步数增加下降，一般要求二阶精度下降到 10^{-3}。

(2) 面参数监视。

操作如下：

Solve→Monitors→Surfaces...

(1) 打开面参数监视设置面板 (图 12.29(a))，在 Surface Monitors 设置面参数监视个数。

(2) 点击 Define 打开面参数监视定义面板 (图 12.29(b))。

(3) 在 Surfaces 选择需要监视的面，在 Report Type 选择参数类型，在 Report of 选择监视的面参数，图中显示进气道出口流量平均的马赫数。

(4) 设置完毕点击 OK。

计算过程中，如果流动是定常的，要求各面监控参数随着迭代步数增加趋于稳定，最终稳定在某个值。如果流动本身是不稳定的，所监控参数可能会随着迭代步数而变化，此时需要注意分析流场以确定监控参数不稳定的原因，如有需要，可以开展非定常计算。

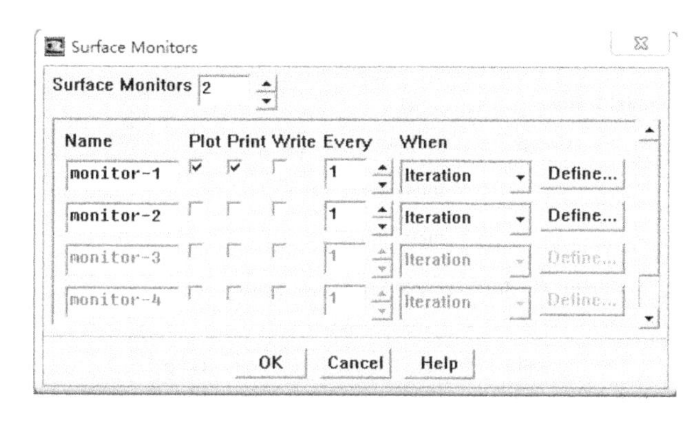

(a) 监控面设置面板

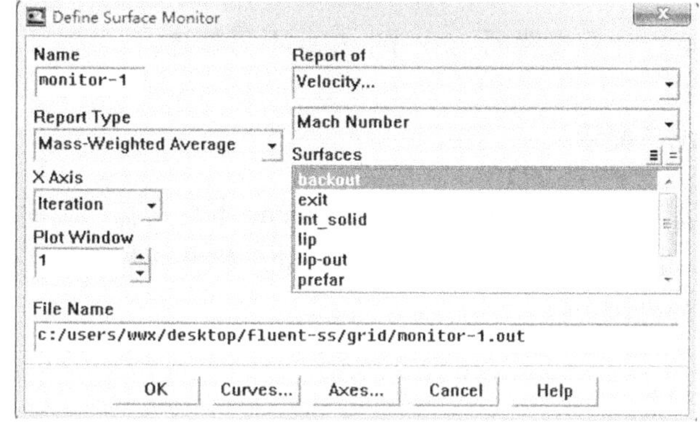

(b) 监控参数设置面板

图 12.29　面参数监视

7. 初始化与求解设置

计算开始之前需要对流场进行初始化，需要设置迭代步数、自动保存参数等; 初始流场对计算收敛速度影响很大。一般而言，初始化流场越接近最终稳定流场，收敛速度越快。

初始化设置操作如下：

Solve→Initializations...

打开初始化设置面板，如图 12.30 所示。采用压力远场边界条件初始化流场，操作如下：

(1) 在 Compute From 下拉列表中选择 prefar。

(2) 点击 Init 初始化。

(3) 点击 Apply。

(4) 点击 Close 关闭对话框。

此处也可以根据需要手动输入相应的数据，进行初始化。比如模拟进气道的脉冲起动过程，此时压力远场边界的马赫数依然为设定的来流马赫数，而初始化时可以把速度设置为零。

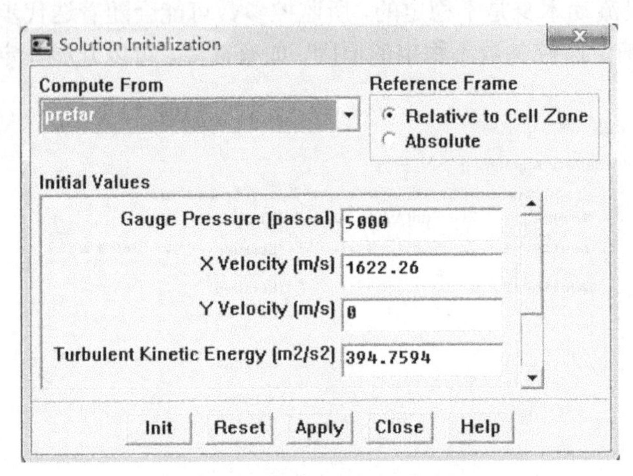

图 12.30 流场初始化设置面板

自动保存设置、运行计算设置同 12.1 节，在此不再赘述。

12.2.3 计算结果输出与显示

计算结束后，可以对计算结果进行后处理。Fluent 本身具有一定的数据处理能力。可以输出结果、显示流场，也可以把计算结果以结果后处理软件的数据格式输出，由数据后处理软件对计算结果进行后处理。

1. 结果输出

执行如下操作：

Report → Surface Integrals...

打开对话框，如图 12.31 所示。

(1) 在 Report Type 下拉列表中选择 Mass-Weighted Average。

(2) 在 Field Variable 下拉列表中选择 Pressure 和 Total Pressure。

(3) 在 Surfaces 项选择 backout、prefar。

(4) 点击 Compute。

(5) 在 Fluent 主控面上显示来流以及进气道出口流量平均的总压，如图 12.32 所示。

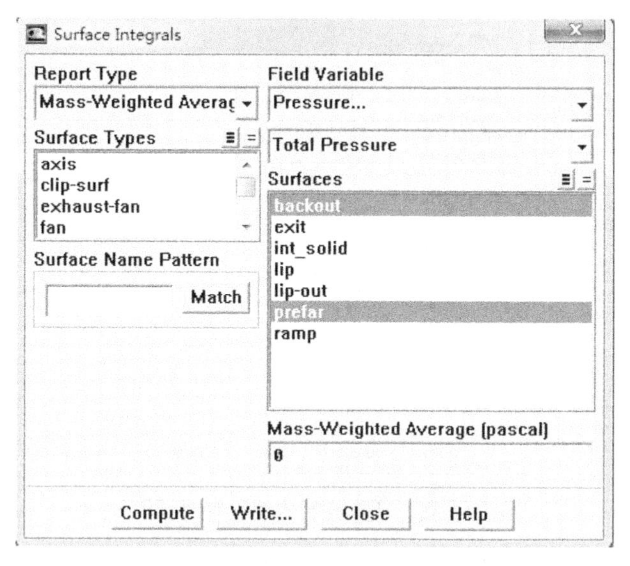

图 12.31　面积分设置面板

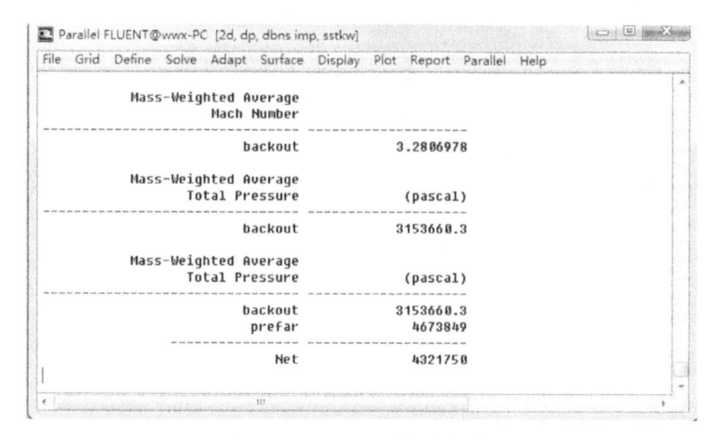

图 12.32　总压输出参数

2. 流场显示

执行如下操作：

Display → Contours. . .

打开对话框，如图 12.33 所示。

(1) 在 Options 项选中 Filled。

(2) 在 Contours of 项选择 Velocity 和 Mach Number。

(3) 保留其他默认设置，点击 Display。

(4) 得到流场马赫数等值图分布，如图 12.34 所示。

此处可以更改图 12.33 中 Levels 数据，以改变等值图的分辨率。

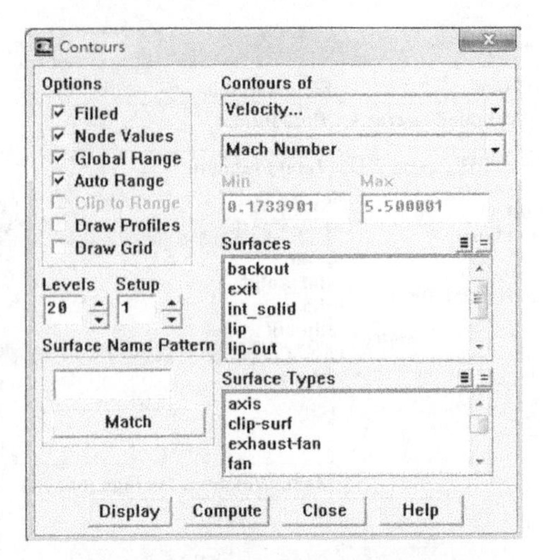

图 12.33　马赫数等值图设置对话框

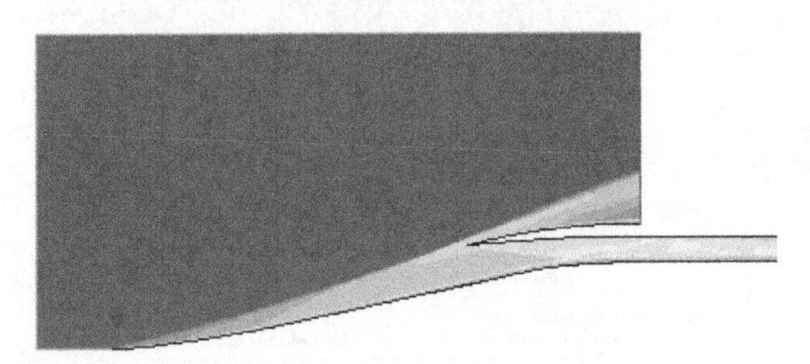

图 12.34　马赫数等值图分布

3. 沿程参数显示

执行如下操作：

Plot → XY Plot...

打开对话框，如图 12.35 所示。

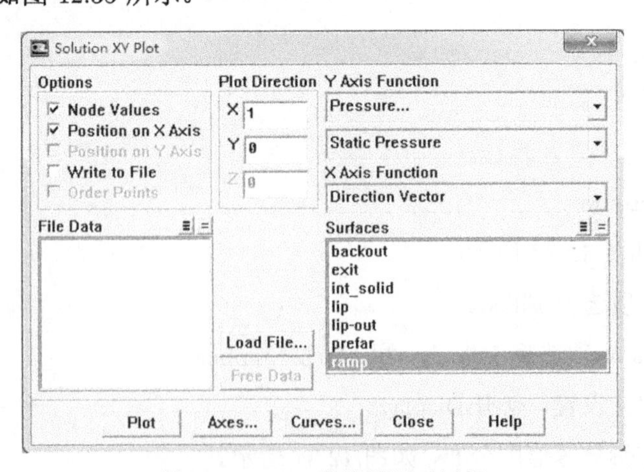

图 12.35　XY 曲线设置对话框

(1) 在 X Axis Funtion 下拉列表中选择 Pressure 和 Static Pressure。

(2) 在 Surfaces 项选择 ramp。

(3) 点击 Plot。

得到进气道压缩面压力沿程分布曲线，如图 12.36 所示。

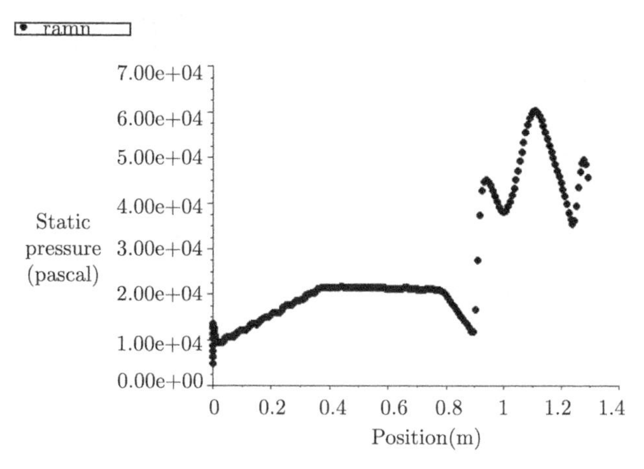

图 12.36　进气道压缩面压力沿程分布

12.3　二维平面叶栅流场计算

12.3.1　问题描述

本算例为大弯度高亚声速叶栅，通过该叶栅流场计算，了解叶栅流场的计算特点。

平面叶栅流动问题涉及的方法与设置主要有：

✧ **压力进口边界条件**

✧ **压力出口边界条件**

✧ **周期边界**

12.3.2　计算设置

采用 Fluent 计算需要对网格、物理模型、湍流模型、差分格式以及监控参数等进行设置才能开展计算求解。

1. 网格

网格采用 11.1.5 节由 Gambit 生成的网格，网格相关设置和操作与 12.1 节算例相同，在此不再赘述。

2. 模型设置

1) 设置求解参数

Fluent6.3 执行以下操作设置求解参数：

Define→Models→Solver...

高版本 Fluent 则执行以下操作：

Define→General...

打开求解参数设置面板，如图 12.37 所示。本算例选择 Density Based(基于密度求解)、Implicit(隐式)、2D(二维)、Steady(定常)。

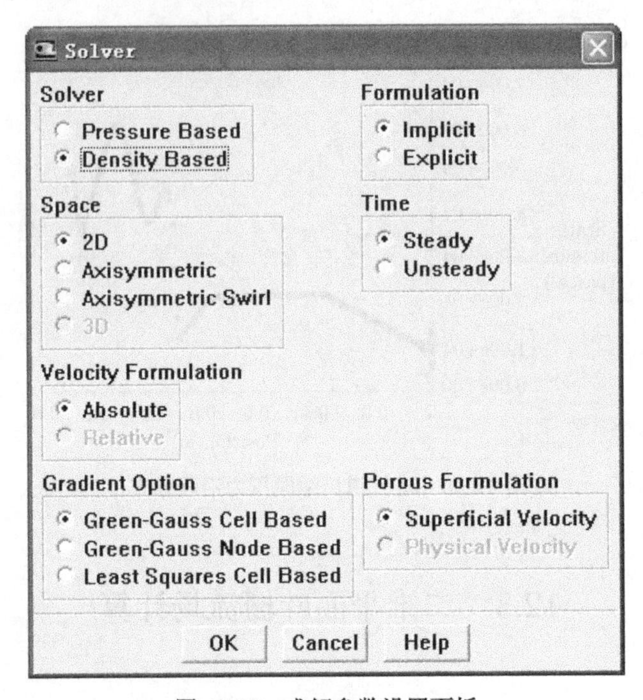

图 12.37　求解参数设置面板

2) 开启能量方程

对于可压缩流场计算，需要开启能量方程。

操作如下：

Define→Models→Energy...

打开能量方程设置面板，选中点击 OK 按钮即可，如图 12.38 所示。

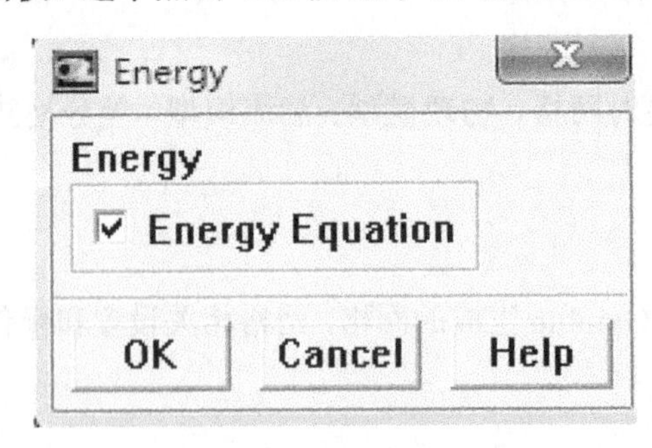

图 12.38　启动能量方程

3) 选择湍流模型

根据流动特点选择合适的湍流模型。

操作如下：

Define→Models→Viscous...

打开湍流模型设置面板，如图 12.39 所示。本算例选择标准 S-A 模型。

设置完毕点击 OK 即可。

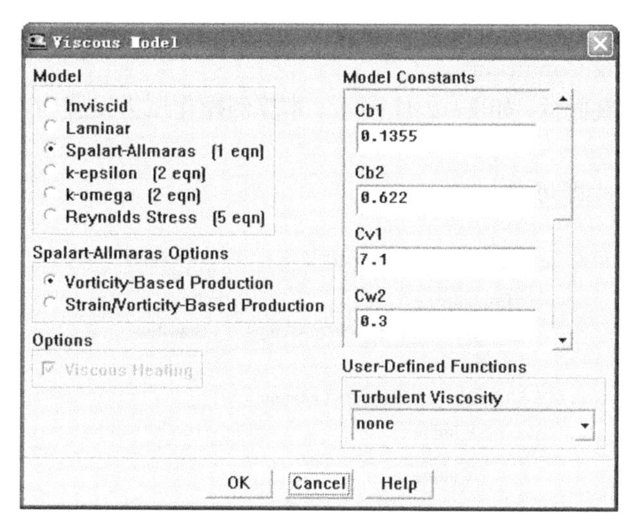

图 12.39　湍流模型设置面板

3. 材料设置

Fluent 默认的流体材料为空气，本算例涉及密度、比热容以及黏性系数随温度的变化，因此需要对材料属性进行设置。操作如下：

Define→Materials...

打开材料属性设置面板，如图 12.40 所示。本算例设置如下：

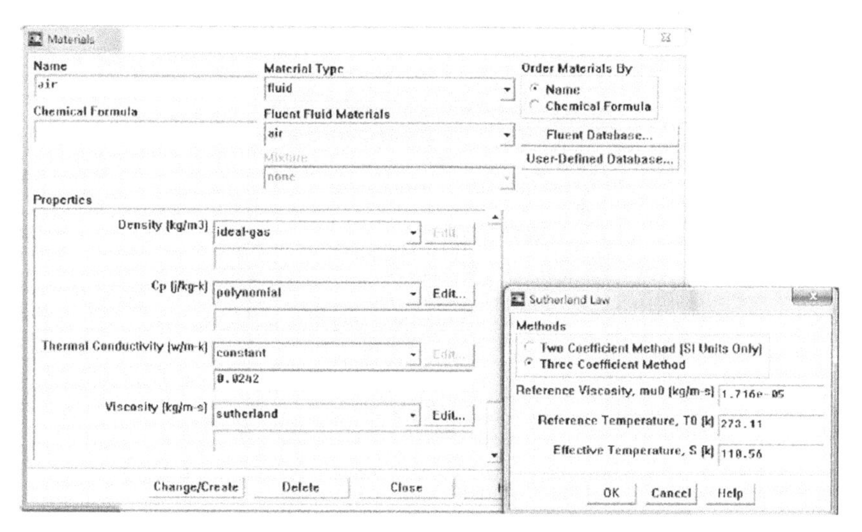

图 12.40　材料属性设置面板

Density 选择 ideal-gas；Cp 选择 polynomial 描述；Viscosity 选择 sutherland 公式描述。

设置完毕单击 Change/Create 即可。

4. 操作条件

操作条件主要设置参考压力、参考压力点及重力的影响。

操作如下：

Define→Operating Conditions...

打开操作条件设置面板，如图 12.41 所示。本算例操作压力设置为零，即采用绝对压力，不考虑重力影响。

设置完毕单击 OK 即可。

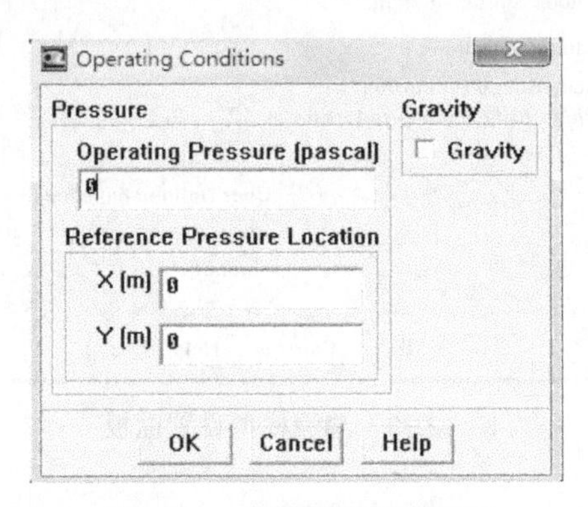

图 12.41　操作条件设置面板

5. 边界条件设置

需要设置流体区域条件和边界条件。

操作如下：

Define→Boundary Conditions... 或 Cell Zone Conditions

打开边界条件设置面板，如图 12.42 所示。

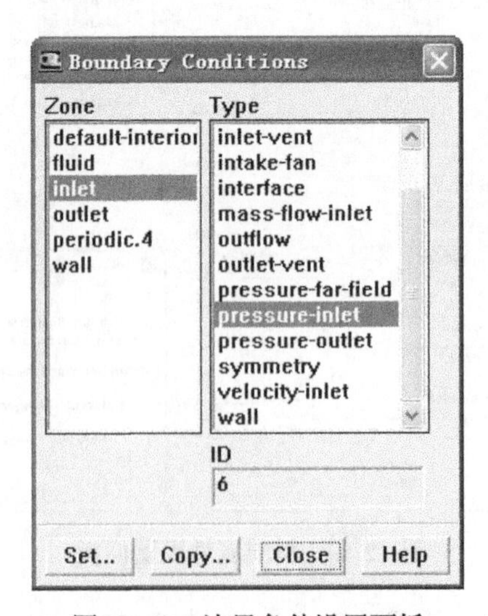

图 12.42　边界条件设置面板

本算例需要设置压力进口、压力出口以及壁面边界条件。

1) 设置进口边界条件

(1) 在 Zone 列表中选择 inlet，则在 Type 列表中显示其为 pressure-inlet 类型。

(2) 点击 Set...，打开边界条件设置对话框，如图 12.43 所示。

(3) 在 Gauge Total Pressure 输入 101325。

(4) 在 Supersonic/Initial Gauge Pressure 输入 70000。

(5) 在 Direction Specification Method 下拉列表中选择 Direction Vector。

(6) 在 X-Component of Flow Direction 文本框中输入 0.731。

(7) 在 Y-Component of Flow Direction 文本框中输入 0.682。

注: (6)、(7) 设定气流攻角。本例叶栅进气角给定 43°，则 X-Component of Flow Direction 值为 cos43°，Y-Component of Flow Direction 为 sin43°。其他保留默认状态。

(8) 点击 Thermal，设置 Total Temperature 为 288.15。

(9) 点击 OK 关闭对话框。

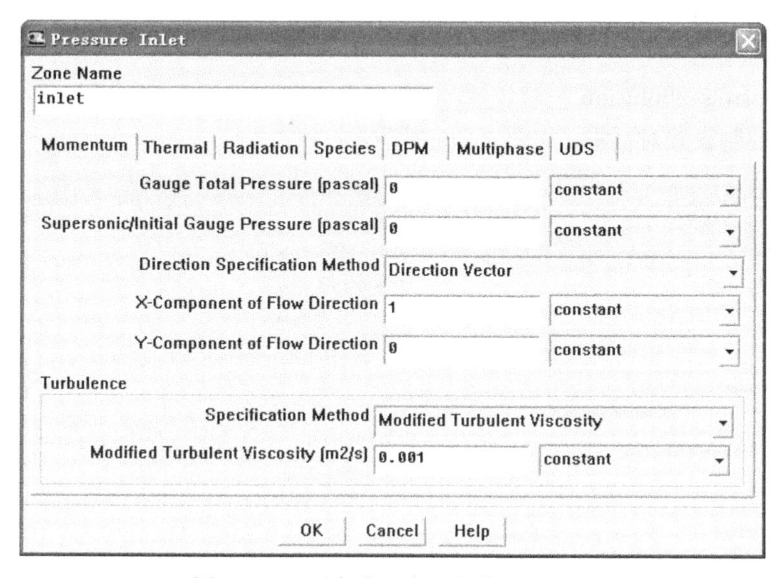

图 12.43　压力进口边界条件设置面板

2) 设置出口边界条件

(1) 在 Zone 列表中选择 outlet，则在 Type 列表中显示其为 pressure-outlet 类型。

(2) 点击 Set...，打开边界条件设置对话框，如图 12.44 所示。

(3) 在 Gauge Pressure 填入 90000；其他项保留默认状态。

(4) 点击 Thermal，设置 Total Temperature 为 288.15。

(5) 点击 OK 关闭对话框。

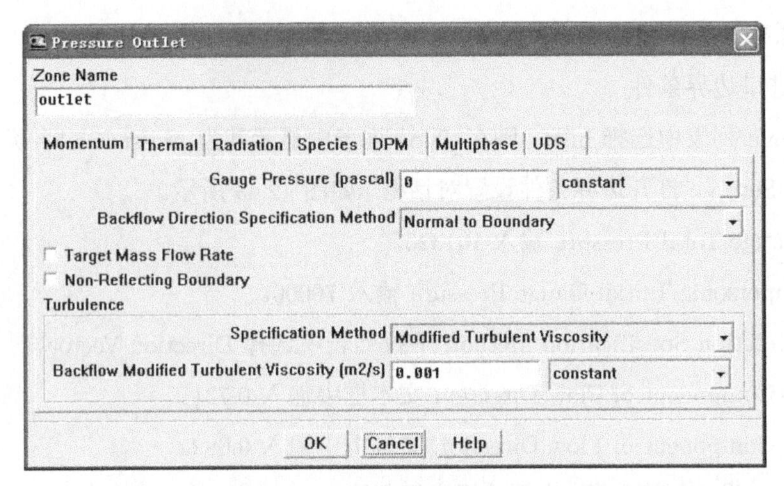

图 12.44　压力出口边界条件设置对话框

6. 求解设置

求解方法设置合理可以加快计算收敛速度。

1) 求解控制设置

操作如下：

Solve→Controls→Solution...

打开求解控制设置对话框，如图 12.45 所示。

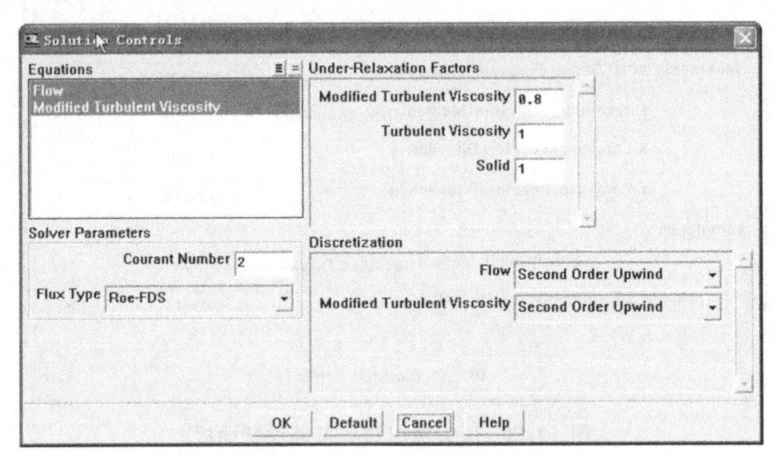

图 12.45　求解控制设置对话框

(1) 在 Flux Type 选项选择差分格式，可以选择 Roe 和 AUSM 格式，图中选择 Roe 格式。

(2) 在 Discretization(离散) 选项中设置离散精度，图 12.45 中为 Second Order Upwind(二阶迎风格式)。

(3) 在 Solver Parameters 下设置 Courant Number，图 12.45 中为 2。

(4) 保留其他默认设置，点击 OK 关闭对话框。

一般情况下，离散精度先给定一阶，Courant Number 先给定小值，具体依据流动来定。

随着计算迭代，流场结构逐步建立起来，此时可以增大 Courant Number，Discretization 设定为 Second Order Upwind(二阶迎风格式)。

2) 求解监视设置

(1) 残差监视。

操作如下：

Solve→Monitors→Residuals...

打开残差监视设置面板，选中 Plot 即可。

残差要求随着迭代步数增加下降，最后趋于稳定。一般要求残差在二阶精度条件下下降到 10^{-3} 以下。

(2) 面参数监视。

操作如下：

Solve→Monitors→Surfaces...

打开对话框，如图 12.46 所示。

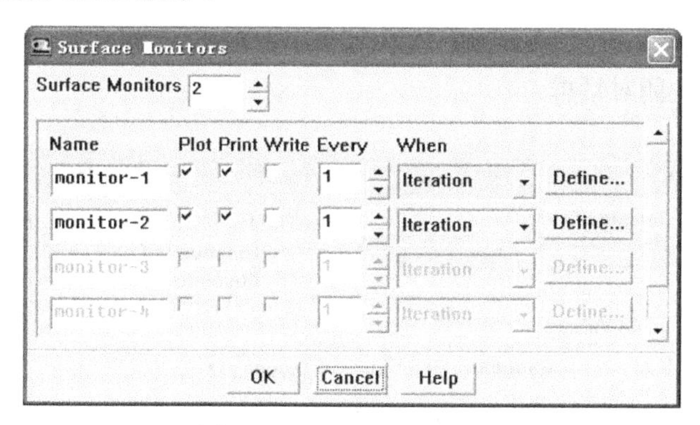

图 12.46　监控面设置面板

(1) 在 Surface Monitors 输入需要监控的参数个数，图中为 2。

(2) 选中 Plot 和 Print。

(3) 点击 Define...按钮，打开 Define Surface Monitor 对话框，如图 12.47 所示。

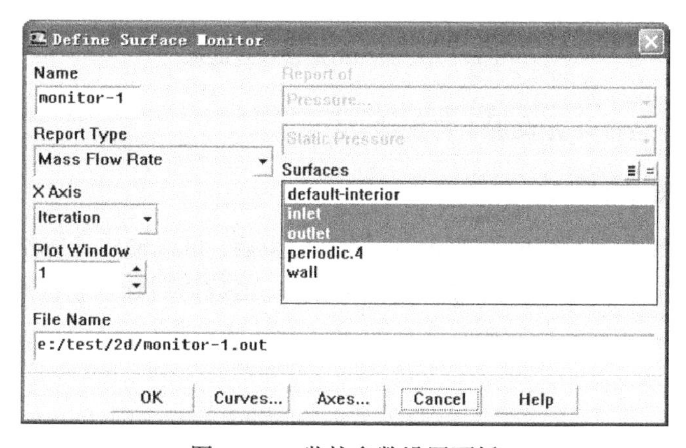

图 12.47　监控参数设置面板

(4) 在 Report Type 下拉列表中选择需要监控的参数，图中选择 Mass Flow Rate。

(5) 在 Surfaces 下拉列表中选择需要监控的面，图中选择 inlet 和 outlet。

(6) 点击 OK 关闭对话框。

同样的方法，对 monitor-2 的监控参数进行设置。

7. 初始化与求解设置

计算开始之前需要对流场进行初始化，对迭代步数、自动保存参数等进行设置；初始流场对计算收敛速度影响很大。

初始化设置操作如下：

Solve→Initializations...

打开初始化设置面板，如图 12.48 所示。

(1) 在 Compute From 下拉列表中选择进行初始化的边界，本例选择 inlet。

(2) 点击 Init 初始化。

(3) 点击 Apply。

(4) 点击 Close 关闭对话框。

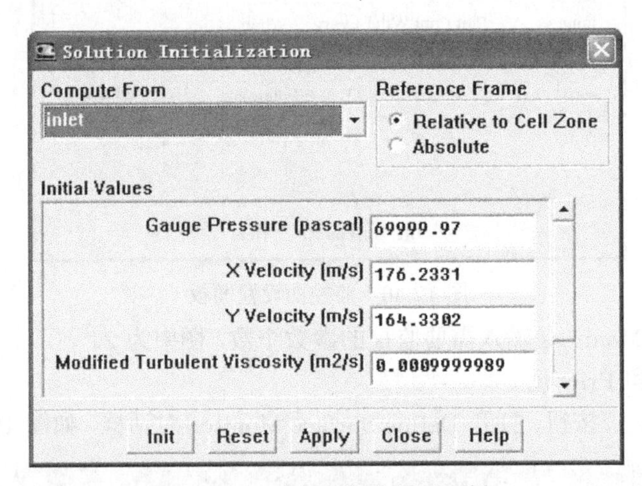

图 12.48　流场初始化设置面板

自动保存设置、运行计算设置不再赘述。

12.3.3　计算结果输出与显示

Fluent 本身具备一定的数据处理功能。计算结束后，可以输出计算结果、显示流场，也可以把计算结果以结果后处理软件的数据格式输出，由数据后处理软件对流场进行处理。

1. 结果输出

执行如下操作：

Report → Surface Integrals...

打开如图 12.49 所示对话框。

(1) 在 Report Type 下拉列表中选择结果类型，图中为：Mass-Weighted Average(流量平均)。

(2) 在 Field Variable 下拉列表中选择流动参数，图中为 Pressure... 和 Static Pressure。

(3) 在 Surfaces 项选择需要输出结果的面，图中为 inlet 和 outlet。

(4) 点击 Compute。

(5) 在 Fluent 主控面上显示出流量平均的进出口压力值，如图 12.50 所示。

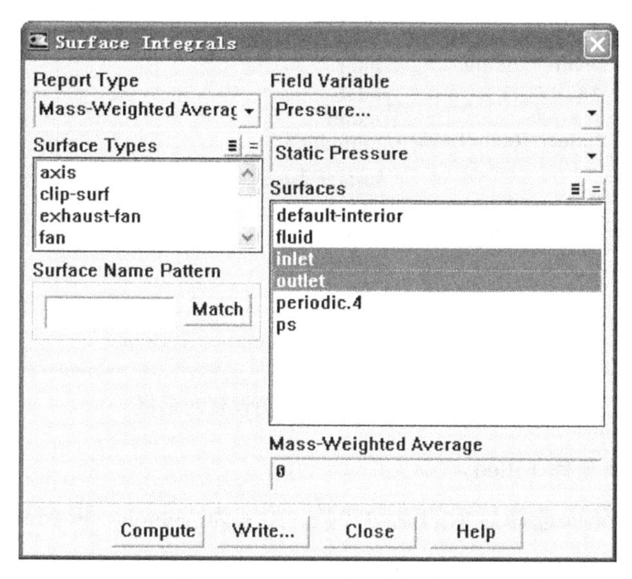

图 12.49　面积分设置面板

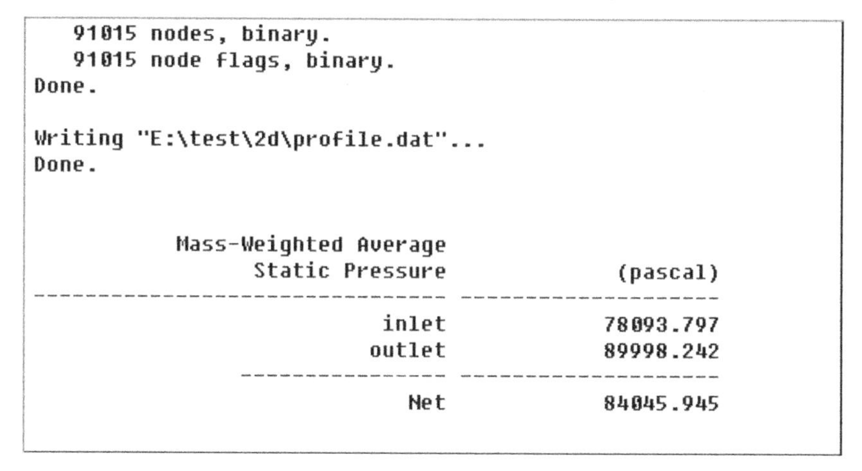

图 12.50　进出口压力值

2. 流场显示

执行如下操作：

Display → Contours...

打开对话框，如图 12.51 所示。

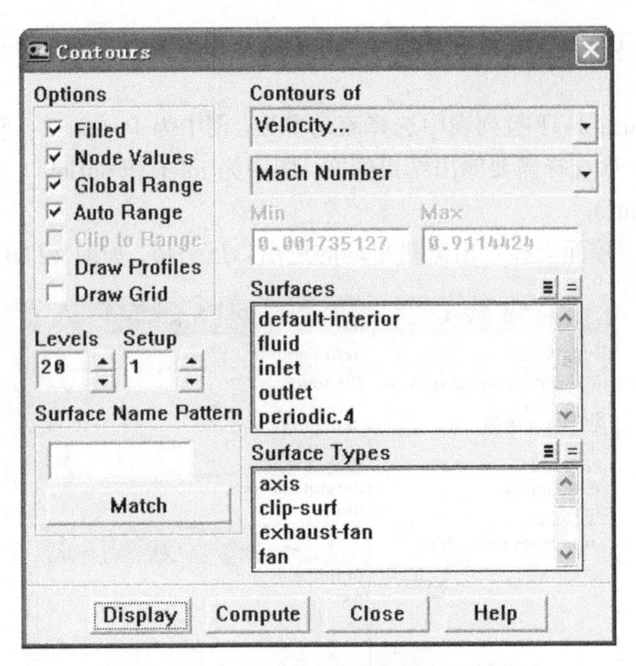

图 12.51　马赫数等值图设置对话框

(1) 在 Options 项选择 Filled。

(2) 在 Contours of 项选择显示的流动参数，图中为 Velocity 和 Mach Number。

(3) 保留其他默认设置，点击 Display。

(4) 得到流场马赫数等值图，如图 12.52 所示。

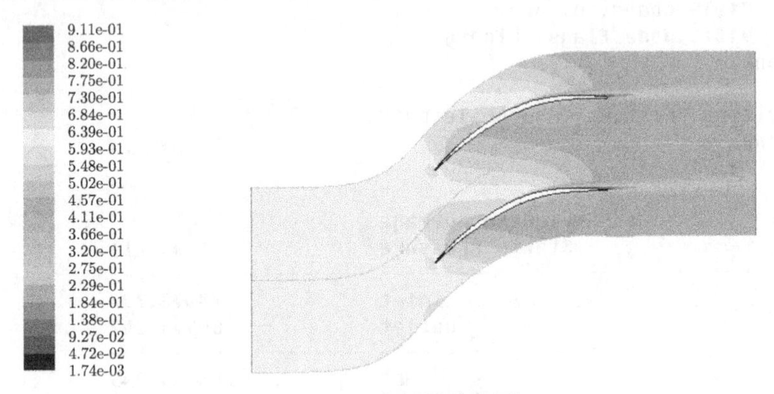

图 12.52　马赫数等值图

3. 沿程参数显示

执行如下操作：

Plot → XY Plot...

打开对话框，如图 12.53 所示。

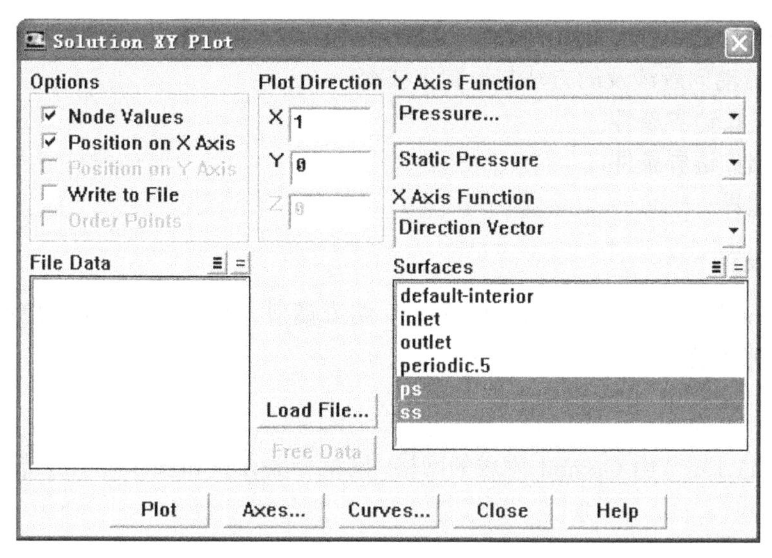

图 12.53　XY 曲线设置对话框

(1) 在 Plot Dirction 选项设置方向。X：1，Y：0 表示沿着 X 方向的参数分布；X：0，Y：1 表示沿着 Y 方向的参数分布；图中为沿着 X 方向的参数分布。

(2) 在 Y Axis Funtion 下拉列表中选择需要显示的流场参数。图中为 Pressure... 和 Static Pressure。

(3) 在 Surfaces 项选择需要显示的曲线，图中为 ps 和 ss。

(4) 点击 Plot。

得到如图 12.54 所示的叶片表面压力分布曲线。

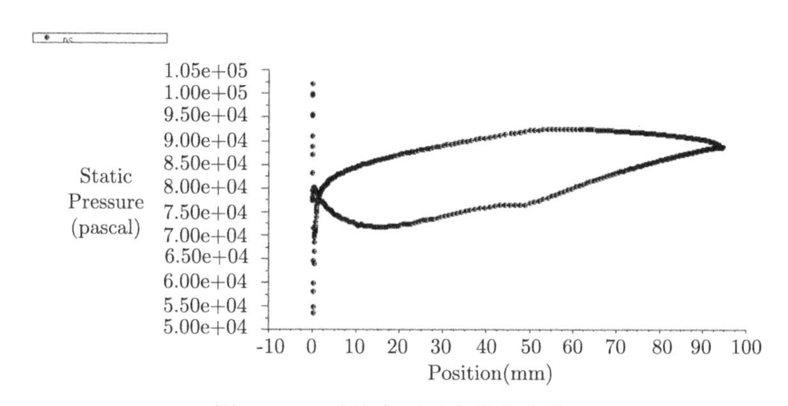

图 12.54　叶片表面压力分布曲线

12.4　三维叶栅流场计算

12.4.1　问题描述

对直叶片构型进行三维环形叶栅建模及流场求解，叶型采用 12.3 节的叶型。该环形叶栅叶根半径为 5000mm，叶高为 200mm，叶片 635 个，叶根栅距 50mm，叶尖栅距 52mm。由于流动的周期性，只需对一个流动通道流场进行计算。

三维叶栅流动问题涉及的方法与设置主要有：

✧ **压力进口边界条件**

✧ **压力出口边界条件**

✧ **周期边界**

12.4.2　计算设置

采用 Fluent 计算需要对网格、物理模型、湍流模型、差分格式以及监控参数等进行设置才能开展计算求解。

1. 网格

网格采用 11.1.6 节由 Gambit 生成的网格，网格相关设置和操作与 12.1 节算例相同，在此不再赘述。

2. 模型设置

1) 设置求解参数

Fluent6.3 执行以下操作设置求解参数：

Define→Models→Solver...

高版本 Fluent 则执行以下操作：

Define→General...

打开求解参数设置面板，如图 12.55 所示。本算例选择 Density Based(基于密度求解)、Implicit(隐式)、3D(三维)、Steady(定常)。

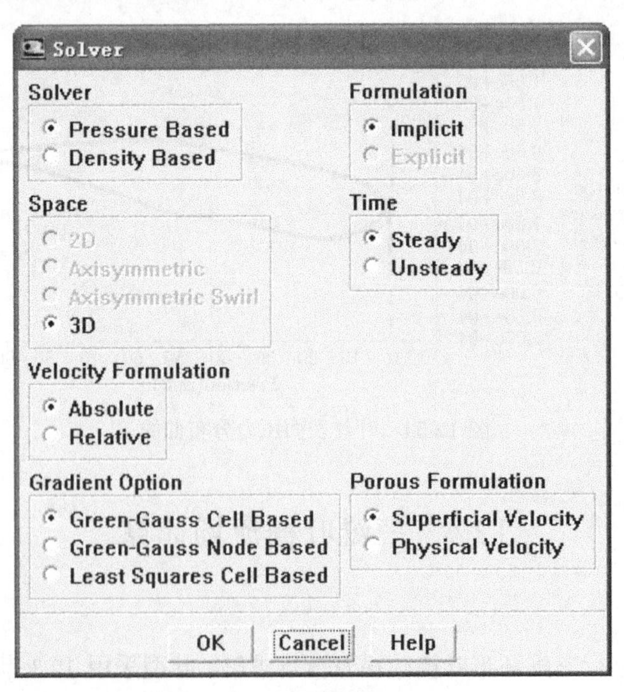

图 12.55　求解参数设置面板

2) 开启能量方程

对于可压缩流场计算，需要开启能量方程。

操作如下：

Define→Models→Energy...

打开能量方程设置面板，选中点击 OK 按钮即可，如图 12.56 所示。

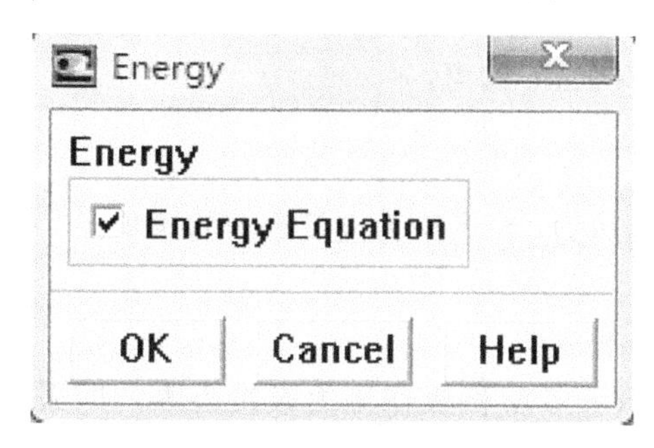

图 12.56　启动能量方程

3) 选择湍流模型

根据流动特点选择合适的湍流模型。

操作如下：

Define→Models→Viscous...

打开湍流模型设置面板，如图 12.57 所示。本算例选择标准 S-A 模型。

设置完毕点击 OK 即可。

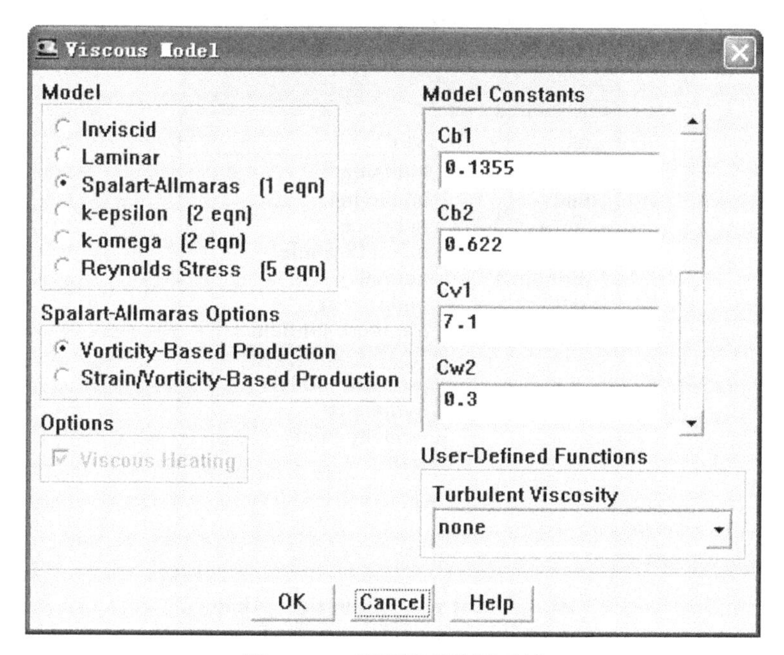

图 12.57　湍流模型设置面板

3. 材料设置

Fluent 默认的流体材料为空气，本算例涉及密度、比热容以及黏性系数随温度的变化，因此需要对材料属性进行设置。操作如下：

Define→Materials...

打开材料属性设置面板。本算例设置如下：

Density 选择 ideal-gas；Viscosity 选择 sutherland 公式描述。

设置完毕单击 Change/Create 即可。

4. 操作条件

操作条件主要设置参考压力、参考压力点及重力的影响。

操作如下：

Define→Operating Conditions...

打开操作条件设置面板。本算例操作压力设置为零，即采用绝对压力，不考虑重力影响。

设置完毕单击 OK 即可。

5. 边界条件设置

需要设置流体区域条件和边界条件。

操作如下：

Define→Boundary Conditions... 或 Cell Zone Conditions

打开边界条件设置面板，如图 12.58 所示。

本算例需要设置压力进口、压力出口以及壁面边界条件。

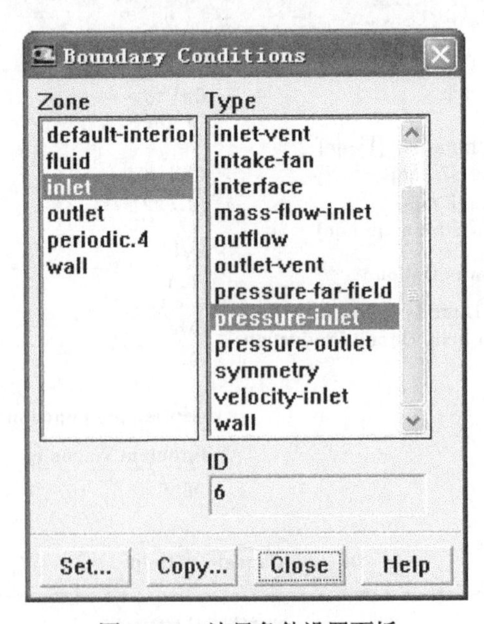

图 12.58　边界条件设置面板

1) 设置进口边界条件

(1) 在 Zone 列表中选择 inlet，则在 Type 列表中显示其为 pressure-inlet 类型。

(2) 点击 Set...，打开边界条件设置对话框，如图 12.59 所示。

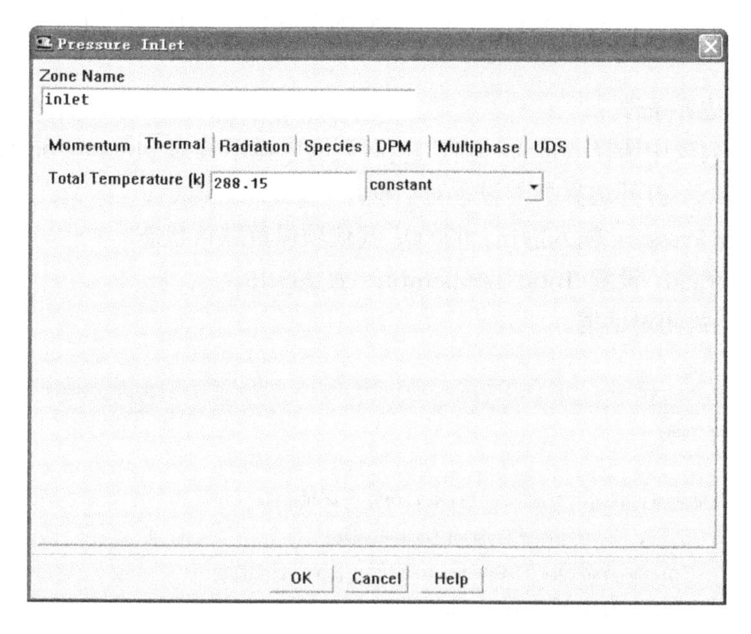

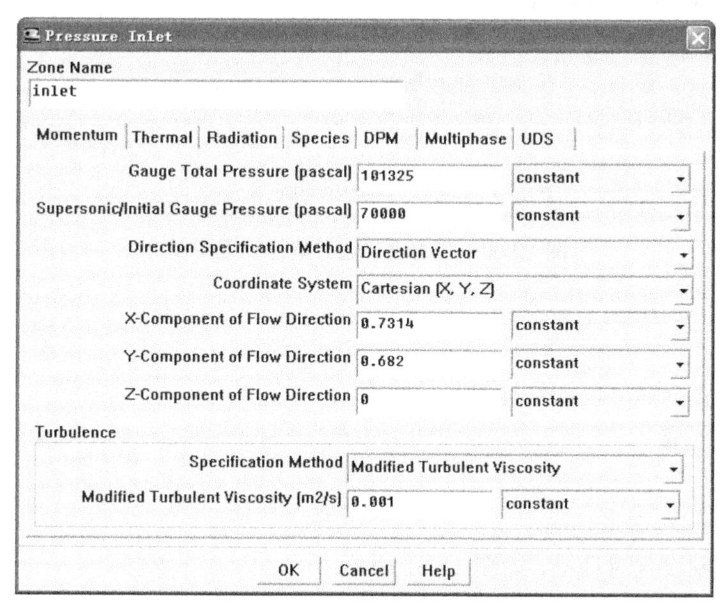

图 12.59　压力进口边界设置面板

(3) 在 Gauge Total Pressure 输入 101325。

(4) 在 Supersonic/Initial Gauge Pressure 输入 70000。

(5) 在 Direction Specification Method 下拉列表中选择 Direction Vector。

(6) 在 X-Component of Flow Direction 文本框中填入 0.7314。

(7) 在 Y-Component of Flow Direction 文本框中填入 0.682。

注：(6)、(7) 设置气流攻角。叶栅进气角给定 43°，则 X-Component of Flow Direction 值是 cos43°，Y-Component of Flow Direction 是 sin43°。其他保留默认状态。

(8) 点击 Thermal，设置 Total Temperature 为 288.15，如图 12.59 所示。

(9) 点击 OK。

2) 设置出口边界条件

(1) 在 Zone 列表中选择 outlet，则在 Type 列表中显示其为 pressure-outlet 类型。

(2) 点击 Set...，打开边界条件设置对话框，如图 12.60 所示。

(3) 在 Gauge Pressure 输入静压：90000；其他项保留默认状态。

(4) 点击 Thermal，设置 Total Temperature 为 288.15。

(5) 点击 OK 关闭对话框。

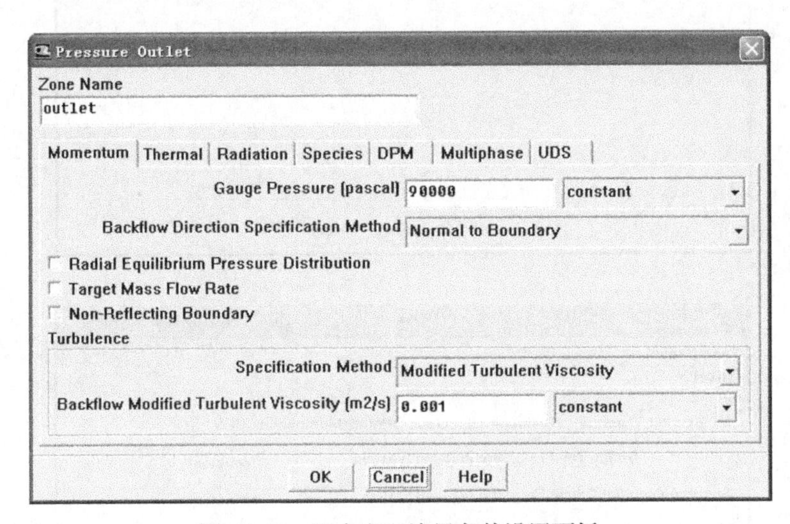

图 12.60　压力出口边界条件设置面板

6. 求解设置

求解方法设置合理可以加快计算收敛速度。

1) 求解控制设置

操作如下：

Solve→Controls→Solution...

打开求解控制设置对话框，如图 12.61 所示。

(1) 在 Flux Type 选项选择差分格式，可以选择 Roe 和 AUSM 格式，图中选择 Roe 格式。

(2) 在 Discretization(离散) 选项中设置离散精度，图 12.61 中为 Second Order Upwind(二阶迎风格式)。

(3) 在 Solver Parameters 下设置 Courant Number，图 12.61 中为 2。

(4) 保留其他默认设置，点击 OK 关闭对话框。

一般情况下，离散精度先给定一阶，Courant Number 先给定小值，具体依据流动来定。随着计算迭代，流场结构逐步建立起来，此时可以增大 Courant Number，Discretization 调整为 Second Order Upwind(二阶迎风格式)。

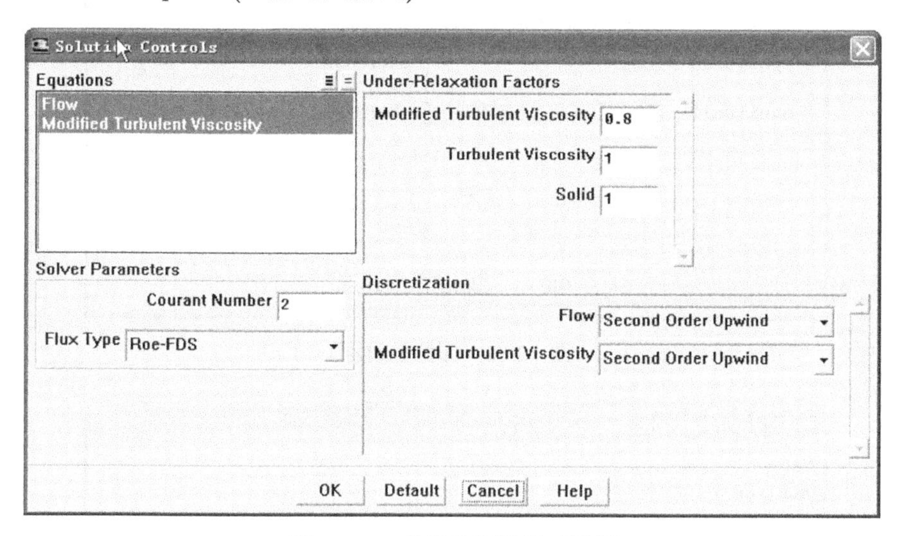

图 12.61　求解控制设置对话框

2) 求解监视设置

(1) 残差监视。

操作如下：

Solve→Monitors→Residuals...

打开残差监视设置面板，选中 Plot 即可。

(2) 面参数监视。

操作如下：

Solve→Monitors→Surfaces...

打开对话框，如图 12.62 所示。

(1) 在 Surface Monitors 输入 2。

(2) 选中 Plot 和 Print。

(3) 点击 Define...按钮，打开 Define Surface Monitor 对话框，如图 12.63 所示。

(4) 在 Report Type 下拉列表中选择结果类型，图中选择 Mass Flow Rate。

(5) 在 Surfaces 下拉列表中选择面，图中选择 inlet 和 outlet。

(6) 点击 OK 关闭对话框。

同样对 monitor-2 进行设置。

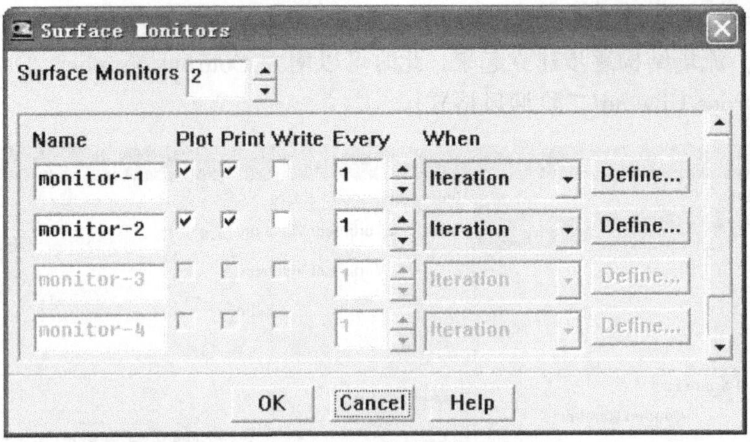

图 12.62　面监控设置

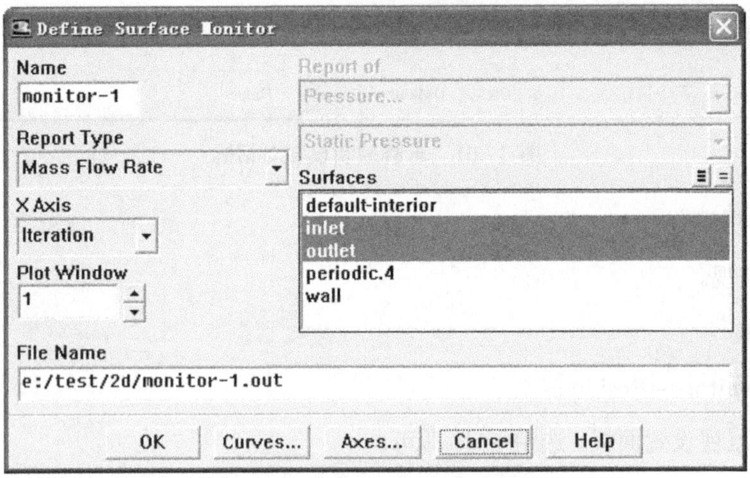

图 12.63　监控参数设置面板

7. 初始化与求解设置

在计算时，流场初始化对计算收敛速度影响很大，计算开始之前需要对流场进行初始化，对迭代步数、自动保存参数等进行设置。

初始化设置操作如下：

Solve→Initializations...

打开初始化设置面板，如图 12.64 所示。

(1) 在 Compute From 下拉列表中选择进行初始化的边界，图中为 inlet。

(2) 点击 Init 初始化，点击 Apply。

(3) 点击 Close 关闭对话框。

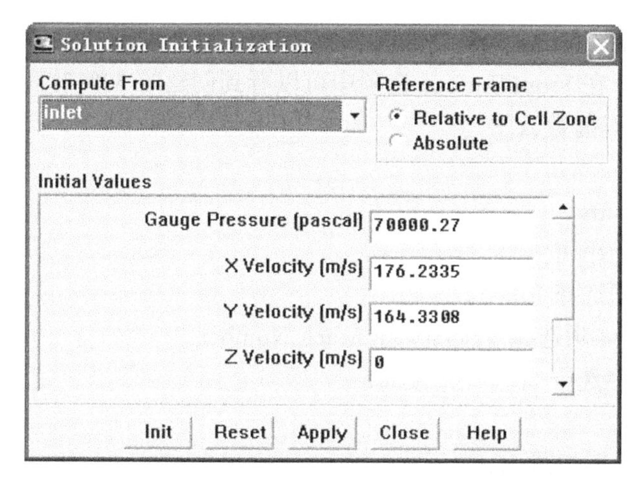

图 12.64　流场初始化设置面板

自动保存设置、运行计算设置不再赘述。

12.4.3　计算结果输出与显示

Fluent 本身具备一定的结果处理能力。计算结束后，可以输出计算结果、显示流场，也可以把计算结果以结果后处理软件的数据格式输出，由数据处理软件进行结果后处理。

1. 不同叶高 S1 流面流动参数显示

1) 创建不同叶高的 S1 流面，以 50%叶高为例。

操作如下：

Surface→Ios-Surface...

打开图 12.65 所示对话框。

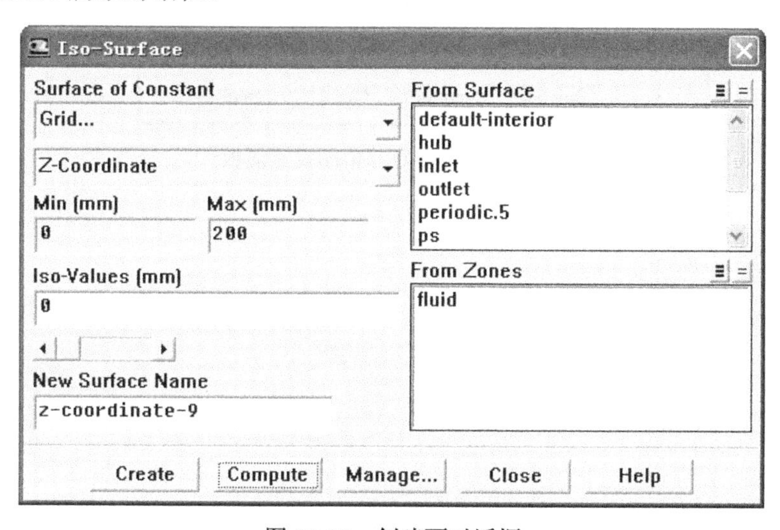

图 12.65　创建面对话框

(1) 在 Surface of Constant 项选择 Grid 和 Z-Coordinate。

(2) 点击 Compute，Min(mm) 和 Max(mm) 中分别显示网格 Z 的最大值和最小值。

(3) 在 Iso-Values(mm) 中填入 100，代表 50%叶高的位置 (叶高范围为 0~200mm)。

(4) 在 New Surface Name 为新创建的面命名。

(5) 点击 Create，在 From Surface 选项中可以看到创建的 50%叶高截面。

2) 显示 S1 流面马赫数云图

操作如下：

Display → Contours...

打开图 12.66 所示面板。

(1) 在 Options 项选择 Filled。

(2) 在 Contours of 项选择 Velocity 和 Mach Number。

(3) 在 Surfaces 栏选中 50%叶高截面。

(4) 点击 Display。

S1 流面马赫数云图如图 12.67 所示。

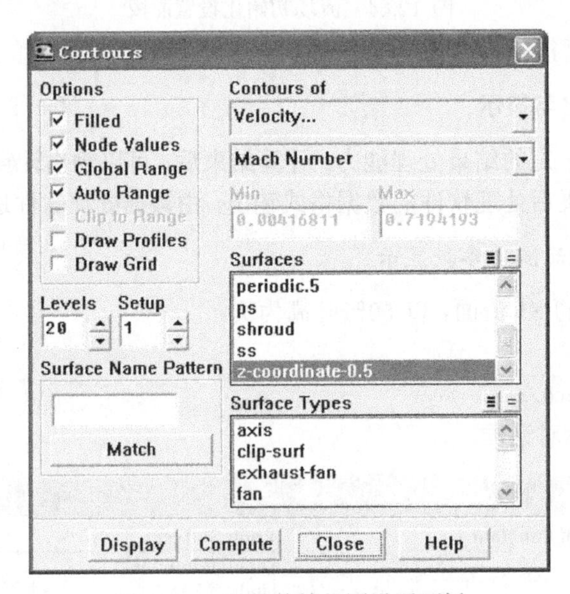

图 12.66 马赫数等值图设置面板

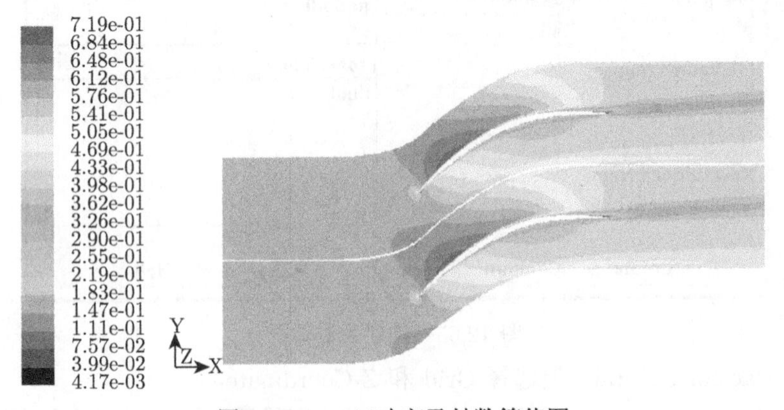

图 12.67 50%叶高马赫数等值图

2. 不同叶高上的叶片表面压力沿程分布显示

1) 创建不同叶高的压力面和吸力面，以 50%叶高为例。

操作如下：

Surface→Iso-Surface...

打开如图 12.65 所示的 Iso-Surface 对话框。

(1) 在 Surface of Constant 项中选择 Grid 和 Z-Coordinate。

(2) 点击 Compute，Min(mm) 和 Max(mm) 中分别显示网格 Z 的最大值和最小值。

(3) 在 From Surface 栏里选中 ps。

(4) 在 Iso-Values(mm) 中填入 100，代表 50%叶高的位置。

(5) 在 New Surface Name 为新创建的面命名。

(6) 点击 Create，在 From Surface 里可以看到创建的 50%叶高截面。

同样的方法创建 50%叶高吸力面。

2) 显示 50%叶高叶片表面压力分布

操作如下：

Plot → XY Plot...

打开曲线对话框，如图 12.68 所示。

注：图中 Plot Direction 设定参数分布方向，X：1，Y：0 表示沿着 X 方向的参数分布；X：0，Y：1 表示沿着 Y 方向的参数分布。

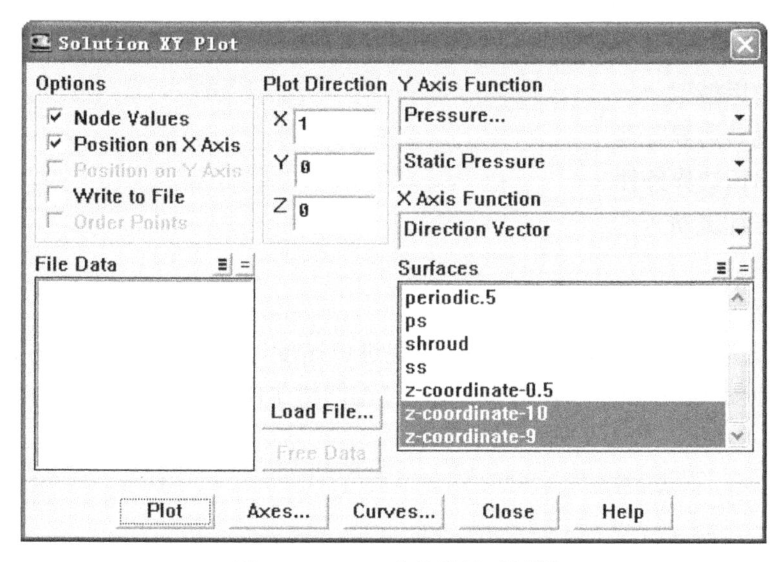

图 12.68　XY 曲线设置对话框

(1) 在 Y Axis Funtion 下拉列表中选择 Pressure...和 Static Pressure。

(2) 在 Surfaces 项选择创建的 50%叶高吸力面和压力面。

(3) 点击 Plot。

50%叶高叶片表面压力分布曲线如图 12.69 所示。

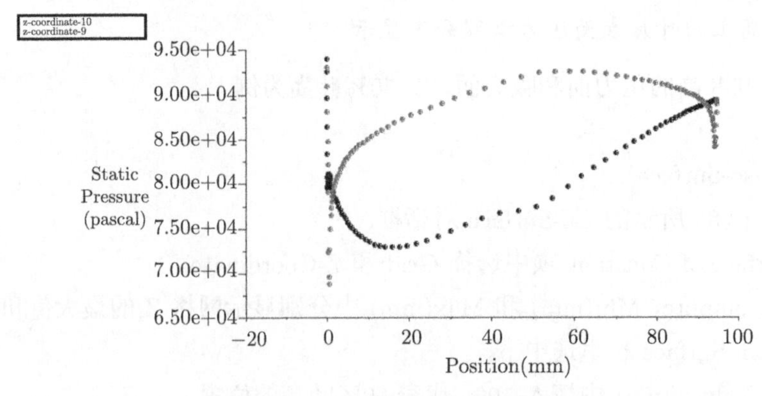

图 12.69　叶片表面压力分布曲线

12.5　燃烧及化学反应计算

12.5.1　问题描述

燃烧室内存在复杂的流场结构、两相流、复杂而剧烈的化学反应，整个燃烧过程包含液滴的喷注、碰撞、破碎、雾化、蒸发、燃烧等，因此采用数值仿真的方法精确模拟燃烧室内的流场与化学反应存在一定的难度。本节以一个简单的带稳定器的燃烧室为例，讲述 Fluent 与燃烧计算相关的设置。本例使用 EDC 反应模型配合详细化学反应机理模拟甲烷燃烧及化学反应。

燃烧室与燃烧问题涉及的方法与设置主要有：

✧　**组分输运模型**

✧　**速度进口边界条件**

✧　**压力出口边界条件**

✧　**不可压缩流动**

✧　**变比热容**

✧　**化学反应机理**

本算例燃烧室进口空气速度 10m/s，甲烷进口速度 10m/s，出口采用压力出口边界条件，模型结构如图 12.70 所示。采用 Gambit 二维网格生成方法创建计算域网格并输出，如图 12.71 所示。

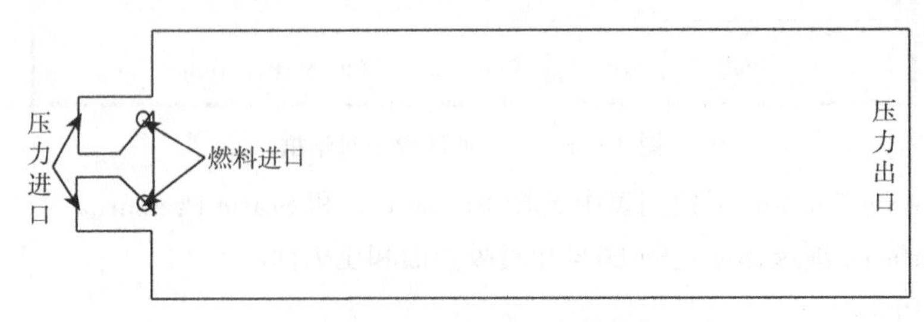

图 12.70　开缝钝体稳定器模型

图 12.71　开缝钝体稳定器计算域网格

12.5.2　计算设置

1. 网格

1) 读入网格

执行以下操作：

File→Read→Case/Mesh...

2) 检查网格

执行以下操作检查网格：

File→Grid→Check...

如果网格不存在负体积、符合右手法则，则网格检查成功，显示 “Done”，如图 12.72 所示。否则会显示检查失败 “Check Failed”，此时需要进一步调整网格。

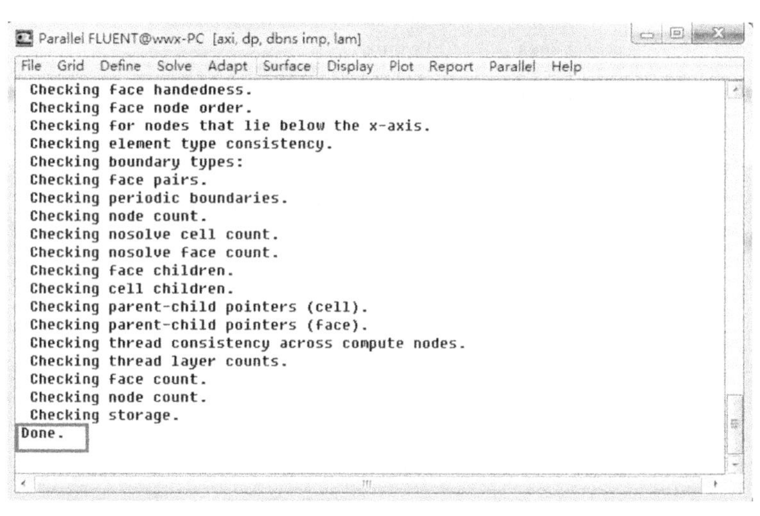

图 12.72　网格检查

3) 单位换算

如果网格生成软件的默认单位与 Fluent 的默认单位不一致，需要在 Fluent 进行单位换算，以保证计算域尺寸与实际尺寸一致。执行操作如下：

File→Grid→Scale...

打开如图 12.73 所示对话框，此时在 Unit Conversion→Grid Was Created In 选项中选择 mm 即可。

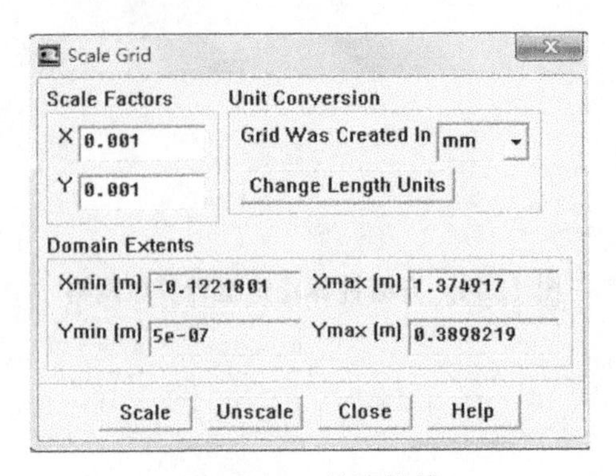

图 12.73　单位换算

4) 显示网格

执行操作如下：

Display→Grid...

打开图 12.74 所示对话框，二维网格在 Options 选项选择 Edges，Surfaces 选项全选，点击 Display 按钮即可在窗口中显示网格。如果是三维网格，可以在 Surfaces 选项选择需要显示网格的面。

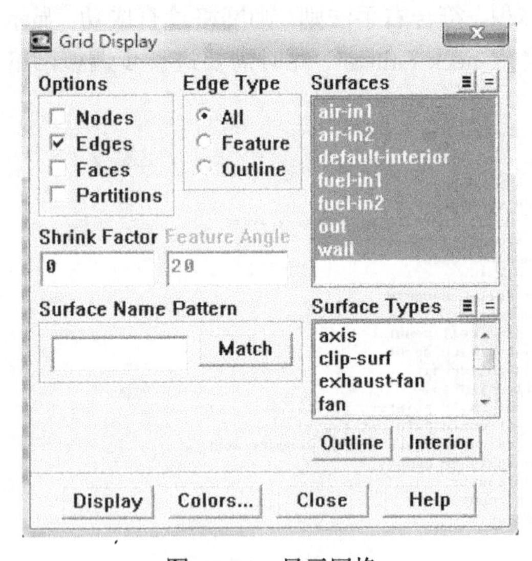

图 12.74　显示网格

2. 模型设置

1) 设置求解参数

Fluent6.3 执行以下操作设置求解参数：

Define→Models→Solver...

高版本 Fluent 则执行以下操作：

Define→General...

打开求解参数设置面板，如图 12.75 所示。本算例选择 Pressure Based(基于压力求解)、Implicit(隐式)、2D(二维求解)、Steady(定常)。

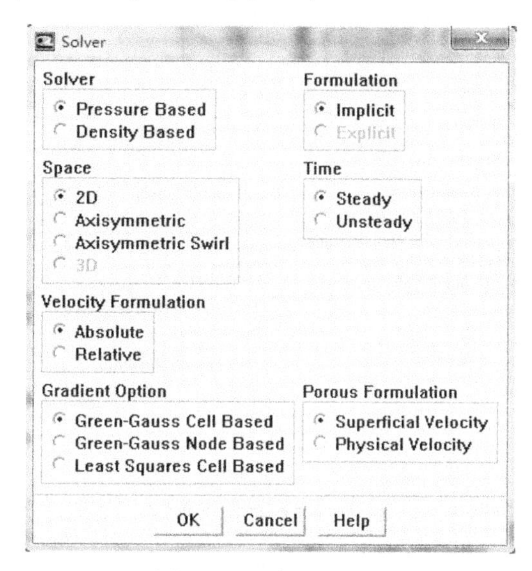

图 12.75　求解器设置

2) 开启能量方程

本算例涉及燃烧传热问题，需要开启能量方程。

操作如下：

Define→Models→Energy...

打开能量方程设置面板，选中点击 OK 按钮即可，如图 12.76 所示。

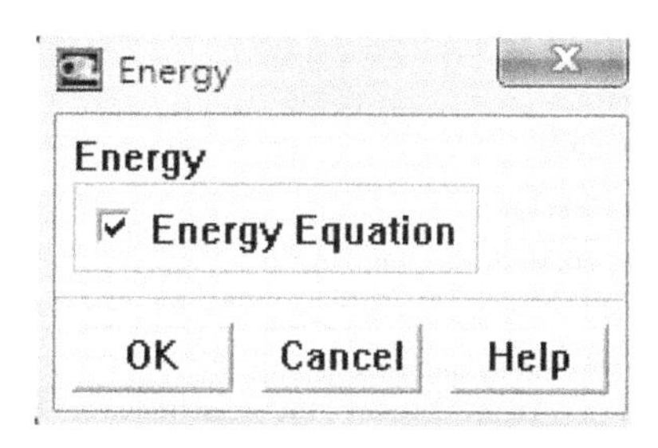

图 12.76　启动能量方程

3) 选择湍流模型

根据流动特点选择合适的湍流模型。

操作如下：

Define→Models→Viscous...

打开湍流模型设置面板，如图 12.77 所示。本算例选择标准 κ-ε 模型，壁面处理采用标准壁面函数。设置完毕点击 OK 即可。

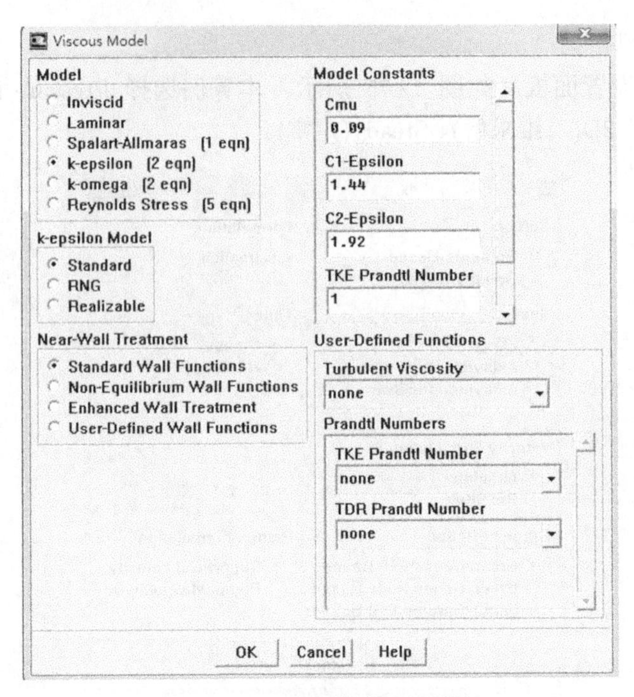

图 12.77　湍流模型设置面板

3. 详细化学反应机理导入

由于计算过程考虑了详细化学反应机理，需要将提前写好的反应机理导入 Fluent。操作如下：

File→Import→CHEMKIN Mechanism

如图 12.78 所示。

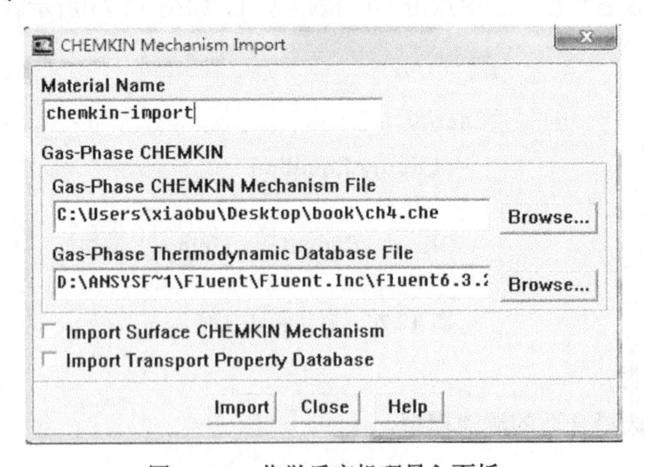

图 12.78　化学反应机理导入面板

4. 组分输运模型设置

执行操作如下：

Define→Models→Species→Transport&Reaction

打开组分输运模型设置面板，如图 12.79 所示。

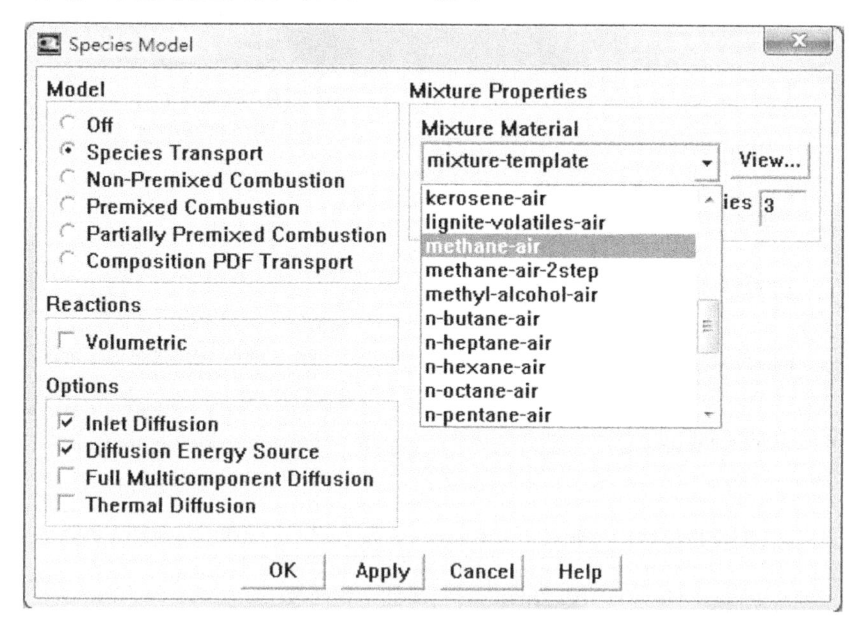

图 12.79　组分输运模型

Model 选项包含多种输运模型，比如组分输运模型 (Species Transport)、Non-Premixed Combustion(非预混燃烧模型)、Premixed Combustion(预混燃烧模型)、Partially Premixed Combustion(部分预混燃烧模型) 及 PDF 模型等。注意：基于密度的求解器 (Density based) 只包含选中组分输运模型 (Species Transport)。本例选择 Species Transport 模型。

Mixture Material(混合材料) 包含多种混合物，根据燃料种类选择相应的混合物。

注：实际的燃烧过程分为预混燃烧、非预混燃烧、部分预混燃烧。对于燃烧模型，非预混燃烧模型适用于湍流火焰扩散的反应；预混燃烧模型主要用于完全预混合反应物流动；部分预混燃烧模型适用于区域内预混非预混都存在的流动。

如果已经加入详细化学反应机理，混合物材料自动选择反应机理内的物质，本例显示为 chemkin-import。

5. 材料物性参数设置

本例涉及多种材料物性参数的设置。操作如下：

Define→Materials...

打开材料属性设置面板，如图 12.80 所示。

本算例空气设置如下：

Density：incompressible-ideal-gas；Cp：多项式描述；Viscosity：surtherland。

设置完毕单击 Change/Create 即可。

注：此外还要对燃料、混合物、O_2、CO_2、N_2、H_2O 等其他材料进行属性设置。

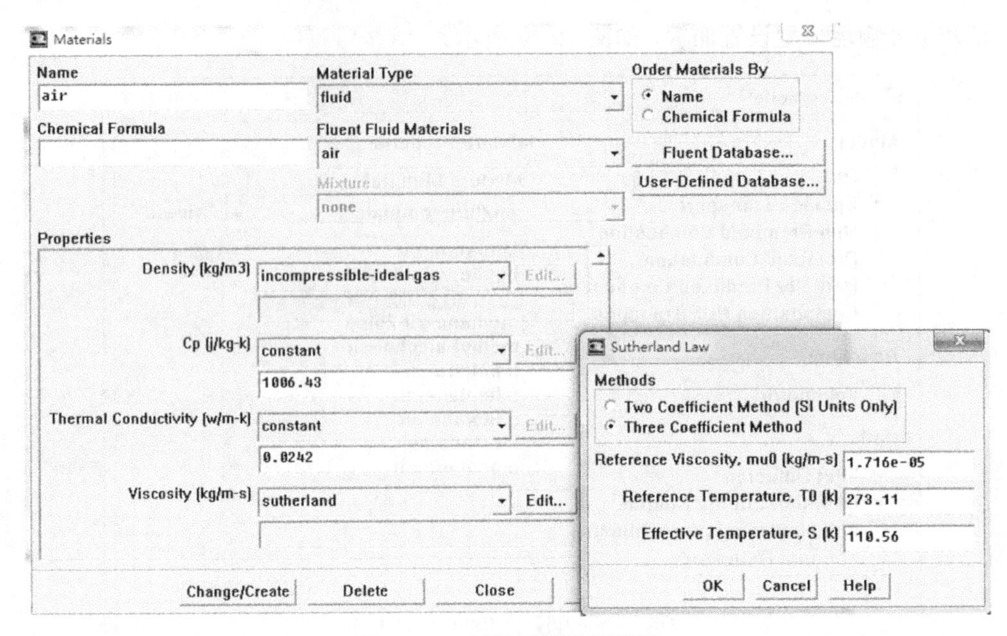

图 12.80　材料属性设置面板

6. 操作条件

操作条件主要设置参考压力、参考压力点及重力的影响。

操作如下：

Define→Operating Conditions...

打开操作条件设置面板，如图 12.81 所示。本算例操作压力设置为一个标准大气压 101325Pa，不考虑重力影响。对于不可压理想流动，参考压力不能设置为零，否则将导致密度为零，详细解释见 10.8.8 节。

设置完毕单击 OK 即可。

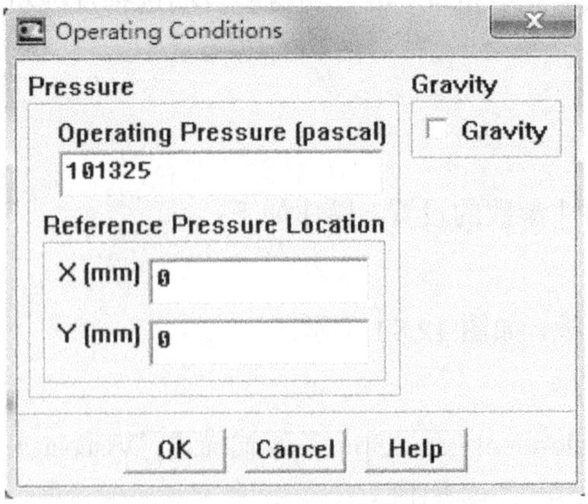

图 12.81　操作条件设置面板

7. 边界条件设置

需要设置流体区域条件和边界条件。

操作如下：

Define→Boundary Conditions... 或 Cell Zone Conditions

打开边界条件设置面板，如图 12.82 所示。

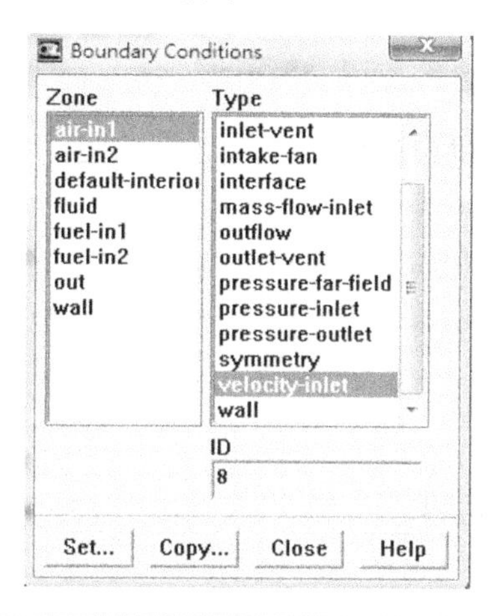

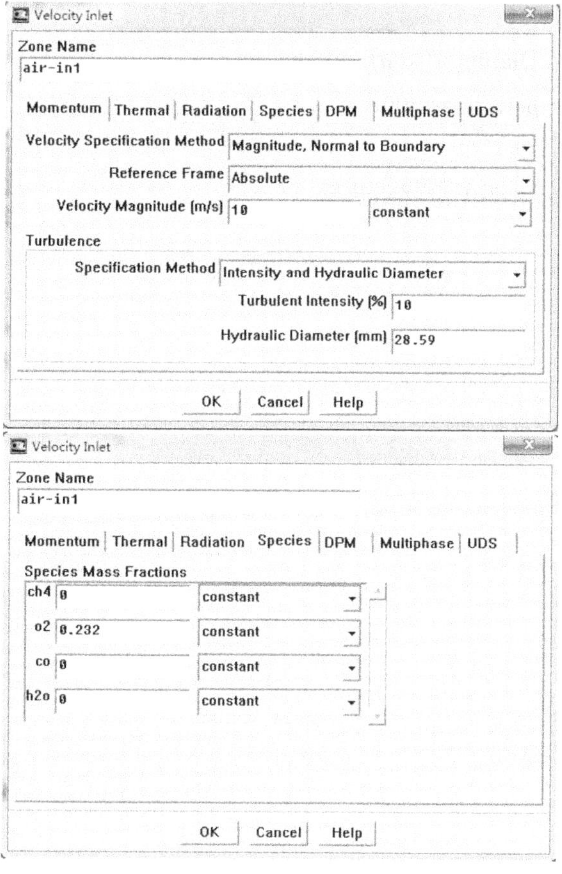

图 12.82　边界条件设置面板

本算例需要设置速度进口、压力出口以及壁面边界条件。具体设置如下：

1) Velocity-inlet(空气速度进口边界 air-in1，air-in2)

Velocity Magnitude：10m/s

Turbulent Intensity：5%

Hydraulic Diameter(mm)：28.59

Total Temperature：300K

Species O_2:0.21。

2) Velocity-inlet (甲烷速度进口边界 fuel-in1，fuel-in2)

Velocity Magnitude:10m/s

Turbulent Intensity:5%

Hydraulic Diameter(mm) : 2.03

Total Temperature:300K

Species ch4:1。

3) Pressure-out (压力出口边界)

Gauge Pressure: 0

Turbulent Intensity:5%

Backflow Hydraulic Diameter(mm): 130.84

Backflow Total Temperature：300K

4) Wall(壁面)

设置如图 12.83 所示，即无滑移绝热壁。

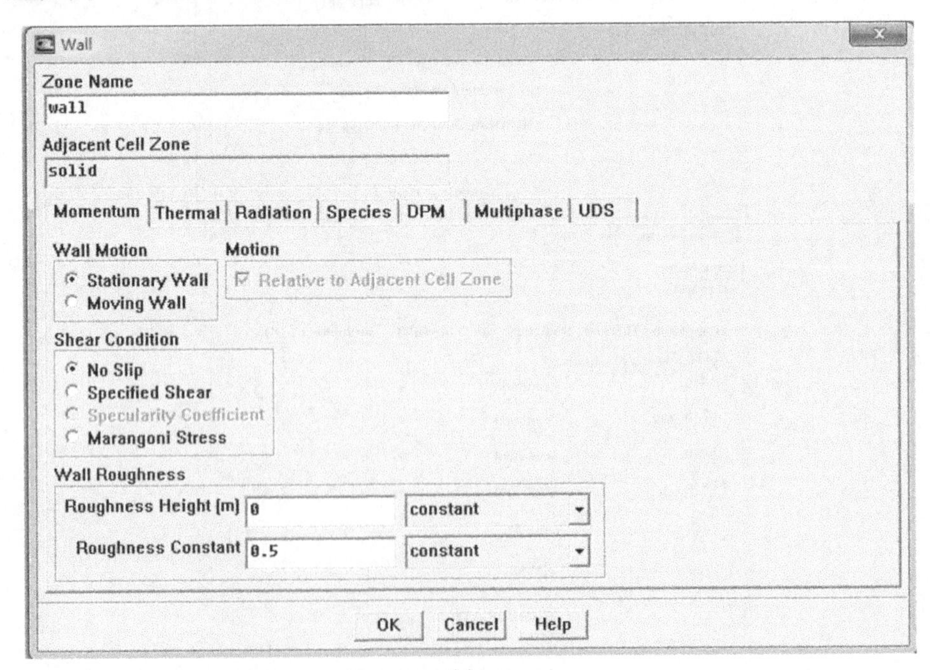

(a)

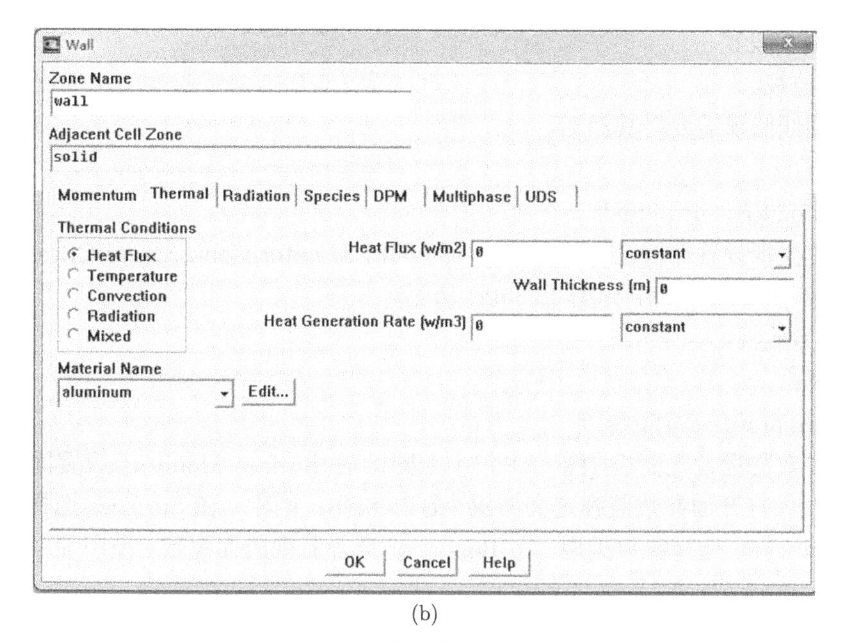

(b)

图 12.83　壁面条件设置面板

8. 求解设置

求解方法设置合理可以加快计算收敛速度。

1) 求解控制设置

操作如下：

Solve→Controls→Solution...

打开求解控制设置对话框，如图 12.84 所示。压力速度耦合选用 SIMPLE 算法，Under-Relaxation Factors 默认初始值，如图 12.84 所示即可。随着计算进行，可以把 Discretization 下所有参数设置为 Second Order Upwind(二阶迎风格式)。

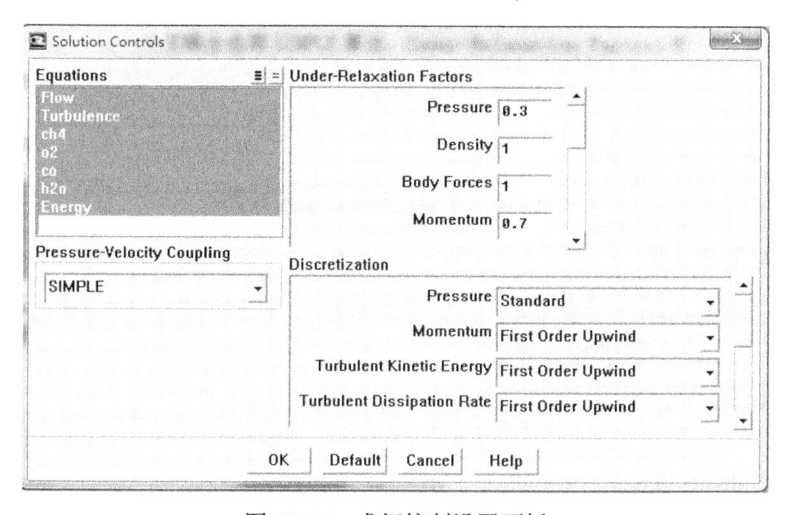

图 12.84　求解控制设置面板

2) 求解监视设置

(1) 残差监视。

对残差曲线监视需要将其激活。

操作如下：

Solve→Monitors→Residuals...

打开残差监视设置面板，选中 Plot 即可。同时 Monitor Convergence Criteria 任选一项设置收敛标准，尽量小一点，如图 12.85(a) 所示。

(2) 面参数监视。

操作如下：

Solve→Monitors→Surfaces...

打开面参数监视设置面板 (图 12.85(b) 上图)，在 Surface Monitors 设置面参数监视个数；点击 Define 打开面参数监视定义面板 (图 12.85(b) 下图)，在 Surfaces 选择需要监视的面，在 Report Type 选择参数类型，在 Report of 选择监视的面参数，图中显示燃烧室出口流量。

设置完毕点击 OK。

要求监控参数不随迭代步数变化。

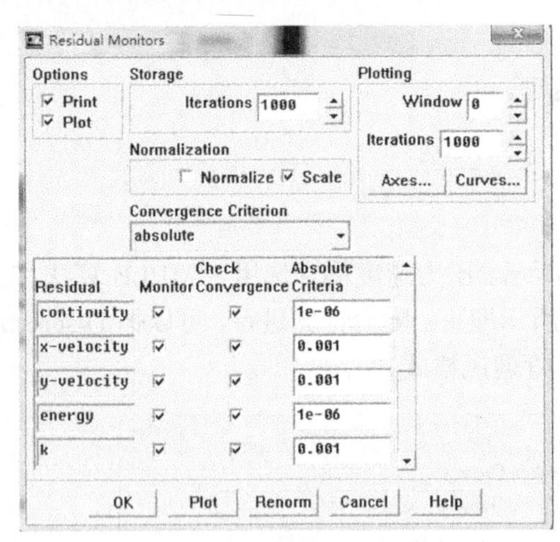

(a) 残差监视

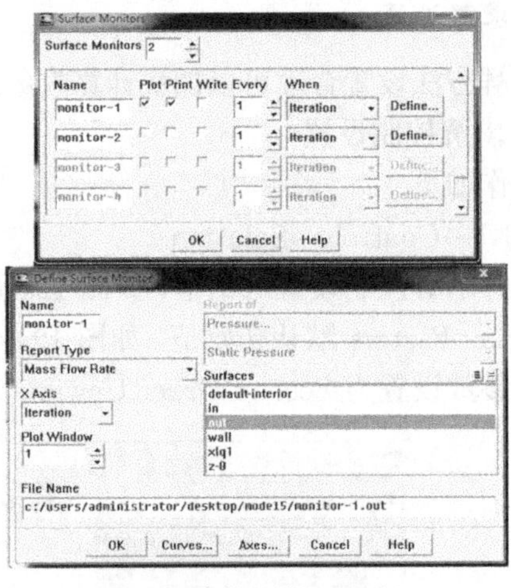

(b) 面参数监控设置面板

图 12.85　求解过程参数监控设置

9. *初始化与求解设置*

在计算时，流场初始化对计算收敛速度影响很大，计算开始之前需要对流场进行初始化，迭代步数、自动保存等进行设置。

1) 初始化设置

操作如下：

Solve→Initializations...

打开初始化设置面板，如图 12.86 所示。

(1) 在 Compute From 下来列表中选择 all-zones。

(2) 点击 Init 初始化。

(3) 点击 Apply。

(4) 点击 Close 关闭对话框。

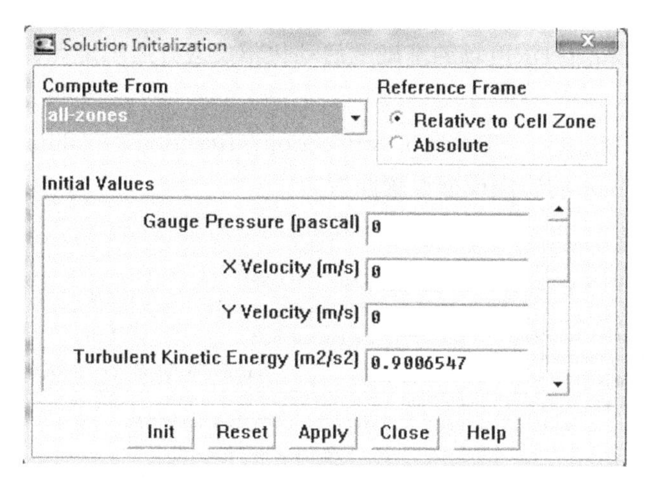

图 12.86　流场初始化设置面板

2) 自动保存设置

间隔一定步数将计算结果自动保存十分必要，方便用户读取之前的数据，同时防止计算非计划停止导致计算结果丢失。

操作如下：

File→Write→Autosave...

打开自动保存设置面板，可以分别设置 case 和 data 文件自动保存的间隔步数。

3) 运行计算设置

所有设置完成后，首先保存当前的 case 文件，然后进行迭代计算。

操作如下：

Solve→Iterate/Run Calculation...

打开计算设置面板，如图 12.87 所示。在 Number of Iterations 设置迭代步数，迭代步数可以设置大一点，达到收敛条件，终止计算即可。

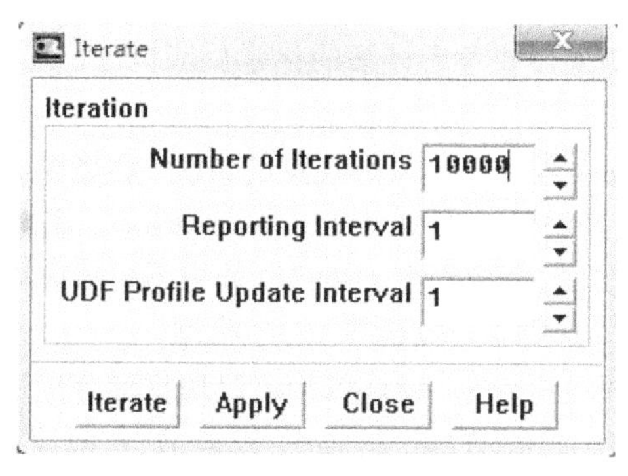

图 12.87　计算设置面板

以上获得了未发生化学反应的冷态流场。如果流动复杂，也可以进一步细化计算流程，可以先计算流场，然后喷燃料获得浓度场。

10. 燃烧模型选择设置

在以上冷态流场和燃料浓度场的基础上启动化学反应开展燃烧计算。

操作如下：

Define→Models→Species→Transport&Reaction→Reactions→Volumetric

打开如图 12.88 所示的燃烧模型设置面板。

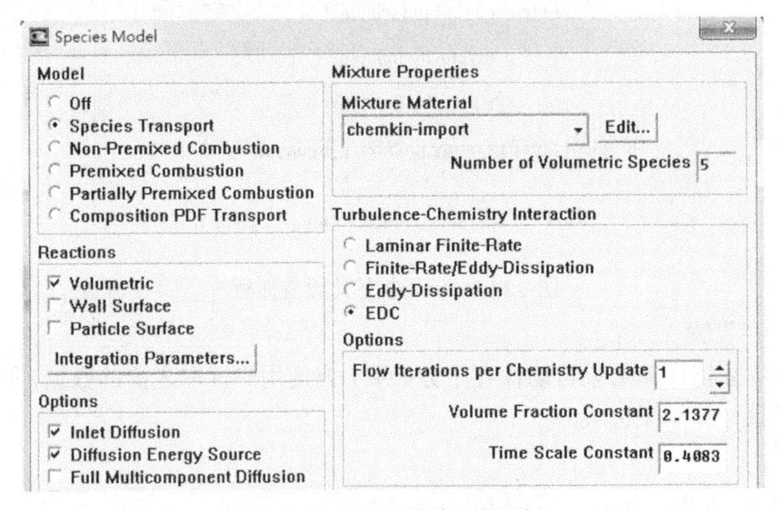

图 12.88　燃烧模型设置面板

Turbulence-Chemistry Interaction 列表中包含四种化学反应模型：Laminar Finite-Rate、Finite-Rate/Eddy-Dissipation、Eddy-Dissipation、EDC 模型。

本算例选择 EDC 模型。该模型包含详细的化学反应机制。

注：首先需要判定流动状态，层流/湍流。如果是层流流动，反应模型选择 Laminar Finite-Rate；如果是湍流流动，需要根据实际情况具体分析。湍流反应中，对于燃料和空气通过多股射流进入燃烧室的情况，燃烧模型可以考虑非预混模型、PDF 输运模型，化学反应模型可以选择涡耗散模型 (Eddy-Dissipation)、涡耗散/有限速率模型 (Finite-Rate/Eddy-Dissipation)、涡耗散概念模型 (EDC)。如果需要考虑详细的化学反应机理，只能在 PDF 模型和 EDC 模型中选择。

对于燃料与空气已经完全预混后进入燃烧室的情况，燃烧模型可以考虑预混模型、PDF 模型，化学反应模型可以选择涡耗散模型 (Eddy-Dissipation)、涡耗散/有限速率模型 (Finite-Rate/Eddy-Dissipation)、涡耗散概念模型 (EDC)。如果需要考虑详细的化学反应机理，只能在 PDF 模型和 EDC 模型中选择，一般选择 EDC 模型。

对于燃料与空气部分预混的情况，燃烧模型可以选择部分预混模型、PDF 模型，化学反应模型可以选择涡耗散模型 (Eddy-Dissipation)、涡耗散/有限速率模型 (Finite-Rate/Eddy-Dissipation)、涡耗散概念模型 (EDC)。如果需要考虑详细的化学反应机理，只能在 PDF 模型和 EDC 模型中选择，一般选择 EDC 模型。

一般而言，PDF 模型准确性最好，计算量最大。涡耗散模型适用于较多情况。有兴趣的读者根据需要，可以查看帮助文件或者相关书籍了解燃烧与化学反应模型的详细信息。

11. Patch 初始温度

在反应迭代计算前需要初始化一块区域的温度，给予高温后该区域启动化学反应。Patch 命令可以对某个区域某个参数进行赋值。

操作如下：

Solve→Initialize→Patch

打开如图 12.89 所示面板。

此处也可以设置少量燃烧产物，比如 CO_2、H_2O 启动化学反应。

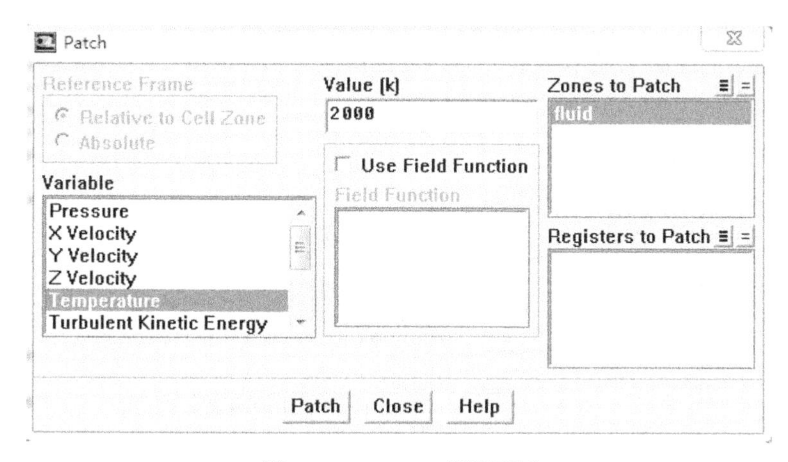

图 12.89　Patch 设置面板

12. 迭代计算

计算前可设置监控出口温度作为判断收敛与否的一个依据，如图 12.90 所示。

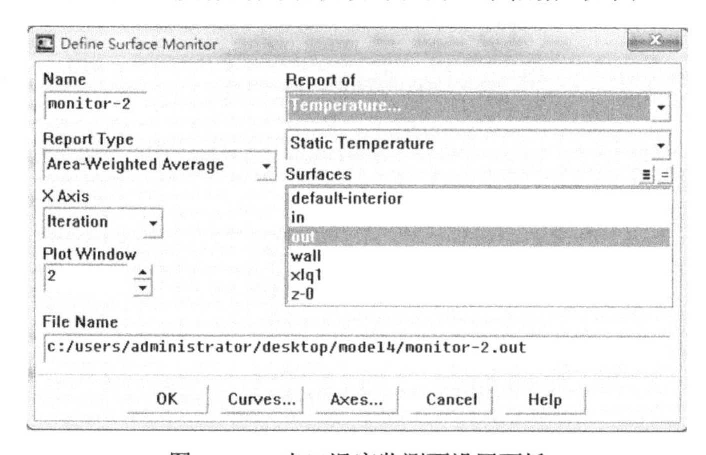

图 12.90　出口温度监测面设置面板

打开计算设置面板进行迭代计算。

12.5.3　计算结果输出与显示

计算结束后，可以把计算结果输出、流场显示，也可以把计算结果输出为结果后处理软件数据格式，采用数据后处理软件进行流场分析。

1. 结果输出

执行如下操作：

Report → Surface Integrals...

打开对话框，如图 12.91 所示。

(1) 在 Report Type 下拉列表中选择 Mass-Weighted Average。

(2) 在 Field Variable 下拉列表中选择 Pressure 和 Total Pressure。

(3) 在 Surfaces 项选择 in 和 out。

(4) 点击 Compute。

(5) 在 Fluent 主控面上显示质量平均的进出口压力值，如图 12.92 所示。

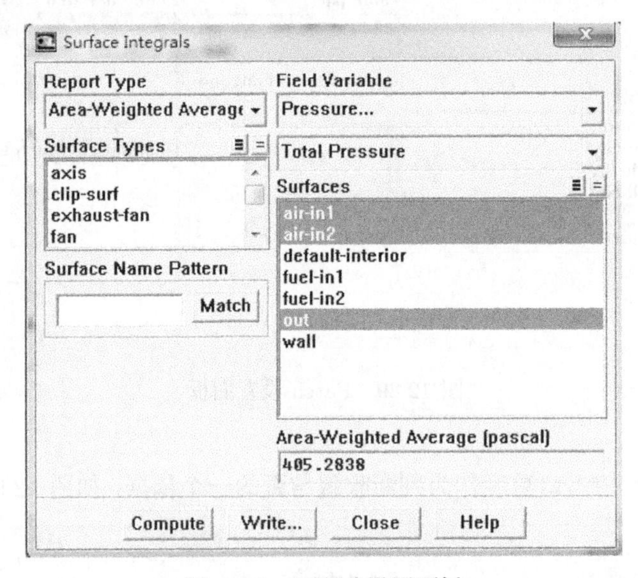

图 12.91　面积分设置面板

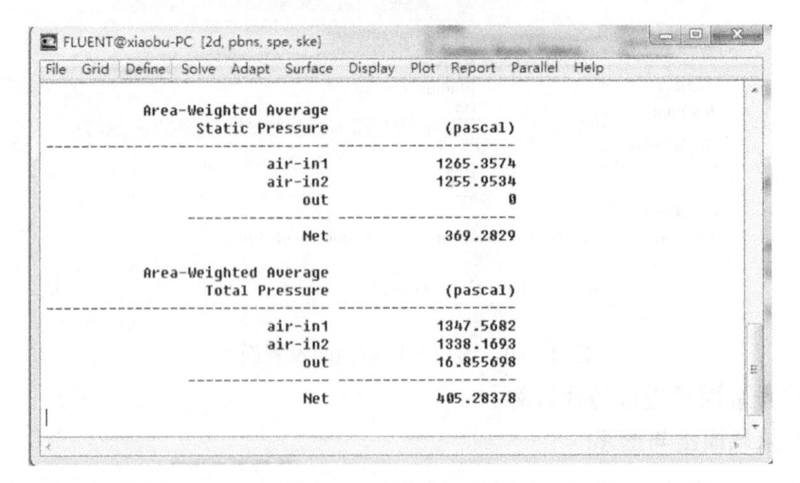

图 12.92　进出口总压

2. 流场显示

执行如下操作：

Display → Contours...

打开如图 12.93 所示对话框。

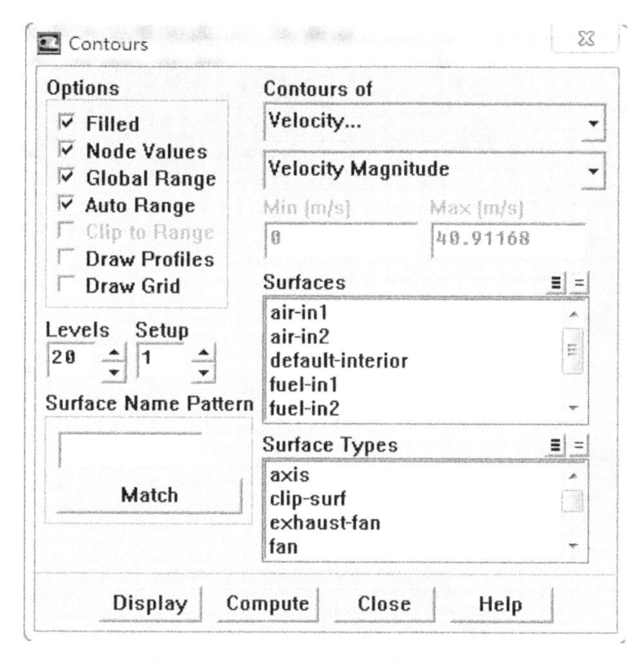

图 12.93　速度等值图设置对话框

1) 在 Options 项选择 Filled。

2) 在 Contours of 项选择 Velocity 和 Velocity Magnitude。

3) 保留其他默认设置，点击 Display。

流场速度等值图分布如图 12.94 所示。

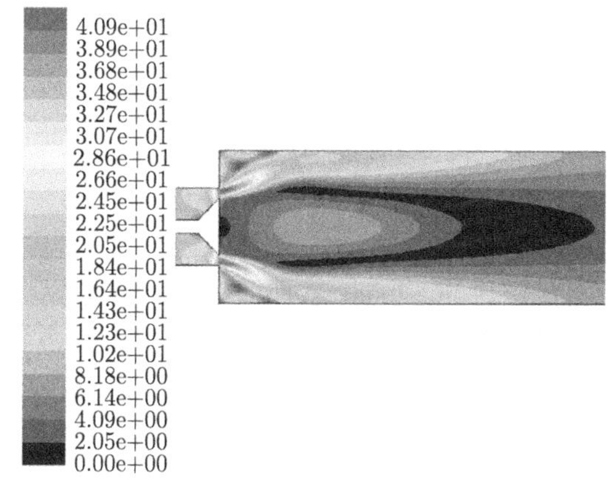

图 12.94　速度等值图

在 Contours of 项选择 Species→Mass fraction of $c_{12}h_{23}$ 以及 Temperature→Static Temperature，显示浓度场和温度场，如图 12.95 所示。

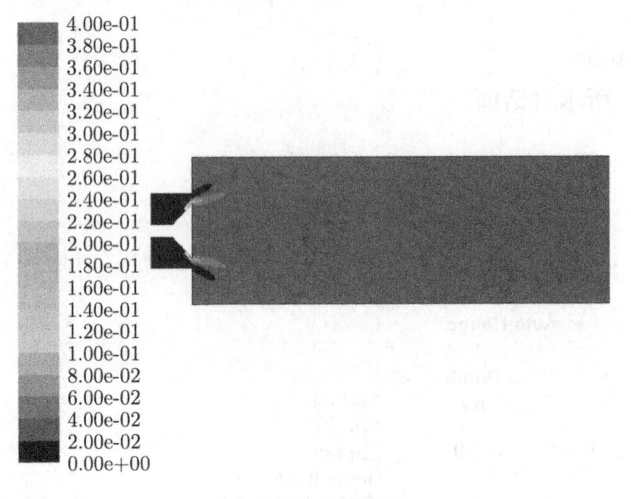

(a) 燃料浓度等值图

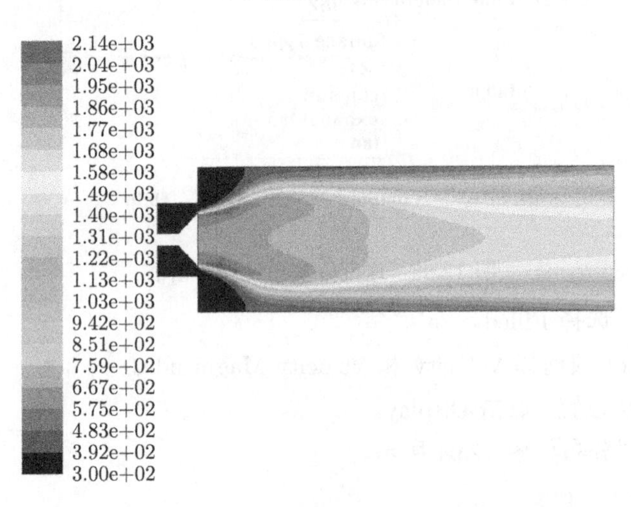

(b) 温度等值图

图 12.95　燃料浓度及温度等值图

12.6　小　　结

本章主要通过几个计算实例讲述 Fluent 软件简单的具体计算步骤以及简单结果后处理方法。Fluent 软件可以开展多相流、辐射、噪声、非定常、动网格等复杂计算，感兴趣的读者请参阅相关书籍。

第13章 计算结果后处理方法

第 12 章通过实例介绍了 Fluent 软件的基本应用。Fluent 本身具备一定的结果后处理能力，但不够强大。目前已经开发了一些专门的计算结果后处理软件，为计算结果的后处理带来较大的便利，同时主流商用软件均能够将计算结果以后处理软件的数据格式输出。目前，结果后处理软件 Tecplot 应用较为广泛，本章将结合第 12 章仿真结果，讲述该软件的基本应用方法。

13.1 Tecplot 软件

13.1.1 软件介绍与功能

Tecplot 是一种功能强大的可视化软件。Tecplot 可显示从简单的一维图形到复杂的 3D 流场，如等值线/面、3D 流线、网格、向量、剖面、切片、阴影、动画等。

13.1.2 用户界面

图 13.1 给出了 Tecplot 用户界面，主要包括：菜单栏、工具栏以及工作区。工作区是图形显示区。

13.1.3 基本操作

1. 打开软件

双击 Tecplot 快捷图标即可打开软件。

2. 菜单栏相关操作

1) 加载数据
操作如下：
File→Load Data Files...
打开如图 13.2 所示对话框，选择需要加载的数据格式。

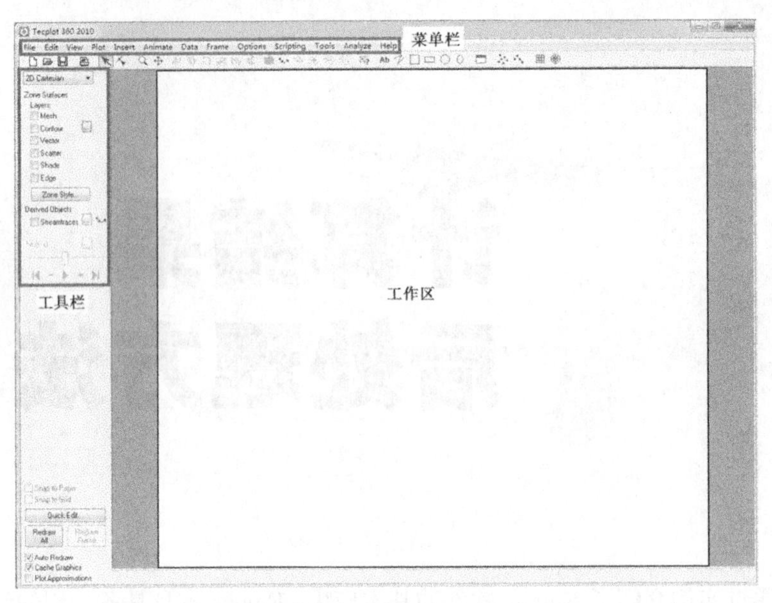

图 13.1　Tecplot 界面

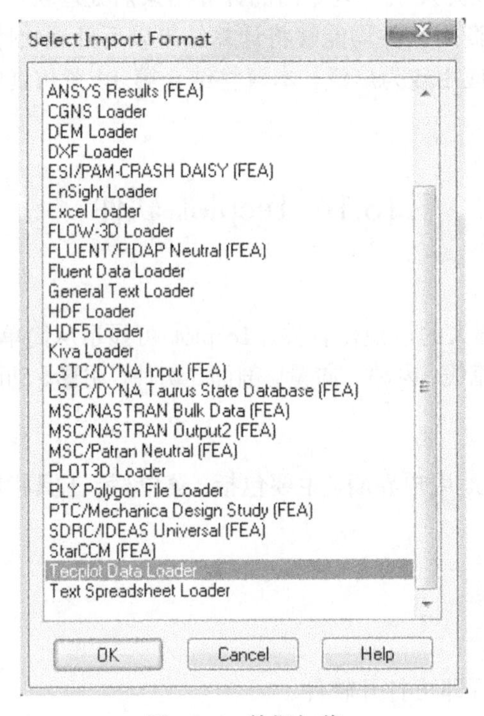

图 13.2　数据加载

2) 输出数据

操作如下：

File→Write Data Files...

打开如图 13.3 所示对话框，选择需要输出的数据、设置输出的参数以及数据类型。

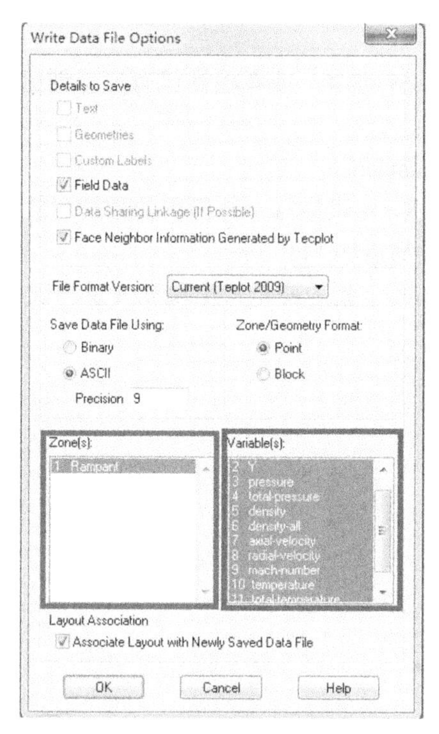

图 13.3　数据输出面板

3) 输出图像

操作如下：

File→Export...

打开如图 13.4 所示对话框，选择输出图片的格式与大小。

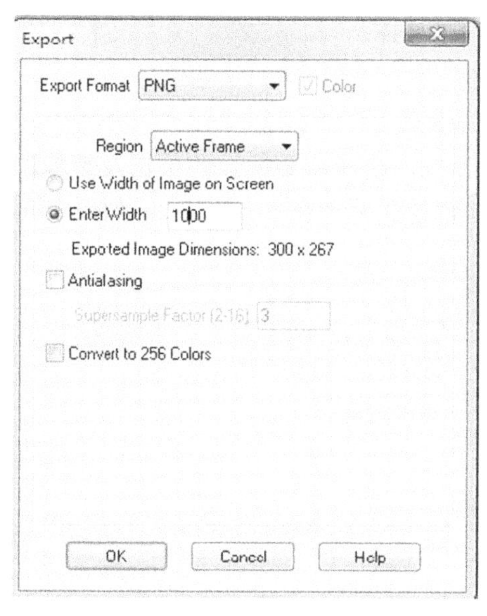

图 13.4　图像输出面板

4) 变量编辑

Tecplot 可以对一些变量进行编辑，或者根据已有变量创建一些新的变量。

操作如下：

Date→Alter→Specify Equations...

打开如图 13.5 所示对话框，可以进行一些简单的数学运算。

需要注意的是，所有变量均需加 “{}”。

公式编辑完毕点击 Compute，新的变量将出现在变量列表中。

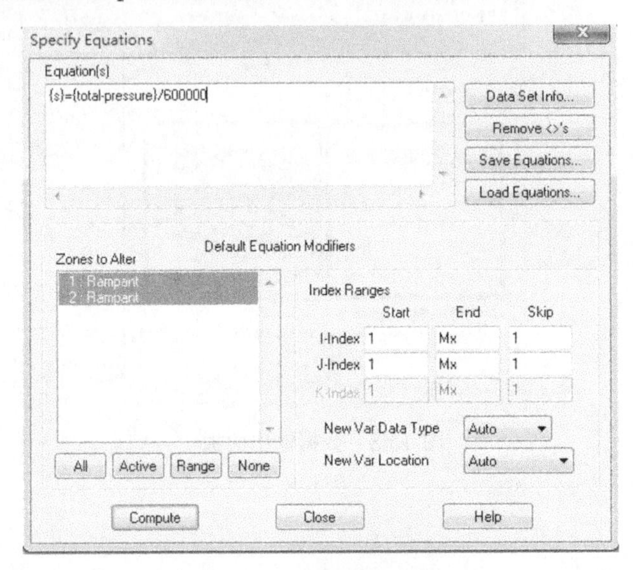

图 13.5 变量编辑面板

5) 数据镜像

Tecplot 可以进行数据镜像处理。

操作如下：

Date→Create Zone→Mirror...

打开如图 13.6 所示对话框，选择需要镜像的数据及镜像的坐标轴。其中镜像数据在 Source Zone(s) 列表中选择；镜像坐标轴在 Mirror Axis 列表中选择。

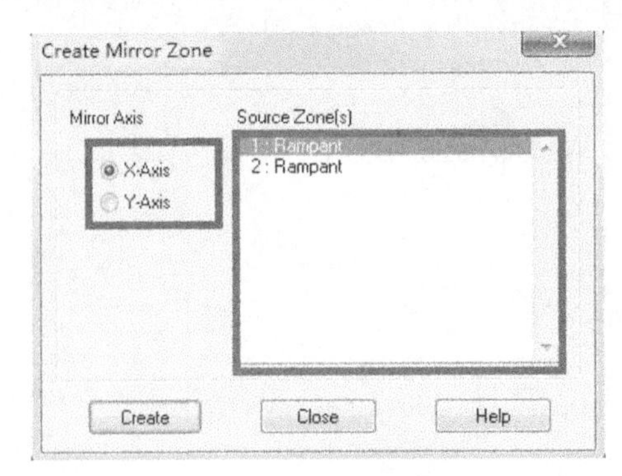

图 13.6 数据镜像

设置完毕点击 Create 即可。

比如对称流场，只计算一半流场，此时可以应用镜像功能获得整个流场的数据。

6) 数据抽取

Tecplot 可以进行数据抽取。

操作如下：

Date→Extract...

打开如图 13.7(a) 所示下拉菜单，点击 Points from Polyine..，在流场中画一条需要提取数据的线段，如图 13.7(b) 所示线段。完成后单击鼠标右键，弹出如图 13.7(b) 所示 Extract Data Points 对话框，在 Number of points to extract 一栏输入所画线段上提取数据的点数，点击 Extract 按键，即可输出所画线段上的数据。

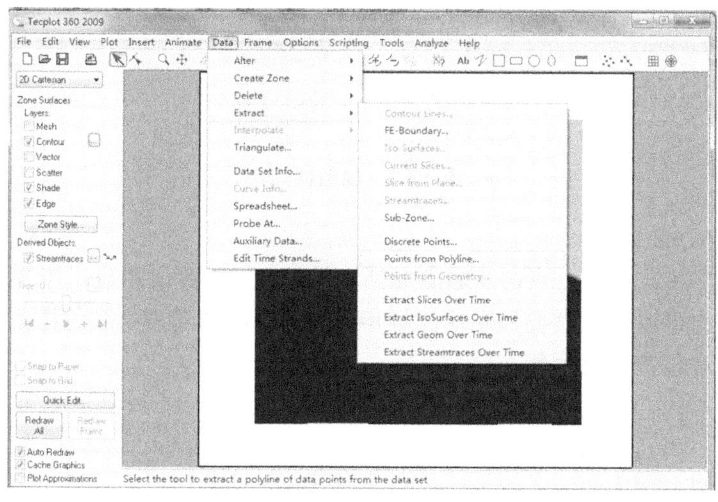

(a)

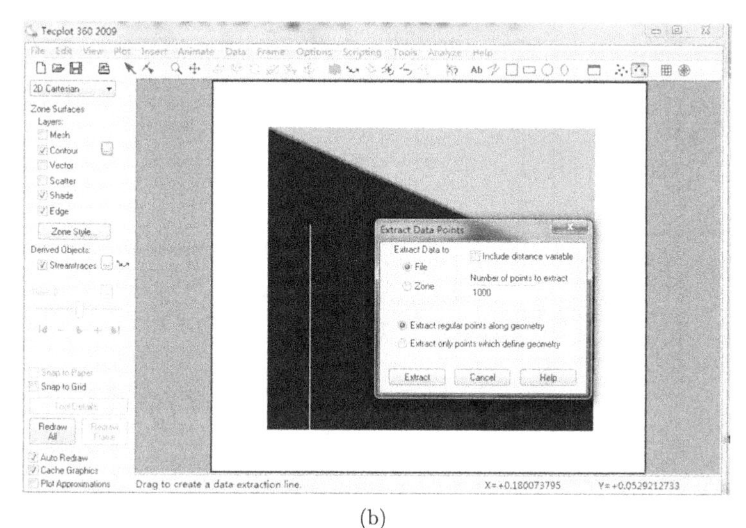

(b)

图 13.7　数据抽取

3. 工具栏相关操作

1) 视图样式

在工具栏根据数据的类型选择视图显示的样式，包括 3D、2D、XY Line、Polar Line、Sketch 等，如图 13.8 所示。

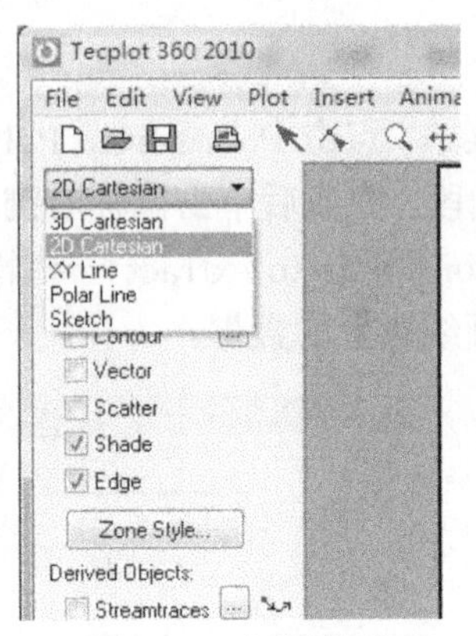

图 13.8　视图样式

2) 等值图

在工具栏选中 Contours，点击其右侧对话框按钮，出现等值图显示控制面板，如图 13.9 方框中所示。在此可以设置需要显示的流场参数、等值图的精度、颜色样式 (灰度图、小彩虹、大彩虹等)、等值参数标尺等。

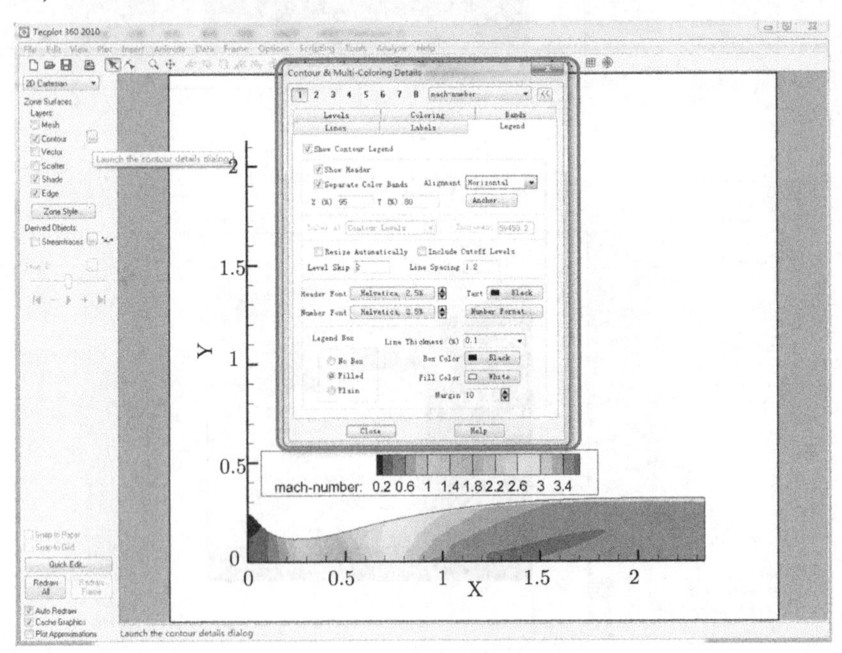

图 13.9　等值图设置面板

其中等值图精度在 Levels 选项中设置，颜色样式在 Coloring 选项中设置，等值参数标尺在 Legend 选项中设置。

双击坐标轴或者 XY Line 图中，还可以对坐标标示符 (Title)、坐标刻度 (Label) 进行设置。

3) 矢量图

在工具栏选中 Vector，弹出矢量变量设置对话框，如图 13.10(a) 所示。

点击 OK 显示流场矢量图，如图 13.10(b) 所示。

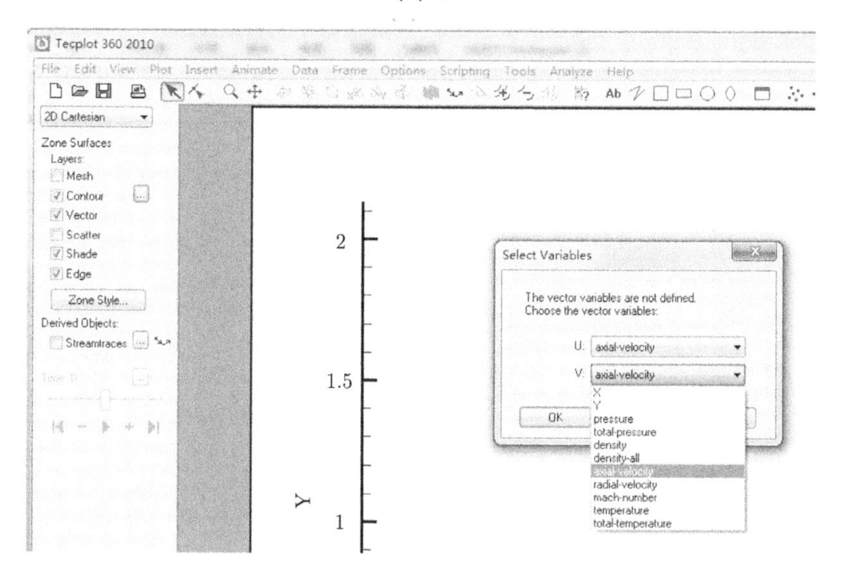

(a) 矢量设置对话框

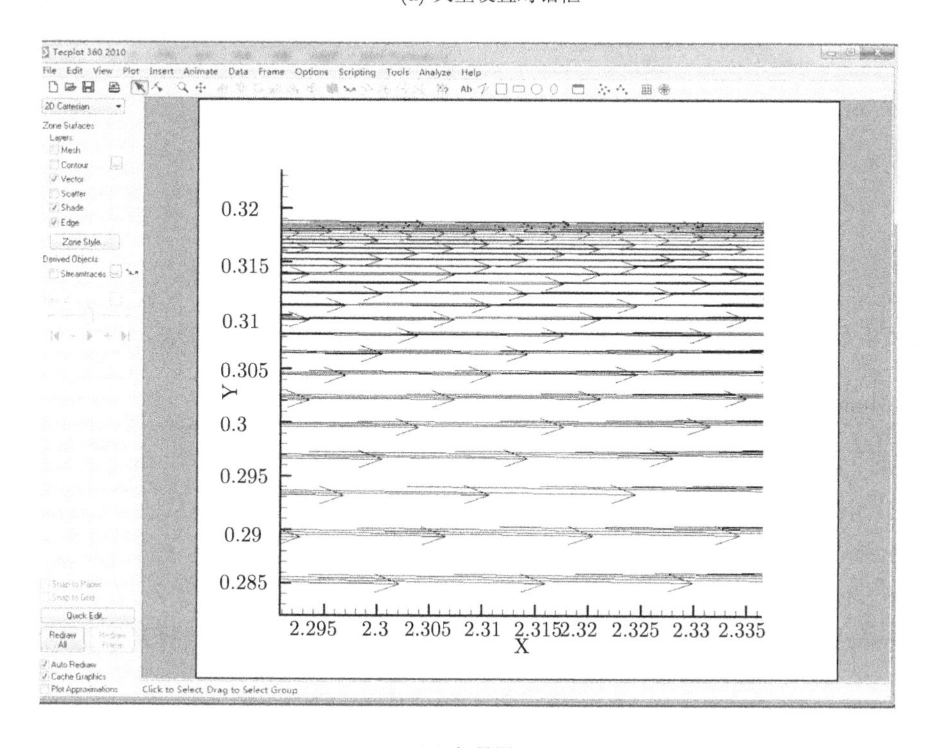

(b) 矢量图

图 13.10　矢量设置

4) 区域样式

点击工具栏 Zone Style，打开区域样式设置面板，如图 13.11 所示。在此可以设置等值图显示的样式，操作如下：

Contour→Contour Type...

可以选择云图 (Flood)、等值线图 (Lines)，或者两种均显示 (Both Lines & Flood) 等。

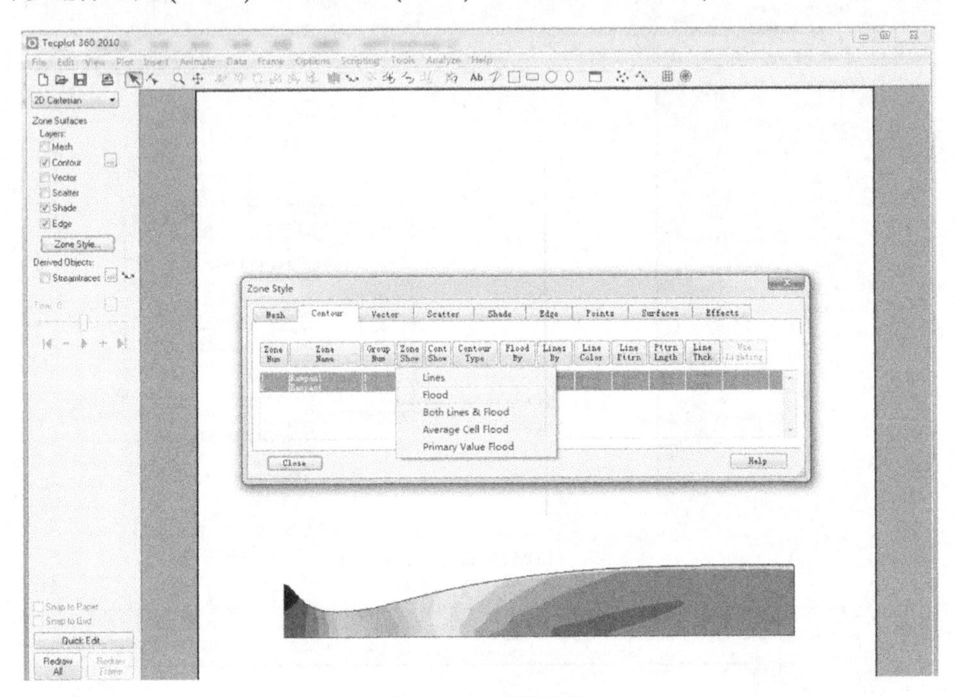

图 13.11　区域样式

13.2　二维流场处理

以第 12 章喷管数据为例，讲述 Tecplot 软件对二维流场的处理方法。

1. 从 Fluent 软件导出数据

操作如下：

File→Export...

在 Fluent 软件中打开如图 13.12 所示面板。

(1) 在 File Type 选项选择 Tecplot。

(2) Surfaces 选项，二维流场全不选，则输出整个计算域数据，选择某个边则输出该边数据。

(3) Functions to Write 选项选择需要输出的变量。

(4) 设置完毕点击 Write 并给文件命名。

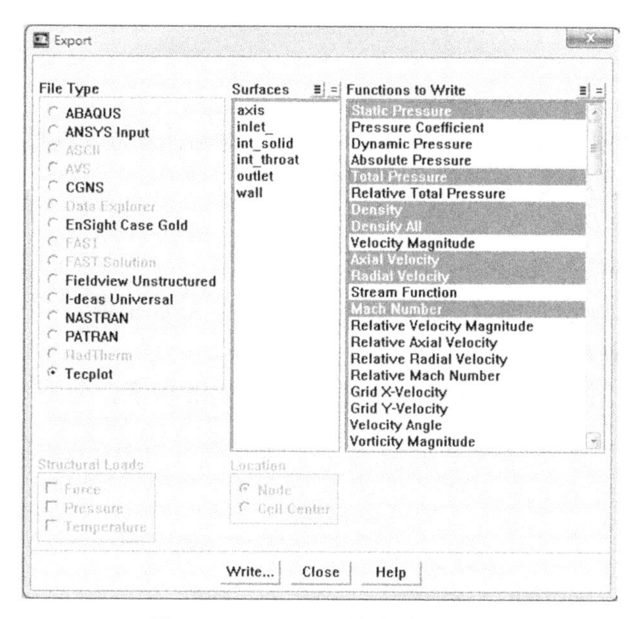

图 13.12　Tecplot 格式数据输出

2. ***启动*** Tecplot

双击快捷方式即可。

3. ***加载数据***

操作如下：

File→Load Data Files...

打开图 13.13(a) 所示对话框，选择 Tecplot Data Loader，打开如图 13.13(b) 所示对话框，选择第一步导出的数据打开即可。

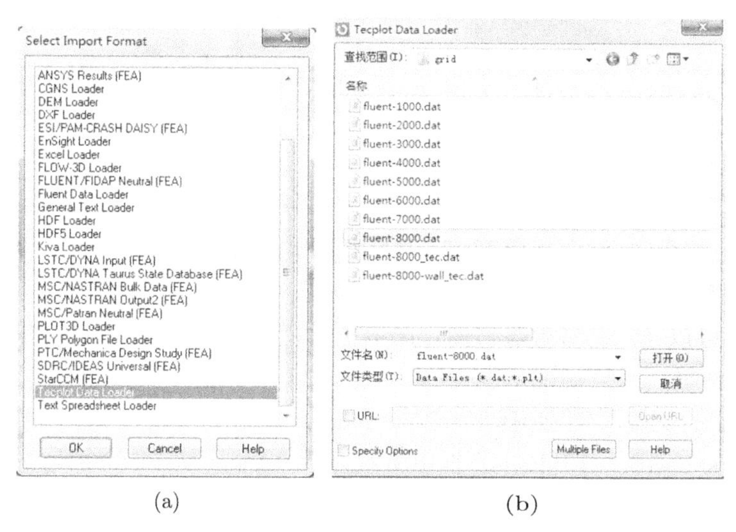

(a)　　　　(b)

图 13.13　数据加载对话框

4. 数据后处理

1) 数据镜像

喷管流场参数呈轴对称分布，计算时采用二维轴对称计算方法进行，仅计算了一半的流场。可以采用数据镜像功能，获得整个流场的数据。

操作如下：

Date→Create Zone→Mirror...

(1) 打开如图 13.14 所示面板，选择 Rampant 对 X-Axis 镜像。

(2) 设置完毕点击 Create 即可。

在 Zone Style 里面出现镜像获得的 Zone，如图 13.15 所示。

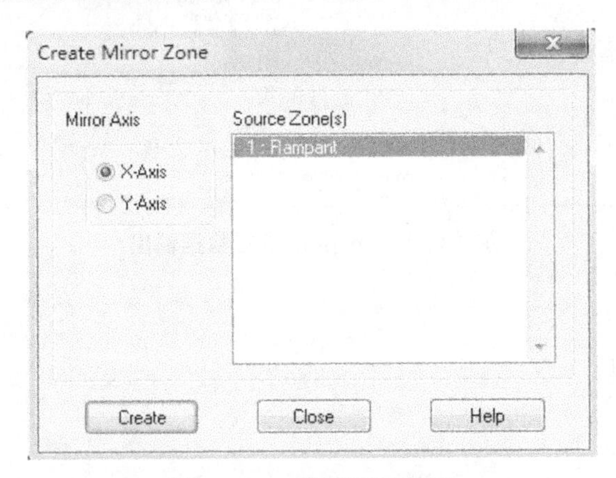

图 13.14　数据镜像面板

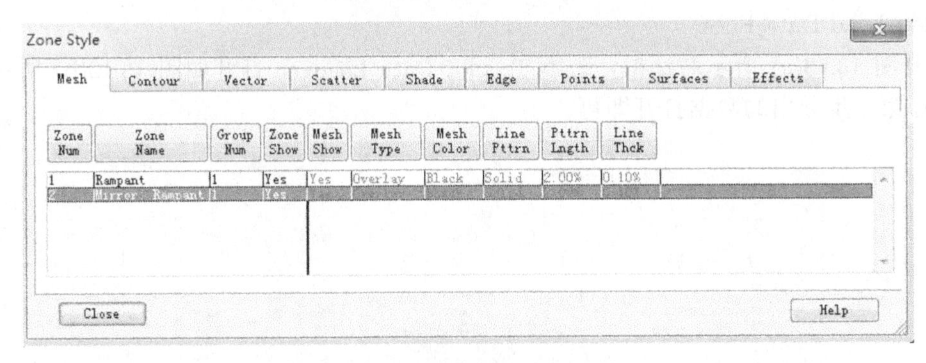

图 13.15　数据镜像流场区域

2) 等值图设置

对于流场，可以显示其参数等值图。选中工具栏 Contours，点击其右侧按钮，打开如图 13.16 所示对话框。

(1) 选择显示的变量，本例选择 mach-number。

(2) 点击 New Levels，打开图中方框中所示对话框。

(3) 设置显示参数的最大值、最小值、步长，本例分别取 0、4、0.05。

(4) 点击 Legend 设置参数标尺，出现如图 13.17 所示对话窗。

(5) 选中 Show Contour Legend。

(6) Alignment 选择 Horizontal。

在此可以设置字体、大小等。

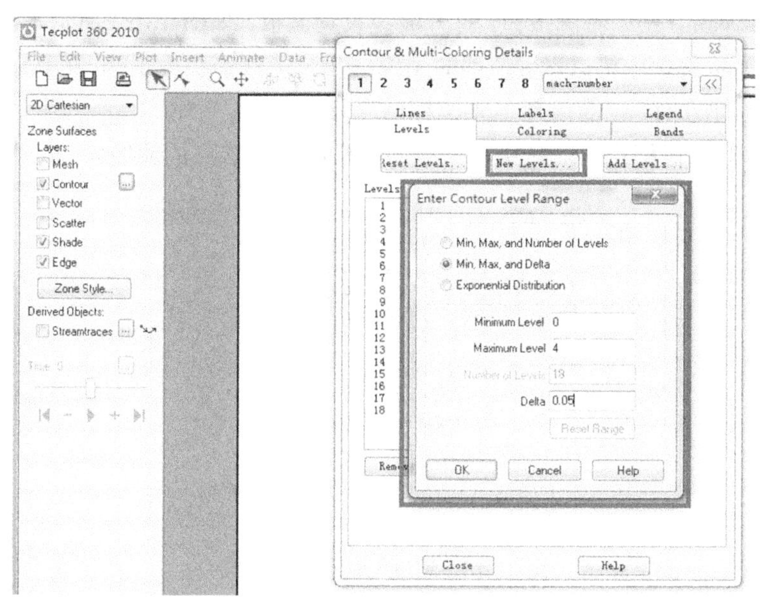

图 13.16　等值图设置

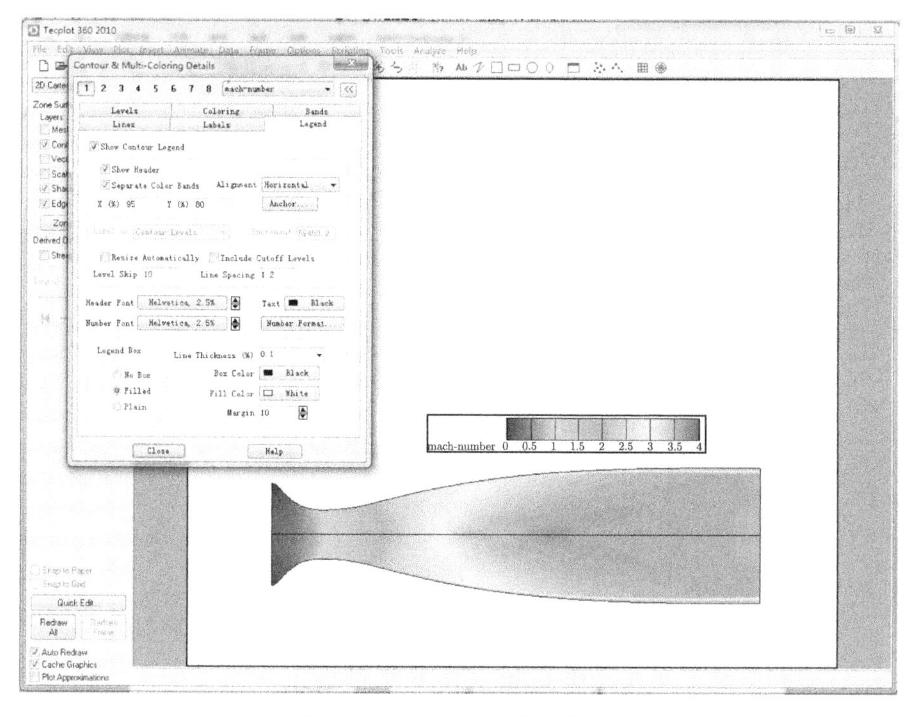

图 13.17　喷管马赫数等值图

3) 流线设置

(1) 选中工具栏 Streamtraces，打开如图 13.18 所示速度矢量设置对话框。

速度矢量也可以执行如下操作设置：

菜单栏 Plot→Vector→Variables...

(2) 点击 Streamtraces 右侧按钮，打开流线设置面板，如图 13.19 所示。

在该面板 Line 选项中可以设置流线的颜色、粗细、流线箭头大小等；在 Position→reaction，可以设置流线延伸方向，一般选择 Both，即两个方向延伸。

(3) 点击[图标]，用鼠标点击流场中任一点即可生成经过该点的流线。

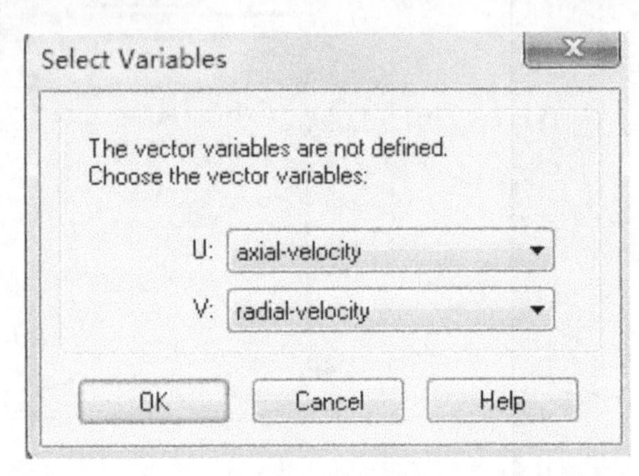

图 13.18　速度矢量设置对话框

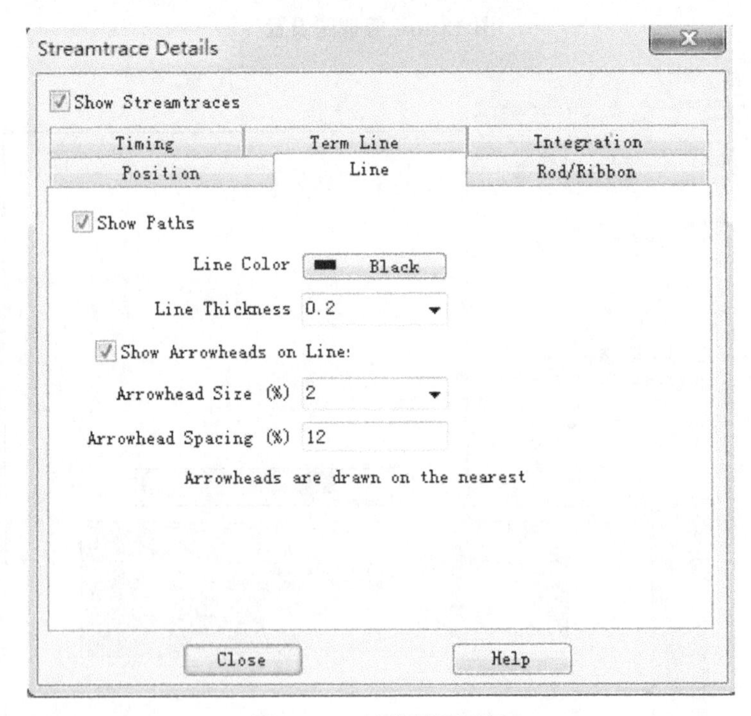

图 13.19　流线设置面板

4) 沿程参数分布设置

在 Fluent 软件中执行操作：

File→Export...

打开如图 13.20 所示面板。

(1) 在 File Type 选项选择 Tecplot。

(2) Surfaces 选项，选择需要导出数据的边。

(3) Functions to Write 选项选择需要输出的变量。

(4) 设置完毕点击 Write 并给文件命名。

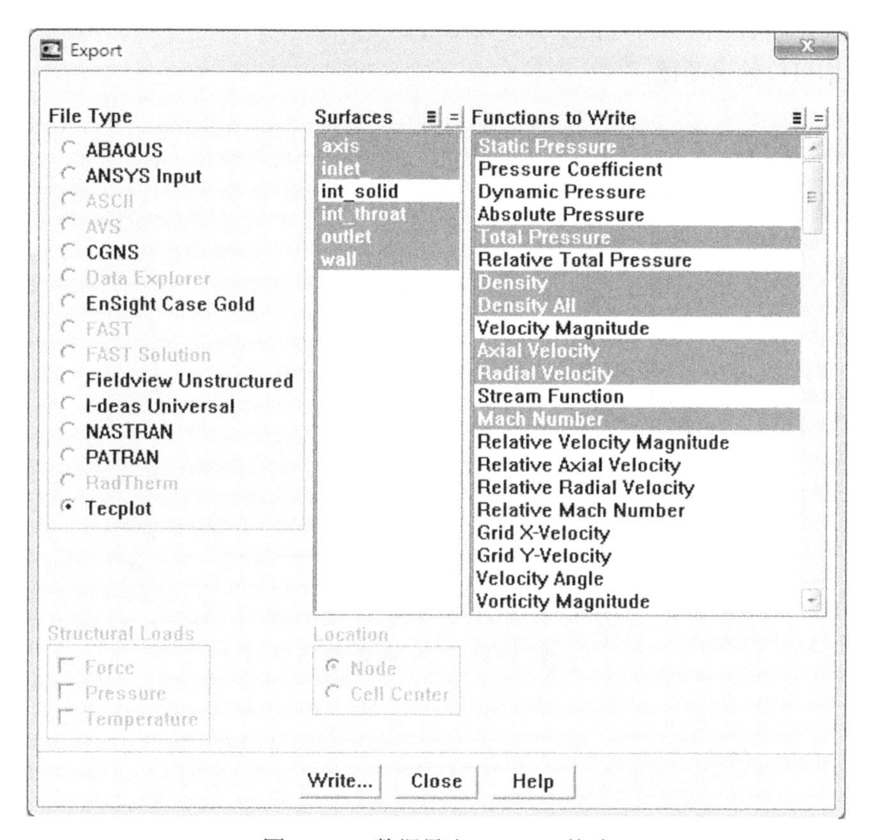

图 13.20　数据导出 Tecplot 格式

5) 编辑沿程参数分布

操作步骤如下：

(1) 用 Tecplot 打开导出的数据。

(2) 在工具栏选择 XY Line，打开操作界面，如图 13.21 所示。

(3) 执行操作：Data→Specify Equations...，创建压比参数，如图 13.22 所示。

(4) 点击工具栏 Mapping Style，打开绘图参数设置对话框，如图 13.23 所示。

(5) 在 Mapping Style 对话窗，执行操作：Definitions→Zone→ramp，选择需要显示参数沿程分布的边，如图 13.23 所示。

(6) 在 Mapping Style 对话窗，执行操作：Definitions→X-Axis Variable→X；Definitions→Y-Axis Variable→p/p0。设置变量，X 轴选择 X，Y 轴选择 p/p0；如图 13.24(a) 所示。

执行操作：Map Name→Edit Name，输入曲线名字。

执行操作：Lines→Line Color，设置曲线颜色，如图 13.24(b) 所示。

执行操作：Lines→Line Pttrn，设置曲线样式；本例选择 DashDot，如图 13.24(c) 所示。

执行操作：Lines→Line Thck，设置曲线宽度；本例选择 0.4，如图 13.24(d) 所示。

(7) 执行操作：Plot→Axis...，打开坐标轴设置窗口，如图 13.25 所示。在该窗口可以设置坐标轴显示与否，坐标轴的显示范围，坐标轴变量符号的字体、大小等。

(8) 执行操作：Plot→Line Legend...，打开图例设置窗口，如图 13.26 所示。在该窗口可以设置图例显示与否、图例符号的字体、大小等。

设置完毕可以输出图像。

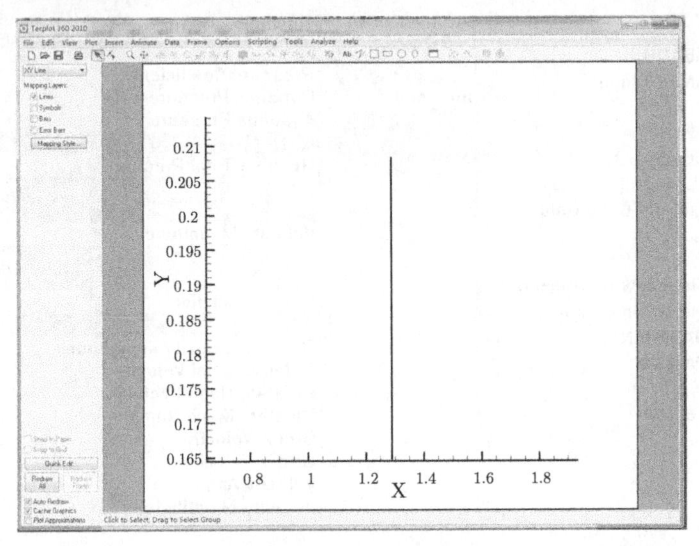

图 13.21　XY 图界面

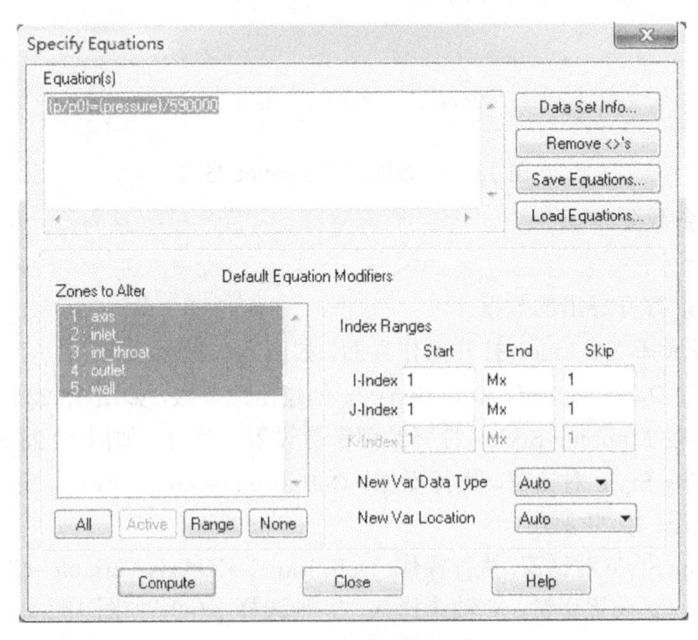

图 13.22　创建压比参数

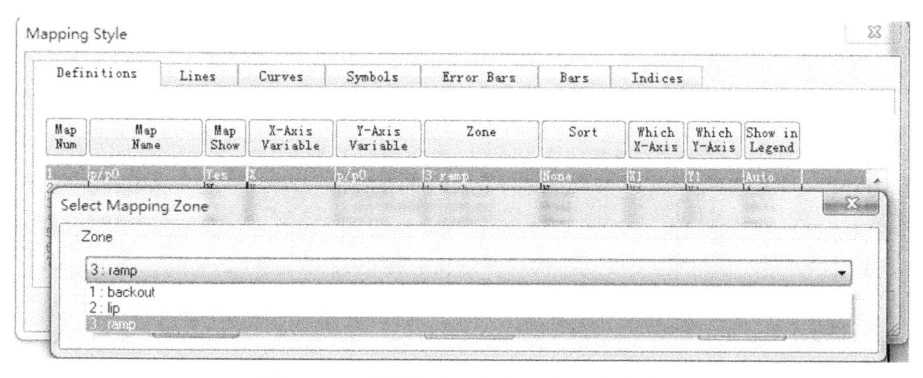

图 13.23　选择显示参数沿程分布的边

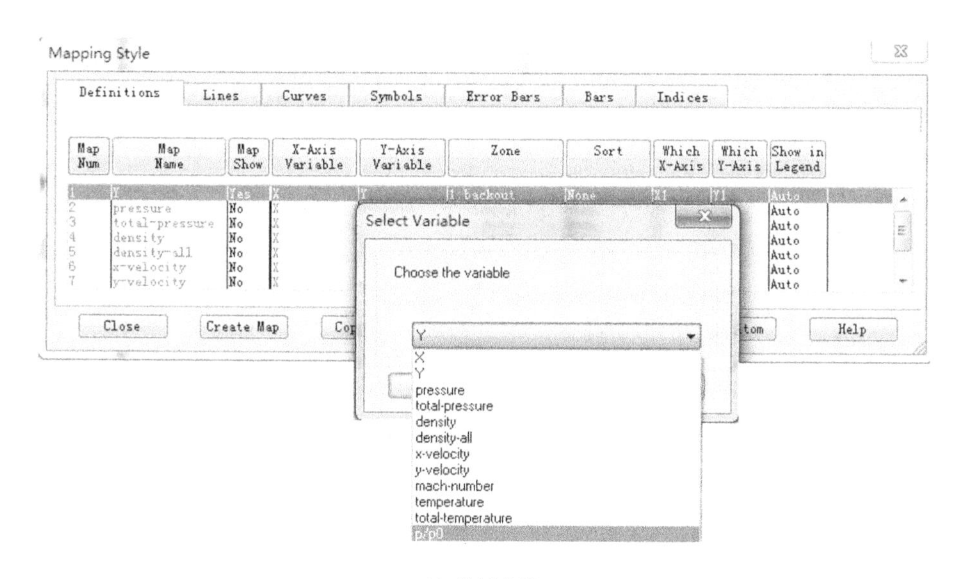

(a) 设置变量

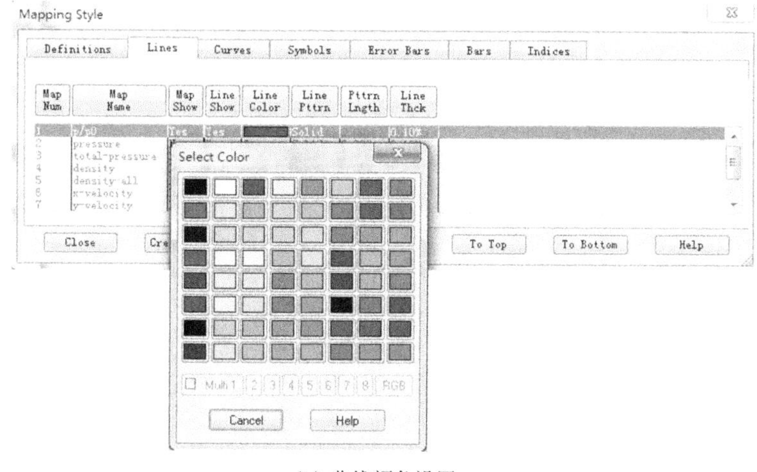

(b) 曲线颜色设置

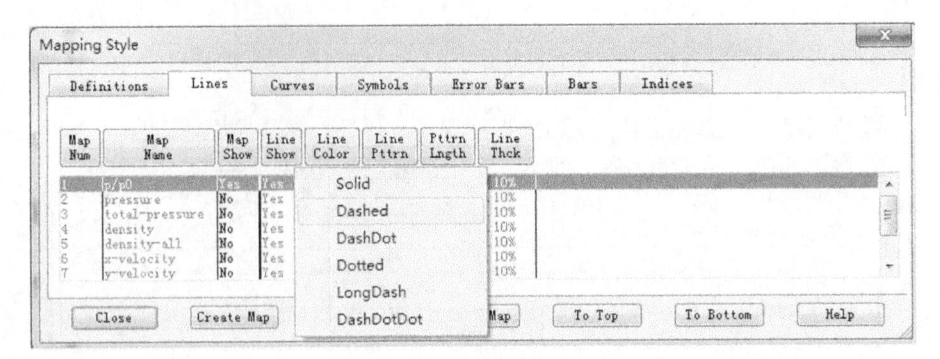

(c) 曲线样式设置

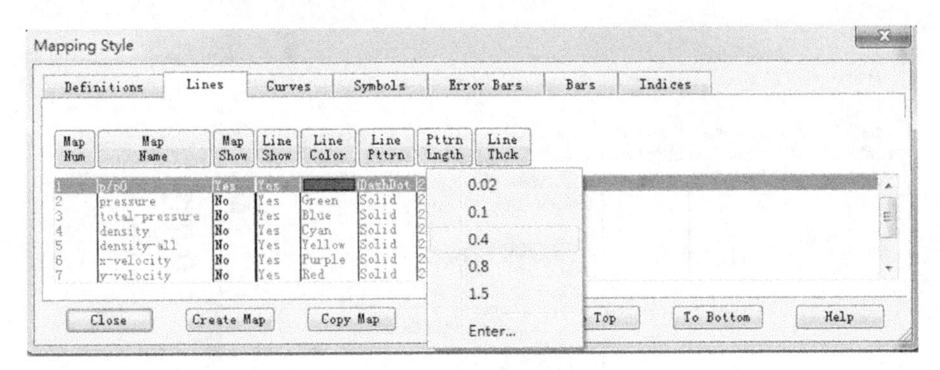

(d) 曲线宽度设置

图 13.24　绘图参数设置

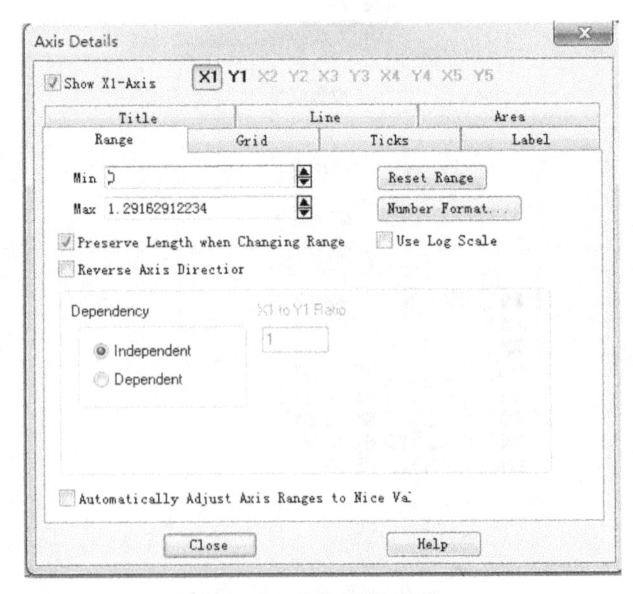

图 13.25　坐标轴设置窗口

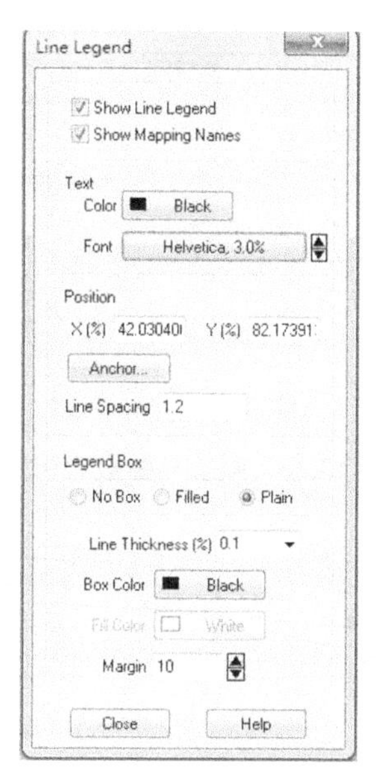

图 13.26　图例设置窗口

6) 图像输出

操作如下：

File→Export...

打开如图 13.27 所示对话框，选择输出图片的格式与大小。

(1) Export Format 选择 PNG 格式。

(2) Enter Width 给定 1000。

(3) 点击 OK，设置保存路径与名称。

喷管马赫数等值图如图 13.28 所示，喷管流线如图 13.29 所示，喷管壁面与对称轴沿程压力分布如图 13.30 所示。

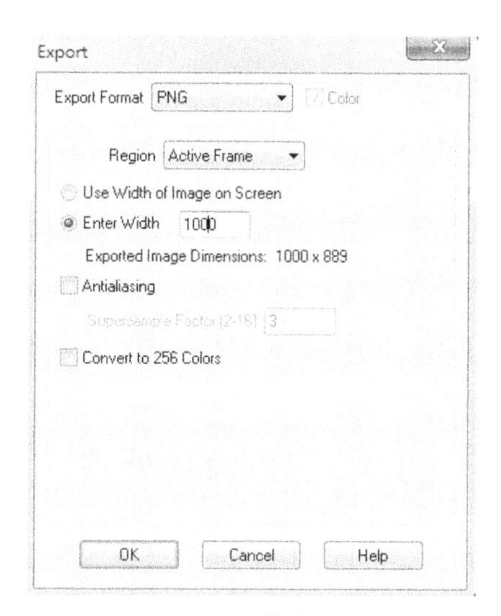

图 13.27　图像输出设置

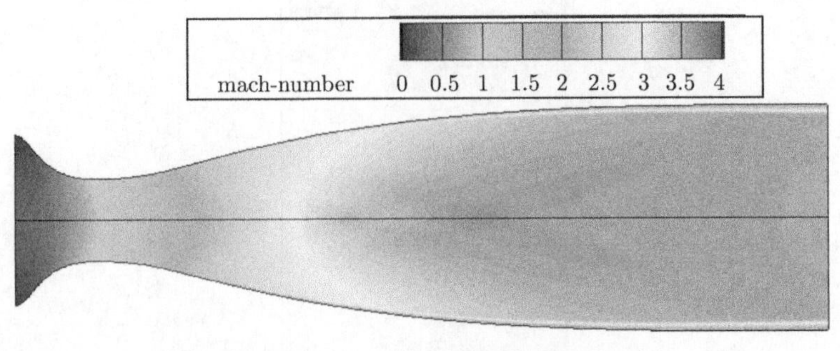

图 13.28　喷管马赫数等值图

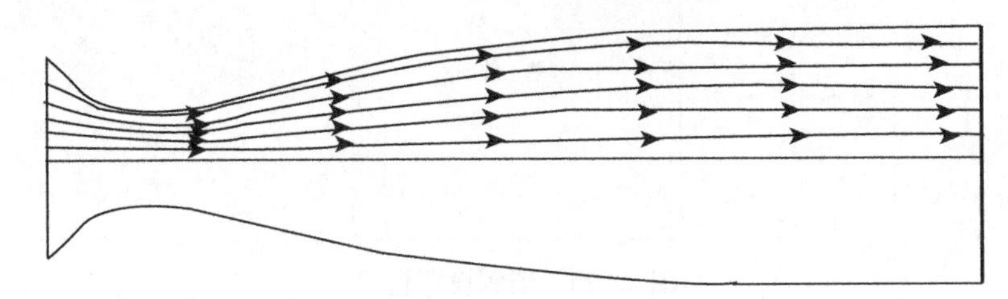

图 13.29　喷管流线图

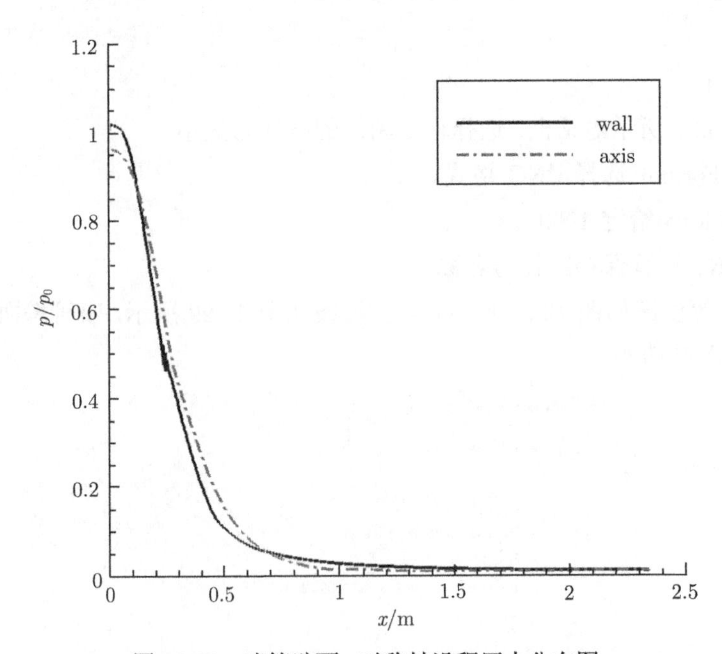

图 13.30　喷管壁面、对称轴沿程压力分布图

13.3　三维流场处理

以三维内转式进气道流场后处理讲述 Tecplot 的三维流场后处理功能，进气道如图 13.31 所示。

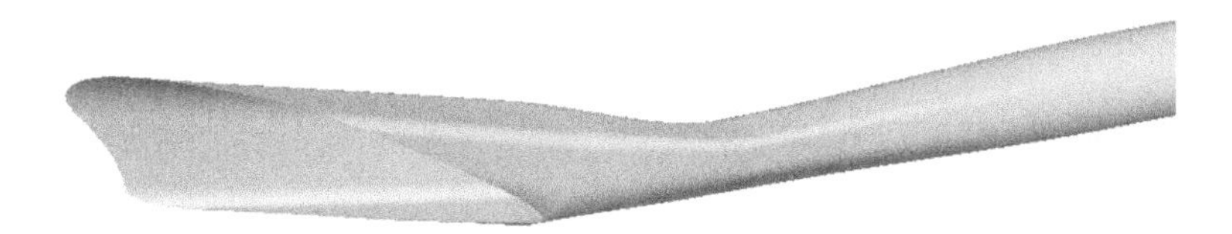

图 13.31　三维内转式进气道构型

1. 导出 Fluent 计算结果

Fluent 计算的三维进气道流场数据可以导出 CGNS 格式，该格式的数据包含整个三维流场的信息；也可以导出 Tecplot 格式，一般 Tecplot 格式导出曲面上的数据，导出整体三维流场数据，文件较大，对内存要求较高。

操作如下：

File→Export...

打开如图 13.32 所示面板。

(1) 在 File Type 选项选择 CGNS/Tecplot。

(2) Surfaces 选项，CGNS 不需选择；Tecplot 格式选择需要导出数据的曲面。

(3) Functions to Write 选项，选择需要输出的变量。

(4) 设置完毕点击 Write 并给文件命名，生成.cgns 文件。

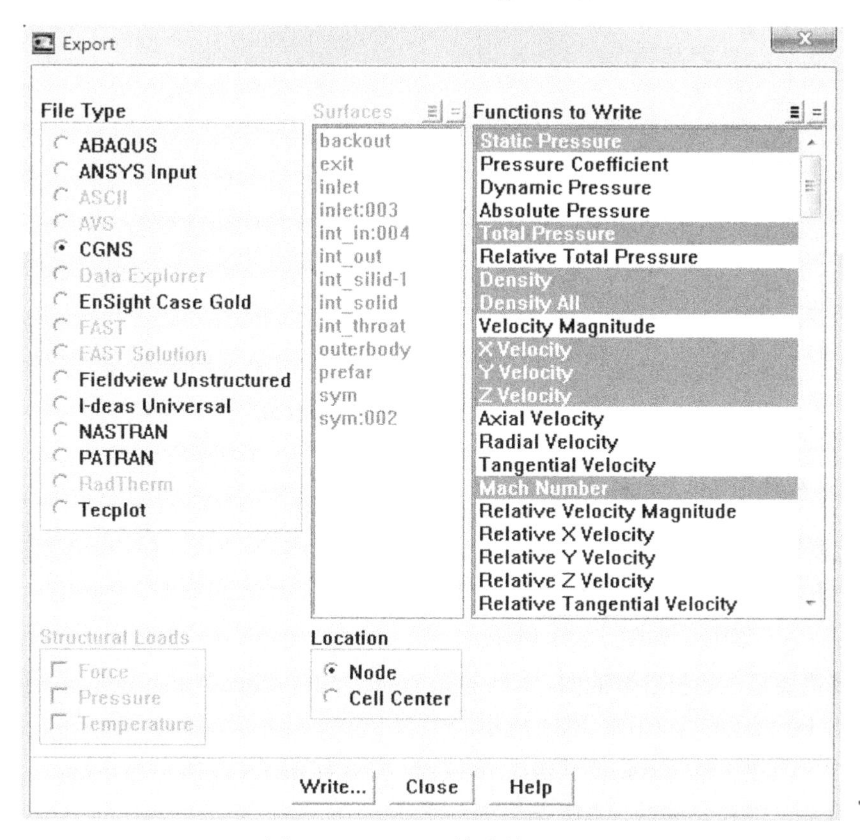

图 13.32　CGNS 格式数据输出

2. *启动* Tecplot

双击快捷方式即可。

3. *加载数据*

Tecplot 格式的数据加载与二维相同，在此不再赘述，本节主要讲述 CGNS 数据加载。操作如下：

File→Load Data Files...

打开图 13.33(a) 所示对话框，选择 CGNS Loader，打开图 13.33(b) 所示对话框，选择导出 CGNS 格式的数据打开即可。

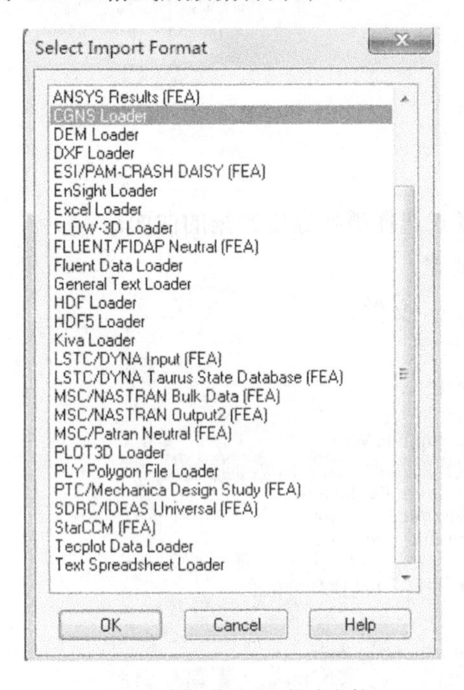

(a) 选择加载CGNS格式文件

(b) 加载CGNS格式文件

图 13.33　CGNS 数据加载对话框

4. *数据后处理*

1) 等值图设置

对于流场，可以显示其参数等值图。步骤如下：

(1) Zone Style 面板，如图 13.34 所示。

(2) 选择需要显示等值参数的面，本例选择 Zone→inlet，Zone→inlet-003，点击 Zone Show 选择 Show Selected Only，如图 13.34 所示。

(3) 选中工具栏 Contours，点击其右侧按钮，打开如图 13.35 所示对话框。

(4) 选择显示的流场参数，本例选择 Pressure。

(5) 点击 Levels→Reset Levels，打开图中方框所示对话框。

(6) 设置 Approximate Number；该值为等值线份数，该值越大，分的越密，分辨率越高，在此设置 100。

(7) 点击 Legend 设置参数标尺，打开如图 13.36 所示对话窗。

注：(6)、(7) 主要设置等值图的分辨率，Approximate Number 越大，分辨率越高。

(8) 选中 Show Contour Legend。

(9) Alignment 选择 Horizontal，即参数标尺水平放置，Vertical 为竖直放置。

在图 13.36 中可以设置字体、大小 (图中 Header Font、Number Font)、间隔取点参数 (Level Skip)。

设置完毕后，执行操作：File→Export...，输出进气道壁面压力等值图，如图 13.37 所示。

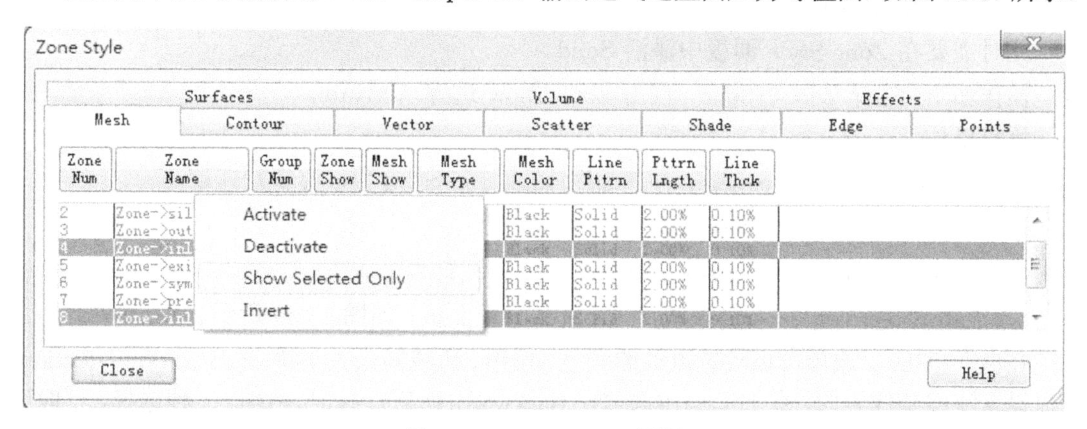

图 13.34　Zone Style 面板

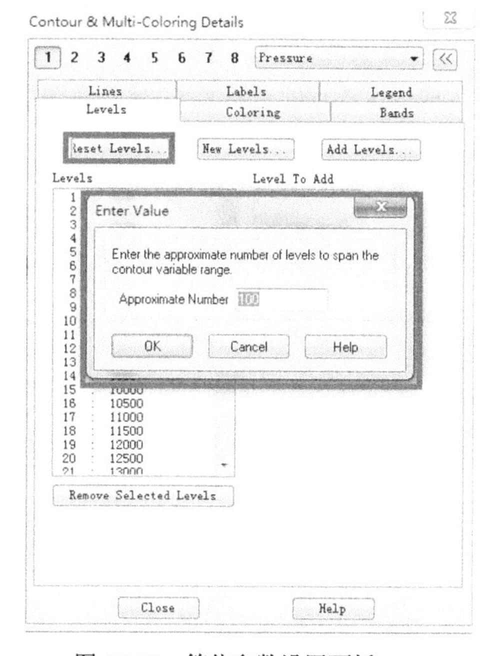

图 13.35　等值参数设置面板

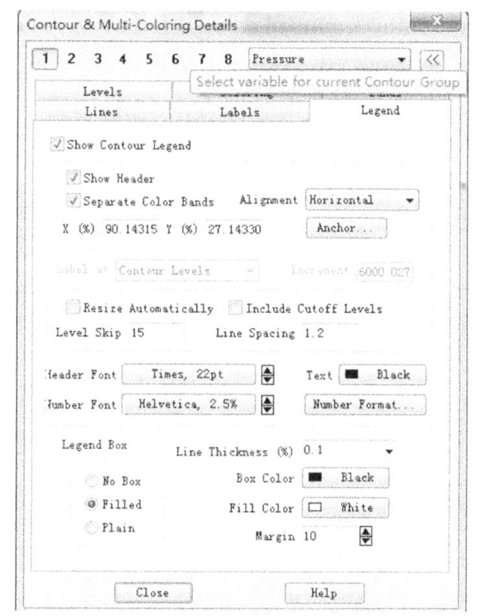

图 13.36　流场参数标尺设置面板

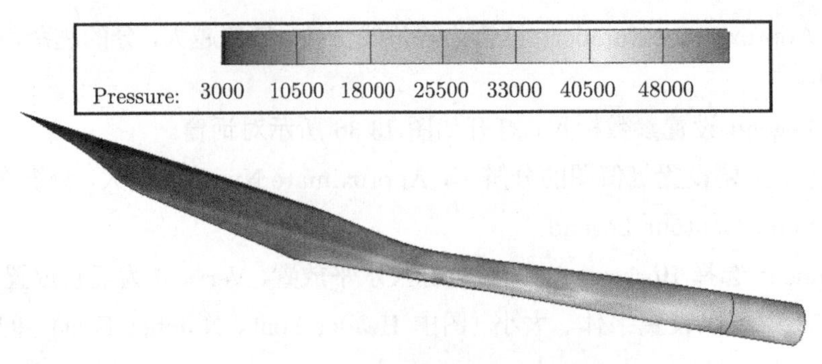

图 13.37 进气道壁面压力等值图

2) 空间三维流线创建

此时需要在 Zone Style 面板中激活 Solid。

操作如下：选择 Zone->Solid，点击 Zone Show 选择 Activate。

执行操作：

(1) 选中工具栏 Streamtraces，打开如图 13.38 所示速度矢量设置对话框。

速度矢量也可以执行如下操作设置：

菜单栏 Plot→Vector→Variables...

(2) 点击 Streamtraces 右侧按钮，打开流线设置面板，如图 13.39 所示。

在该面板 Line 选项可以设置流线的颜色、粗细、流线箭头大小等；在 Position→rection，可以设置流线延伸方向，有 Forward(向前)、Backward(向后)、Both(两端) 三种选择，一般选择 Both，即两个方向延伸；Position→Create Streamtraces with 选择 Volume Line。

注：此处可以选择 Volume Line、Surface Line 等，由于空间流线分布于流场中，因此此处选择 Volume Line；对于壁面上的摩擦力线或零流线，选择 Surface Line。

(3) 点击，用鼠标点击流场中任一点即可生成经过该点的空间流线。本例在图中作一横截面，在此截面上用鼠标点击生成流线。

(4) 设置完毕，执行操作 File→Export...，输出图像，如图 13.40 所示。

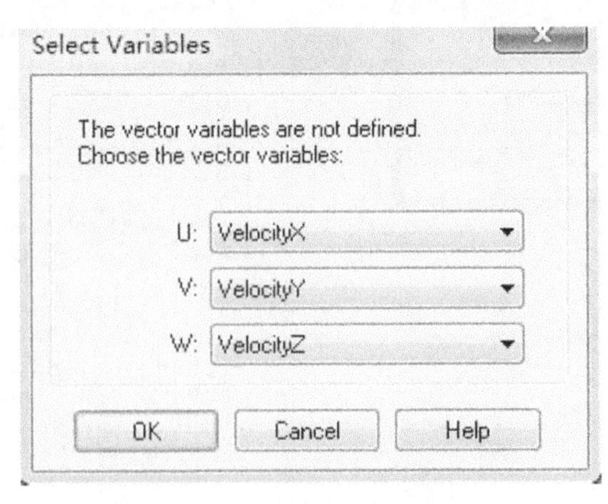

图 13.38 速度矢量设置对话框

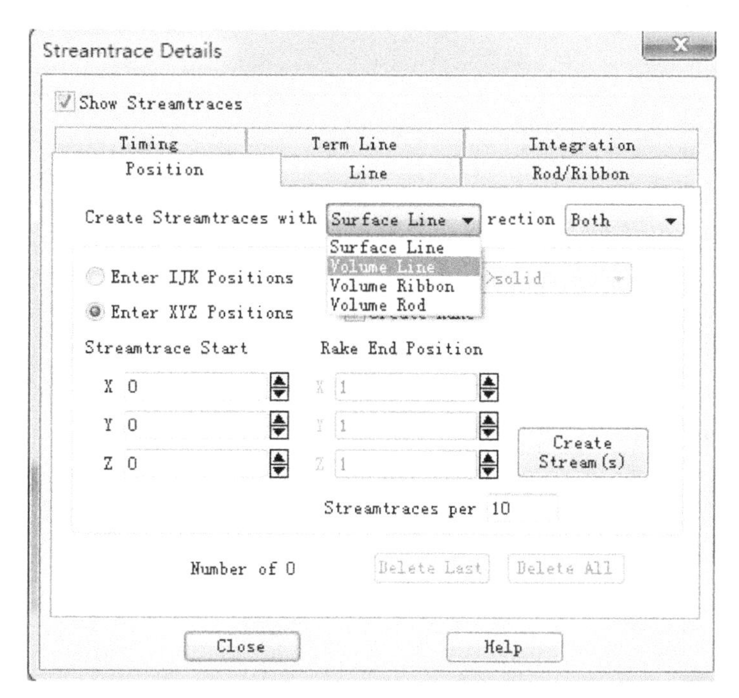

图 13.39 流线设置面板

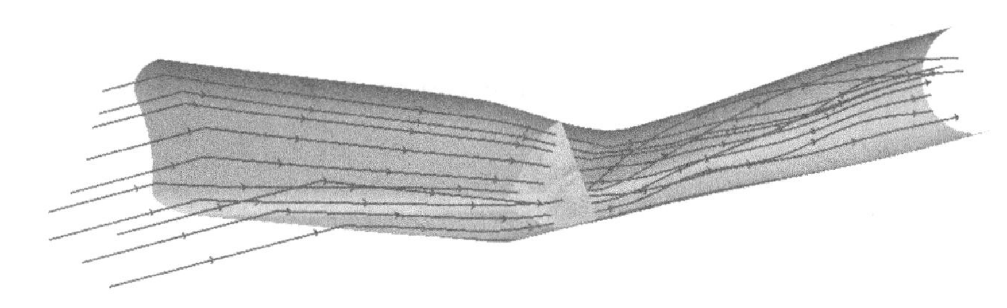

图 13.40 三维空间流线

3) 等值面创建

在 Tecplot 中可以创建三维流场中参数的空间等值面。此时需要在 Zone Style 面板中激活 Solid。

操作如下：选择 Zone->Solid，点击 Zone Show 选择 Activate。

等值面创建执行如下操作：

(1) 选中工具栏 Derived Objects->Iso-Surfaces，点击其右侧按钮 “1”，打开 Iso-Surface Details 设置面板，如图 13.41 所示。

(2) 在 Iso-Surface Details 面板中，Define Iso-Surfaces 选项选择参数，可以通过点击右侧按钮 “2” 打开 Contour & Multi-Coloring Details 面板设置参数显示。

(3) 在 Iso-Surface Details 面板中，Draw Iso-Surfaces 选项选择等值面数目，最多 3 个。

(4) 在 Value1、Value2、Value3 中输入数字。

设置完毕输出图片。本例中选择马赫数 5.5 的等值面，如图 13.42 所示。

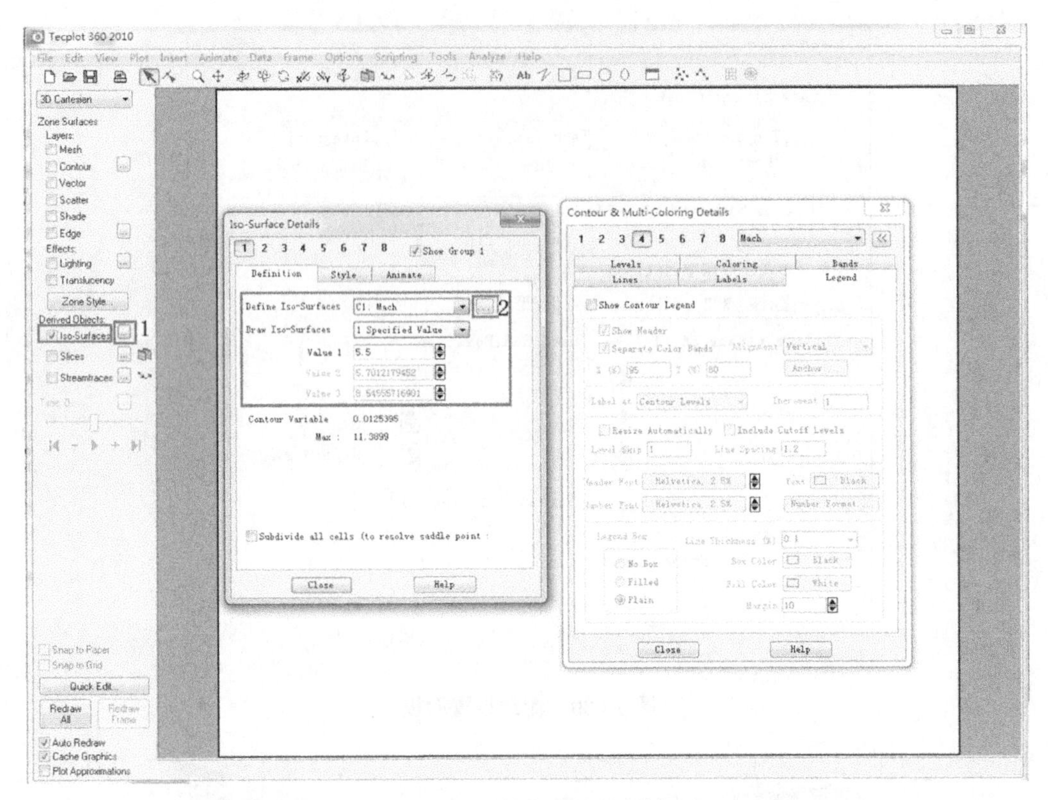

图 13.41　等值面设置面板

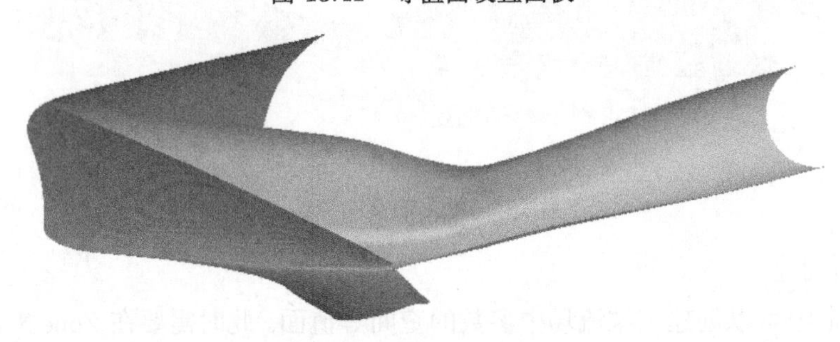

图 13.42　马赫数等值面

4) 壁面摩擦力线创建

可以在壁面上创建壁面摩擦力线，以便分析近壁面流动分离情况。此时需要以 CGNS/Tecplot 格式导出的数据必须包括如下参数：Wall Shear Stress、X-Wall Shear Stress、Y-Wall Shear Stress、Z-Wall Shear Stress，如图 13.43 所示。

创建壁面摩擦力线操作如下：

(1) 选中工具栏 Streamtraces，打开速度矢量设置对话框，此时速度矢量分量分别对应壁面摩擦力 3 个方向的分量，具体设置如图 13.44 所示。

矢量设置也可以执行如下操作设置：

菜单栏 Plot→Vector→Variables...

(2) 点击 Streamtraces 右侧按钮，打开流线设置面板，如图 13.45 所示。

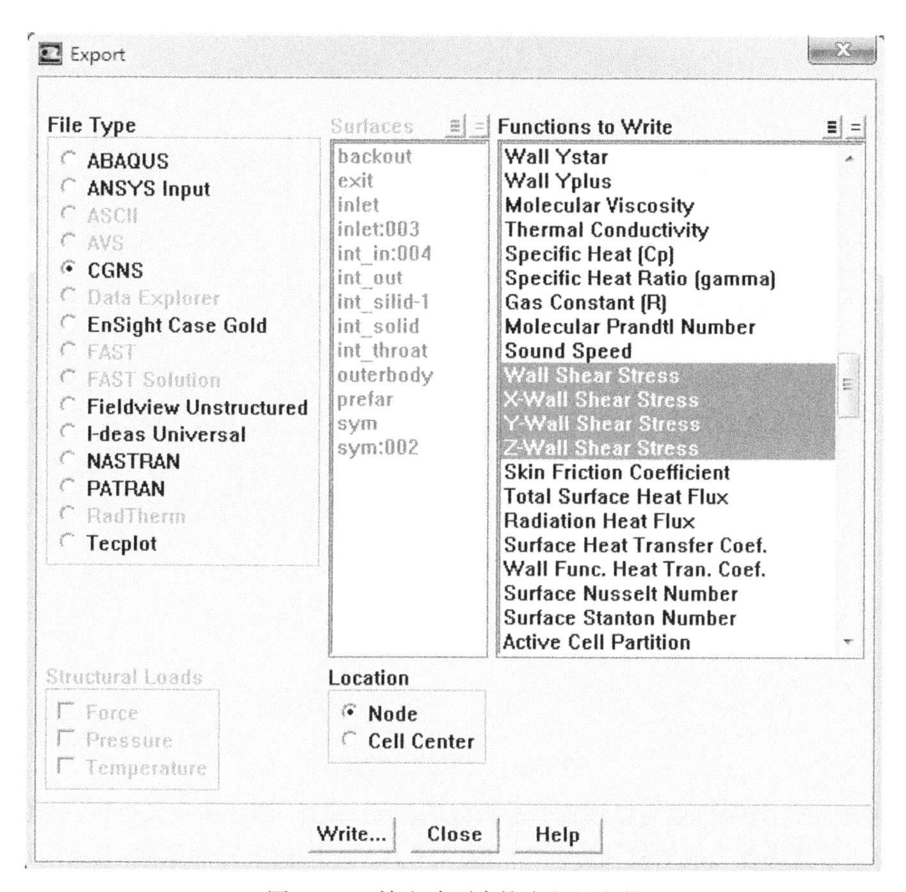

图 13.43　输出壁面摩擦力矢量参数

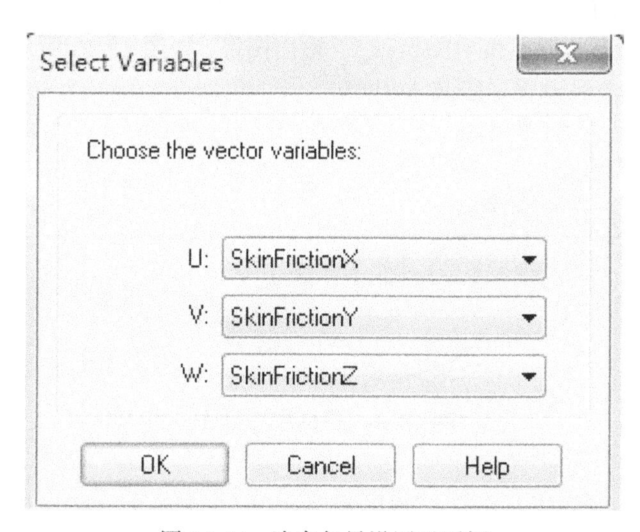

图 13.44　速度矢量设置对话框

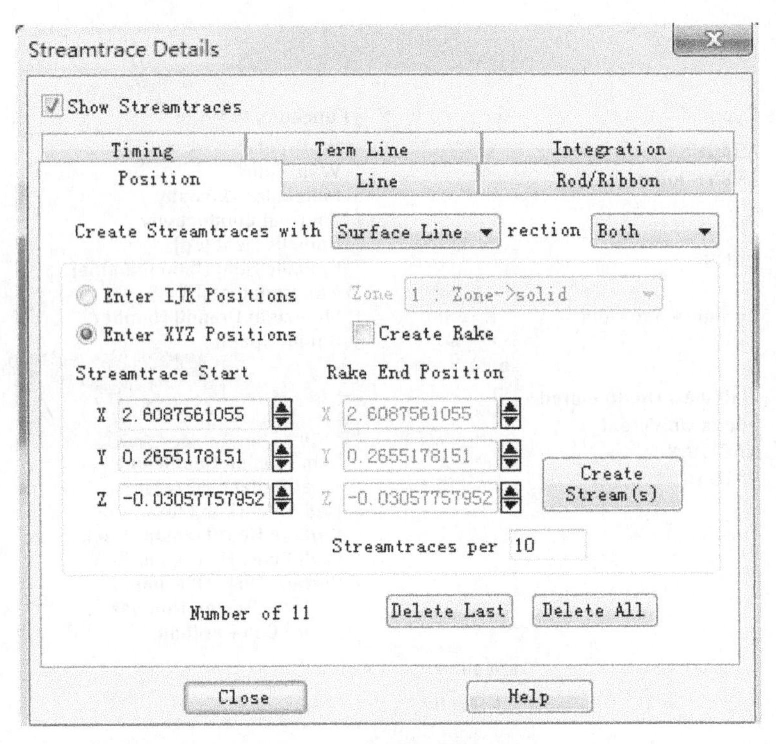

图 13.45 流线设置面板

在该面板 Line 选项里面可以设置摩擦力线的颜色、粗细、流线箭头大小等；在 Position→rection，可以设置摩擦力线的延伸方向，一般选择 Both，即两个方向延伸；Position→Create Streamtraces with 选择 Surface Line。

注：壁面摩擦力线分布在壁面上，因此选择 Surface Line。

(3) 点击 ，用鼠标点击壁面上任一点即可生成经过该点的壁面摩擦力线。

(4) 设置完毕，执行操作 File→Export...，输出图像，如图 13.46 所示。

壁面摩擦力线与流线设置步骤基本相同。

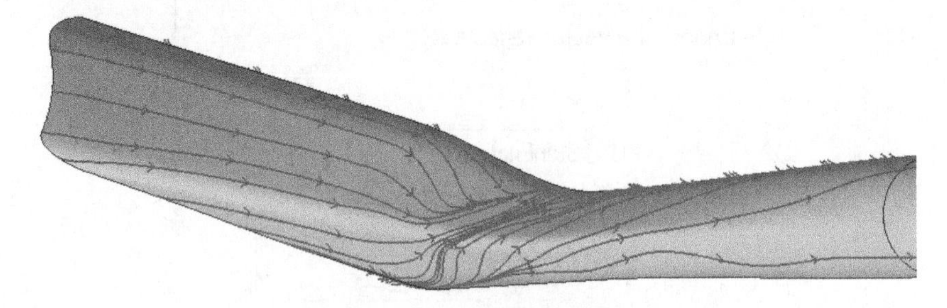

图 13.46 壁面摩擦力线

5) 动画制作

Tecplot 可以为定常流场与非定常流场制作动画，下面分别介绍操作步骤。

✧ **定常流场动画制作**

定常流场动画制作针对三维流场而言，主要是为了直观显示流场结构发展特征，简单的讲就是沿着某个方向将流场切割成多个截面，按照顺序依次显示各个截面上的流场。

此时需要在 Zone Style 面板中激活 Solid。

操作如下：选择 Zone→Solid，点击 Zone Show 选择 Activate。

动画制作操作如下：

(1) 选中工具栏 Derived Objects→Slices，点击其右侧按钮[...]，打开 Slice Details 设置面板，如图 13.47 所示。

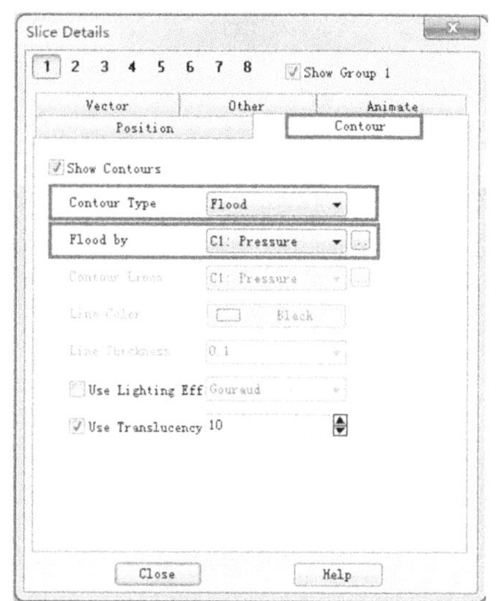

(a) 流动参数设置

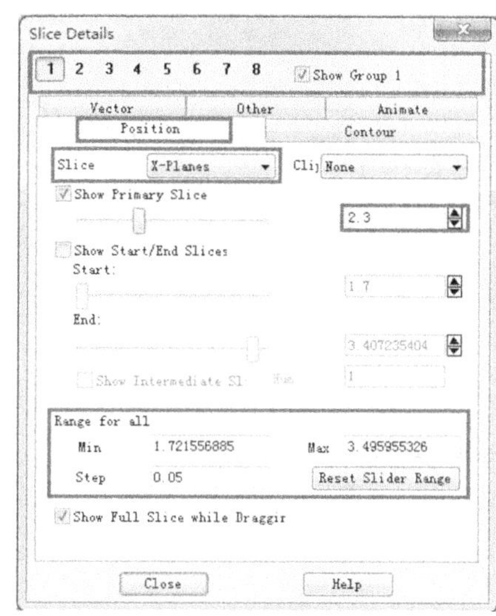

(b) 切面设置

图 13.47　切面参数设置

(2) 在 Slice Details 设置面板中，点击 Contour 选项选择需要显示的流动参数，如图 13.47(a) 所示。

在 Contour Type 右侧下拉菜单中选择显示类型，类型包括：Lines(等值线)、Flood (等值云图)、Lines&Flood(线与云图) 等。在 Flood by 右侧下拉菜单或点击[...]，选择需要显示的流场参数。图中所示的选择为显示压力等值图。

(3) 在 Slice Details 面板中选择 Position→Slice 右侧下拉菜单中设置切面方向，包括：X-Planes、Y-Planes、Z-Planes、I-Planes、J-Planes、K-Planes，如图 13.47(b) 所示，图中选择沿 X 方向切取等坐标面。

选中 Show Primary Slice，移动下方滑块或者在右侧数据栏中输入数字，可以显示某个横截面上的流场参数，也可以同时显示多个截面上的流动参数，在图 13.47(b) 中第一行点击“1、2、3、4、5、6、7、8”，选中 Show Group，分别进行如上设置，如图 13.48 所示。

定常流场的动画就是将图 13.48 所示不同截面流场参数分布图自动依次显示出来。

(4) 在 Slice Details 面板，选择 Animate 选项设置动画参数，如图 13.49 所示。

- 在 Starting 输入起始切面的位置。
- 在 Ending 输入终止切面的位置。
- 在 Number of 输入切面数量。
- 在 Destinations 下拉菜单选择动画显示位置，包括：On Screen、To File。

图 13.49(a) 设置为在屏幕显示 (On Screen)，点击播放即可。图 13.49(b) 为输出文件。

图 13.48 多个等截面压力分布图

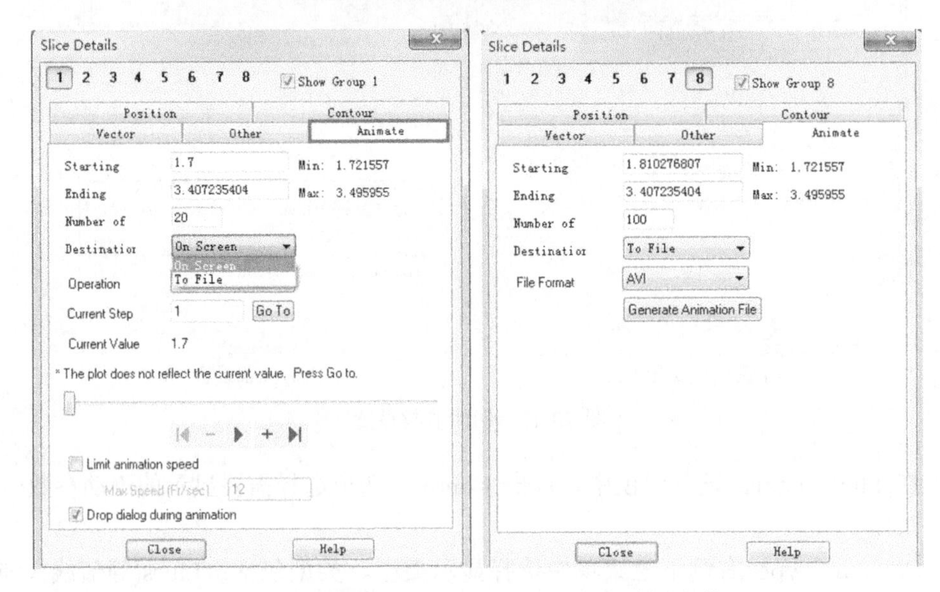

(a) 在屏幕显示 (b) 输出文件

图 13.49 动画设置面板

• 选择输出文件 (To File)，在 File Format 下拉菜单选择文件格式，包括：AVI、Flash、Raster Metafile。图 13.49(b) 显示为输出 AVI 格式。

• 点击 Generate Animation File 按钮，打开如图 13.50 所示面板。

• 在 Enter Width 输入图片大小；在 Animation Speed 输入播放速度，图中为 10 即每秒十帧。

• 点击 “OK” 即可。

✧ 非定常流场动画制作

非定常流场动画可以直观显示流场的非定常流动特征。

操作如下：

(1) 打开 Tecplot。

(2) 执行操作: File→Load Data File(s)...

打开 Select Import Format 面板，选择 Fluent Data Loader 格式，如图 13.51 所示。

点击 "OK"，打开 Fluent Data Loader 面板，如图 13.52 所示。

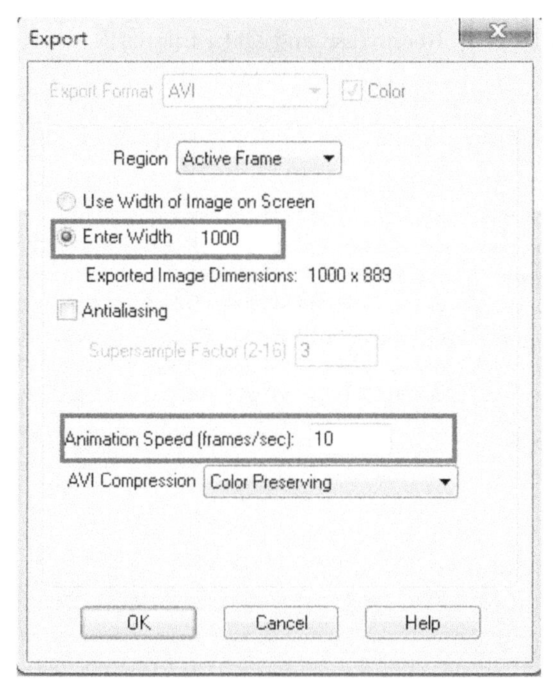

图 13.50　动画输出设置面板

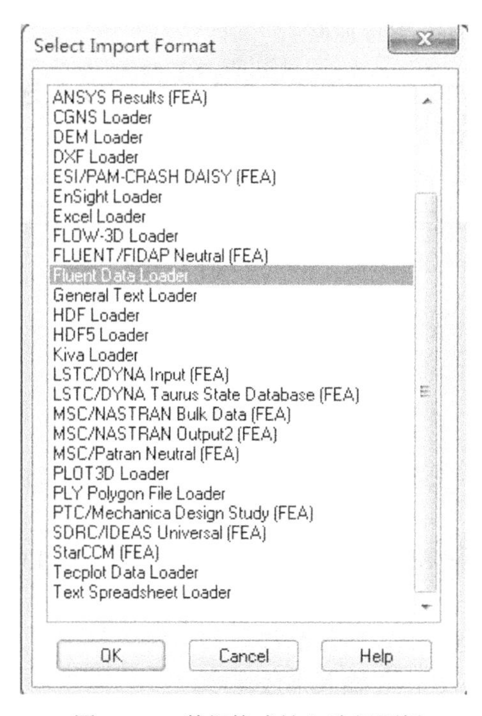

图 13.51　数据格式输入选择面板

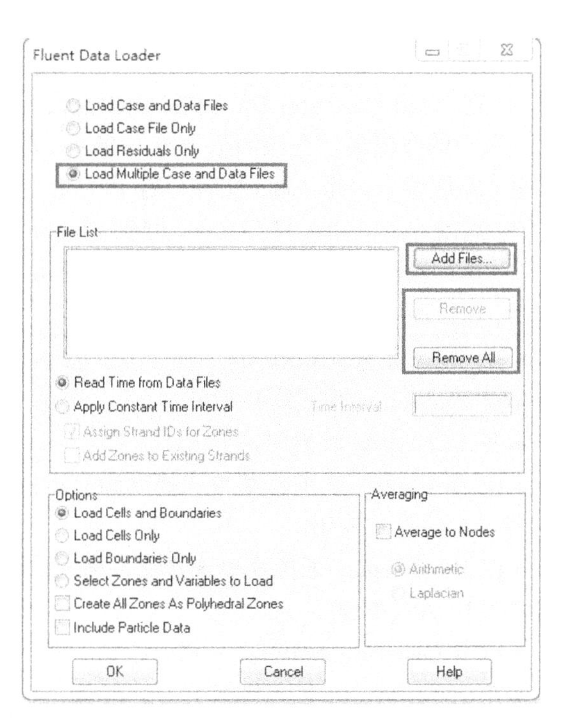

图 13.52　Fluent Data Loader 面板

(3) 在 Fluent Data Loader 面板选中 Load Multiple Case and Data Files；在 Options 选项选中 Load Cells and Boundaries。

点击 Add Files 按钮，打开 Read Case and Data File 面板，如图 13.53 所示。

图 13.53　Read Case and Data File 面板

(4) 在 Read Case and Data File 面板点击 Add To List 按钮，查找非定常计算数据选中加载，选中的数据显示在该面板下方 Selected File(s) 中，如图 13.53 所示。

注: 需要读入一个 *.cas 文件与若干 *.dat 文件。

(5) 点击 Open Files 打开文件，回到 Fluent Data Loader 面板，点击 OK 完成数据加载。

(6) 执行操作：Animate→time...，打开 Time Details 面板，如图 13.54 所示。

(7) 在该面板点击 Animate。

• 在 Start 设置起始时间。

• 在 End Time 设置终止时间。

• 在 Time Step 设置时间步长。

• 在 Destinations 下拉菜单选择动画显示位置，包括：On Screen、To File。图 13.54 显示选择以文件形式输出。

• 在 File Format 下拉菜单选择文件格式，包括：AVI、Flash、Raster Metafile。图 13.54 显示为输出 AVI 格式。

• 点击 Generate Animation File 按钮，打开如图 13.55 所示面板。

• 在 Enter Width 输入图片大小；在 Animation Speed 输入播放速度。

• 点击 OK 即可。

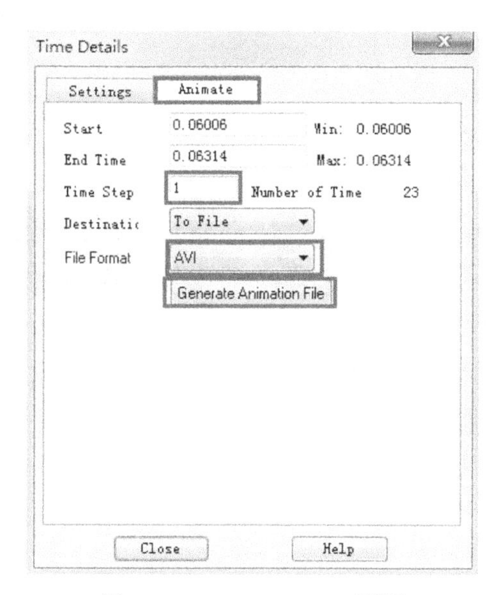

图 13.54　Time Details 面板

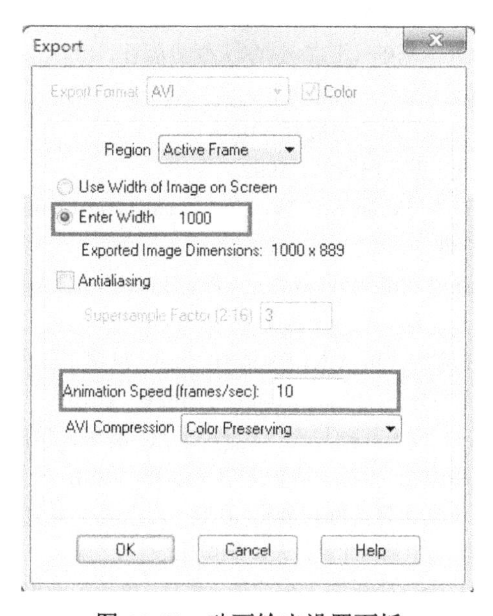

图 13.55　动画输出设置面板

13.4　小　　结

本章主要介绍了 Tecplot 软件的基本功能与基本操作，结合实例具体讲述了如何应用该软件进行数据后处理。

参考文献

[1] 傅德薰. 流体力学数值模拟. 北京: 国防工业出版社，1993.

[2] 吴江航，韩庆书. 计算流体力学的理论、方法及应用. 北京: 科学出版社，1988.

[3] 苏铭德，黄素逸. 计算流体力学基础. 北京: 清华大学出版社，1997.

[4] 孔祥海等. 计算流体力学导论. 上海: 上海交通大学出版社，1987.

[5] P. J. 罗奇. 计算流体力学. 北京: 科学出版社，1983.

[6] 陈材侃. 计算流体力学. 重庆: 重庆出版社，1992.

[7] Thompson J F，Warsi E U A，Mastin C W. Numerical Grid Generation. Washington: Elsevier Sceence Publishing Co., 1985.

[8] Anderson J D. Computational Fluid Dynamics—The Basics with Application. McGraw-Hill Companies，Inc., 1995.

[9] 周俊波，刘洋等. Fluent6.3 流场分析从入门到精通. 北京: 机械工业出版社，2012.

[10] 李进良. 精通 Fluent6.3 流场分析. 北京: 化学工业出版社, 2010.

[11] 张凯，王瑞金，王刚. Fluent 技术基础与应用实例. 北京: 清华大学出版社，2010.

[12] 温正. Fluent 流体计算应用教程. 北京: 清华大学出版社，2013.

[13] 韩占忠. Fluent 流体工程仿真计算实例与分析. 北京: 北京理工大学出版社，2009.

[14] 唐家鹏. Fluent14.0 超级学习手册. 北京: 人民邮电出版社，2013.

[15] 段中喆. ANSYS FLUENT 流体分析与工程实例. 北京: 电子工业出版社，2015.